生态学研究

西部季风常绿阔叶林恢复生态学

苏建荣　刘万德　李帅锋　郎学东　著

科学出版社

北　京

内 容 简 介

本书以中国西部季风常绿阔叶林为研究对象，在概述季风常绿阔叶林及其相关生态学研究进展的基础上，对其恢复生态学进行了研究。在群落数量分类的基础上，描述了各群落类型的物种组成、植物区系、生活型等特征；分析了群落结构、物种多样性随群落演替的变化；探讨了土壤种子库及群落更新特征；探索了化学计量学和叶片功能性状与生态系统恢复的关系。本书所表达的成果发展和完善了季风常绿阔叶林生态系统恢复的研究范围和领域，为我国亚热带林区天然林保护与恢复提供了科学依据。

本书可供从事生态学、林学、植物学、地理学和环境科学研究的人员和管理者及高等院校师生参考。

图书在版编目（CIP）数据

西部季风常绿阔叶林恢复生态学/苏建荣等著. —北京：科学出版社，
2015.1

（生态学研究）

ISBN 978-7-03-043067-0

Ⅰ.①西… Ⅱ.①苏… Ⅲ.①季风区–常绿阔叶林–生态系生态学–
研究–西南地区 Ⅳ.S718.54

中国版本图书馆 CIP 数据核字（2015）第 013817 号

责任编辑：张会格 / 责任校对：郑金红
责任印制：赵德静 / 封面设计：北京铭轩堂广告设计有限公司

科 学 出 版 社 出版
北京东黄城根北街 16 号
邮政编码：100717
http://www.sciencep.com

三河市骏杰印刷有限公司 印刷
科学出版社发行 各地新华书店经销
*

2015 年 1 月第 一 版 开本：787×1092 1/16
2015 年 1 月第一次印刷 印张：15 1/2 插页：4
字数：359 000
定价：98.00 元
（如有印装质量问题，我社负责调换）

丛 书 序

　　生态学是当代发展最快的学科之一，其研究理论不断深入、研究领域不断扩大、研究技术手段不断更新，在推动学科研究进程的同时也在改善人类生产生活和保护环境等方面发挥着越来越重要的作用。生态学在其发展历程中，日益体现出系统性、综合性、多层次性和定量化的特点，形成了以多学科交叉为基础，以系统整合和分析并重、微观与宏观相结合的研究体系，为揭露包括人类在内的生物与生物、生物与环境之间的相互关系提供了广阔空间和必要条件。

　　目前，生态系统的可持续发展、生态系统管理、全球生态变化、生物多样性和生物入侵等领域的研究成为生态学研究的热点和前沿。在生态系统的理论和技术中，受损生态系统的恢复、重建和补偿机制已成为生态系统可持续发展的重要研究内容；在全球生态变化日益明显的现状下，其驱动因素和作用方式的研究备受关注；生物多样性的研究则更加重视生物多样性的功能，重视遗传、物种和生境多样性格局的自然变化和对人为干扰的反应；在生物入侵对生态系统的影响方面，注重稀有和濒危物种的保护、恢复、发展和全球变化对生物多样性影响的机制和过程。《国家中长期科学和技术发展规划纲要（2006—2020 年）》将生态脆弱区域生态系统功能的恢复重建、海洋生态与环境保护、全球环境变化监测与对策、农林生物质综合开发利用等列为生态学的重点发展方向。而生态文明、绿色生态、生态经济等成为我国当前生态学发展的重要主题。党的十八大报告把生态文明建设放在了突出的地位。如何发展环境友好型产业，降低能耗和物耗，保护和修复生态环境；如何发展循环经济和低碳技术，使经济社会发展与自然相协调，将成为未来很长时间内生态学研究的重要课题。

　　当前，生态学进入历史上最好的发展时期。2011 年，生态学提升为一级学科，其在国家科研战略和资源的布局中正在发生重大改变。在生态学领域中涌现出越来越多的重要科研成果。为了及时总结这些成果，科学出版社决定陆续出版一批学术质量高、创新性强的学术著作，以更好地为广大生态学领域的从业者服务，为我国的生态建设服务，《生态学研究》丛书应运而生。丛书成立了专家委员会，以协助出版社对丛书的质量进行咨询和把关。担任委员会成员的同行都是各自研究领域的领军专家或知名学者。专家委员会与出版社共同遴选出版物，主导丛书发展方向，以保证出版物的学术质量和出版质量。

　　我荣幸地受邀担任丛书专家委员会主任，将和委员会的同事们共同努力，与出版社紧密合作，并广泛征求生态学界朋友们的意见，争取把丛书办好。希望国内同行向丛书踊跃投稿或提出建议，共同推动生态学研究的蓬勃发展！

丛书专家委员会主任

2014年春

序

　　云南省是我国植被类型最丰富的省份之一。在众多的植被类型当中，我国西部季风常绿阔叶林作为重要的地带性植被类型之一，它结构复杂、生产力高、生物多样性丰富和具有特有植物群落学特点，是研究我国乃至世界植物地理学、植被学的重要植被类型。我国西部季风常绿阔叶林区也是我们国家的重要木材和工业原料生产基地，在全国的林产业发展和生态建设中具有举足轻重的地位和作用。

　　我国西部季风常绿阔叶林主要分布于滇中南、滇西南和滇东南一带的低海拔地区，包括临沧、普洱、红河及文山等地州，而在普洱地区分布最为广泛，是进行季风常绿阔叶林生态学及相关学科科学研究和试验的最为理想的场所之一。普洱地区保存了一定面积的季风常绿阔叶林原始林以及其演替系列，同时也保留有不同干扰方式和强度下所形成的各种退化生态系统类型，包括不同年代、不同采伐方式和不同采伐强度干扰后形成的次生林，刀耕火种弃耕地的恢复群落，农耕撂荒后形成的灌木林，以及人工更新所形成的不同年龄的思茅松林，甚至包括作为速生用材林引进人工栽植的桉树林等。这些属于西部季风常绿阔叶林干扰破坏和采伐后处于不同演替阶段和不同人工更新的各种群落类型为季风常绿阔叶林的保护与恢复研究提供了不可多得的研究对象。我国以往关于季风常绿阔叶林的研究，主要针对原始林的群落结构与多样性，而对于恢复群落关注较少，有关恢复生态学的研究就更加薄弱。苏建荣博士及其研究团队以西部季风常绿阔叶林及其退化生态系统为对象，以生态恢复为主线，把自然更新演替的、人工造林更新的所有群落对象放在一起，作为对季风常绿阔叶林的生态恢复的最终目标，进行了较系统、深入的研究，这是一个创新的研究思路，他们将研究成果总结为《西部季风常绿阔叶林恢复生态学》一书贡献于世。该书全面地总结了我国西部季风常绿阔叶林的分布、类型及其通过不同途径的恢复生态学，以大量的野外调查和翔实的数据资料为基础，完成了西部季风常绿阔叶林种—面积曲线、原始林和恢复群落的数量分类研究，分析、比较了主要群落类型和处于各种不同恢复阶段和更新阶段群落的特征、藤本植物和附生维管植物的生态学特征，进而探讨了不同恢复阶段和更新阶段群落的群落稳定性与恢复途径，土壤种子库及其在更新、恢复中的作用，指示性植物的功能性状及其数值范围，植物与土壤的 C、N、P 化学计量学与群落恢复及群落结构之间的关系，为西部季风常绿阔叶林的生态恢复提供了可靠的理论依据和科学指导。

　　该书是作者在第一手调查和实验资料的基础上，结合国际相关研究的最新理论完成的，是对前人工作的深入和补充，体现了季风常绿阔叶林生态恢复的最新研究成果。该书学术思路清晰，主题明确，针对性强，内容新颖，是一本具有很高参考价值的专著，值得从事林学、生态学和群落学等相关学科领域和专业的科研、教学和管理的科技同行们一读，故欣然为序。

蒋有绪

2014 年 7 月 9 日

前　言

一、西部季风常绿阔叶林保护与恢复的意义

季风常绿阔叶林是我国南亚热带的地带性植被类型，为热带季雨林或半落叶季雨林向常绿阔叶林过渡的一个类型（吴征镒，1980；宋永昌，2004），是我国最复杂、生产力最高、生物多样性最丰富的地带性植被类型之一，对保护环境、维持全球性碳循环的平衡和人类的可持续发展等具有极重要的作用，其在维持生物多样性（王志高等，2008）、水土保持（Zhou et al.，2007）、养分循环、碳储量（唐旭利等，2003）和气候调节（宋永昌等，2005）等生态系统服务功能方面有重要作用。

随着20世纪人口快速增长导致的对资源和农业土地需求的增加（Tilman et al.，2001，2002），大面积原始森林被采伐和火烧，或者转换成农业用地，致使生物多样性大量减少（Foley et al.，2005），形成大量退化生态系统（Chazdon，2003）。大量退化生态系统的形成导致了物种消失、全球气温升高和降水分布格局的改变。恢复生态学在全球退化生态系统大面积增加的背景下应运而生，并迅速成为现代生态学的研究热点之一。保护和恢复森林生态系统能够减缓全球变暖和减少生物多样性的丧失。

季风常绿阔叶林具有热带向亚热带过渡的性质，群落结构相对复杂，组成种类相对丰富，成为当今地球该纬度带上最具特色、最具研究价值的地区之一（叶万辉等，2008），对保护环境、维持全球碳循环的平衡和人类的可持续发展具有极其重要的作用（唐旭利等，2003），还具有极大的生态效益、社会效益和经济效益。通过对西部退化季风常绿阔叶林生态系统物种组成、结构、动态等群落生态学及功能生态学的研究，可以初步掌握西部季风常绿阔叶林群落恢复过程中的演替动态规律，建立该地区季风常绿阔叶林的次生演替模式，有助于找出影响季风常绿阔叶林生态恢复的关键因素，这也对抑制退化、促进演替、加快恢复过程、保持森林生态系统服务功能、维护社会稳定和实现地区可持续发展具有重要意义，同时可以为森林生态系统的经营管理和植被恢复提供科学依据。

二、西部季风常绿阔叶林退化生态系统恢复的动力学机制

变化是生态系统的基本特征之一。而这些变化，既有物理环境的长期变化，也有自然选择引起的有机体遗传结构的变化，还有一定区域内有机体的类型、数量和组成的变化，以及伴随发生的物理小环境的某种特征的变化。演替是生态系统动态变化的一种，是内源机制（与生物群落有关）或异源机制（与物理环境有关）作用的结果。在没有耕作的皆伐森林生态系统中，初始植物区系是决定生态系统演替类型的主要因素之一。大面积的森林皆伐，去除了森林群落的优势树种，而且使迹地的生境条件发生了较大的变化，但是如果土壤肥力没有严重下降，土壤种子库没有完全毁坏，那么种子和幼苗仍然在演替过程中起重要作用。

种群生态位假说和竞争排斥理论说明"完全的竞争者是不能共存的"，它们均是伴随了物种更替的演替过程的重要机制之一。生态位是指群落内一个种群与其他种群的相

关位置，或者说是种群在群落中的时空位置及其机能关系，即每个种群在群落中都有不同于其他种群的时间、空间位置，也包括在生物群落中的机能地位（信息位置）。物种的自我拓殖能力是其利用有用的资源空间，扩展其现实生态位的动力源泉。

退化群落恢复演替，是以较快的速度进行群落的重新组织，其根本原因是植物种群具有拓殖能力和退化群落资源过剩。拓殖能力是植物的本能，过剩资源则是退化群落恢复演替的物质条件。森林的皆伐去除了森林群落的优势树种，使得群落中出现了许多的过剩资源，如光照、土壤养分、水分等，进而出现新的成员侵入或使某些种群增长。由于森林皆伐一般是一次性的，干扰去除后过剩资源便发挥作用，种群的拓殖能力便驱动群落向顶极群落演替。退化群落中的过剩资源保证许多植物种群以较快速度增长，从而推进群落的恢复演替，构成恢复演替驱动力，这也是退化群落自我调控、自我恢复的弹性。

三、开展西部季风常绿阔叶林生态恢复研究的必要性

如前所述，西部季风常绿阔叶林是我国最复杂、生产力最高、生物多样性最丰富的地带性植被类型之一，对保护环境和维持全球碳平衡等都具有极重要的作用，尤其是在我国亚热带地区的生态环境建设，乃至全国的可持续发展中占据举足轻重的地位。但是，人类干扰活动的长期破坏，原生的季风常绿阔叶林分布面积日益缩减，分布范围和森林质量下降明显，导致群落结构简单，功能衰退，外来种侵入，大量物种濒临灭绝甚至消失，生态环境恶化，森林调节气候能力降低，涵养和储藏养分能力弱，土壤退化和肥力下降，病虫害频繁等一系列问题。总之，该区常绿阔叶林的严重退化，导致水土流失加剧，自然灾害频发，生物多样性减少，生态与环境质量下降，所造成的生态破坏已影响经济的可持续发展，威胁到群众的生命和财产安全。因此，开展西部季风常绿阔叶林的生态恢复研究，抑制退化，促进演替，加快恢复过程，对遏制生态与环境恶化，维护社会稳定和实现地区可持续发展具有重要意义，势在必行。

四、本书研究范围及对象

本书的研究区域为云南的季风常绿阔叶林区，主要是滇中南、滇西南和滇东南一带的低海拔地区，包括文山、西畴、红河、元阳、思茅、宁洱、景东、景谷、临沧、耿马、龙陵一带的宽谷丘陵低山，海拔为 1000～1500m。

该区分布的季风常绿阔叶林过去称为"南亚热带常绿阔叶林"或"南亚热带常绿栎类林"。此外，思茅松林也是该区重要的地带性植被，属于季风常绿阔叶林被破坏后形成的次生性森林（吴兆录，1994），是季风常绿阔叶林的原有分布（姜汉侨，1980），因此思茅松林也被认为是季风常绿阔叶林的演替早期阶段（宋亮等，2011）。在野外调查中也发现，尽管思茅松林能够保持较长时间，但随着栎类物种的进入，其林分逐渐被季风常绿阔叶林所取代。

20 世纪中期以来，由于人为干扰十分严重，除太阳河省级自然保护区等地保留有完好的原始林外，季风常绿阔叶林大多遭受了一定程度的破坏。20 世纪末，随着天然林保护工程、退耕还林工程等重大生态工程的实施，被干扰的季风常绿阔叶林得以逐渐恢复，形成了多样的退化生态系统类型，如不同年代、不同采伐方式和不同采伐强度干扰后形成的次生林、刀耕火种弃耕地的恢复群落、农耕撂荒后形成的灌木林等。近年，桉树等速生用材林树种被引入该区大面积种植，对季风常绿阔叶林及物种多样性形成了较大的压力

（陈秋波，2001；平亮和谢宗强，2009；刘平等，2011），引起了社会的高度关注。

鉴于上述情况，本书不仅将季风常绿阔叶的原始林及受干扰形成的思茅松林等不同恢复阶段的各种退化天然次生林作为主要研究对象，而且将采伐后人工更新的思茅松林、刀耕火种弃耕地的恢复群落、农耕撂荒后形成的灌木林和桉树林等人工起源的森林也纳入研究范围。

五、本书的分工与致谢

本书主要是在中国林业科学研究院中央级公益性科研院所基本科研业务费专项资金项目"西部南亚热带常绿阔叶林退化机制与生态恢复（CAFYBB2008001）"及林业公益性行业科研专项项目"云南低效常绿暖性针叶林改造与恢复研究（201404211）"的资助下完成的，部分内容还得到了国家自然科学基金面上项目"中国西部季风常绿阔叶林非结构性碳变化规律研究（31370592）"、国家自然科学基金青年科学基金项目"云南亚热带季风常绿阔叶林 C、N、P 化学计量变化规律研究（31200461）"及中国林业科学研究院资源昆虫研究所中央级公益性科研院所基本科研业务费专项资金项目"思茅常绿阔叶林群落物种功能性状及组配规律（RIRICAF201002M）"的资助。

本书主要以前述项目的成果、课题组成员相关研究成果、研究生学位论文为基础形成，是课题组成员集体努力的结晶，是苏建荣及其课题组成员与研究生多年来辛勤劳作的成果。本书的学术思想和写作框架是在苏建荣研究员的主持下完成的；西部季风常绿阔叶林生态恢复研究的总体思路由苏建荣和李帅锋负责完成；有关季风常绿阔叶林恢复生态学研究进展、群落数量分类及特征、生态位及种间联结、植物物种多样性、土壤种子库、植物幼苗更新等内容主要由李帅锋和苏建荣负责完成；有关季风常绿阔叶林概述、物种-面积关系、群落结构、优势物种空间分布格局、萌生特征、土壤理化性质及凋落物动态、C、N、P 化学计量特征和叶片功能性状由刘万德和苏建荣完成；中国季风常绿阔叶林及西部季风常绿阔叶林分布图由郎学东绘制；植物中文名、拉丁名则由郎学东和李帅锋共同查定、校对；季风常绿阔叶林图片则由刘万德、李帅锋、郎学东共同提供。全书统稿由苏建荣负责完成，文字编校和出版事宜由苏建荣和刘万德完成。参与本书外业调查和内业工作的还有苏磊、黄小波、卞方圆、贾呈鑫卓、刘军龙、龙毅、卯光宇、文明发、刘天福、徐崇华、李志红、白贤、刘乔忠、陈飞、段荣昌等。

本书的完成得到了有关同仁和领导的大力支持，在此感谢中国林业科学研究院资源昆虫研究所学术委员会各位成员在项目立项、申请、项目学术思想等方面的指导与帮助，感谢党承林等专家在本书修改等方面的帮助。此外，还特别感谢国家林业局行业专项办公室、中国林业科学研究院、中国林业科学研究院资源昆虫研究所、国家自然科学基金委员会、普洱市职业教育中心、普洱市林业科学研究所、云南太阳河省级自然保护区管理局、普洱国家公园管理局等单位给予的大力支持和帮助。由于时间和水平有限，书中不可避免存在不足之处，敬请各位同仁批评指正！

苏建荣

2014 年 5 月 27 日

目　　录

第一章　季风常绿阔叶林概述

季风常绿阔叶林是我国南亚热带的地带性植被类型之一，是热带季雨林、雨林向亚热带常绿阔叶林过渡的植被类型，也是我国最复杂、生产力最高、生物多样性最丰富的地带性植被类型之一，对保护环境和维持全球碳平衡等都具有极重要的作用。尽管季风常绿阔叶林具有热带雨林的特点，但其所在地的气候及占优势的树种仍属亚热带常绿阔叶林的范畴，因此，季风常绿阔叶林也称亚热带雨林（subtropical rain forest）。

我国季风常绿阔叶林主要分布于北回归线附近，该植被类型以喜暖的壳斗科（Fagaceae）和樟科（Lauraceae）等的种类为主，此外还有桃金娘科（Myrtaceae）、楝科（Meliaceae）、桑科（Moraceae）的一些种类；中、下层则有较多的热带成分，如茜草科（Rubiaceae）、紫金牛科（Myrsinaceae）、棕榈科（Palmae）、杜英科（Elaeocarpaceae）、苏木科（Caesalpiniaceae）、蝶形花科（Papilionaceae）等（吴征镒，1980）。在季风常绿阔叶林分布在偏南和海拔较低的群落中，乔木的中、下层内有较多的热带种类。局部地区沟谷中的群落，则因与热带季雨林向北延伸的片断结合，因而具有某些雨林的结构特征，主要表现在乔木具板根，大型木质藤本较为发达，以及林下具有雨林下层的大型草本植物等，呈现出向热带森林过渡的特点。而生境偏干的地区，则又有热带季雨林中的落叶树种混生。季风常绿阔叶林中蕴藏着富饶的自然资源和丰富的生物多样性，并保存有许多中国特有的孑遗植物。该森林类型内许多物种是珍贵的木材来源。林中还蕴藏着许多名贵药材及多种多样的花卉。同时，它也是一些工业原料如松香、松脂、松节油等的生产基地，胶合板、纸浆等工业原料的主产区之一。因此，季风常绿阔叶林区是我国著名的林区之一，在全国林业产值中占有较大的比例。

然而，随着人口不断增加及经济发展的需要，人们对季风常绿阔叶林的干扰破坏越来越严重，原生的季风常绿阔叶林分布面积日益缩减，分布范围缩小，森林质量下降，导致群落结构简单，功能衰退，外来种侵入，大量物种濒临灭绝甚至消失，生态环境恶化，森林调节气候能力降低，涵养及储藏养分能力弱，土壤退化、肥力下降，病虫害频繁等一系列问题。季风常绿阔叶林的严重退化，导致水土流失加剧，自然灾害频发，生物多样性降低，生态与环境质量下降，所造成的生态破坏已影响经济的可持续发展，威胁到群众的生命和财产安全。因此，开展亚热带季风常绿阔叶林的生态恢复研究，抑制退化，促进演替，加快恢复过程，对遏制生态与环境恶化，维护社会稳定和实现地区可持续发展具有重要意义。

1.1　季风常绿阔叶林分布

1.1.1　中国季风常绿阔叶林的分布

季风常绿阔叶林在我国横跨 7 省区，从东部的台湾，经福建、广东、广西、贵州、云南到西藏的东南部（图 1-1）。季风常绿阔叶林是我国南亚热带的地带性植被类型，主要分布于台湾玉山山脉北半部、福建戴云山以南及两广南岭山地南侧等海拔 800m 以下的丘陵、台地，以及云南中南部、贵州南部、东喜马拉雅山南侧坡等海拔 1000~1500m 的盆地、河谷地区。这一类型向南延伸，成为热带山地垂直带上的重要类型。分布地气候温暖多湿，年均温东部为 20~22℃；西部偏低，为 13~17℃；最冷月均温 10~13℃；绝对最低温的多年平均值 0~2℃。年降水量 1000~2000mm，相对湿度在 80% 以上。土壤以砖红壤性红壤为主，还有山地红壤和灰化红壤，表土疏松，结构良好，富含有机质。

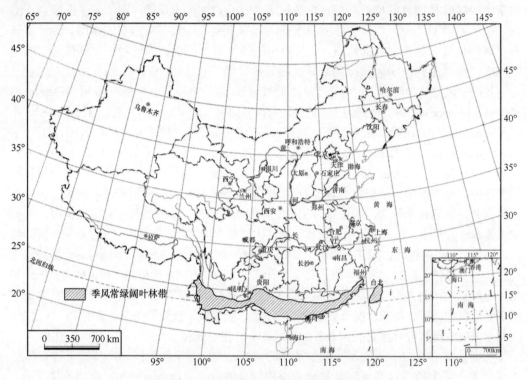

图1-1 季风常绿阔叶林在中国的分布

Fig. 1-1 Distribution of monsoon evergreen broad-leaved forest in China

在所分布的 7 个省区当中，在台湾主要分布在北回归线以北地区，海拔 900m 以下的低山、丘陵、台地。分布区气候条件为高温多湿，年均温 20~22℃，1 月均温 15~16℃，7 月均温 27~28℃，≥10℃ 的活动积温 7000~7500℃，年降水量 1700~2000mm，相对湿度在 80% 以上。土壤母质为砂岩、千枚岩或第四纪洪积期的砾石、卵石，土壤以砖红壤性红壤或山地红壤为主，表面疏松，结构良好，为黏壤土，pH 5~6。

在福建，季风常绿阔叶林主要分布于戴云山以南海拔 700~1200m，包括安溪、德化、南靖、莆田、永春、长泰等地。分布区云雾和降水量较大，土壤为黄红壤、黄壤，土壤肥力良好，pH 5.5~6.0。

在广东，季风常绿阔叶林分布区面积广大，分布区北部以丘陵、盆地、谷地为主，间有少数低山，南部地势地平，多为丘陵、台地，间有冲积平原。具体包括广州东北郊区、陆丰、梅县、鼎湖山、信宜、海丰等地。分布区岩层主要为花岗岩，年均温 20~22℃，

1 月均温 12~14℃，7 月均温 27~28℃，≥10℃的活动积温 6900~8000℃，年降水量 1600~2000mm，但季节分配不均，主要集中在夏季。土壤为砖红壤性红壤，pH 4.5~5。

在广西，季风常绿阔叶林分布在海拔 700~1300m，分布区热量充足，雨量丰沛。年降水量大于 1200mm，≥10℃的活动积温 5300℃。土壤为黄壤或红壤。

在贵州，季风常绿阔叶林主要分布于贵州的南部，其他地区零星分布。分布区海拔 900~1300m，年均温为 14~18℃，年降水量 1000~1300mm，≥10℃的活动积温 4000~6000℃，属季风性气候。土壤为黄壤或红壤。

在云南，季风常绿阔叶林主要分布于滇中南、滇西南和滇东南一带的低海拔地区，其分布的海拔为 1000~1500m（吴征镒等，1987）。分布区气候条件与广西类似。土壤为黄壤或红壤。

在西藏，季风常绿阔叶林主要分布于东喜马拉雅山南坡的察隅、错那、墨脱等地的低山，海拔 1100~1800m。分布区土壤为山地黄壤。年均温 15~18℃，雨量丰沛，常可达 1000~2000mm，集中在 4~9 月，相对湿度 70%左右。

1.1.2 西部季风常绿阔叶林的分布

本书中西部季风常绿阔叶林主要指分布于云南的季风常绿阔叶林。季风常绿阔叶林作为地带性植被，主要分布于滇中南、滇西南和滇东南一带的低海拔地区，包括文山、西畴、红河、元阳、思茅、宁洱、景东、景谷、临沧、耿马、龙陵一带的宽谷丘陵低山（图 1-2），其分布的海拔为 1000~1500m（吴征镒等，1987）。季风常绿阔叶林是反映云南亚热带南部气候条件的植被类型，过去称为"南亚热带常绿阔叶林"或"南亚热带常绿栎类林"。在滇南的热带雨林和季雨林地区，这一类常绿阔叶林则分布在山地海拔 1000~1400m。有时由于下方热带森林植被的破坏，它可向下延伸至 800m 处；在热带山地，也会因局部山地气候，使季风常绿阔叶林的分布上升至 1800m 处。

西部季风常绿阔叶林分布地区的气候，受热带季风的影响远比滇中区为深，气候特点是夏热冬凉、干湿明显、干季多雾、夏季多雨。以思茅、墨江一带气象资料作为季风常绿阔叶林分布地气候特征的代表：年均温 17~19℃，最冷月均温 10~12℃，极端最低温在 0℃左右，霜期短而无冰冻。年降水量 1100~1700mm，年蒸发量大于年降水量，但滇东南的热带山地，降水量则大于 1700mm，且大气终年湿润，故本类型在这里又带有湿润的性质。

西部季风常绿阔叶林分布区土壤为山地森林红壤或山地砖红壤性红壤，有机质分解较快，但一般林地中腐殖质含量仍较高。土壤母岩有砂页岩、花岗岩、片麻岩、石灰岩等，各地并不一致。除石灰岩上发育的土壤外，一般都为酸性土。土层深厚，容易受雨水冲刷，但由于水热条件的良好配合，植物生长迅速。

由于人们长期的经济活动，在亚热带南部地区如普洱、通关、墨江、临沧、双江一带附近的季风常绿阔叶林均破坏严重，代之而起的为思茅松林或余甘子、水锦树等高禾草灌丛。林貌完整的季风常绿阔叶林都分布在偏僻的山野。但在滇南热带山地，季风常绿阔叶林一般都还有较好的保留，如西双版纳北部，红河和文山南部，德宏的边远地区一定海拔范围内，都有较为原始的季风常绿阔叶林植被存在。因此，就资源角度看，季风常绿阔叶林现有分布面积相对较大，而且树种组成相对复杂多样，为云南现有植被中的宝贵财富。

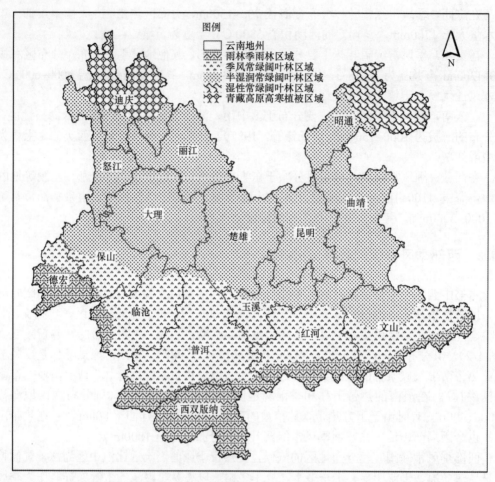

图例
- □ 云南地州
- 雨林季雨林区域
- 季风常绿阔叶林区域
- 半湿润常绿阔叶林区域
- 湿性常绿阔叶林区域
- 青藏高原高寒植被区域

图1-2　西部季风常绿阔叶林的分布［据云南植被区划（1987年）］
Fig. 1-2　Distribution of monsoon evergreen broad-leaved forest in West China

1.2　季风常绿阔叶林主要类型

1.2.1　中国季风常绿阔叶林的主要类型

由于各地区气候条件和生境的原因，形成了具有不同植物种类组成、群落结构特点的群系类型。根据《中国植被》（吴征镒，1980），我国季风常绿阔叶林共分 2 个群系组，分别为栲、厚壳桂林群系组及栲、木荷林群系组。

栲、厚壳桂林群系组是低山丘陵台地季风常绿阔叶林的典型类型，主要分布于台湾的中、北部，福建的东南部，广东和广西的中部。所在地的气候温暖湿润，年平均温度 20~22℃，年降水量 1600~2000mm，但较为集中在 4~10 月的湿季，11 月至第二年 3 月则为干季，年平均相对湿度在 80%左右。成土母岩为砂岩、页岩或花岗岩。土壤为砖红壤性红壤、灰化红壤、山地红壤，土层深度为 60~100cm 或以上，pH 5~5.5，表土灰棕色，结构疏松，肥力及蓄水较好。群落终年常绿，结构复杂，乔木可分为 2 或 3 层，灌木 1 或 2 层，草本 1 层。上层优势种比较突出，以亚热带种类为主，下层乔木和灌木组成种类复杂，热带性种类较多。藤本和附生植物比较丰富，其中有多种木质大型藤本和维管束附生植物。板根、茎花、绞杀等现象都能见到。

主要乔木种类有锥（*Castanopsis chinensis*）、刺栲（*Castanopsis hystrix*）、越南栲（*Castanopsis annamensis*）、厚壳桂（*Cryptocarya chinensis*）、黄果厚壳桂（*Cryptocarya concinna*）、硬壳桂（*Cryptocarya chingii*）、大果铜锣桂（*Cryptocarya densiflora*）、橄榄（*Canarium album*）、大红鳞蒲桃（*Syzygium rehderianum*）、红鳞蒲桃（*Syzygium hancei*）、黄桐（*Endospermum chinense*）、山杜英（*Elaeocarpus sylvestris*）、杜英（*Elaeocarpus decipiens*）、软荚红豆（*Ormosia semicastrata*）、黄叶树（*Xanthophyllum hainanense*）、白桂木（*Artocarpus hypargyreus*）、谷木（*Memecylon ligustrifolium*）、柄果木（*Mischocarpus fuscescens*）、粗叶水锦树（*Wendlandic scabra*）、黄牛木（*Cratoxylum cochinchinense*）、多种茜树属植物（*Aidia* spp.）和山龙眼（*Helicia formosana*）等。灌木有罗伞树（*Ardisia quinquegona*）、三桠苦（*Evodia lepta*）、云南银柴（*Aporusa yunnanensis*）、柏拉木（*Blastus cochinchinensis*）、九节（*Psychotria asiatica*）、紫玉盘（*Uvaria microcarpa*）、香楠（*Aidia canthioides*）、箬叶竹（*Indocalamus longiauritus*）、黄毛五月茶（*Antidesma fordii*）等。草本植物有海南实蕨（*Bolbitis subcordata*）、沙皮蕨（*Hemigramma decurrens*）、海芋（*Alocasia macrorrhiza*）、桫椤（*Alsophila spinulosa*）、黑桫椤（*Alsophila podophylla*）、野芭蕉（*Musa wilsonii*）、山姜（*Alpinia japonica*）、新月蕨（*Pronephrium* spp.）、狗脊蕨（*Woodwardia japonica*）、黑莎草（*Gahnia tristis*）等。藤本植物有密花豆藤（*Spatholobus suberectus*）、花皮胶藤（*Ecdysanthera utilis*）、红叶藤（*Rourea minor*）、微花藤（*Iodes cirrhosa*）、链珠藤（*Alyxia sinensis*）、串珠子（*Alyxia vulgaris*）、鹰爪（*Artabotrys hexapetalus*）、瓜馥木（*Fissistigma oldhamii*）、白叶瓜馥木（*Fissistigma glaucescens*）、黄藤（*Daemonorops matgaritae*）、刺果藤（*Byttneria aspera*）、扁担藤（*Tetrastigma planicaule*）、崖爬藤（*Tetrastigma obtectum*）、假鹰爪（*Desmos chinensis*）、买麻藤（*Gnetum montanum*）、鸡血藤（*Millettia* sp.）等。附生植物的数量也较多，其中有些还是附生藤本，附生于乔木树干或枝桠处，常见的有眼树莲（*Dischidia chinensis*）、狮子尾（*Rhaphidophora hongkongensis*）、江南星蕨（*Microsorium fortunei*）、荷秋藤（*Hoya lancilimba*）、竹叶兰（*Arundina graminifolia*）、石仙桃（*Pholidota chinensis*），一些苔藓类、藻类可在叶片上附生。本群系组在台湾、福建、广东、广西分布较广。

栲、木荷林群系组主要分布于滇中南、滇西南、滇东南低山丘陵和藏南河谷中海拔 800~1200m 山地，桂西南海拔 700~1200m 山地，台、闽、粤 500~700m 山地也有分布。本群系组分布区的生境条件是年平均气温为 16~19℃，最低气温可出现负值（富宁县最低温低达−4.4℃），桂西南以东年均气温略高，年降水量一般为 1000~1200mm，西段偏干，且干湿季分明，东段偏湿。基质多砂页岩、变质岩，也有石灰岩散布其中，土壤为红壤或山地黄壤。群落外貌浓绿，林冠较平整；结构比较单纯，群落可分 3 或 4 层；组成种类也较单一，常间杂有一些落叶树种，因而有季相变化。由于处于较高海拔山地，群落内虽含有一定的热带成分，但上层树种以壳斗科、樟科和山茶科为主。

上层乔木以刺栲、栲树（*Castanopsis fargesii*）占主导地位，并经常混生木荷（*Schima* spp.）。伴生种类有山杜英、印度栲（*Castanopsis indica*）、粗壮润楠（*Machilus robusta*）、楠木（*Phoebe zhennan*）、白楠（*Phoebe neurantha*）、多种石栎（*Lithocarpus* spp.）和黄杞等，以及野漆、枫香等落叶树种。中、下层乔木种类有猴欢喜、鹅掌柴、海南苹婆（*Sterculia hainanensis*）、野八角（*Illicium simonsii*）、山龙眼和山矾。灌木以罗伞树、九节、紫金牛（*Ardisia* spp.）等为多。草本植物多狗脊、山姜、淡竹叶、金毛狗等。藤本植物不发达，常见的有瓜馥木、黄藤、酸藤子等。生长不高，也不粗大。附生苔藓仅在树干基部树皮上有生长。

在群系组的基础上，根据植物种类组成特点，我国季风常绿阔叶林共分为 8 个群系，包括米槠、厚壳桂林群系，刺栲、厚壳桂林群系，锥、厚壳桂林群系，越南栲、黄果厚壳桂林群系，栲树、山杜英、黄杞、木荷林群系，楠木、罗浮栲、青冈林群系，刺栲、栲树、木莲、红木荷林群系和印度栲、刺栲、红木荷林群系。其中，米槠、厚壳桂林群系主要分布于台湾北部海拔 500~700m 以下的丘陵台地，丘陵由砂岩与页岩构成，台地多为第四纪洪积层构成。主要乔木树种除米槠（*Castanopsis carlesii*）、厚壳桂、猴樟（*Cinnamomum bodinieri*）、榕树（*Ficus microcarpa*）外，还有薯豆、黄杞（*Engelhardtia roxburghiana*）、铁冬青（*Ilex rotunda*）、飞蛾槭（*Acer oblongum*）、笔管榕（*Ficus superba* var. *japonica*）等。在较南地段较干燥处则混有少数落叶或半落叶树种，如南紫薇（*Lagerstroemia subcostata*）、重阳木（*Bischofia polycarpa*）、台湾栾树（*Koelreuteria elegans* subsp. *formosana*）、无患子（*Sapindus mukorossi*）等，显示其由热带季雨林向常绿阔叶林过渡的性质。中、下层乔木还有红淡比（*Cleyera japonica*）、栓叶安息香（*Styrax suberifolius*）、香叶树（*Lindera communis*）、台湾枇杷（*Eriobotrya deflexa*）、山龙眼（*Helicia formosana*）、羊仔屎（*Helicia cochinchinensis*）、密花树（*Rapanea neriifolia*）等。有些林段间或有青冈（*Cyclobalanopsis glauca*）占优势，闽南则以米槠占优势。灌木层中有三桠苦、台湾火筒树（*Leea guineensis*）、九节、粗叶木（*Lasianthus chinensis*）等。热带大型木质藤本有榼藤子（*Entada phaseoloides*）、瓜馥木。大型草本有多种树状蕨类植物（*Pteridium* spp.）、海芋（*Alocasia macrorrhiza*）等，并有蕨类、兰类、苔藓和寄生灌木等层间植物出现。

刺栲、厚壳桂林群系主要分布于台湾北部、福建南部和广东、广西的中南部的丘陵地区，多在海拔 500m 以下（个别地区可达 700~1000m）。土壤是砂页岩、花岗岩、石英斑岩、流纹岩等母质风化发育而成的红壤或灰化红壤，土层深厚，多在 1m 以上，表土疏松，富含腐殖质，pH 5~6。群落外貌浓绿色，树冠呈半球形，整齐。上层乔木主要种类除刺栲、厚壳桂外，在闽南还有乌来栲、红鳞蒲桃等；在台中、北部有赤皮青冈（*Cyclobalanopsis gilva*）、樟树、台湾厚壳桂、台湾含笑（*Michelia compressa*）等；在粤东则还有大叶蒲桃、桃叶石楠（*Photinia prunifolia*）等；在桂中还有少量的锥等。此外，常见乔木种类还有硬壳桂、围涎树（*Abarema clypearia*）、黄杞、赤楠（*Syzygium buxifolium*）、山杜英、薯豆、天竺桂、黄樟（*Cinnamomum porrectum*）、黄桐（*Endospermum chinense*）、翻白叶树（*Pterospermum heterophyllum*）等。下层乔木有羊仔屎、毛茜草树、华南茜草树（*Randia racemosa*）、脚骨脆（*Casearia balansae*）、锈毛石斑木（*Rhaphiolepis ferruginea*）、鹅掌柴（*Schefflera octophylla*）和厚叶冬青（*Ilex elmerrilliana*）等。灌木层除耐荫的乔木树种的幼苗外，灌木种类有柏拉木、罗伞树、九节、大叶紫金牛、日本五月茶（*Antidesma japonicum*）、毛五月茶，以及许多草本植物，如三羽新月蕨（*Pronephrium triphyllum*）、华山姜（*Alpinia chinensis*）、竹叶草（*Oplismenus compositus*）、钩毛草（*Pseudechinolaena polystachya*）、卷柏（*Selaginella tamariscina*）、耳草（*Hedyotis* spp.）等。群落特征除表现有板根、茎花、滴水叶尖和绞杀现象外，还有大型木质藤本，如密花豆藤、红叶藤、崖爬藤、花皮胶藤、酸叶胶藤（*Ecdysanthera rosea*）、榼藤子、藤黄檀（*Dalbergia hancei*）等。林中也有野芭蕉、海芋、桫椤等巨型草本植物，以及石仙桃、鹤顶兰（*Phaius tankervilleae*）等附生植物，呈现出由热带林向亚热带常绿阔叶林过渡的特点。

锥、厚壳桂林群系主要分布于两广中南部海拔 500m 以下的丘陵地区。所在地处于迎风坡，生境条件温暖而湿润；土壤为砂岩和页岩等风化发育成的砖红壤性红壤，土层深厚，表土湿润而疏松，枯枝落叶层厚达 2~3cm，有机质含量丰富，pH 4.5 左右。群落外貌终年常绿，但有一定的季相变化；林冠呈半球形微起伏；结构比较复杂，一般可分 5 或 6 层，其中乔木有 3 层，灌木和草本植物各 1 层。乔木层树种除锥、厚壳桂、黄果厚壳桂外，还有橄榄、乌榄（*Canarium pimela*）、大叶蒲桃（*Syzygium jambox*）、谷木、云南银柴、黄叶树、黄桐、柄果木、岭南山竹子（*Garcinia oblongifolia*）、臀果木（*Pygeum topengii*）等。灌木层种类丰富，主要有罗伞树、九节、柏拉木、箬叶竹（*Indocalamus longiauritus*）、茶杆竹（*Pseudostachyum* spp.）、红鳞蒲桃、笔罗子（*Meliosma rigida*）、柳叶杜茎山（*Maesa salicifolia*）等，以及一些乔木幼树，植株高 1.5~2m，盖度 60%~70%。草本层组成种较单一，主要是一些耐荫性的蕨类植物，如扇叶铁线蕨（*Adiantum flabellulatum*）、沙皮蕨（*Hemigramma decurrens*）、双盖蕨（*Diplazium donianum*）和全缘凤尾蕨（*Pteris insignis*）等。此外，还有珍珠茅（*Scleria chinensis*）、割鸡芒（*Hypolytrum nemorum*）和艳山姜（*Alpinia zerumbet*）等，株高一般为 20cm，层盖度仅 3%~5%。锥、厚壳桂林群系不但乔木高大挺直，而且有不少附生植物，板根发育也比较明显。乔木中还有一些落叶树种，如野漆（*Toxicodendron succedaneum*）、海红豆（*Adenanthera pavonina* var. *microsperma*）、枫香树（*Liquidambar formosana*）等。木质藤本也较多，如扁担藤、假鹰爪、黄藤等。

越南栲、黄果厚壳桂林群系主要分布于桂西南海拔 700~1000m 和桂中海拔 500m 以下的砂页岩山地，由于人为活动的影响，种类组成不太多，但多是南亚热带和热带山地常见的种类，与中亚热带常绿阔叶林种类有较大的差别。上层乔木主要有越南栲、黄果厚壳桂、橄榄、格木（*Erythrophleum fordii*）、广东润楠（*Machilus kwangtungensis*）、大果木姜子（*Litsea lancilimba*）、岭南山竹子、红木荷（*Schima wallichii*）、猴欢喜（*Sloanea sinensis*）、罗浮柿（*Diospyros morrisiana*）等。中、下层乔木种类较多，优势种不够明显。常见有白颜树（*Gironniera subaequalis*）、鹅掌柴、黄牛木、显脉新木姜（*Neolitsea phanerophlebia*）、谷木、光叶山矾（*Symplocos lancifolia*）、疏花卫矛（*Euonymus laxiflorus*）、臀果木等。灌木层有罗伞树、九节、紫玉盘、黄藤等，以及一些乔木幼树。草本植物以高大的蕨类为多，乌毛蕨（*Blechnum orientale*）和金毛狗（*Cibotium barometz*）占优势。此外，还有山姜（*Alpinia japonica*）、鳞毛蕨（*Dryopteris* spp.）等。藤本种类较多，有瓜馥木、买麻藤、红叶藤、亮叶崖豆藤（*Millettia nitida*）、三叶崖爬藤（*Tetrastigma hemsleyanum*）、鸡血藤等。

栲树、山杜英、黄杞、木荷林群系主要分布在闽、粤、桂海拔 500~1000m 低山地带。土壤多以花岗岩、砂页岩形成的山地红壤为主。气候温暖、湿润，林木生长茂盛，但多受人为干扰，有一些次生树种混生。群落中、上层乔木树种除栲树占多数外，还有杜英、黄杞、木荷、多穗石栎（*Lithocarpus polystachyus*）、峨眉栲（*Castanopsis platyacantha*）、厚壳桂、鼠刺（*Itea chinensis*）、红山梅、绒毛润楠（*Machilus velutina*）、橄榄等，也混生一些落叶树种，如野漆、小果冬青（*Ilex micrococca*）、岭南酸枣（*Spondias lakonensis*）、枫香等。中、下层乔木种类，优势种不大明显，常见种类有绿樟（*Meliosma squamulata*）、围涎树、鹅掌柴、臀果木、海南苹婆、山胡椒等。灌木层植物以罗伞树、九节和粗叶木为多，其他常见种有五月茶、算盘子（*Glochidion puberum*）及疏花卫矛等。此外，还有一些藤状灌木，如鹰爪、假鹰爪、瓜馥木、玉叶金花（*Mussaenda pubescens*）等。草本植物层以狗脊和淡竹叶为多，还有华山姜、金毛狗、草珊瑚（*Sarcandra glabra*），以及多种菝葜（*Smilax* spp.）等。

在喜马拉雅山东段的南侧坡海拔 1000~1800m 的山地区，也分布有季风常绿阔叶林的栲树、山杜英、黄杞、木荷林群系，而且森林保存完整，群落高 20~25m，上层优势树种为刺栲、印度栲、蒺藜栲（*Castanopsis tribuloides*）等，其他主要种类还有红木荷、榕（*Ficus* spp.）、紫珠、水东哥（*Saurauia* spp.）、润楠（*Machilus pingii*）、杜英、木兰（*Magnolia* spp.）、喙果皂帽花（*Dasymaschalon rostratum*）等，但也混生了一些中亚热带常绿阔叶林的种类，如毛杨梅（*Myrica esculenta*）、全缘石楠（*Photinia integrifolia*）、青冈等。林下则有竹子、紫金牛（*Ardisia* spp.）等。从群落组成的优势种来看，栲树、山杜英、黄杞、木荷林群系与云南西双版纳山地的季风常绿阔叶林基本相同，应该属于同一群系，但在分布地及群落组成的次要种类上并不完全一致，属于群系内的分异。这一群系分布地因整个地势陡峻，河谷较深，而一方面垂直变化较为明显，另一面其类型之间又有交错分布，表现在群落的种类组成上既有某些热带性树种混生，又有中亚热带常绿阔叶林的树种渗入，使得群落具有更为复杂的过渡性特征。

楠木、罗浮栲、青冈林群系主要分布于滇东南海拔 1200~1500m 的中山石灰山地或半石山地段。生境湿润，土壤为黑色石灰土。上层乔木主要种类为亚热带成分，林下灌木种类热带成分甚多。层间植物较丰富，大型草本和藤本植物多，并有板根现象，呈现热带森林与常绿阔叶林的过渡类型性质。乔木层可分 2 或 3 层，上层高达 20~25m，高大挺直，树冠大，树皮光滑灰白；主要树种有润楠、网脉琼楠（*Beilschmiedia tsangii*）、黄樟、罗浮栲、青冈等。林中混生有赤杨叶（*Alniphyllum fortunei*）、檫木（*Sassafras tzumu*）和木荷等；针叶树有福建柏（*Fokienia hodginsii*）等也是其特点之一。下层乔木一般高 10m 左右，主要有拟白背叶鹅掌柴（*Schefflera hypoleucoides*）、假苹婆（*Sterculia lanceolata*）、野独活（*Miliusa balansae*）、红紫麻（*Oreocnide rubescens*）等。灌木层中有藤卫矛、山柑（*Capparis* spp.）、多种榕属植物（*Ficus* spp.）等，株高一般 2~3m。林下还混生有草果（*Amomum tsaoko*），株高 3~4m，形成一混杂层片。草本层种类以山姜、马蓝（*Pteracanthus* spp.）占优势，此外还散布着多种冷水花（*Pilea* spp.）、七叶一枝花（*Paris polyphylla* var. *chinensis*）、多种楼梯草（*Elatostema* spp.）、二回原始莲座蕨（*Archangiopteris bipinnata*）及桫椤等，显示了林下的阴湿条件。层外植物发达，具有粗大的木质藤本，如瘤枝微花藤（*Iodes seguini*）、多种崖爬藤（*Tetrastigma* spp.）和翼核果（*Ventilago leiocarpa*）等，并有奇异的裂叶崖角藤（*Rhaphidophora decursiva*）、石斛（*Dendrobium* spp.）、巢蕨（*Neottopteris nidus*）和书带蕨（*Vittaria flexuosa*）等附生于树干上，这都显出了本群系的雨林性的一些特点。

刺栲、栲树、木莲、红木荷林群系主要分布于滇东南一带海拔 1000~1500m 山地。土壤为千枚岩、花岗岩、砂页岩风化发育成的山地红壤、黄壤，土体温润，枯枝落叶层深厚，有机质含量丰富。气候较为温暖湿润。群落外貌浓绿而平整，组成种类多以壳斗科、樟科、木兰科、山茶科、金缕梅科等为主。上层郁闭度在 0.8 以上，结构层次多，乔木可分 2 或 3 层，灌木 1 层，草本 1 层。乔木上层高 20~25m，种类以刺栲、栲树、木莲、红木荷为主，其次有杯状栲（*Castanopsis calathiformis*）、粗壮润楠、楠木、合果木（*Paramichelia baillonii*）、马蹄荷（*Symingtonia populnea*）、红花荷（*Rhodoleia championii*）等；林中也有一些落叶树种，如吴萸叶五加（*Acanthopanax evodiaefolius*）、猴欢喜（*Sloanea* spp.）、水青冈（*Fagus longipetiolata*）和多种槭树（*Acer* spp.）等。第二层乔木高 8~10m，全为常绿树种，以樟科（Lauraceae）、山茶科（Theaceae）植物为主，常见的有两种山胡椒（*Lindera* spp.）、草鞋木（*Macaranga henryi*）、滇八角、东方古柯（*Erythroxylum sinense*）和多种山矾等。灌木层较为密集，高 2~3m，常以方竹（*Chimonobambusa* spp.）占优势。还有卵叶锦香草（*Phyllagathis ovalifolia*）、山矾，以及热带性种类柳叶紫金牛（*Ardisia hypargyrea*）、白皮乌口树（*Tarenna depauperata*）、粗叶木和桫椤等。草本植物种类丰富，但分布不匀，以野牡丹科（Melastomataceae）、百合科（Liliaceae）和蕨类较为常见。在不同地段分布有短肠蕨（*Allantodia* spp.）、华东瘤足蕨（*Plagiogyria japonica*）、异药花（*Fordiophyton* spp.）和沿阶草（*Ophiopogon bodinieri*）等。藤本植物和附生植物不发达，常见的有瓜馥木、黄藤等，一般生长不高。

印度栲、刺栲、红木荷林群系基本上分布于哀牢山以西受西南季风控制的地区，为滇中 900~1300m 宽河谷及丘陵低山上的主要植被类型。在热带中低山的山地垂直带上也较普遍，在西双版纳和德宏等地区最低下延至海拔 800m 以上的山地，其分布下界常与热带季雨林、季节雨林相接。群落分布地夏热冬暖，干湿明显。土壤多为砂页岩、页岩或花岗岩发育成的森林红壤土。群落外貌葱郁幽暗，林冠波状起伏，重叠密集，树高 25m 左右，呈暗绿色球状树冠。受干湿季影响，群落雨季期间浓绿或灰嫩绿，干季则呈现出黄褐而暗淡的色彩。群落的结构较复杂，可分为 4 或 5 层，即乔木 2 或 3 层，灌木 1 层，草本 1 层。上层乔木多为亚热带的壳斗科、樟科树种，下层灌木和草本则为热带性种类。乔木上层以印度栲、刺栲、红木荷为常见；在较温润的地段，上层树种中还有思茅栲（*Castanopsis ferox*）、蒺藜栲、银叶栲（*Castanopsis argyrophylla*）、棕毛栲（*Castanopsis tessellata*）、小果石栎（*Lithocarpus microspermus*）、截头石栎（*Lithocarpus truncatus*）等；在较干燥的地区，则出现毛木荷（*Schima villosa*）、械叶黄杞（*Engelhardtia aceriflora*）、茶梨（*Anneslea fragrans*）、云南银柴、野米仔兰（*Aglaia odorata*）、滇蒲桃（*Syzygium yunnanense*）、羊仔屎、围涎树等；在滇南海拔 800~1300m 的山地上，由于森林经常遭受砍伐，而呈萌生林状态。除次生林外，灌木层不甚发达，层盖度多不超过 10%，常见种类为佛掌榕（*Ficus hirta*）、单瓣狗牙花（*Ervatamia divaricata*）、银叶巴豆（*Croton cascarilloides*）、披针叶楠（*Phoebe lanceolata*）、山黄皮（*Clausena* spp.）、三桠苦等。在干燥的林地，林下也有云树（*Garcinia cowa*）、小叶红光树（*Knema linifolia*）等幼树出现。草本层多以毛果珍珠茅（*Scleria levis*）为主。局部还有淡竹叶、求米草（*Oplismenus undulatifolius*），以及棕叶芦（*Thysanolaena maxima*）、类芦（*Neyraudia reynaudiana*）等禾本科高草。林内藤本不多，附生植物极少。除壳状地衣类外，仅有兰科的肉质假鳞茎类的卷瓣兰等存在。本群系目前多已作为用材林或薪炭林。有的地方把它改造成栽砂仁（*Amomum villosum*）、草果等药材的荫蔽林，或改造成樟、茶林。对于分布于山脊或山顶地区的该群系，应加以保护，作为天然水源涵养防护林。

1.2.2 西部季风常绿阔叶林的主要类型

根据《云南植被》（吴征镒等，1987），西部季风常绿阔叶林的外貌表现为林冠浓郁、暗绿色，稍不平整，多波状起伏，以常绿树为主体，掺杂少量落叶树。全年的季相变化为在深绿色背景上，干季带灰棕色，雨季带油绿色，特别在优势树种的换叶期更为明显。

西部季风常绿阔叶林的乔木树种也以壳斗科、樟科、茶科的种类为主。其中，以栲属（*Castanopsis*）、石栎属（*Lithocarpus*）、木荷属（*Schima*）、茶梨属（*Anneslea*）、润楠属（*Machilus*）、楠属（*Phoebe*）等为常见。一般，偏干的地段以壳斗科树种为优势；半湿润处为壳斗科和茶科；湿润处为壳斗科、茶科、樟科；而在潮湿的地段则壳斗科、茶科、樟科、木兰科齐全。此外，还有杜英科、金缕梅科（Hamamelidaceae）、冬青科（Aquifoliaceae）、五加科（Araliaceae）参与其中。常见的乔木上层树种中，栲属有刺栲、印度栲、思茅栲、蒺藜栲、长穗栲（*Castanopsis echidnocarpa*）、小果栲（*Castanopsis fleuryi*）、越南栲（*Castanopsis annamensis*）等10余种；石栎类有截头石栎、小果石栎、华南石栎（*Lithocarpus fenestratus*）等10余种。茶科中以红木荷、毛木荷（*Schima villosa*）、茶梨、大头茶（*Gordonia chrysandra*）等为常见。上层树木种类比较丰富。在多石质和较干旱的生境中，乔木层种类不多，优势度很明显，常常以壳斗科的1或2种为优势，林下多见云南银柴、粗叶水锦树（*Wendlandia scabra*）、密花树、余甘子（*Phyllanthus emblica*）等，草本层常以毛果珍珠茅为标志或为优势。在土壤肥厚的湿润生境，乔木种类增多，优势种不太明显，而林下出现较多茜草科（Rubiaceae）、紫金牛科（Myrsinaceae）、大戟科（Euphorbiaceae）、芸香科（Rutaceae）等热带雨林的常见成分。在热带山地的湿润沟谷，林下则出现大羽笔筒树（*Sphaeropteris brunoniana*）、大叶黑桫椤（*Gymnosphaera gigantea*）和披针莲座蕨（*Angiopteris caudatiformis*）等山地雨林的种类。此外，哀牢山以东和以西地区，由于所处地理位置和受季风影响不同，组成森林的植物种类也有较大的差别。就区系成分而言，西部与印度、缅甸、泰国的成分接近，东部与越南和我国广西、华中一带的成分接近。

西部季风常绿阔叶林是具有热带成分的常绿阔叶林。除了乔木上层具有亚热带的几个大科外，次要层中热带成分不少，故种类组成十分复杂。本类植被的偏干类型中，混生少量季雨林的落叶树种，如楹树（*Albizia chinensis*）、毛叶黄杞（*Engelhardtia colebrookiana*）、羽叶楸（*Stereospermum tetragonum*）、羊蹄甲（*Bauhinia purpurea*）、千张纸（*Oroxylum indicum*）等。大体上说，哀牢山以东的季风常绿阔叶林与我国东部类型（特别是广西的季风常绿阔叶林）比较接近，而以西地区则与印度、缅甸、泰国一带热带山地上的"半常绿林"相似。在植物区系上主要属于印度-马来西亚成分。同时，在季风常绿阔叶林分布地区，哀牢山以西思茅松（*Pinus kesiya* var. *langbianensis*）能大片成林，哀牢山以东地区，则为云南松林。

按照乔木上层优势属的组合不同及其反映生境的差异，西部季风常绿阔叶林可以分为以下 6 个群系（吴征镒等，1987）。

1.2.2.1　刺栲、印度栲林群系

本群系乔木上层以喜暖热的栲属植物为主，部分地区混有樟科、茶科的一些种类。植物种类比较简单。主要分布于哀牢山以西的思茅、宁洱、临沧、双江、潞西、盈江一线的以南地区，尤以思茅、西双版纳为多。它分布的海拔为 1000~1500m，在亚热带南部，其下界常与干热河谷植被相接，在热带山地，则为垂直带上的主要类型，其分布上界约为海拔 1500m，逐渐过渡至中亚热带性的山地常绿栎类林。由于人们长期砍伐、烧垦的干扰，目前该群系森林保存不多，且多为萌生灌丛或萌生幼龄林。在该群系原有的分布范围内，目前思茅松林还有大面积分布。在人烟稀少的山地，保留较完整的常绿林仍有一定的面积，但在宽谷盆地附近的低山丘陵已无多残存。然而，这一群系是云南亚热带南部地带性植被的代表之一。

在云南西双版纳热带区域的低山、中山上均有本群系常绿林存在，海拔也在 1500m 以下，如其下界热带性植被遭砍烧，本群系可向下延伸至海拔 800m 处，此时常绿林中混生更多季雨林的落叶树种，具有明显的次生性质。

本群系中，刺栲、印度栲、红木荷等既为优势种又为标志种，伴生的石栎种类也多，其中截头石栎、小果石栎等都为标志种，在个别地段也有以石栎类为优势的森林类型。

本群系按照群落的组成种类、结构和生境的一致性可分以下 3 个群落。

1. 刺栲、毛木荷群落

本群落是刺栲、印度栲林群系中偏湿性的类型。它主要分布在勐海盆地边缘的丘陵上，海拔 1100~1300m。所在地年均温约 18℃，年降水量约 1400mm，最冷月均温 11~12℃，故森林内外的气候条件具有一定的代表性。加以这类森林长期保留，破坏不多，是一类十分难得的成熟林，它对于相同生境下次生林的复原前景具有一定的指示意义。

森林林冠波状，重叠密集，树高约 30m，多暗绿色球状树冠，外貌呈现出一片葱郁幽暗。林内种类十分丰富。森林可分 5 层，即乔木 3 层，灌木、草本各 1 层。乔木上层中壳斗科、樟科、茶科的种类占 63%，上层以下各层热带成分有所增加。

乔木上层高 22~30m，以刺栲为优势（刺栲在以下各层中也较多），其次是毛木荷、桃叶杜英、闽粤石楠、印度栲、红木荷等。树干较直而树皮粗糙，枝下高 10~15m，树冠以球形为多。乔木中层高 12~20m，优势种不明显。常见的种类有小果石栎、截头石栎、山油柑、湄公栲（*Castanopsis mekongensis*）、羊仔屎、白花树（*Styrax tonkinensis*）等，热带成分有所增加。乔木下层高 7~9m，除上层树种外，还有越南茶（*Camellia vietnamensis*）、绒毛泡花树（*Meliosma velutina*）、围涎树、云南蒲桃、灰毛浆果楝（*Cipadessa cinerascens*）等，种类多，且热带成分增多。

灌木层高 1~3m，种类组成以紫金牛科、茜草科、芸香科、大戟科、茶科等的植物

为多，且多呈小乔木状。也见上层乔木的幼树。喜阴的种类有多种紫金牛、糙叶大沙叶（*Pavetta scabrifolia*）、单叶吴萸（*Euodia simplicifolia*）等，喜阳耐旱、耐荫的种类也很常见，如山石榴（*Catunaregam spinosa*）、掌叶榕、毛果算盘子（*Glochidion eriocarpum*）等。季节雨林下常见的分叉露兜树（*Pandanus furcatus*）在本层中也有所见。

因上层覆盖较大，草本层种类和数量均少。常见耐荫湿的植物为姜科（Zingiberaceae）、禾本科（Poaceae）、莎草科（Cyperaceae）等单子叶植物。双子叶植物较少见。

藤本植物的种类多，数量也不少，特别是在林内透光的林窗附近或近沟边的林缘。它们之中有热带的成分。热带地区常见的如长尾红叶藤、断肠草（*Gelsemium elegans*）、酸角叶黄檀等。附生植物不多，常见有瓦韦（*Lepisorus* spp.）、骨牌蕨（*Lepidogrammitis rostrata*）、崖姜蕨（*Pseudodrynaria coronans*）、石斛多种（*Dendrobium* spp.）、凹叶兰（*Cymbidium* spp.）、豆瓣绿（*Peperomia tetraphyllum*）等。也偶见绞杀状的垂叶榕（*Ficus benjamina*）附生。

2. 刺栲、小果石栎、红木荷群落

本群落分布于思茅、宁洱、澜沧、双江、镇沅等地附近的低山丘陵，分布区海拔1200~1500m。分布区年均温 17~18℃，年降水量 1200~1500mm，最冷月均温 10~11℃。因此，在群落的种类组成上，其热带性不如低海拔处强。由于长期人为影响，目前成年林已很少见，而高度 15~20m 的中年林或幼年林则屡见不鲜，常呈不同面积的林片，散布于思茅松林或南亚热带灌木草丛之间。思茅以南小勐养以北尚有大片此类季风常绿阔叶林存在。

该群落高 20m 左右，林冠随山地坡面起伏呈波状。乔木上层明显以刺栲为优势，伴生小果石栎、红木荷、西南桦（*Betula alnoides*）等。印度栲也时有所见，但数量不多。立木下层高 9~16m，以粗叶水锦树、刺栲、小果石栎为优势，伴生围涎树、合果木、多种粗叶木（*Lasianthus* spp.）、草鞋木等。灌木层高一般在 2m 以下，以粗叶木一种为常见，次为三桠苦、山油柑（*Acronychia pedunculata*）等，上层树种刺栲和石栎的苗木也很常见。草本层明显地以黑鳞珍珠茅（*Scleria hookeriana*）为优势，这是偏干性的季风常绿阔叶林林下的主要标志。本群落由于分布区的海拔较高，在种类组成上，掺杂少量中亚热带常见的种类，如滇白珠（*Gaultheria leucocarpa* var. *crenulata*）、云南木樨榄（*Olea yunnanensis*）等，它们不是群落的重要成分。

思茅坝区附近低丘上分布的森林，因人为砍伐过重，现成为萌生幼龄林。林高10~18m，总盖度 75%~95%。由于萌生干多，树干在林内十分密集，从密度看，胸径 22.5cm以上的树干，在 100m^2 中就有 60~100 株。乔木上层的主要种类有长穗栲、小果石栎、刺栲、红木荷、华南石栎等。乔木下层高 4~9m，层盖度 50%左右，除上层老树的萌干以外，还常见毛银柴（*Aporusa villosa*）、老虎楝（*Trichilia connaroides*）、四帽榄、印度栲、围涎树、岗柃（*Eurya groffii*）等。灌木在林下很不显著，稀生而不成层，纤弱细瘦，种类贫乏，仅见三桠苦、密花树，以及多种榕（*Ficus* spp.）、多种黄檀（*Dalbergia* spp.）等。草本层也不发达，以毛果珍珠茅为常见，局部透光处呈优势，此外还常见单芽狗脊蕨（*Woodwardia unigemmata*）、鸭趾草一种（*Commelina* sp.）、大叶仙茅（*Curculigo capitulata*)、三叉蕨一种（*Tectaria* sp.）、金丝草（*Pogonatherum crinitum*）、间型沿阶草（*Ophiopogon intermedius*）等。藤本植物少见，仅局部多粗达 5cm 以上的大果油麻藤（*Mucuna macrocarpa*）缠绕在一些较大的树干上，此外还有菝葜多种（*Smilax* spp.）、鱼藤一种（*Derris* sp.）、素馨多种（*Jasminum* spp.）等。附生植物，如苔藓、地衣均贫乏。本群落中也出现少量滇中一带常绿林中常见的种类，如野漆、米饭花（*Lyonia ovalifolia*）、厚皮香（*Ternstroemia gymnanthera*）等。这类森林的树种组合变化较大，很少在较大地域范围出现一致的情况，它还由于分布的地形，海拔高低，地理位置而存在差异。根据优势种和标志种相结合的原则，思茅分布的这一类群落，基本上与大渡岗的群落属于同一群落类型。

3. 刺栲、印度栲群落

本群落分布于热带地区的山地，海拔为 800~1200m。其下界与热带林相接，或者由于热带林的破坏导致本群落向低海拔地区下延，一般都带有一定的次生性。本群落类型在滇南热带低山十分普遍。它的特点：①以刺栲或印度栲为上层优势，伴生红木荷、茶梨等。各处组成成分变化颇大，上层优势种也不完全一致。即使以其他种类的栲和石栎为优势，但一般都有刺栲、印度栲、红木荷、茶梨参与其中。②落叶成分显著，一般都为热带季雨林或季节雨林的成分，如糖胶树（*Alstonia scholaris*）、绒毛番龙眼（*Pometia tomentosa*）、羽叶楸、南酸枣（*Choerospondias axillaris*）、千张纸等。据统计，此类落叶成分在乔木层中占 10%~20%，因此也有"半常绿林"之称。③无滇中高原常绿林的成分，这是与前两个群落的区别点。④无松柏类针叶树混交，破坏后不能成为思茅松林。这也是与上述两个群落的区别点。⑤本群落附近牡竹（*Dendrocalamus* spp.）常成丛生长，有时出现竹木混交的林片。

这类森林分布在西双版纳、临沧和德宏等地的南部。西双版纳大勐龙的低山是以刺栲、印度栲为上层优势，勐腊、勐仑等地也如此。小勐养稍偏北，也出现以刺栲或印度栲为主的森林。它们中均伴生有红木荷、茶梨等。以小勐养为例，这类森林分布于小勐养海拔 800m 山地的缓坡，林相葱郁。乔木分 2 层，乔木上层高 20~25m，胸径 25~40cm，层盖度达 90%。上层优势种多栲类，以及华南石栎等石栎类。在此类森林的附近山地，常见以刺栲或者印度栲为优势的次生林，高达 10~11m，林木密集郁闭，乔木层盖度均在 65%以上。乔木层种类仍以壳斗科为主体，茶科次之，樟科和木兰科（Magnoliaceae）树种很不显著。此外，还有黄杞（*Engelhardtia spicata*）、杜英、密花树、蒲桃（*Syzygium* spp.）等我国南亚热带常见的物种。

本群落的小乔木或灌木层中，粗叶水锦树、云南银柴、窄序崖豆树、余甘子、紫金牛（*Ardisia arborescens*）较为常见，这反映了较干旱的生境。草本层常以毛果珍珠茅为优势，在上层郁闭度小的林下常占绝对优势。此外还有狗脊蕨、单芽狗脊蕨、曲轴海金沙（*Lygodium flexuosum*）、求米草、山姜、毛蕨（*Cyclosorus interruptus*）、棕叶芦、山菅兰（*Dianella ensifolia*）等。藤本植物不多，有粉背菝葜（*Smilax hypoglauca*）、葛藤（*Pueraria* spp.）、短梗酸藤子（*Embelia sessiliflora*）、油麻藤（*Mucuna* spp.）、买麻藤（*Gnetum* spp.）等。附生植物极少见。本群落还偶见散生棕榈科的大蒲葵（*Livistona saribus*），在多石地上还有散生耐干旱的云南苏铁（*Cycas siamensis*）。这也是本群落的标志之一。

1.2.2.2 小果栲、截头石栎林群系

本群系是栲类石栎林中的偏北或海拔偏高的类型。虽然它属于季风常绿阔叶林范畴，但一定程度带有中亚热带半湿润常绿阔叶林的成分，具有一定的过渡性。这类森林主要分布在滇中南亚热带中山的下部或低山的上部，海拔 1300~1900m，个别达 2100m。本群系有以下特点：①上层以南亚热带常见的壳斗科、茶科的树种为主。②乔木层中伴生少量中亚热带常绿阔叶林中常见种类，但均不为上层优势。③演替系列中，思茅松林占主体地位。本群系分布于滇南高原的北部，如云县、景东、镇沅、峨山、新平等地，海拔 1300~1900m。由于这一带人为活动频繁，原始森林已极少见，目前仅见残留的次生幼龄林或中龄林。森林的林冠外貌稍不整齐，以常绿为主，落叶树很少，结构可分 4 或 5 层。

乔木上层以小果栲和截头石栎为优势（或者有的地段以小果栲为优势，有的地段以截头石栎为优势），而以小果栲的数量为多，本层高 10~15m，胸径 15~35cm，层盖度在 70%以上。除了小果栲和截头石栎外，伴生的其他树种各地点很不一致。这些树种中，属于季风常绿阔叶林中常见的有茶梨、红木荷、刺栲等，属于中亚热带半湿润常绿阔叶林中常见的有元江栲（Castanopsis orthacantha）、黄毛青冈（Cyclobalanopsis delavayi）等，此外还偶见云南黄杞、麻栎（Quercus acutissima）、毛枝青冈（Cyclobalanopsis helferiana）、短花蒲桃（Syzygium brachyantherum）等树种。小乔木层高在 7m 以下。组成种类中仍以小果栲和截头石栎为常见。本层其他种类也很多，属于季风常绿林中常见的有变叶山龙眼、岗柃、滇南木姜子（Litsea garrettii）、密花树、大叶鹅掌柴（Schefflera macrophylla）等，属于中亚热带半湿润常绿阔叶林中常见的有珍珠花、长穗越桔（Vaccinium dunnianum）、马缨花（Rhododendron delavayi）等。各地段小乔木种类的差别也较大。

灌木层（包括藤本）高 0.5~1.5m，一般不发达，层盖度仅 20%~42%，或更小。各地段种类差异较大。常见的有柳叶卫矛（Euonymus salicifolius）、假桂钓樟（Lindera tonkinensis）、小花连蕊茶（Camellia forrestii）、平叶酸藤子（Embelia undulata）、小花酸藤子（Embelia parviflora）、围涎树、长尾红叶藤（Santaloides caudatum）、多花野牡丹（Melastoma polyanthum）、梗花粗叶木（Lasianthus biermannii）、五瓣子楝树（Decaspermum parviflorum）、亮毛杜鹃（Rhododendron microphyton）、地檀香（Gaultheria forrestii）、长齿木蓝（Indigofera dolichochaeta）、水红木（Viburnum cylindricum）等，以及菝葜（Smilax spp.）、悬钩子（Rubus spp.）等藤本的小苗。

草本层高 30~50cm，较稀少，层盖度仅 10%~20%。蕨类植物有耳蕨（Polystichum brunneum）、凤尾蕨（Pteris nervosa）、蕨菜（Pteridium aquilinum var. latiusculum）、芒萁（Dicranopteris pedata）、疏叶蹄盖蕨（Athyrium dissitifolium）等。其他还有拿夏千里光（Senecio nagensium）、云南丫蕊花（Ypsilandra yunnanensis）、阳荷（Zingiber striolatum）、黑酸杆（Polygonum rude）、莎草（Cyperus spp.）等。藤本和附生植物都很少见。

1.2.2.3 罗浮栲、截头石栎林群系

本群系是哀牢山脉以东滇东南非石灰岩山地的一类季风常绿阔叶林。分布的海拔为

1300~1500m。由于所在地受东南季风的影响，气候与哀牢山以西地区有明显的差异。主要是气候偏湿，以及冬季多少受到北方寒潮的影响。据西畴气象记录，年均温 16.7℃，最冷月均温 6.5℃，年降水量 1200mm。土壤为山地黄色砖红壤性土，表土黄褐色，底土棕黄色，表面富含腐殖质，pH 4.7~5.7。植被具有向我国东部地区偏湿的季风常绿阔叶林过渡的特征，其种类组成比较复杂。

群落的优势种不太明显。除罗浮栲稍占优势外，其他种类在不同地段均有不同的优势度。但栲类与石栎类是乔木上层的主要成分。本群系主要分布于滇东南西畴、麻栗坡、马关等地。本群系中植物种类组成丰富，群落分层明显，可分 5 层，即乔木 3 层，灌木和草本各 1 层。

乔木上层高 20~25m，枝下高 10~15m，胸径 20~40cm。本层乔木树干挺直，树皮较光滑，不少种类具有小型的板状根。层盖度约 70%。大树每 100m² 有 3 株，以常绿树种占绝对优势，落叶树只占 10% 以下。主要树种有罗浮栲、杯状栲、截头石栎、水仙石栎、云南柿（*Diospyros yunnanensis*）等。除壳斗科外，茶科、樟科、紫茉莉科（Nyctaginaceae）、金缕梅科、木兰科等亚热带常见的科均有之。毛木荷、刺栲等也时有出现。乔木中层高 12~15m，胸径 10~15cm，层盖度 60% 左右，每 100m² 中约有 10 株。主要种类为梭子果（*Eberhardtia tonkinensis*）、锈毛吴萸叶五加（*Acanthopanax evodiaefolius* var. *ferrugineus*）、披针叶杜英（*Elaeocarpus lanceaefolius*）、鹿角栲（*Castanopsis lamontii*）等。乔木下层高 5~8m，植物生长密集（平均每 100m² 内有 20 株）、茎干细长、冠幅小。层盖度约 62%。除了大量的上层乔木的幼树外，尚有毛枝灰木、密花树、滇粤山胡椒（*Lindera metcalfiana*）、草鞋木等，热带成分较多。

灌木层高 1~4m，平均盖度 32%。本层特点是乔木各层的幼树密集生长，真正灌木植物较少，生长形态似小乔木状。主要种类有梗花粗叶木、柳叶紫金牛、伞形紫金牛（*Ardisia corymbifera*）等，都是一些喜湿耐荫或阴性的种类。

草本层高 0.5~1m，平均盖度 34%。主要种类有大叶黑桫椤、狗脊蕨、江南短肠蕨（*Allantodia metteniana*）等蕨类，形成具有特色的蕨类层片。还有睫萼山姜、海南草珊瑚（*Sarcandra hainanensis*）混生其中，多阴性、耐荫种类。

层间植物、附生苔藓也较常见。木质大藤本较发达，如定心藤（*Mappianthus iodoides*）、买麻藤、茶叶沙拉藤等。附生植物有骨牌蕨、小石仙桃等数种。

从本群系内各植物种类的生活型组成看，以大高位芽植物的种数和盖度为最大。矮高位芽植物的盖度很小，藤本和附生植物较多。这一特点更接近于热带雨林的生活型谱。此外，从叶级看，中叶型占 68%，小叶型占 21.5%，反映了群落所在地的生境较为湿热。这一类型与广西南亚热带非石灰岩地区的类型更为近似，属南亚热带季风常绿阔叶林的湿性类型。

1.2.2.4　楠木、栲树林群系

以润楠属和栲属混交的"樟栲林"比较广泛地分布于广西和云南东南部的石灰岩地区，广西多分布于海拔 700m 左右，而云南都分布在海拔 1250m 以上的山原谷地。这一类森林在云南亚热带南部哀牢山以东的广大石灰岩地区有一定的代表性。目前，云南文山西畴尚有较大面积的石灰岩原始森林。森林高大茂密，而地表则石芽林立，难于通行，成为天然保护下的一片稀有的森林资源。作为桂滇交界地带的石灰岩植被，本群系在植物区系成分上有其独特性，特有种也多。

本群系主要分布于滇东南海拔 1200~1500m 喀斯特地区。分布地石灰岩峰林、槽谷、石芽、溶沟、溶洞、漏斗等均极发达，岩石大面积露出。由于地面长期被原始森林所覆盖，森林对于水源涵养起着积极的作用。土壤为黑色石、灰土，均积存在岩石裂隙中。所在地气候夏秋主要受东南暖湿季风的控制，冬春兼受西风南支急流和北方寒潮的影响，年均温 16~18℃，最冷月均温 6~8℃，年降水量 1200mm。干季常有浓雾弥补水分的不足，全年平均相对湿度达 80%。因此热量与水湿的配合比较适中，有利于植物生长。

群落上层以常绿树为主，混有部分落叶树，呈现出一片苍绿色的色彩，并点缀着黄、褐、紫等色的斑块。每到秋末、夏初，季相变化特别明显。林冠较整齐，由无数球形树冠组合而成。 组成群落的种类成分相当丰富，根据 6 个 400m² 样地的记录，共出现蕨类以上高等植物 292 种，每样地最多 111 种，最少 76 种（吴征镒等，1987）。与附近地区或其他植被类型比较，仅出现于本群落的种类（特征种）特别多，说明群落生境和植被类型本身都是非常特殊的。本群系结构层次可分 6 层，乔木 3 层，灌木 1 层，草本 2 层。

乔木上层高 20~30m，大树胸径 30~50cm，大者可达 70~90cm，层盖度 80%~90%，至少 60%~70%。这一层的主要种类有楠木、栲树、蒙自猴欢喜、蛮青冈等，而石栎类树种则少见。乔木中层高 10~19m，树木胸径 15~20cm，株数较多，层盖度 30%~40%。本层主要种类有苞花藤黄、草叶铁榄、云南崖摩（Amoora yunnanensis）、网脉琼楠等。乔木下层（即小乔木层）高 5~10m，树木胸径 3~7cm，层盖度 20%~40%。本层以异叶鹅掌柴、红紫麻最为常见，也较引人注目，其次为野独活、星毛柏那参（Brassaiopsis stellata）等。

灌木层不发达，一般高 2~4m，层盖度 15%~20%，多上层乔木之幼树。真正灌木种类少见，常见的种类有垂密脉木（Myrioneuron fabri）、蒿香、九节、小芸木（Micromelum integerrimum）等。

草本层很茂盛。通常均高大密集，甚至成半灌木状，多为喜湿的种类，夏季一片碧绿，掩盖着林下崎岖不平的岩石地面。草本可分 2 层。草本上层高 50~100cm，盖度 20%~30%，最大达 60%，常见爵床科（Acanthaceae）1 种成片生长，局部占优势。此外，刻纹冷水花也很醒目。草本下层高 20~30cm，层盖度 50%~60%，几种楼梯草［如小叶楼梯草（Elatostema parvum）、无柄楼梯草等］占绝对优势，几乎满盖石面。还有 1 或 2 种冷水花与几种蕨类，如狭基巢蕨、圆顶耳蕨（Polystichm dielsii）等丛生地面，也很触目。此外，狭翅铁角蕨（Asplenium wrightii）、厚叶铁角蕨（Asplenium griffithianum）等也常见。草本种类繁多，以喜湿耐荫为主。它们在石隙生长，或在石表匍匐附生。有些草本植物具有半附生和附生的特性。全部草本植物中以爵床科、荨麻科（Urticaceae）和蕨类植物为主，其中一些为肉质多浆的喜钙植物。

藤本植物较为发达。粗大如臂的木质藤本屡见不鲜，垂悬于乔木树冠上。其中常见的为葡萄科的几种崖爬藤（Tetrastigma spp.），而数量最多的为茶茱萸科（Icacinaceae）的瘤枝微花藤（Iodes seguini）及鼠李科（Rhamnaceae）的翼核果。附生植物也常见。石面附生较多。树干上除有苔藓、地衣外，也有几种附生的蕨类，如友水龙骨（Polypodiodes amoena）、长柄车前蕨（Antrophyum obovatum）、显脉星蕨（Microsorum *zippelii*）、石莲姜槲蕨（*Drynaria propinqua*）等。附生有花植物有豆瓣绿、显苞芒毛苣苔（*Aeschynanthus bracteatus*）等，兰科的石斛（*Dendrobium* spp.）和羊耳兰（*Liparis* spp.）可达树干上部或树冠下部。

　　群落内植物生活型组成的特点是，常绿阔叶高位芽植物在种数和盖度上占主导地位，落叶阔叶高位芽植物也有一定的数量，这表现了石灰岩植被的基本特征。由于当地湿度条件良好，此类石灰岩植被中，藤本和附生植物发达。从叶级分析中，中叶型占 73.2%，说明生境暖湿。这类森林是石灰岩地区主要的水源涵养林，从发展农业的长远利益着眼，保护现有的石灰岩常绿阔叶林，合理利用其自然资源，是十分重要的。

1.2.2.5　炭栎林群系

　　本群系是常绿的栎属（*Quercus*）与罗汉松属树种混交的森林，与上一群系分布于同一地区。它是石灰岩峰林的山顶部分的一种较为矮生的植被类型。这是一类石灰岩山地上较为特殊又较为古老的植被，长期保留下来，一般极少受到人为影响。植被本身有较多特有的植物种类成分。其中以炭栎为优势或为标志的石灰岩山地季风常绿阔叶林，主要分布于云南文山西畴的石灰岩地区。所在地地貌都为比较一致的喀斯特峰林，海拔1400m 以上至山顶（1500~1700m）。分布区的气候条件与前述楠木、栲树林群系一致。本群系处于峰顶暴露处，故气温及湿度的变化较大。分布地中土壤稀缺，漏水严重，基质干旱比较突出，加以风大、季节干旱突出、干湿交替变化剧烈、日温差变动大等因素，均可造成本群系内的树木旱生特征加强，这主要表现在落叶树种增多，乔木生长低矮，树干弯曲，树冠密集、球状、多分枝等。但是，由于受东南季风的影响，空气湿度较大，也使得林内附生植物发达。

　　本群系的植物种类组成丰富，但分布不均匀，这与分布地生境密切相关，同时也说明这些种类已长期适应于石灰岩山顶的生境，具有高度特殊化的生态适应能力。

　　炭栎林外貌常年以暗绿为基本色调，在夏季，暗绿中出现浅绿；秋季随着部分落叶树的变化，暗绿之中有棕、黄、红；入冬后凋落的落叶树树枝衬托在暗绿树冠之间，季相单调而暗淡。炭栎林结构颇似山地矮林。乔木生长低矮，一般高 7~14m，多从树干基部分枝呈大灌木状，一般每树 2~4 枝，多者可达 7~8 枝。各乔木生长也较密集，每 400m² 内有大小乔木 140~200 株。树木的树干多向坡下方偏斜。树干多弯曲，树皮粗糙。层次结构相当明显，可分 5 层。

　　乔木上层高 7~14m，树木胸径 15~25cm，层盖度 65%~70%。种类组成上除了炭栎、小叶罗汉松占优势外，还有硬叶青冈（*Cyclobalanopsis* spp.）也较多。常见的还有草叶铁榄、树参（*Dendropanax dentigerus*）、交让木（*Daphniphyllum macropodum*）、长花木榄、梭罗树（*Reevesia pubescens*）、冠毛榕（*Ficus gasparriniana*）等。乔木下层高 3~7m，胸径 5~7cm，层盖度 40%~60%。主要种类有云南红豆杉（*Taxus yunnanensis*）、针齿铁仔（*Myrsine semiserrata*）、四籽海桐（*Pittosporum tonkinense*）、拟密花树（*Rapanea affinis*）等，种类较多。

　　灌木层不发达，植株稀散，一般高 1~2m，层盖度仅 15%~20%。本层多见乔木层的幼树。常见的灌木也多少呈小乔木状，它们有佛氏念珠藤、杜鹃、大叶冬青等。

草本层生长也不茂盛，高 5~40cm，层盖度 15%~25%。以多种兰科（Orchidaceae）植物为常见，有的呈石面附生状，肉质耐旱。此外，蕨类植物，莎草科、苦苣苔科（Gesneriaceae）的植物也常见，其中一些也为石面附生植物。苔藓地被层比较发达，厚 1~3cm，层盖度 80% 以上，除布满岩石外，还蔓延至树干基部及枝干上。这正好反映了所在地空气湿度大的生境特点。

藤本植物不发达，仅一些小型藤本攀缘于灌木和乔木上。其中较突出的有藤状灌木，如南蛇藤 1 种（*Celastrus* sp.），攀至 3~4m 处。此外，还有红叶爬山虎（*Parthenociss himalayana* var. *rubrifolia*）、三叶崖爬藤（*Tetrastigma hemsleyanum*）等。1 种藤竹（*Dinochloa* spp.）也时有所见。相反，附生植物很发达，成为本群系的特征之一。在树干、树冠下部都附着或悬挂着苔藓、地衣，以及兰科、苦苣苔科等有花植物，尤以兰科植物为多。据初步统计，本群系中仅兰科植物就有 10 属 31 种以上，多是热带森林中的附生兰，或在此生境有了新的适应的热带东南亚的特有属，常见的为石仙桃属（*Pholidota*）、贝母兰属（*Coelogyne*）、卷瓣兰属（*Bulbophyllum*）中的一些种类。另外，苦苣苔科的肉叶吊石苣苔（*Lysionotus carnosus*）、杜鹃科的腺萼越桔（*Vaccinium Pseudo-tonkinense*）、凹脉越桔（*Vaccinium impressinerve*）等木本附生植物更为特殊。附生蕨类，如穴子蕨（*Prosaptia khasyana*）、波纹蒢蕨（*Mecodium crispatum*）、大果假瘤蕨（*Phymatopteris grillithiana*）也较常见。

1.2.2.6 栎子青冈林群系

这是一类具南亚热带性质的偏温性山地季风常绿阔叶林。它主要分布于滇东南金平的热带山地的中部，海拔 1400~1800m。它的下方逐渐过渡至热带山地雨林；其上方随着海拔升高，则逐渐向山地苔藓常绿阔叶林过渡。所在地土壤为森林黄壤，土层深厚，最深达 150cm。表土因腐殖质丰富而呈褐黑色；中层呈黄色，底层呈灰白色，pH 均为 5.8。母岩为花岗片麻岩，地面无岩石裸露。

本群系以栎子青冈为标志种，与海南岛西部山地海拔 700~1000m 的"山地雨林"颇有相似之处。栎子青冈组成乔木上层的重要成分，但并非优势种。它经常与木兰科的川滇木莲（*Manglietia duclouxii*）、亮叶含笑（*Michelia fulgens*）生长在一起，林下有较多的热带种类。一些喜暖的热带山地裸子植物，如鸡毛松（*Podocarpus imbricatus*）、百日青（*Podocarpus neriifolius*）也常出现在本群系范畴之内。当然，林下的桫椤、分叉露兜树也是标志种类。根据植物种类组成的不同，本群系可分为 2 个群落。

1. 川滇木莲、栎子青冈、鸡毛松群落

本群落分布于云南金平分水岭地区潘家寨后山山脊的侧坡上，海拔 1400~1650m，是这一带林区分布最低的一类常绿阔叶林，估计分布面积不足 200hm²。本群落的下方为漫老河，分布着次生杂木林和耕地。附近沟谷因局部湿热而出现多种热带雨林的藤本、附生等种类。所在地坡向西北，坡度较缓，土壤为森林黄壤。群落外貌苍郁，以深绿色为背景，点缀着淡绿色。林冠较为参差不齐，常有"天窗"出现。群落结构可分 5 层，乔木 3 层，灌木和草本各 1 层。

乔木上层高 20~30m，胸径 25~65cm，层盖度 40%，多为显著的大乔木，树干通直浑圆，分枝高，基部有支柱根，板状根不明显。主要树种为川滇木莲、栎子青冈，其次为四棱蒲桃、刺栲等。此外还有一些栲属树种，如腾冲栲（*Castanopsis wattii*）、刺果米槠（*Castanopsis carlesii* var. *spinulosa*）等。乔木中层高 13~20m，平均胸径 20cm。树冠伞形、宽大、分布于上层树冠的空隙处，层盖度 30%。本层优势种不明显，除上层树种外，尚有红淡 1 种，以及鸡毛松、百日青等裸子植物。乔木下层高 5~12m，平均胸径 10cm，层盖度 40%，以热带林下常见的草鞋木为优势。其次有阴香、粗丝木（*Gomphandra tetrandra*）、锯叶竹节树（*Carallia lanceaefolia*）等种类。灌木层高 0.5~2.5m，高度不一，层盖度可达 40%。种类组成以分叉露兜和粗丝木 1 种为常见。其次也见桫椤、藤竹等种类。草本层平均高 80cm，层盖度 30%，种类很少，其中以毛果珍珠莎最常见，种盖度达 25%。藤本植物少，以多种省藤（*Calamus* spp.）、菝葜为常见。附生植物也少，仅见少量羽藓（*Thuidium* spp.），盖度 3%，厚度仅 1cm，且生长不良。

2. 栎子青冈、亮叶含笑、大八角群落

本群落也分布在云南金平分水岭山地，紧接上一群落，但分布的海拔较高（1650~1800m）。分布的面积不大。坡向东南，坡度较陡，土壤也为森林黄壤。群落外貌郁绿，林冠稍整齐，总盖度达 85%。林冠中亮叶含笑的光亮叶子十分触目。群落结构层次比较明显，可分 4 层，即乔木分 3 层，灌木和草本合为 1 层。

乔木上层高 20~25m，平均胸径 35cm，层盖度 40%。树干通直，树冠较大。组成树种中，栎子青冈比较突出，其次为亮叶含笑，还有冬青（1 种）、杜英（2 种）、刺果米槠、毛木荷等。乔木中层高 10~20m，平均胸径 15cm，层盖度 25%。组成种类除上层乔木外，以大八角、吴茱萸叶五加为常见。乔木下层高 3~10m，平均胸径 8cm，层盖度 30%。种类和个体数量都较多，其中以大八角为优势，还有多花山竹子、密花厚壳桂等成分。乔木上 2 层的幼树也见于本层。灌木层高为 4m 以下，高矮不一，层盖度 60%。组成种类中以两种苦竹为常见，高 2~4m，个别高 6m，盖度达 40%。藤本植物较少，攀缘不高。附生植物不多。树干上的苔藓占树干面积的 10%~20%，仅厚 1cm。

1.3　季风常绿阔叶林干扰方式

干扰是自然界中普遍的现象（Peres et al.，2006；Sheil and Burslem，2003；Connell，1978）。在季风常绿阔叶林植物群落中，发生在不同时空范围的干扰，直接或者潜在地影响着生物有机体的所有水平（Guariguata and Ostertag，2001），对种群、群落和生态系统结构都具有重要的影响（Sletvold and Rydgren，2007）。干扰按起因分为自然干扰和人为干扰，二者是季风常绿阔叶林生态系统退化的两大驱动力。在自然干扰中，由于全球变化的存在，季风常绿阔叶林生态系统不可避免地发生波动，区域地质、地貌、气候和水文等的异常变化加剧了生态系统的不稳定性，促进了生态系统的退化（宋永昌和陈小勇，2007）。在人为干扰中，随着人口的增长、经济的发展及城市化进程的加快，人类对农业土地和木材资源的需求增加，导致对生态系统的干扰进一步加剧（臧润国等，2010），这加快了季风常绿阔叶林生态系统的退化进程。人为干扰和自然干扰相互叠加，使得生态系统退化形势更为严峻（宋永昌和陈小勇，2007）。

1.3.1 人为干扰

尽管人类的历史短于季风常绿阔叶林产生的历史，但在人类产生后，人类活动，特别是大规模的人口扩展，导致森林面积不断减少，而且长期的经营活动正不断改变森林的稳定性和动态过程（臧润国等，2010）。人类社会的经济发展史，特别是土地利用方式的变迁，映射出人类活动在退化植被形成中的决定性作用。我国季风常绿阔叶林分布区处于人类经济活动相对活跃的地区，许多次生植被的形成大都与人类活动息息相关（宋永昌和陈小勇，2007）。

1.3.1.1 森林采伐

在人为干扰中，森林采伐，特别是过度砍伐，是影响森林生态系统动态的最主要的人为干扰方式之一。森林采伐对森林的影响是多方面、多层次的。在个体水平上，森林采伐造成一部分个体的消失；在种群水平上，它影响到种群的年龄结构和性状；在群落水平上，它会极大地影响植被的丰富度、优势度、结构和演替过程；在景观水平上，它会影响到景观的结构和格局。同时，森林采伐也导致微生态环境变化（姜金波等，1995），直接影响到地表植物对土壤中各种养分的吸收和利用（满秀玲等，1998，1997），进而影响到土地覆被的变化，也导致了土壤中的生物循环、水分循环、养分循环的变化（Nygaard and Ejrnaes，2009；Ballard，2000）。在许多地区，大面积采伐使人类干预森林的强度超出了森林生态系统所能承受的极限，从而导致了森林生态系统的退化崩溃。

作为重要的木材生产区域，季风常绿阔叶林区在封建王朝时期便开始遭受采伐。资料记载，宋、明时期，季风常绿阔叶林中部分树种被采伐后用来修建宫室、造船等。新中国成立后，由于各项建设需要大量木材，为求速成，致使大面积季风常绿阔叶林被砍伐，特别是"全民大炼钢铁"时期，即使偏远地区的季风常绿阔叶林也遭受严重破坏。

1.3.1.2 毁林开荒

民以食为天，没有食物，人类便无法生存。我国在清朝康熙以后，人口数量迅速增长，超过了4亿。为了取得足够的粮食，人们不仅开垦了平地和丘陵，而且深入到高山林区，造成大面积的季风常绿阔叶林被破坏。然而，由于开垦方式原始，耕作技术低下，加之部分地区根本不适宜耕种，耕作一两年后便废弃，导致水土流失严重，形成大面积的荒山，部分地区则形成了次生灌丛草地。尽管这些地方经历几百年的演替后也能恢复成季风常绿阔叶林，但由于其时间漫长、所需条件苛刻（在几百年内无再次的人为破坏），因此，这些区域成为当前人工植被恢复的对象（宋永昌和陈小勇，2007）。

1.3.1.3 其他人为干扰

除以上两种人为干扰外，作为重要的早期工业和日常生活能源，季风常绿阔叶林经常被作为薪炭林遭到砍伐破坏，特别是在人类聚集区附近。由于我国南方煤炭资源短缺，早期的陶瓷、冶炼、煮盐等工业所需的能源均来自于木材。此外，人类日常生活所需的能源也来自于木材，且随着人口增加，需求量增大，森林破坏逐渐由居民点附近扩展到深山之中。在人为干扰强度加大、频率增加的条件下，季风常绿阔叶林逐渐丧失了萌生能力，自然恢复受到抑制，特别是在一些种源缺乏的地区，逐渐形成了荒山、荒地。

此外，历朝历代更替所引发的战争也是森林生态系统退化的重要原因之一。战火及战后进行恢复重建均造成大量森林消失，代之而起的是次生林、灌丛或荒漠。

1.3.2 自然干扰

自然干扰是指非人为因素所造成的森林退化。在季风常绿阔叶林区，主要的自然干扰因素包括台风、暴雨、干旱、寒潮等。台风是热带海洋上猛烈的风暴，一般中心风力在 12 级以上，并常伴有暴雨、大风，造成树倒屋毁。在季风常绿阔叶林分布区内，台湾、福建、广东、广西是台风光顾区。台风过后，树木或折断或连根拔起，大面积森林被摧毁。

暴雨作为自然干扰因素，主要分布在台湾、福建、广东、广西等地区。特大暴雨或连续大雨，往往造成山洪暴发、山体滑坡和泥石流，从而导致森林被毁。

干旱则是近年来干扰森林的一种自然现象。干旱的发生，导致水分缺乏。持续的干旱导致树木因缺少水分而死亡。云南近几年的干旱，已经导致部分树木死亡。

此外，寒潮也会引起树木的大面积死亡。作为一种自然灾害性天气，寒潮暴发后，气温迅速降低，形成低温大风或冰冻天气。大量树木由于低温、冰冻或雪压而死亡。我国南方 2008 年的冻害造成了大量树木的死亡。

1.4 季风常绿阔叶林生态学研究现状

1.4.1 群落结构与物种多样性

尽管季风常绿阔叶林分布区域具有一定的局限性，但有关其研究仍涉及方方面面。在群落结构与多样性研究中，李日红（2001）在分析广东鼎湖山季风常绿阔叶林群落基本结构特征时指出，季风常绿阔叶林植物种类具有热带植物丰富、高比例的木本植物及孑遗植物多等特点，但群落季相变化不明显。同时，由于季风常绿阔叶林中具有较多的热带成分，因此，具有板根现象、茎花现象、绞杀现象、附生现象等热带雨林特征（李日红，2001）。

季风常绿阔叶林的物种组成上，在不同生境下略有不同，但基本以壳斗科、樟科和山茶科为主，物种的植物区系上以热带亚洲分布为主（李庆辉和朱华，2007），并具有一定的温带成分，说明季风常绿阔叶林种子植物区系具热带亚洲植物区系的特点，属马来西亚植物区系的一部分，具热带北缘的性质，但同时也呈现出向亚热带植物区系过渡的性质。

从群落外貌来看，季风常绿阔叶林植物生活型以高位芽植物占优势，尤其是中高位芽植物；在叶级谱上以中叶级比例最大，其次是小叶级，再次是大叶级；在叶的性状上，单叶、革质、全缘植物占主体优势（李冬等，2006）。在垂直结构上，季风常绿阔叶林具有明显的层次结构：乔木层、灌木层、草本层及层间植物。在人为干扰严重林分内，树木个体以中小径级树木为主，而在某些老龄林中，则存在一定数量的大径级树木。

相比于热带雨林，季风常绿阔叶林物种多样性明显偏低（宋亮等，2011；李冬等，2006）。在 2500m² 的样地中仅有维管束植物 123 种，乔木 60 种（李冬等，2006），Shannon-Wiener 指数明显偏低（宋亮等，2011；李冬等，2006），且随生境的不同而存在较大差异（刘文平等，2011），具有明显的区域特征，同时受取样尺度影响（王志高等，2008）。同时，研究发现，季风常绿阔叶林中具有较高的木质藤本多样性（袁春明等，2010a），这与其分布范围、生境条件及人为干扰等有关。

1.4.2　生物量与碳储量

森林生物量是森林在一定时空范围内生物个体或群体的有机质量。森林生物量包括林木的生物量（根、茎、叶、花果、种子和凋落物等的总质量）和林下植被层的生物量，它是评判森林生态系统结构及功能优劣的最基本指标，综合体现环境质量的高低。在云南的普洱地区，季风常绿阔叶林短刺栲（*Castanopsis echidnocarpa*）群落 12 年生幼龄林总生物量为 92.875t/hm²，其中树干所占比例最高，为 47.57%，其次为根、枝、叶、凋落物（党承林和吴兆录，1992）。生物量随径级的增加呈现先增后减的趋势，主要集中于胸径 4~12cm 的立木中。在种类分布上，仅短刺栲的生物量比较大，但也只占乔木层生物量的 1/6，其余种类均在 1/10 以下。这表明在幼龄阶段，种间的竞争或自然稀疏还不太强烈，短刺栲的优势地位尚未确立。除短刺栲外，生物量较大的种类还有齿叶黄杞（占 9.4%）、小果栲（占 8.71%）和余甘子（占 8.31%）。群落乔木层生物量的种类分配中没有一个树种占绝对优势，但栲属和石栎属的生物量仍十分瞩目。栲属的短刺栲、小果栲、思茅栲和银叶栲等 4 个树种的生物量共 30.35t/hm²，占乔木层生物量的 1/3 以上，石栎属的华南石栎、平头石栎、截果石栎和粗穗石栎等 4 个种生物量共 10.2t/hm²，占 1/8（党承林和吴兆录，1992）。栲属和石栎的生物量占总量的 1/2。因此，幼龄林阶段是以短刺栲为代表的、以多种栎类树种组成为主的群落。

除栎类外，其他常绿树的生物量以齿叶黄杞最大，达 7.558t/hm²，其余种类都在 3% 以下。尽管常绿树种种类及数量均较多，但生物量只有栎类的 1/2。而落叶树种尽管只有 8 种，但生物量占总量的 1/5。因此，落叶树种的生物量也是幼龄林乔木层生物量的重要组成部分。

但在 42 年生的中龄林中，总生物量为 166.956t/hm²，不同器官生物量所占比例由高到低依次为树干、枝、根、叶、凋落物（党承林和吴兆录，1992）。生物量随径级的增加也呈现先增后减的趋势，主要集中于胸径 20~36cm 的立木中。在种类分布上，优势种短刺栲的生物量高达 100.283t/hm²，占乔木层生物量的 3/5 以上，成为构成群落生物量的主体。生物量较高的种类还有杯状栲、华南石栎和西南桦，其余种类均在 3% 以下。

与幼龄林相比，中龄林乔木层生物量主要集中在少数几个栎类树种中的现象更为突出。5 个栎类树种的生物量达 128.009t/hm²，占 4/5，其余 24 种占 1/5 以下。在栎类中，栲属的生物量比石栎属更具优势，栲属 4 个种的生物量占 73.5%，石栎属 1 种仅占 7.9%（党承林和吴兆录，1992）。因此，在中龄林阶段形成了以短刺栲占绝对优势的、栲属和石栎属组成的稳定群落。但在中龄林阶段，所有落叶树种总生物量仅占 1/20，因此，落叶树种的生物量在群落中居极次要地位。

生物量主要考虑活立木部分，而森林碳储量除包含森林生物量碳的部分外，还包括死木、林下凋落物，以及土壤中的碳。因此，森林生物量与碳储量既有联系，又有区别。季风常绿阔叶林中，森林现存碳储量为 89.75t/hm^2（广东鼎湖山），其中以树干碳储量最大，超过总量的 50%（唐旭利等，2003），随后由大到小依次为枝、根、叶。季风常绿阔叶林碳储量的大小与森林的发育阶段密切相关（李冬，2006）。森林生态系统的碳储量与储碳能力是一个动态的连续的变化过程，随着林龄的增长，碳素的积累及积累速率均增加。一般来说，成熟林高于中龄林，高于幼龄林。而在不同径级上，碳储量呈现出正态分布（陈章和等，1996）或"M"型分布（唐旭利等，2003），并且主要集中于主林层树木（唐旭利等，2003）。与其他森林植被相似，季风常绿阔叶林碳储量也随环境条件的不同而有所差异。例如，在云南西双版纳的季风常绿阔叶林中，尽管幼龄林碳储量最小，但其数值也达到了 202.43t/hm^2，而成熟林高达 265.21t/hm^2，其中植物活体所占比例最大，占群落碳储量的（54.40±6.47）%，土壤占总碳储量的（42.44±5.53）%（李冬，2006）。与我国其他森林生态系统相比，季风常绿阔叶林成熟林的碳储量略高于我国森林生态系统（植被、凋落物、土壤）的平均碳密度（258.83t/hm^2）（周玉荣等，2000）和鼎湖山南亚热带常绿阔叶林（244.998t/hm^2）（莫江明等，2003）。成熟林植物活体的碳储量低于海南岛尖峰岭热带原始林（207.68t/hm^2）（李意德等，1998），而高于鼎湖山季风常绿阔叶林（89.75t/hm^2）（唐旭利等，2003）、浙江青冈常绿阔叶林（66.113t/hm^2）（李铭红和于明坚，1996），以及我国森林碳储量的平均值（57.07t/hm^2）（周玉荣等，2000）和全球森林碳储量的平均值（86t/hm^2）（Dixon et al.，1994），与鼎湖山南亚热带常绿阔叶林较为接近（154.289t/hm^2）（莫江明等，2003）。成熟林土壤的碳储量高于鼎湖山南亚热带常绿阔叶林（89.128t/hm^2）（莫江明等，2003），低于海南岛尖峰岭热带山地雨林（106.696t/hm^2）（李意德等，1998）和我国森林土壤碳储量的平均值（193.55t/hm^2）（周玉荣等，2000）。季风常绿阔叶林幼龄林、中龄林和成熟林中植被与土壤碳储量的比值依次为：1.15、1.28 和 1.63，平均为 1.36（李冬，2006），表明季风常绿阔叶林碳储量中植物体占的比例较大，可以说植物体是季风常绿阔叶林群落的主要碳库。森林植被碳储量比例高反映了保护好森林对调节大气 CO_2 的重要意义，如果森林一旦被砍伐，意味着森林生态系统短期内将有 1/2 以上的碳向大气释放，长时期内随着水土（包括有机质）流失、土壤有机质氧化分解，森林土壤的碳也将会释放到大气中。

1.4.3　凋落物及其分解

森林凋落物作为森林生态系统物质循环过程中的一个重要物质库，储存了大量的营养物质，是森林土壤自然肥力的重要来源之一。因此，森林凋落物在森林生态系统中占有极为重要的位置，成熟森林的生物量基本上不再增加，植被吸收的养分很少截留于体内，而主要通过凋落物分解回归土壤，形成一个生物小循环。

季风常绿阔叶林年凋落物量为 8.84t/hm^2，与林下凋落物现存量（8.74t/hm^2）相当（张德强等，1998）。凋落物中含有大量的养分元素，如 N、P、K、Ca、Mg、Fe、Mn 等，并且在凋落物不同分解状态下含量不同，如 N、Ca、Mg、Mn 元素含量在未分解层最高，半分解层次之，但 P、K、Fe 在分解层中最高，而在未分解层中最低（张德强等，1998）。

营养元素在各层的分布格局体现了作为顶极群落的季风常绿阔叶林生态系统本身在养分循环和利用效率上的优越性。

季风常绿阔叶林凋落物中的这些养分元素通过凋落物分解释放回土壤中，全年通过凋落物回归土壤的养分量为氮 99.88kg/hm², 磷 15.03kg/hm², 钾 27.01kg/hm², 钙 37.11kg/hm², 镁 12.19kg/hm²（李志安和翁轰，1998）。凋落物分解是一个非常复杂的过程，受气候、土壤、凋落物质量、土壤微生物和土壤动物的影响。土壤动物直接或间接以凋落物为食，能碎裂和研细凋落物，刺激营养的释放或固定，还能增加微生物活性，有利于微生物细胞的散布，因此，土壤动物在森林凋落物的分解中有非常重要的作用。实验研究表明，混合凋落物的分解速率大于单种凋落物（熊燕等，2005）；高温高湿环境下凋落物更易分解；大、中型土壤动物主要影响凋落物分解的前期，而中、小型土壤动物主要影响凋落物分解的中、后期（熊燕等，2005）。森林经过长期的演替，形成结构复杂、物种多样性丰富并且相对稳定的森林生态系统，系统的功能趋于完善。尽管季风常绿阔叶林林下凋落物储量不多，有机物质储量也不丰富，但由于森林地处南亚热带，结构复杂，物种多样性丰富，林下小气候条件特殊，为土壤动物和微生物创造了良好的生活环境，促进了凋落物的分解。由于凋落物分解快，营养物质的循环和周转就快，从而弥补了含量低的不足。这符合顶极群落应具有结构合理和功能完善的特征。

1.4.4　水文特征

森林的水文功能与养分的地球化学循环紧密结合，相辅相成，是生态系统研究中的重要内容。在季风常绿阔叶林中，由于林分结构复杂，对大气降水具有较高的林冠截留率（幼龄林为 24.7%，成熟林为 27.6%）（黄忠良和张志红，2000）。在降水量小于 2mm 时，季风常绿阔叶林林冠截留率为 100%，没有林内雨及树干径流产生（黄忠良和丁明懋，1994）。随着降水量的增大，林冠截留率变小，林内雨及地面径流的量及所占比例增大，树干径流和土壤渗量也呈同样趋势，但其所占比例到了一定降水量量级后呈下降趋势。林冠截留率的季节变化动态与降水量的季节分配有关。由于雨季降雨频度大，林中湿度长期保持在一个较高水平，且每次降雨的雨量大，持续时间长，林冠容量处于饱和状态的时间长，因此林冠截留率低；而在旱季降雨次数较少，降水量也较小，树冠干燥度高，林冠容量处于非饱和状态，其林冠截留率较高。

此外，季风常绿阔叶林中，凋落物层也具有较大的水分保持能力。凋落物层的水文生态功能取决于其蓄水容量，而凋落物层的蓄水容量由它的厚度和持水能力决定。广东鼎湖山季风常绿阔叶林的凋落物层平均年截留雨量 101mm，占年降水量的 4.3%（黄忠良和张志红，2000）。林地凋落物阻滞了降水到达地面后的水平移动，减缓了地面径流的发生，降低了雨水溅击地面的冲击力，从而减少水土流失。

季风常绿阔叶林由于具有良好的土壤结构，有利于渗水、保水，到达地面的雨水入渗率较高，因而，年径流系数特别是地表径流的比率则相对较低。地表径流比率的季节分配（旱季初期最高，旱季后期最低，雨季较高）有利于保持水土和植物生长，而随降水量增加而加大的地表径流系数表明季风常绿阔叶林具有保持水土、削弱洪水的作用及较好的水文效应（黄忠良和张志红，2000）。

大气降雨过程中，除对森林输入水分外，同时也输入森林部分营养元素。大气降雨输入的养分是自然森林生态系统养分的主要来源之一，对森林群落的生长具有重要意义，也是生物地球化学循环在生态系统中的重要组成部分。森林养分的内部循环包括养分由林冠层通过树干流和穿透雨向地下转移，以及地上生物量通过凋落物及分泌物淋溶到土壤两个部分。尽管前者所占比例不高，但其不需要通过任何的土壤分解过程就直接增加了土壤中植物可直接利用的养分库，这些养分被认为是森林内部养分循环的重要途径。在季风常绿阔叶林中，降水给季风常绿阔叶林带来大量的养分，特别是氮素的年输入量高达 35.29kg/hm²。淋溶也带来较高的养分归还量，其中钾的淋溶量高达 35.65kg/hm²，镁的淋溶量高达 8.9kg/hm²，为林外雨输入的 2.37 倍（黄忠良和张志红，2000）。大气降雨通过树冠及树干后，各养分的浓度发生显著变化，呈现树干径流＞穿透雨＞大气降水的变化趋势（张娜等，2010；黄忠良和张志红，2000）。按穿透雨与大气降雨的养分浓度之比，则 $Ca^{2+} < NO_3^- < Mg^{2+} < NH_4^+ < TOP < TN < TP < H_2PO_4^- < TON < K^+$，穿透雨中 K^+ 浓度是大气降雨的 2.73 倍，TON 为 2.25 倍，穿透雨的平均养分浓度是大气降雨的 1.62 倍（张娜等，2010）。树干径流与大气降雨的养分浓度之比为 $Ca^{2+} < Mg^{2+} < NH_4^+ < H_2PO_4^- < NO_3^- < TN < TOP < TP < TON < K^+$，树干径流中的 K^+ 浓度是大气降雨的 6.09 倍，增幅最大，TON 为 3.43 倍，树干径流中平均养分浓度是大气降雨的 2.96 倍（张娜等，2010）。

1.4.5 其他方面的研究

近年来，有关季风常绿阔叶林的研究，除以上内容外，在植物功能性状、养分含量、景观、生态系统服务功能、土壤养分、林内小气候等方面也开展了相应的工作。

宋娟等（2013）对广东鼎湖山季风常绿阔叶林中的 6 种优势蕨类植物的比叶面积、光合速率、元素含量、构建成本和水分利用效率等叶片性状的环境适应性进行了研究，结果显示，附生蕨类的叶片具有较低的比叶面积和光合速率，较高的构建成本和碳同位素比率，而林下土生蕨类具有较高的比叶面积和较低的碳同位素比率。这些揭示了蕨类植物叶片性状与生境之间具有紧密的相关性。李志安等（1999）则测定了广东鼎湖山南亚热带季风常绿阔叶林黄果厚壳桂群落元素含量特征，发现在植物不同器官中元素含量存在明显差异，并且 N 和 P 含量在不同群落中也存在显著性差异。林媚媚（2009）则在景观层次上对福建季风常绿阔叶林进行了研究，分析了斑块的组成、结构、相似性等内容。孙谷畴和林植芳（1992）测定了广东鼎湖山季风常绿阔叶林树木年轮的 $^{13}C/^{12}C$ 比率，发现这一比率偏离平均值且逐年增大，说明空气中的 CO_2 逐年增高。陈隽和景跃波（2008）评估了云南季风常绿阔叶林生态系统服务功能的经济价值，结果显示云南季风常绿阔叶林涵养水源价值为 2753.51 万元/年，保持土壤的价值为 6588.90 万元/年，固定 CO_2 的价值为 1074.92 万元/年，净化空气的价值为 1972.53 万元/年，4 项合计的总价值平均每年为 1.239 亿元。

在土壤养分方面，季风常绿阔叶林土壤有机碳和全氮的平均值分别为 26.18g/kg（变化范围为 11.43~63.63g/kg）和 2.14g/kg（变化范围为 1.08~4.99g/kg）（张亚茹，2014），并且存在显著的空间异质性，这与森林土壤在不同空间位置上的物理、化学和生物过程有着重要联系，是生态系统内部的生物和非生物过程作用的协同影响；土壤全磷浓度则为 0.26g/kg，有效磷浓度为 4.22mg/kg（莫江明，2005）。季风常绿阔叶林土壤养分含量受土壤酸度影响（刘菊秀等，2003），特别是在表层土壤（0~20cm）中。

在季风常绿阔叶林林内微环境研究中，闫俊华等（2000）分析了广东鼎湖山季风常绿阔叶林小气候特征，研究发现，季风常绿阔叶林冠层顶部的太阳总辐射量年平均为 3488.8MJ/m^2，年平均气温为 19.9℃，年平均相对湿度为 87%，年均蒸散力为 987.50mm，湿润指数为 0.96。蒸散力最大的月份是 7 月，最小的月份是 2 月（闫俊华等，2001）。季风常绿阔叶林土壤表层温度日变化不及空旷地显著，土壤温度在春、夏季节自上而下逐步降低，在秋、冬季节自上而下逐步升高（闫俊华等，2000）。陈进（2011）在分析广东帽峰山季风常绿阔叶林小气候特征时则发现，林内空气温度日变化呈余弦曲线变化，而空气相对湿度日变化呈正弦曲线变化，空气水汽压日变化旱季和雨季分别呈余弦曲线和"W"形曲线变化，太阳总辐射、反射辐射和净辐射日变化呈规则的单峰曲线，大气逆辐射、森林长波辐射日变化呈余弦曲线，长波有效辐射日变化呈波浪形。此外，白昼林内空气温度低于林外，黑夜林内空气温度大于林外，说明森林具有白昼降温、黑夜保温的小气候调节作用。林冠上风速呈波浪式日变化，林冠内风速呈倒"U"形日变化，林冠上光合有效辐射旱季小于雨季，林冠下与之相反。森林内小气候的这些变化特征主要决定于热因子、水因子及光因子。

第二章　季风常绿阔叶林恢复生态学研究进展

2.1　干扰与次生林恢复

干扰是自然界中的普遍现象。在植物群落中，发生在不同时空范围的干扰直接或者潜在地影响着生物有机体的所有水平（Guariguata and Ostertag，2001）。干扰在不同空间和时间尺度上对种群、群落和生态系统结构具有重要的影响（Sletvold and Rydgren，2007），热带林演替过程中，干扰造成群落物种组成和结构发生变化（Guariguata and Ostertag，2001）。干扰按起因分为自然干扰和人为干扰，而在人为干扰中，森林采伐是影响森林生态系统动态的最主要的人为干扰方式之一。森林采伐对森林的影响包括个体、种群、群落、景观等多个层次。同时，森林采伐也导致微生态环境变化（姜金波等，1995）。在许多地区，大面积采伐导致了森林生态系统的退化崩溃。因此，干扰生态系统的生态恢复成为当前生态学研究中的热点和国际前沿之一（Matthews et al.，2009）。

近一个世纪，强烈的人为干扰使全世界范围内的原始林面积锐减，次生林已成为中国乃至世界森林资源的主体，全世界热带地区有 40%的森林为次生林（Laurance et al.，2004），在中国，次生林已占我国森林资源面积近 1/2，成为中国森林资源的主体（朱教君，2002）。次生林是由于人为破坏性干扰或异常自然干扰，使原始林的林分结构、建群物种组成或基本功能发生了显著变化，经过天然更新或人工诱导天然更新恢复形成的林分（朱教君和刘世荣，2007）。次生林的产生有 2 种途径：一是原始林遭受彻底破坏形成次生裸地，已完全失去了原始森林的环境，以先锋树种为建群种形成次生群落；二是原始林经过多次采伐，破坏程度严重，但群落中仍存在优势种、建群种和伴生种的个体或繁殖体，并有先锋树种侵入，使树种组成较为复杂，具有较大的稳定性。次生林对全球碳循环有重要意义（Wright，2005）。大部分次生林对固碳有重要贡献，但其碳汇要少于原始林（Fahey et al.，2010）；次生林也为野生动物提供栖息地，如热带次生林在 20~40 年内可以恢复动物多样性（Chazdon，2003）。次生林的分布与森林演替的过程有相当大的重叠（Brown and Lugo，1990），次生林恢复的过程实际上是群落向原始林进展演替的过程。演替是一个植物群落为另一个群落所取代的过程，演替理论是恢复生态学的理论基础（彭少麟，2003）。次生林的演替过程大体可分 3 个阶段：①初期，原始林被破坏，先锋树种侵入形成次生林。②中期，林分形成后改变了原来环境条件，一些更适宜树种再次侵入，并逐渐形成新的林分；相反，林分进一步破坏，则向着结构简单，组成单一，生态条件日趋恶化的方向发展。③后期，林分向着原地带性植被方向发展，或向着偏途顶极方向逆行发展（朱教君，2002）。随着原始林或者老龄林面积的逐渐减少，次生林在提供资源，以及加强生态系统服务功能方面的作用将不断提高，因此当前针对次生林的恢复和演替工作开展较多（Guariguata and Ostertag，2001），目前仍是研究的热点之一（Hooper et al.，2004；Holl，1999）。

2.2　次生林恢复中的群落结构与组成

　　植物群落的结构与组成是生态系统功能和过程的基础，可为进一步揭示群落的生态学基础机制提供重要的信息（Loreau et al.，2001）。森林生态系统的结构包括系统中的物种组成和年龄结构。生态系统的退化，致使先前稳定的物种间的相互关系受到破坏，系统中一些原有的物种消失，而一些外来物种得以入侵（刘国华等，2000）。群落结构和组成的变化对受损生态系统十分重要，它可最终导致生态系统的进一步退化（陈小勇和宋永昌，2004）。森林结构和物种组成的恢复速度依赖干扰的类型和程度，如飓风对林冠干扰后恢复就相对快一些，而土壤及地上植被遭到严重干扰后，恢复相对缓慢一些（Chazdon，2003）。在生态恢复的过程中，常常要关注森林群落结构和组成的变化（Lamb et al.，2005；Parrotta and Knowles，1999）。其中，群落结构变化是最容易衡量和解释的，如乔木密度与乔木径级结构的变化成为美国亚利桑那州黄松林火灾后衡量群落恢复中的最简单的指标（Covington et al.，1997）。次生林在不同的龄级物种组成一般变化较大（Peña-Claros，2003），考虑到出生、死亡、迁入和迁出的因素，群落物种组成变化相对于结构反应较慢，同时在不同时空尺度下，物种之间生活史和扩散能力差异导致物种的丰富度和组成的不同（Laughlin et al.，2008）。物种丰富度的增加依赖于物种随机或稳定地在群落中迁入和灭绝（Hubbell，2001），根据最初植物区系假说（hypothesis of initial floristic composition），在演替早期，大量物种迁入（Denslow，1996），干扰后恢复群落中物种数量能够在短时间内达到原始林水平（Aide et al.，2000），由于物种间的竞争使资源（主要是光）随时间迅速减少，越来越多的物种灭绝，同时，当树种的胸径随着林分密度较少增减时，物种的随机灭绝增加（Bruelheide et al.，2011；Hubbell，2001）。负密度制约效应（Condit et al.，1992）和演替后期的种源使演替中期乔木树种丰富度最高，但物种组成恢复通常需要上百年甚至更长的时间（Guariguata and Ostertag，2001），或者无法恢复到干扰前的水平（Chazdon，2008），如马达加斯加由于森林砍伐和农业生产促进了外来入侵植物的定居，而干扰停止后，50~150 年后热带森林物种多样性仍没有恢复（Brown and Gurevitch，2004）。尽管如此，通过与原生植被群落结构与组成的对比，仍能反映出植被恢复的程度，热带林植被恢复研究表明，在一般的干扰强度下，热带林的次生演替需要 40 年即可达到干扰前的物种数量和群落结构（Aide et al.，2000）。秘鲁热带雨林在皆伐后 15 年的恢复中，与原始林相比，胸断面积恢复到 58%~73%，乔木物种丰富度恢复到 45%~68%，为当地森林可持续发展提供了重要的参考。

　　在次生林的演替过程中，不同演替阶段优势种组成有较大差异，如海南岛由弃耕地向热带低地雨林恢复过程中，大戟科（Euphorbiaceae）、山茶科（Theaceae）、胡桃科（Juglandaceae）、壳斗科植物在刀耕火种弃耕地次生林中占优势，而在老龄林中占优势的是龙脑香科（Dipterocarpaceae）、樟科、茜草科（Rubiaceae）、壳斗科和桃金娘科（Myrtaceae）（丁易和臧润国，2011）。同时，由于演替过程中资源利用率、资源的异质性及物种的相互作用的不同（Keeley，2003），物种随演替的进行呈现规律性的变化，在演替初期有大量的物种在群落中累积（Carey et al.，2006），先锋树种可以获取更多的资源从而阻碍演替后期的物种存活而占据优势，而演替后期的物种则只能在先锋物种死亡形成的林隙中成功定居（He and Duncan，2000）。Finegan（1996）将新热带地区 100 年的次生林演替过程分为 3 个阶段，每个阶段的物种组成区别很大，第一个演替阶段过程短暂，草本、灌木和藤本植物在干扰后占据优势，而后，渐渐在出现的先锋树种的林下消失；第二演替阶段的优势种为先锋树种，先锋树种迅速形成一个郁闭的林冠且在第二个演替阶段的优势地位保持 10~30 年（Finegan and Delgado，2000）；第三个阶段是寿命更长的先锋树种取代前一个演替阶段的先锋树种，并在群落中占据优势，可以持续 75~100 年，其中一部分物种仅在演替早期出现（Guariguata and Ostertag，2001），而有些则可以在演替后期继续存活，耐荫树种在演替早期就已经开始定居，并在演替后期占据优势（Peña-Claros，2003；Finegan，1996）。先锋树种的特点是幼苗在林下不能持续生存，其生长和死亡的过程变化迅速，因此作为热带乔木的一个小功能群在次生林更新的研究中备受重视（Dalling et al.，1998a）。在森林恢复的初期，群落内会出现较多需光的先锋树种，往往森林受到的干扰越大，先锋树种的密度和胸高断面积相对未受干扰的群落越大（Laurance et al.，2001）。在热带地区弃耕地的次生林演替是作为不同生活史属性（如种子扩散率、定居条件、生长率、寿命及成熟时的大小）的一组物种定居和替换的过程（Huston and Smith，1987），在演替早期，需光的先锋树种和耐荫树种同时占领弃耕地，一旦形成林冠闭合，先锋种的数量会急剧下降，而耐荫树种将持续定居（Breugel et al.，2007）。在广东鼎湖山季风常绿阔叶林的演替过程中，马尾松（*Pinus massoniana*）的优势地位逐渐消失，而阔叶树种木荷（*Schima superba*）和锥栗（*Castanopsis chinensis*）等优势地位日益巩固，同时中生性树种罗伞（*Ardisia quinque*）和九节等地位也在加强，整个群落向常绿阔叶林演变（周小勇等，2004），随着演替的进展，群落中物种多样性也在增加，优势种的群落结构在改变（方炜和彭少麟，1995）。

2.3　功能群与次生林恢复

功能群是近来物种多样性与生态系统功能关系的研究热点（Wardle and Zackrisson，2005），功能群通常被认为是具有相似结构或在生态系统过程中有相似作用的类群，是联系植物的生理和生态系统过程的纽带，可为研究和预测生态系统在人为干扰下的全球变化提供一种具有时效性和敏感性的方法（Lavorel and Garnier，2002）。植物功能群强调物种在生态系统中的相似生态作用，对森林生态系统功能群的划分多采用间接的生物学、形态学指标（如种子大小和传播方式、木材密度、潜在高度、个体寿命）和演替阶段，如邓福英和臧润国以物种的 7 个功能特性因子（生长型、分布的海拔、林型、木材密度、喜光性、演替地位和寿命）和 9 个林分结构因子对海南岛热带山地雨林天然次生林群落划分出 6 类功能群（邓福英和臧润国，2007）。植物整体性状（如生活型、生长型、植株高度等）通常能够综合反映植物利用空间和资源的能力，以及对周围环境适应的能力，因而是生态学研究中使用最多的功能性状指标，选择与气候条件有关的结构功能特征，如生活型、叶子大小、叶子类型、叶子寿命、光合途径等特征，并归纳结构功能特征是划分功能群方法之一（胡楠等，2008）。例如，Skarpe（1996）在卡拉哈里沙漠稀树草原利用该方法将 65 个种分为 11 个功能群，Denslow（1996）根据植物生长型、个体大小将热带森林植物划分为林冠层乔木、亚冠层乔木、灌木、幼苗、蕨类、木质藤本、棕榈、附生植物等功能群；Lin 和 Cao（2009）将热带亚热带森林从边缘到森林内部分为 3 个功能群：非森林物种、次生林物种和原始林物种。

植物物种多样性、性状与功能群恢复到原生植被状态是生态系统恢复普遍认为的目标（Pywell et al.，2003）。由于不同生活型功能群对干扰的反应存在差异，因此在森林生态系统的恢复过程中某些功能群能够占有优势，且能够执行特定的生态功能（Denslow，1996）。初期裸地条件下的强烈的光照条件和贫瘠的土壤环境成为制约物种的限制因子，先锋物种占据优势；随着演替的进行，土壤条件得以改善，并且具有一定的透光条件，因此阳生性物种是主要物种；随着演替的继续，林下辐射比较小，阳生性物种不能生存，中生性物种则占据了主要的位置（柳新伟等，2006）。在重庆缙云山常绿阔叶林的不同演替阶段植物的生活型中，随着进展演替阶段的逐渐更替，高位芽植物的比例呈递减趋势，地面芽植物、地下芽植物成分有所减少，高位芽的常绿树种会逐渐代替针叶树种（雷泞菲等，2002）。落叶是树木和森林群落的重要功能特征，也是植被分类和划分功能群的重要指标之一（Condit et al.，2000b），在海南霸王岭林区 4 个林龄阶段（5 年、12 年、25 年和 55 年）的刀耕火种弃耕地自然恢复样地中，落叶物种的比例以 5 年恢复群落中最高，而后随着群落演替进程而下降，其个体密度比例和胸高断面积比例也随次生演替的进行发生变化（丁易和臧润国，2008）。藤本植物作为热带和亚热带森林中的重要功能群组成部分，对次生林的演替过程发挥着重要的作用，如在巴拿马的热带低地森林次生林的恢复时间序列中，恢复 20 年和 40 年的林分的藤本植物物种丰富度显著高于恢复 70 年、100 年及成熟林，藤本植物多度下降而平均胸高断面积在增加（Dewalt et al.，2000）。在巴西热带干旱季节雨林的演替序列中，由于支持木和光的利用率达到一个平衡，因此演替中期的藤本植物的密度和多度要高于演替后期（Madeira et al.，2009），同样，海南岛的热带低地雨林的成熟林中藤本植物的胸高断面积要显著高于择伐和皆伐后恢复 40 年的林分（Ding and Zang，2009）。附生植物在热带林的生物多样性保护和养分循环等方面扮演着重要的角色，在热带次生演替过程中附生植物的变化已引起研究者的注意（Wolf，2005）。

2.4 生态恢复过程中物种共存

植物群落生态学研究中一个困扰人们的基本问题目前仍没有得到合理的解释，即在 $1m^2$ 的草地中有近 40 个物种或者 $1hm^2$ 的热带森林中有将近 300 个乔木树种，它们究竟是怎样共存的（Silvertown，2004）。物种共存是群落生态学中一个主要问题，目前有超过 100 种理论机制提出不同的解释（Wright，2002），如种库理论、更新生态位理论、资源比率/异质性假说、竞争共存理论、中性理论等（Hubbell，2006；Hubbell，2001；Bell，2000），在自然群落维持物种多样性的主要机制验证中，生态位分化理论和负密度制约假说从不同角度解释了群落生态中的物种共存。

经典的生态位理论为植物群落的物种共存提供一个很好解释，即生态位分化对保持物种共存十分重要（Levine and Hillepislambers，2009），根据高斯提出的竞争排斥原理，占有相同生态位的物种不能共存，密度制约是森林生态系统中物种共存的重要稳定力量（Comita and Hubbell，2009）。传统的观点认为，各物种特征的权衡和组合的不同决定了其生活史对策的不同，由此决定了各物种在群落中占有的生态位不同，进而决定了多物种的稳定共存（Silvertown，2004；Vandermeer，1972）。生态位是物种在特定尺度下特定环境中的功能单位，包括物种对环境的要求和环境对物种的影响两个方面及其相互作用规律，是物种属性的特征表现（王祥福等，2008；Feinsinger and Spears，1981）。生态位理论的核心思想是一个物种占据一个生态位，显示在有限的资源中，通过生态位分化减少物种间的竞争，促进物种多样性（Mckane et al.，2002）。生态位分化理论能够很好地解释温带森林群落的物种共存问题（Nakashizuka，2001）。在生态位理论的框架下研究者们发展了多种假说来解释群落多物种共存的现象，如 Lotka-Vloterra 竞争模型、竞争-拓殖权衡、资源比例假说、更新生态位理论、储存效应、微生物介导假说等（牛克昌等，2009）。其中，更新生态位理论在近几年逐渐受到重视。更新生态位为不同物种种子生产、传播和萌发所需的条件不同，物种通过不同的更新生态位取得有利的繁殖条件，营养体竞争不利的物种可通过有利的繁殖条件得到补偿，这样的竞争优势在不同的生活史阶段发生变化，从而促进物种共存（Nakashizuka，2001）。例如，Lavorel 和 Chesson（1995）经过研究表明，在局域干扰的斑块生境中，两种一年生植物不同的更新生态位使它们在传播和萌发特性之间存在竞争平衡，从而允许物种共存。

自从 Janzen 和 Connell 在 40 年前研究了热带森林群落中相邻物种易受损害的行为，负密度制约被认为是管理种群动态和促进物种共存重要机制（Zhu et al.，2010；Wright，2002）。负密度制约假说主要描述由于资源竞争、有害生物侵害（如病原微生物侵染、食草动物捕食）等，同种个体之间发生的相互损害行为；它主要强调同种个体之间的相互作用，解释自然群落物种共存的机制。负密度制约机制主要是在小尺度上降低群落内同种个体生长率，同时提高个体死亡率，从而为其他物种的生存提供空间和资源，促进物种共存（祝燕等，2009；Volkov et al.，2005）。负密度制约假说是 Janzen-Connell 假说中的各种密度和距离制约效应的统称，Janzen-Connell 假说认为种子扩散以母株为中心，临近母株的种子和幼苗存在较高的死亡率，这有助于维持热带森林物种多样性。该假说主要包括两部分：一是大部分植物的种子落在母株周围，种子数量常随着远离母株的距离增大而下降，而且随着扩散期间种子产量的波动而变化；二是母株和其种子、幼苗是许多宿主专一的植物病原菌和捕食者的食物来源，这些有害生物导致更多临近母株的种子和幼苗死亡，它们对更新后代的负效应随着远离母株而下降，而幼苗更新存活的概率随着远离母株而增加（He and Duncan，2000）。目前，检验负密度制约假说的主要研究在热带地区开展，而符合负密度制约假说的物种也主要集中在热带地区（Lambers et al.，2002），如 Webb 和 Peart（1999）在对加里曼丹岛 150hm^2 森林幼苗存活更新过程的研究中，证明负密度制约假说支持热带雨林物种共存；我国学者 Zhu 等（2010）通过幼苗树木分布格局与成年树木格局相比来排除生境异质性效应干扰，发现负密度制约在浙江古田山亚热带常绿阔叶林中具有普遍性。

长期以来，生态位分化的思想在研究物种共存机制中占据主导地位，然而生态位理论不能很好地解释热带雨林的物种多样性。这是因为热带雨林物种非常丰富，而且占物种总数 3/4 的是耐荫树种，基于资源分配的生态位理论无法解释这类物种过剩的原因（Hubbell，2006）。而中性理论的提出能很好地解释这一问题，因此其对生态位理论提出挑战（Levine and Hillepislambers，2009）。Hubbell 提出的中性理论是分子进化中性理论在宏观层次上的推广，中性理论是在岛屿生物地理学的扩散装备理论的基础上，从个体水平上提出简单假设，建立统一生物多样性和生物地理学的群落中性理论，以解释不同空间尺度上生物多样性的分布模式和维持机制（Hubbell，2001；Bell，2000）。Hubbell提出的群落中性漂变理论假定在同一营养级物种构成的群落中不同物种、不同个体在生态学上可看成是完全等同的；物种的多度随机游走，群落中的物种数取决于物种灭绝和物种迁入/新物种形成之间的动态平衡。在这一假定之下，该理论预言了两种统计分布。一种是集合群落在点突变形成新物种的模式下其各个物种相对多度服从对数级数分布，另一种是受扩散限制的局域群落，以及按照随机分裂为新物种模式形成的集合群落则服从零和多项式分布。与生态位理论相反，中性理论不以种间生态位差异作为研究群落结构的出发点，而是以物种间在个体水平上的对等性作为前提（周淑荣和张大勇，2006）。在一个中性群落中，所有个体都具有相同的出生率、死亡率和迁移率，一个个体死亡立即被另一个本种或其他的物种个体所代替，但群落的大小保持不变，物种形成和消失之间的平衡维持了群落物种多样性相对的稳定（Hubbell，2001）。该理论在热带雨林群落中也得到验证（Hubbell，2006；Volkov et al.，2003），然而中性理论在草原植物群落中并不能得到很好的验证（Harpole and Tilman，2006）。事实上，中性理论并非对所有群落类型都适用，中性理论也在不断地修正，Hubbell 等在 2008 年针对早期的中性理论进行了修正和拓展（牛克昌等，2009），Volkov 等（2005）将生态位理论中的经典理论——密度限制引入到中性理论中，因此生态位理论和中性理论虽然有激烈的冲突，得出截然不同的结论（Gravel et al.，2006；Leibold and McPeek，2006），但是也在不断地整合（Adler et al.，2007）。Gravel 等（2006）提出了中性-生态位连续体假说。

2.5　次生林恢复中更新策略

森林被人为或自然干扰后，森林更新需要一些植物生命循环，自然更新是森林生态系统自我繁衍的重要手段之一（李小双等，2009），而退化群落中种子库的丧失、种子扩散方式的限制，以及种子被捕食是森林更新的主要障碍（Sansevero et al.，2011）。自然更新涉及植物生活史的一些阶段，如种子生产及幼苗或幼树的定居和存活，它们被认为是自然更新最重要的阶段（Li et al.，2010；Du et al.，2007）。木本植物更新有 2 种方式，即实生更新和萌生更新，实生更新对当地物种多样性的贡献要高于萌生更新，后者对群落结构的影响更大（Holmes and Cowling，1997）。种子常常保持在土壤中作为以前植被的一个记忆，它们常常比成熟林更能抵抗不利的环境（Chang et al.，2001），通过扩散、捕食、保存和萌发形成的种子库已经被认为是促进植被更新和演替的主要力量（Du et al.，2007）。种子库中种子的数量随季节的变化可以作为对种子库进行分类的依据（Shen et al.，2007），同时根据演替阶段和干扰程度的不同，可将种子库分为短暂和持久两种形式（Bekker et al.，1998；Looney and Gibson，1995）。区分短暂种子库和持久种子库的常用方法是利用时间线公历年，如果一个物种在土壤中不能生存 1 年以上，则为短暂种子库，反之，则为持久种子库（Thompson et al.，1993）。Walck 等（2005）考虑到种子的休眠特征，春季萌发和秋季萌发的种子保持休眠状态 1 年，种子在土壤中至少生存到第二个萌发季节，如果只能生存 1 个萌发季节，则作为暂时种子库的一部分；如果种子至少生存到第二萌发季节，则为短期的持久种子库，超过 6 个萌发季节的则为长期的持久种子库。在自然条件下，种子保存在土壤中的过程十分缓慢，因此短寿命的种子多分布在土壤的表面（Bekker et al.，1998）。在草本占优势的群落中，一些原生物种可以产生长寿命的种子，这些种子可以长久保存在土壤中（Cox and Allen，2008），一年生植物比多年生植物更易形成持久种子库（Arroyo et al.，1999）。种子大小与性状对种子库组成特征十分重要，大种子和有大的表面与体积比的种子较少进入土壤里面，而有芒的草本植物形成一个稳定的锚，能在土壤表面迅速萌发，而种子上没有附属物的草本植物（Bekker et al.，1998）或者是早期演替的物种、杂草类植物及外来物种（Decocq et al.，2004）形成了一个种子库。

在考虑森林植物群落通过埋藏的种子进行恢复时遇到了困难，因为大多数典型的耐荫树种并不能形成一个持久种子库（Zobel et al.，2007；Bossuyt et al.，2002），所以一些树种的幼苗以幼苗库的形式长期存在于林下隐蔽的环境中，等待森林冠层林窗出现后才能获得成功更新的机会（Webb and Peart，1999）。植物幼苗在森林中的定居和生长发育是决定种群能否天然更新的重要阶段，而种群更新是决定森林群落演替方向和植被能否恢复的重要过程（李小双等，2009；黄忠良等，2001；Aguilera and Lauenroth，1993）。幼苗的建立常常受到资源限制而在与更大的乔木个体的生存竞争中处于劣势，幼苗阶段显示出较低的存活率，假设乔木个体在生活史的大部分耗费在幼苗库，那么每年存活率略微的下降能显著减少一个幼苗长成大树的概率（Comita and Hubbell，2009）。幼苗阶段是植物生活史中对环境条件反应最敏感的时期，幼苗成功定居并生长发育为成熟个体需要不断地与不利因子抗争（黄忠良等，2001），内因主要是幼苗之间对资源利用的竞争导致种群数量的减少，如负密度制约假说解释了热带森林的幼苗多样性（Wright，2002）。种子的扩散方式常常能提高幼苗的存活率，对许多热带乔木树种来说，光隙对幼苗定居地点十分关键，树种的扩散方式使种子到达光隙的概率提高（Sork，1987）。在群落水平上，种子扩散方式很难被精确评估，因为个体和物种在时空中变异较大，一些扩散模式（风、自体、重力和动物）和载体（蚂蚁、鸟类、蝙蝠、灵长类、啮齿类和有蹄类动物等）可以被观测，如在风速增加的特殊季节中，林隙的位置和大小会影响扩散，降水量、温度及变异的光环境会影响种子产量（Hardesty and Parker，2002），鼠类和甲虫对大种子的传播非常重要（Andresen and Levey，2004）。种子库的组成依赖于现在和以前植物群落的种子生产和组成，以及在当地情况下每个物种的种子寿命，如果群落被干扰，种子库就会干扰原来群落的恢复（López-Mariño et al.，2000）。

先锋树种和耐荫树种在森林演替中的更新策略差异较大。先锋树种种子库更换率、远离母树土壤种子库的种子密度，以及林隙的形成时间都影响其在林隙定居（Dalling et al.，1998b），种子萌发、出苗率及早期定居概率对先锋树种的存活也十分重要（Dalling et al.，1998a）。影响先锋树种的种子利用率因素很多，当成熟先锋树种种群较小时，森林采伐作业使上层土壤被移走或种子被埋葬，导致先锋树种种子库的较少（Howlett and Davidson，2003），小种子的先锋树种萌发时受光照辐射的影响较大，而大种子的先锋树种萌发时受温度波动影响大（Pearson et al.，2002）。先锋树种能在演替初期占据优势，除扩散方式外，种子产量高也是主要原因（Marcante et al.，2009）。耐荫树种常常是演替后期的优势种，一般来说，耐荫树种有两种更新策略，其中之一是幼苗建立，耐荫树种常具有的大种子在郁闭林下比小种子有更高的存活率（Walters and Reich，2000），同时林隙对幼苗的建立作用明显（何永涛等，2000）。在浙江天童山常绿阔叶林演替系列中，栲树（*Castanopsis fargesii*）和木荷能成为演替后期的优势种，这是因为栲树结实能力强、种子萌发率高、产生幼苗较多且萌生能力较强，更新后备充足，而木荷虽然种子在群落中保存时间短而萌发率低，但萌生能力也较强，同时两种物种的分枝能力较强，物质作用面较大（丁圣彦，2001），而马尾松消失的原因主要是该物种所在群落内光照强度过低，常使马尾松更新幼苗处于光补偿点之下，难以正常生长，再加以耐荫树种抑制使其物质合成能力逐渐减弱，以致在常绿阔叶林演替的过程中消失（丁圣彦和宋永昌，1998）。萌生更新是耐荫树种的另一个更新策略，萌生更新因有庞大的母株根系支持，能有效利用土壤中水分和养分资源，在森林群落演替和恢复过程中，通常实生和萌生2种更新方式共同发生作用（李小双等，2009）。Li 等（2010）对哀牢山中山湿性常绿阔叶林土壤种子库和幼苗库的研究发现，在原始林中，耐荫树种在乔木层占有优势，其幼苗在林下非常稀少，同时没有优势种的种子在土壤中发现。在森林树木受到人为或自然破坏以后，残留植物体的萌生是一个普遍存在的现象。通过萌生形成的植株与通过种子萌发形成植株相比，前者具有更快的生长速度，而且通过其原有的强大根系，能更有效利用土壤中的养分资源，同时对环境也具有更强的适应能力（何永涛等，2000）。

2.6　我国季风常绿阔叶林恢复生态学研究现状

森林植被是多数陆地生物赖以生存的最基本要素，因而植被的恢复一直是恢复生态学研究中的核心问题和首要解决目标（彭少麟和陆宏芳，2003）。我国最早的恢复生态学研究始于 20 世纪 50 年代，如广东热带沿海侵蚀地上开展的退化生态系统的植被恢复技术与机制研究（彭少麟，2003），退化生态系统的恢复也是我国生态研究的热点领域（臧润国等，2010；宋永昌和陈小勇，2007；彭少麟和陆宏芳，2003），我国在季风常绿阔叶林的恢复生态学等方面也做了大量工作。特别是中国较早建立的森林生态系统实验站——广东鼎湖山国家级自然保护区和黑石顶自然保护区的季风常绿阔叶林的恢复生态学研究已经取得重要的成果。在亚热带区域，顶极植被常绿阔叶林在不同干扰下逐渐退化为阔叶林、针阔叶混交林、针叶林和灌草丛（李明辉等，2003），我国针对季风常绿阔叶林退化群落特征的研究逐步增加并针对不同退化类型开展了一系列恢复实验，研究表明，最有效和最省力的方法是顺从生态系统的演替发展规律来进行恢复（彭少麟和陆宏芳，2003）。在广东和广西南亚热带地区，通过对季风常绿阔叶林演替的研究，取得大量关于群落结构（周小勇等，2005，2004；方炜和彭少麟，1995）、幼苗更新（柳新伟等，2006；黄忠良等，2001）、养分循环（唐旭利和周国逸，2005；周传艳等，2005；欧阳学军等，2003；尹光彩等，2003）、植物功能性状（彭少麟等，2002）、种群动态（康冰等，2006；周先叶等，2000b；彭少麟和方炜，1995，1994）、生物量（任海和彭少麟，1999）、凋落物（官丽莉等，2004；张德强等，2000）、遗传多样性（王峥峰等，2004，2001）及土壤种子库（黄忠良等，1996）的成果。通过季风常绿阔叶林演替、森林群落多个植物种的演变过程，在群落的物种联结性、相似性与聚类分析、线性演替系统与预测、生态优势度、稳定性与动态测度等方面进行了大量研究，并进行了以种群动态、群落演替过程中的组成和结构动态，以及生理生态等为基础的鼎湖山植物群落演替过程中生态系统的功能研究。这些系列成果的获得形成了鼎湖山生态站从常绿阔叶林动态特征的定量分析到生态系统功能研究的学科特色和优势（丁圣彦和宋永昌，2004）。

相对于两广地区，针对云南季风常绿阔叶林原始林的群落特征（朱华，2007；李冬等，2006a；Zhu et al.，2005；施济普和朱华，2003）、植物地理（李庆辉和朱华，2007）、土壤种子库（唐勇等，1999）、生物量（党承林和吴兆录，1992）的研究较多。而针对退化季风常绿阔叶林在不同的恢复方式与时间下的群落结构与物种的研究甚少。对不同恢复序列中群落的物种-面积曲线、生态位、种间联结、土壤种子库、幼苗库及功能群（如藤本植物及附生维管植物）的变化的研究则相对较少，本书则主要关注这些方面。

2.7　季风常绿阔叶林生态恢复的意义

热带亚热带森林具有巨大的生物量、高生产力和复杂的生物多样性，对改善环境和促进良性生态平衡具有特殊意义（彭少麟，2003）。季风常绿阔叶林是我国南亚热带的地带性植被类型，为热带季雨林或半落叶季雨林向常绿阔叶林过渡的一个类型（宋永昌，2004；吴征镒，1980），是我国最复杂、生产力最高、生物多样性最丰富的地带性植被类型之一，对保护环境、维持全球性碳循环的平衡和人类的持续发展等具有重要的作用，其在维持生物多样性（王志高等，2008）、水土保持（Zhou et al.，2007）、养分循环、碳储量（唐旭利等，2003b）和气候调节（宋永昌等，2005）等生态系统服务功能方面有重要作用。

20世纪，随着人口快速增长导致的对资源和农业土地需求的增加（Tilman et al.，2002；Tilman et al.，2001），大面积原始森林被采伐和火烧（在热带森林中尤其严重）或者转换成农业用地致使生物多样性大量减少（Foley et al.，2005；Laurance et al.，2004；Nepstad et al.，1999），到2000年，约有60%的热带林属于退化生态系统（Chazdon，2003）。恢复生态学在全球退化生态系统大面积增加的背景下应运而生，在20世纪80年代迅速兴起，成为现代生态学的热点之一。生态恢复就是把一个退化的生态系统恢复到一个健康的状态，这样人类才能获得更多的生态系统服务功能（Palmer and Filoso，2009），其目标是恢复到该地区的顶极生态系统（Jackson and Hobbs，2009；Harris et al.，2006），生物多样性保护需要保持或重建与自然生态系统接近的生境，以及保护生态梯度（Sayer et al.，2004）。目前，天然森林退化是自然生态环境恶化的重要因素。因此，退化森林的恢复与重建成为生态学研究的热点和国际前沿学科之一，众多的国际学术组织都将植被恢复作为重要的研究内容（Chazdon，2008）。

我国有几千年的森林砍伐历史，尤其近代工业化的快速发展，使森林的减少更为严重（Liu and Diamond，2005）。20世纪80年代以来，我国逐步认识到森林生态系统的重要性，通过植树造林，使森林覆盖率由1949年的8.6%上升到2003年的18.21%（Trac et al.，2007；Zhang and Song，2006）。人口的快速增长伴随的是农业和城市建设的发展，不合理的管理导致我国森林资源的退化加剧（Li，2004）。现状是我国现有森林生态系统的退化现象十分严重（刘国华等，2000），尤其是在人口密集、经济发达区域的常绿阔叶林多数被人工林和次生灌丛所替代（宋永昌等，2005），大规模发展热带经济作物和经济林是西部南亚热带常绿阔叶林生态环境恶化的主要原因（杨宇明等，2008）。林貌完整的森林都分布在偏僻的山野（吴征镒等，1987）。人类干扰活动导致季风常绿阔叶林的类型和数量减少，取而代之的是大面积处于不同退化程度的次生林、次生灌丛、茶园及人工林等。针对季风常绿阔叶林受干扰后形成的次生林恢复和演替的研究也日益受到重视。近年来，国内外对退化生态系统的研究逐渐增多，主要集中于物种多样性（Powers et al.，2009；Summerville，2008；温远光等，1998）、群落结构（Zahawi and Augspurger，2006；Baer et al.，2004；刘庆等，2004）、群落动态（Crain et al.，2008；Bassett et al.，2005；何海等，2004）、景观（Hill et al.，2008；郭晋平和张芸香，2002）及养分循环（Gamboa et al.，2008；Borders et al.，2006）等方面。大量有关生态恢复方面的工作已经开展，并取得了较为丰硕的成果，这些研究相对集中于砍伐破坏后的森林和放牧干扰下的草地生态系统人工重建，而忽视自然恢复过程。

　　季风常绿阔叶林在我国南亚热带广泛分布。季风常绿阔叶林具有热带向亚热带过渡的性质，群落结构相对复杂，组成种类相对丰富，成为当今地球该纬度带上最具特色、最具研究价值的植被类型之一（叶万辉等，2008），对保护环境、维持全球碳循环的平衡和人类的可持续发展具有极其重要的作用（唐旭利等，2003），并具有极大的生态效益和社会、经济效益。目前，我国对东部南亚热带季风常绿阔叶林恢复的研究投入较多，而对云南亚热带季风常绿阔叶林的恢复研究开展较少。云南南部作为东南亚热带北缘的一部分，以它特殊的生物地理位置一直被国内外学者瞩目，云南南部群落交错区的这种在生态特征和区系组成上介于热带雨林与中亚热带常绿阔叶林之间的热带山地的季风常绿阔叶林，生物多样性十分丰富（施济普和朱华，2003）。在云南，被破坏后的季风常绿阔叶林，随着各种森林保护措施的出台，得以不断恢复，形成了不同恢复时期的季风常绿阔叶林群落，同时在某些偏远地区或保护区内分布着部分原始季风常绿阔叶林（柴勇等，2004），因此，云南季风常绿阔叶林区是研究季风常绿阔叶林不同恢复阶段群落生态学的理想场所。通过对季风常绿阔叶林不同恢复阶段群落物种-面积曲线、结构和物种组成、生态位和种间联结、藤本植物、附生维管植物、土壤种子库及幼苗库等群落生态学及功能生态学的研究，可以初步掌握云南季风常绿阔叶林群落恢复过程中的演替动态规律，建立该地区季风常绿阔叶林的次生演替模式，有助于找出影响季风常绿阔叶林生态恢复的关键因素，这也对抑制退化、促进演替、加快恢复过程、保护森林生态系统服务功能、维护社会稳定和实现地区可持续发展具有重要意义，同时可以为森林生态系统的经营管理和植被恢复提供科学依据。

第三章 西部季风常绿阔叶林生态恢复研究的总体思路

3.1 总体思路和方法步骤

植被恢复的理论基础是生态系统演替理论和潜在植被理论。研究中，次生植被的演替规律主要从群落水平上进行研究，包括群落结构与物种组成、物种共存及功能群等；潜在植被主要包括土壤种子库和幼苗库。在对云南普洱地区季风常绿阔叶林原始林及其不同恢复类型进行详细的群落调查基础上，结合收集到的干扰与恢复方式和时间的资料，确定季风常绿阔叶林不同恢复方式群落序列，在此基础上，研究不同恢复方式季风常绿阔叶林群落的结构与物种组成，并与原始林进行比较，探索恢复群落序列的物种-面积关系，并对恢复群落序列中物种生态位及种间联结进行研究。同时，恢复群落不同功能群如藤本植物及附生植物的研究、土壤种子库与幼苗库的结构及物种组成与原始林的比较分析均是对西部季风常绿阔叶林恢复群落研究的重要补充，这对于全面了解该地区季风常绿阔叶林恢复群落具有重要意义。因此，研究的最终目标为初步明确西部地区季风常绿阔叶林的次生林演替规律，探讨群落中乔木树种在次生演替中竞争与物种共存的现象和原因，了解藤本植物在次生演替中的作用和它对群落其他物种的组成是积极的影响抑或是负面的影响，同时掌握附生维管植物在次生演替过程中的指示作用，试图找出影响群落恢复的关键因素，进一步探讨土壤种子库与幼苗库在植被恢复中的作用和意义，并分析植物化学计量学及植物功能性状在群落恢复中的作用及其相互关系。

研究的主要内容包括以下几个方面。

（1）为准确分析不同恢复阶段季风常绿阔叶林群落结构与物种组成，首先针对西部季风常绿阔叶林进行物种-面积曲线的研究，为群落样地的选择建立理论基础；其次针对不同恢复方式与时间下的恢复群落及原始林进行数量分类。本书采用二元指示种分析（two-way indicators species analysis，TWINSPAN）对该地区恢复群落类型进行数量分类，为随后准确分析不同恢复阶段群落的研究提供理论依据。

（2）根据野外群落的调查数据，对西部季风常绿阔叶林不同恢复群落类型的主要群落特征进行分析。根据演替规律结合恢复方式和时间来确定群落的恢复序列，在此基础上，对主要恢复方式不同恢复阶段群落进行对比分析，内容涉及群落结构、物种组成、物种多样性、生活型、植物地理及种子传播方式等。

（3）物种间的相互作用决定着群落的结构和动态变化，生态位和种间联结是研究植物群落物种间相互作用的有效手段。本书通过对西部季风常绿阔叶林不同恢复阶段群落中乔木优势种之间的相互作用的研究，从生态位和种间联结的角度探讨群落的稳定性及恢复的方向。

（4）土壤种子库及幼苗库一直是植被恢复研究的热点之一，可以为植物群落的演替、更新及被破坏植被的恢复提供物种基础。本书通过对不同恢复阶段土壤种子库的室内萌发实验及幼苗库的野外调查，比较其物种组成及密度的变化，分析其在西部季风常绿阔叶林更新和恢复中的作用。

（5）藤本植物是西部季风常绿阔叶林的重要组成部分，同时其独特攀缘方式影响着森林的恢复和演替，不同恢复阶段藤本植物的物种和攀缘方式组成有很大不同。本书通过对群落中藤本植物的调查，来分析不同恢复阶段群落中藤本植物物种组成、多度、攀缘方式及其与支持木的关系。

（6）附生维管植物对于维持热带森林的物种多样性及其生态系统具有重要作用，附生维管植物对生境的要求非常严格，通常是群落恢复的一个指示物种，原始的季风常绿阔叶林中分布着大量的附生维管植物。本书利用群落调查样地，分析不同恢复阶段群落中附生维管植物物种组成、多度、分布及其对寄主的选择。

（7）植物功能性状是当前生态学中研究的热点内容之一。利用植物功能性状指示群落恢复状态是当前恢复生态学中的研究的主要内容。本书利用获得的植物功能性状数据，比较分析不同恢复阶段群落各功能性状数量上的差异，并通过主因素分析，探索不同恢复阶段的指示性植物功能性状及其数值范围。

（8）化学元素是生物体最本质的组成成分，它能够对有机体的许多行为进行有序调控。C、N、P作为植物的基本化学元素，在植物生长和各种生理调节机能中发挥着重要作用。作为重要的生理指标，$C:N$和$C:P$的值反映了植物生长速度，并与植物对N和P的利用效率有关，$N:P$则是决定群落结构和功能的关键性指标，并且可以作为对生产力起限制性作用的营养元素的指示剂。因此，研究C、N、P在植物群落中的含量和比值十分必要。本书通过分析不同恢复阶段群落中植物与土壤C、N、P含量及其比值的变化，试图寻找植物化学计量学与群落恢复及群落结构之间的关系，从而为进一步分析群落演替奠定基础。

3.2　研究地点自然概况

3.2.1　自然与气候概况

研究区域位于云南省中南部的普洱市所辖依像镇、翠云区和太阳河自然保护区，地理位置为22°35′N~22°45′N，100°56′E~101°6′E，海拔为900~1707m，处于滇南热带与南亚热带的分界和过渡位置（朱华等，2000），属南亚热带高原季风气候，夏秋季主要受印度洋西南季风暖湿气流影响，夏秋季多雨，冬春季干旱，干湿季分明，年降水量1547.6mm，雨水主要集中在5~10月，占全年降水量的87.3%，年平均蒸发量1590mm，相对湿度82%，年平均气温17.7℃，年日照时数2122.9h，≥10℃的积温为6353.5℃。

3.2.2　植被类型

云南普洱地区内分布的主要植被类型为季风常绿阔叶林、思茅松林，同时还有一部分山地雨林和沟谷季节雨林。该区域季风常绿阔叶林见于局部山地、坡面及浅沟部位，其特征是受热带季风影响，林内热带科属数量显著增加，尤其是下层植物热带区系成分占 80%以上，由于处在向热带植被过渡部位，生物多样性比其他亚型更为丰富。本区海拔为 1000~1600m，以喜暖的栲属树种为主，乔木树种以壳斗科、樟科、茶科为主。其中，栲属（*Castanopsis*）、石栎属（*Lithocarpus*）、木荷属（*Schima*）、茶梨属（*Anneslea*）、润楠属（*Machilus*）、楠属（*Phoebe*）等植物为常见，如乔木层上层常见的物种刺栲、短刺栲、截头石栎（*Lithocarpus trauncatus*）、华南石栎、红木荷、茶梨、红梗润楠（*Machilus rufipes*）、普文楠（*Phoebe puwenensis*）等，林内有小板根出现，体现其热带雨林向常绿阔叶林过渡性；而乔木下层较为常见的有隐距越桔（*Vaccinium exaristatum*）、云南银柴、红皮水锦树（*Wendlandia tinctoria*）、密花树（*Rapanea neriifolia*）、余甘子等；灌木层多为乔木层的幼树；草本层常见的有毛果珍珠茅及蕨类植物，同时有多数乔木幼苗；群落内部藤本植物丰富，常见的有大果油麻藤、菝葜（*Smilax* spp.）、相思子（*Abrus precatorius*）、独籽藤（*Celastrus virens*）；在乔木层附生有兰科（Orchidaceae）植物和蕨类植物，如石斛、卷瓣兰（*Bulbophyllum* spp.）等。

思茅松林在普洱地区分布较广，与季风常绿阔叶林两者具有分布和演替上的密切关系。思茅松林是针叶林系列中喜暖热的偏湿类型，由于水热条件充沛，生境暖湿，群落内生物种类丰富。

山地雨林在滇南没有有成带现象，常常分布于水热条件优越的局部山地和沟谷。在太阳河自然保护区，数条箐沟椅状地形就有片段而醒目的山地雨林分布。群落以粗穗石栎（*Lithocarpus grandifolius*）、多种榕树（*Ficus* spp.）占优势，林木高大，树干浅灰白，藤本植物常见，树冠葱茏，常出现滇南红厚壳（*Calophyllum polyanthum*）、细青皮（*Altingia excelsa*）、橄榄、肋果茶（*Sladenia celastrifolia*）等标志性物种。

沟谷季节雨林主要是以绒毛番龙眼、千果榄仁（*Terminalia myriocarpa*）为标志树种的群落。森林外貌和区系组成与泰国清迈、老挝北部热带林相似，受热带季风影响，旱雨季分明，上层耸立于大气层的高大乔木，在全年最热、最旱的时期有一个短暂的新老叶更替期。

3.2.3　土壤概况

云南普洱地区水平地带性土壤为赤红壤。由于地势相对高差较大，立体气候明显，从低到高又形成了赤红壤和红壤两个土类的垂直土壤带。成土母岩主要是紫色砂岩、页岩，局部地区有石灰岩。赤红壤为南亚热带地区的代表性土壤，分布在普洱地区海拔 980~1600m 处；红壤主要分布在海拔 1600m 以上的山体上部（最高 1707m），所占面积较小。

第四章　西部季风常绿阔叶林群落数量分类及其特征

植物群落分类是依据植物群落的特征或属性对植物群落进行划分，是植被生态学最基本也是最复杂的研究内容，并一直受到生态学家的关注（Burke，2001；宋永昌，2001）。常绿阔叶林的复杂性仅次于热带雨林，加之在人类长期干扰下，变化极大，过渡性群落极多，这增加了群落分类的困难（宋永昌，2004）。以 Brown-Blanquet 为代表的法瑞学派通过对植物群落的区系组成的鉴别来划分各种植被类型。数量分析方法从 20 世纪 50 年代开始被引入植物生态学领域，随着计算机技术的发展运算较为复杂的数量分析方法应用于群落分类研究，TWINSPAN 是通过数量分类以指示种来区别群落，客观地将植物群落分门别类，是目前使用最多的数量分类方法（张金屯，2004）。常绿阔叶林退化群落的分类采用的原则常是首先根据生态外貌划分大类，然后依据群落物种组成划分更详细的群落类型（宋永昌和陈小勇，2007）。

植物的区系特征一方面反映退化植被的种类组成、区系成分等基本性质，也反映植被退化的环境特征和退化程度，世界分布属所占的比例可反映某一区域植物区系的退化程度、人类活动的影响强度（王希华等，2005）。对群落物种组成进行地理成分分析有助于了解群落的特点、性质、起源和分布（宋永昌，2001）。包维楷等（2000）通过研究发现，中山湿性常绿阔叶林被砍伐破坏后经过 42 年封山条件下的自然恢复，其区系组成已经与破坏前相似。生活型是各种生态因素对植物综合作用的产物，对群落生态型谱的研究有利于获取群落对特定环境因子的反应、植物利用空间，以及群落中可能存在的竞争关系等信息（Wang et al.，2003）。叶片的性状和大小，对构成群落的外貌特征具有重要的意义，研究群落的叶级谱可以帮助划分群落的群系类型并获得特定气候状况。种子的不同传播方式是植物生活史进化过程中形成的一个非常重要的更新策略，对于恢复群落的种类组成具有相当重要的影响，进而也会影响到群落结构、动态和物种多样性（郑景明等，2004）。演替后期种子传播成为退化群落恢复的主要限制因素之一（王希华等，2005）。

针对原始林及退化的西部季风常绿阔叶林的恢复群落选择典型群落设置调查样地，样地面积为 30m×30m，共设置调查样地 25 块，样地面积共计 2.25hm²。利用网格样方法将样地分割成 36 个 5m×5m 的小样方，在小样方内对所有高度（或长度）≥1.3m 的植物进行单株调查。其中，乔木记录物种名称、高度、胸径、冠幅并进行定位，灌木记录物种名称、高度、胸径并进行定位，藤本植物则记录物种名称、胸径并进行定位。调查过程中同时记录每个样地的郁闭度、海拔、坡度等环境因子。叶面积测定采用叶面积测定仪和直尺直接测量法进行。

利用调查数据计算所有样地中乔木和灌木的重要值，作为确定植物群落类型的重要依据，重要值的计算式：重要值=（相对多度+相对盖度+相对频度）/3×100%。利用二元指示种分析进行群落分类（张金屯，2004）。

区系成分分科属种 3 级进行比较。科的分布区类型根据《世界种子植物科的分布区类型》进行划分；属的分布区类型根据吴征镒的《中国种子植物属的分布区类型》（吴征镒，1991）、《中国种子植物属的分布区类型的增订和勘误》（吴征镒，1993）进行划分；种的分布区类型根据《云南植物志》、《中国植物志》中对各种的分布区的记载，按照吴征镒的属分布区类型进行划分。

科级、属级、种级的区系相似性选用 Sørenson 指数：

$$Sc=2C/(A+B)\times100\%$$

式中，Sc 为相似性指数；C 为除去世界广布种和外来种外甲乙两地共有属数或种数；A 为甲地除去世界广布种和外来种的属数或种数；B 为乙地除去世界广布种和外来种的属数或种数。

生长型分为乔木、灌木、多年生草本、一年生草本、藤本植物、附生植物及寄生植物。

在生活型划分方面，根据丹麦生态学家 Raunkiaer 提出的生活型系统，将维管束植物分为大高位芽植物、中高位芽植物、小高位芽植物、矮高位芽植物、地上芽植物、地面芽植物、地下芽植物及一年生植物等生活型类型。生活型谱：某一生活型的百分率=该地区（或该群落）中某一生活型的种数/该地区（或该群落）中全部种数×100%

叶级谱按照 Raunkiaer 的分类等级进行划分。按照叶面积大小将叶片分为 5 个等级：鳞型叶（0~25mm²）、微型叶（25~225mm²）、小型叶（225~2025mm²）、中型叶（2025~18225mm²）、大型叶（18225~16425 mm²）。叶型分为复叶与单叶；叶质分为革质、纸质/草质、膜质和肉质；叶的生活型分为常绿与落叶。针对每个特征统计其物种数及其占每个群落类型所有物种数的百分比：某一叶型的百分率=该地区（或该群落）中某一叶型的种数/该地区（或该群落）中全部种数×100%（宋永昌，2001）。

种子传播方式：根据种子特征及野外观察，将传播方式分为自体传播、重力传播、鸟类传播、动物传播及风力传播（王希华等，2005）。种子传播方式仅考虑最主要的传播方式，未考虑其余可能方式（宋永昌和陈小勇，2007）。

群落的数量分类利用 PC-ORD5.0 软件进行分析，对群落生活型谱进行相关性分析。所有数据统计分析在 SPSS17.0 中进行，显著度水平为 $P<0.05$。

4.1 群落数量分类

在数据处理过程中，根据物种重要值选用的分级为 5 级：0~0.02、0.02~0.05、0.05~0.1、0.1~0.2、0.2~1，最后列表的最大物种数为 175 种，用来划分的每一组样地个数的最小值为 3（小于 3 的组则不再进行划分），最大划分分级水平为 6。

季风常绿阔叶林恢复群落 TWINSPAN 分类结果显示（表 4-1），所调查样地共划分为 7 个组：第 1 组包括 3 个样地（17、18、19），该群落类型属于针叶林思茅松林（Comm. *Pinus kesiya* var. *langbianensis*）；第 2 组包括 3 个样地（1、2、3），该群落类型属于针阔混交林思茅松、短刺栲林（Comm. *Pinus kesiya* var. *langbianensis*，*Castanopsis echidnocarpa*）；第 3 组包括 7 个样地（4、5、6、7、8、9、10），该群落类型属于季风常绿阔叶林恢复 30 年的短刺栲林（Comm. *Castanopsis echidnocarpa*）；第 4 组包括 3 个

样地（14、15、16），该群落类型属于季风常绿阔叶林的短刺栲、红木荷林（Comm. *Castanopsis echidnocarpa*, *Schima wallichii*）；第 5 组包括 3 个样地（23、24、25），该群落类型属于季风常绿阔叶林恢复 15 年的杯状栲、短刺栲林（Comm. *Castanopsis calathiformis*, *Castanopsis echidnocarpa*）；第 6 组包括 3 个样地（20、21、22），该群落类型属于落叶阔叶林的西南桦、红木荷林（Comm. *Betula alnoides*, *Schima wallichii*）；第 7 组包括 3 个样地（11、12、13），该群落类型属于桉树林（*Eucalyptus* forest）。

表4-1　季风常绿阔叶林恢复群落的TWINSPAN分类结果

Table 4-1　Classification of restoration communities using TWINSPAN in monsoonal broad-leaved evergreen forest

分组	样地号	群落类型
1	17，18，19	针叶林
2	1，2，3	针阔混交林
3	4，5，6，7，8，9，10	季风常绿阔叶林
4	14，15，16	季风常绿阔叶林
5	23，24，25	季风常绿阔叶林
6	20，21，22	落叶阔叶林
7	11，12，13	桉树林

4.2　群落描述

季风常绿阔叶林及其不同恢复群落主要物种重要值如表 4-2 所示。

4.2.1　季风常绿阔叶林

调查的季风常绿阔叶林主要包括 3 个群落类型，即短刺栲、红木荷林，短刺栲林与杯状栲、短刺栲林。

4.2.1.1　短刺栲、红木荷林

短刺栲、红木荷林主要分布在云南普洱太阳河自然保护区，由于地处偏远，较少受到人为干扰，至今还保持着原始状态，群落中有丰富的藤本植物和附生植物，同时存在板根现象。该群落分布海拔为 1250~1600m，坡位中和中上，坡度为 5°~12°。乔木层盖度为 85%~95%，优势种主要为短刺栲、红木荷、杯状栲，主要组成物种有截头石栎、粗穗石栎、粗壮润楠等；灌木层盖度为 60%~65%，主要组成物种以乔木幼树为主，如杯状栲、短刺栲等，真正的灌木种类有小绿刺（*Capparis urophylla*）、景东柃（*Eurya jingtungensis*）、展枝斑鸠菊（*Vernonia extensa*）、小叶干花豆（*Fordia microphylla*）、三桠苦、梯脉紫金牛、猪肚木（*Canthium horridum*）、海南草珊瑚、锯叶竹节树、艾胶算盘子（*Glochidion lanceolarium*）、钝叶黑面神（*Breynia retusa*）、毛果算盘子、粗叶榕（*Ficus hirta*）、大果粗叶榕（*Ficus hirta* var. *roxburghii*）、单叶吴萸、须弥青荚叶（*Helwingia*

表 4-2 季风常绿阔叶林及其不同恢复群落内物种重要值（重要值前 10 位物种）

Table 4-2 Importance value among different restoration communities and monsoonal broad-leaved evergreen forest and its restoration community (The top ten important species)

群落类型	物种	重要值	群落类型	物种	重要值
原始林	短刺栲 Castanopsis echidnocarpa	19.70	针阔混交林	思茅松 Pinus kesiya var.langbianensis	17.42
	红木荷 Schima wallichii	13.28		短刺栲 Castanopsis echidnocarpa	9.53
	杯状栲 Castanopsis calathiformis	6.49		隐距越桔 Vaccinium exaristatum	8.40
	截头石栎 Lithocarpus truncatus	3.51		红木荷 Schima wallichii	7.04
	小叶干花豆 Fordia microphylla	3.41		小果栲 Castanopsis fleuryi	5.48
	华南石栎 Lithocarpus fenestratus	3.39		刺栲 Castanopsis hystrix	5.28
	粗壮润楠 Machilus robusta	2.67		尖叶野漆 Toxicodendron succedaneum var. acuminatum	3.60
	茶梨 Anneslea fragrans	2.58		光叶石楠 Photinia glabra	3.00
	密花树 Rapanea neriifolia	2.41		茶梨 Anneslea fragrans	2.54
	刺栲 Castanopsis hystrix	2.21		密花树 Rapanea neriifolia	2.53
恢复30年	短刺栲 Castanopsis echidnocarpa	27.38	针叶林	思茅松 Pinus kesiya var.langbianensis	30.40
	华南石栎 Lithocarpus fenestratus	5.60		短刺栲 Castanopsis echidnocarpa	7.36
	红木荷 Schima wallichii	4.69		中平树 Macaranga denticulata	4.51
	隐距越桔 Vaccinium exaristatum	3.99		红木荷 Schima wallichii	3.71
	茶梨 Anneslea fragrans	3.69		红皮水锦树 Wendlandia tinctoria subsp. intermedia	3.55
	刺栲 Castanopsis hystrix	3.57		岗柃 Eurya groffii	2.47
	红花木樨榄 Olea rosea	2.96		艾胶算盘子 Glochidion lanceolarium	2.23
	粗壮润楠 Machilus robusta	2.88		余甘子 Phyllanthus emblica	2.22
	密花树 Rapanea neriifolia	2.66		毛银柴 Aporusa villosa	2.14
	毛银柴 Aporusa villosa	2.30		盐肤木 Rhus chinensis	2.04
恢复15年	杯状栲 Castanopsis calathiformis	9.79	落叶阔叶林	西南桦 Betula alnoides	16.52
	短刺栲 Castanopsis echidnocarpa	6.81		红木荷 Schima wallichii	14.59
	小果栲 Castanopsis fleuryi	6.71		岗柃 Eurya groffii	6.02
	母猪果 Helicia nilagirica	5.99		截头石栎 Lithocarpus truncatus	4.78
	华南石栎 Lithocarpus fenestratus	5.92		红皮水锦树 Wendlandia tinctoria subsp. intermedia	4.69
	红叶木姜子 Litsea rubescens	4.33		母猪果 Helicia nilagirica	3.91
	红木荷 Schima wallichii	3.90		红叶木姜子 Litsea rubescens	2.43
	猪肚木 Canthium horridum	3.63		多花野牡丹 Melastoma polyanthum	2.35
	香面叶 Lindera caudata	2.95		短刺栲 Castanopsis echidnocarpa	2.16
	粗叶水锦树 Wendlandia scabra	2.74		小果栲 Castanopsis fleuryi	2.02
桉树林	直杆蓝桉 Eucalyptus maideni	35.54			
	红叶木姜子 Litsea rubescens	12.60			
	岗柃 Eurya groffii	5.61			
	鲫鱼胆 Maesa Perlarius	2.84			
	多花野牡丹 Melastoma polyanthum	2.09			
	红木荷 Schima wallichii	1.96			
	密花树 Rapanea neriifolia	1.58			
	毛银柴 Aporusa villosa	1.41			
	粗壮润楠 Machilus robusta	1.37			
	五瓣子楝树 Decaspermum parviflorum	1.26			

himalaica）、滇南九节（*Psychotria henryi*）、黄毛粗叶木（*Lasianthus rhinocerotis*）、扭子果（*Ardisia virens*）、西南粗叶木（*Lasianthus henryi*）、纤梗腺萼木（*Mycetia gracilis*）、云南瓦理棕（*Wallichia mooreana*）；草本层盖度为 30%~45%，主要组成物种是云南复叶耳蕨（*Arachniodes henryi*）、毛果珍珠茅等；藤本植物主要由大果油麻藤、买麻藤等组成；附生植物主要由鼓槌石斛（*Dendrobium chrysotoxum*）、槲蕨（*Drynaria fortunei*）等物种组成。

4.2.1.2　短刺栲林

短刺栲林主要分布在云南省普洱市翠云区信房水库，森林于 1980 年砍伐后自然更新，群落大藤本、附生植物与板根现象要少于原始林。该群落分布于海拔 1350~1370m，坡位中山坡，坡度为 20°~25°。乔木层盖度为 70%~75%，优势种为短刺栲、华南石栎、红木荷，主要组成物种有粗壮润楠、隐距越桔等；灌木层盖度为 65%，主要是以乔木幼树为主，如短刺栲，真正的灌木种类有景东枬、梯脉紫金牛、猪肚木、多花野牡丹、艾胶算盘子、毛果算盘子、大叶千金拔、粗叶榕、单叶吴萸、秤秆树（*Maesa ramentacea*）、鲫鱼胆（*Maesa Perlarius*）、红花木樨榄（*Olea rosea*）、纤梗腺萼木、羊耳菊（*Inula cappa*）；草本层盖度为 65%~70%，主要组成物种有毛果珍珠茅、狗脊蕨、芒萁等；藤本植物主要是大果油麻藤、独籽藤等；附生植物主要是白点兰（*Thrixspermum centipeda*）、鼓槌石斛等。

4.2.1.3　杯状栲、短刺栲林

杯状栲、短刺栲林主要分布在云南普洱依像镇的大寨小平坝，森林在 1995 年被砍伐后自然更新，群落内基本没有大藤本与板根现象，附生植物多是蕨类植物，数量也较少。该群落分布海拔为 1400~1500m，坡位中山坡，坡度为 18°~25°。乔木层盖度为 65%~70%，优势种为短刺栲、红木荷、杯状栲，主要组成物种有小果栲（*Castanopsis fleuryi*）、母猪果（*Helicia nilagirica*）、华南石栎、香面叶等；灌木层盖度为 40%~50%，主要组成物种以乔木幼树为主，如杯状栲，真正的灌木种类有展枝斑鸠菊、毛管花（*Eriosolena composita*）、三桠苦、小叶臭黄皮（*Clausena excavata*）、猪肚木、猫儿屎（*Decaisnea fargesii*）、多花野牡丹、艾胶算盘子、钝叶黑面神、粗叶榕、单叶吴萸、包疮叶（*Maesa indica*）、细罗伞（*Ardisia tenera*）、红花木樨榄；草本层盖度为 15%~25%，主要组成物种有毛果珍珠茅、狗脊蕨、山菅兰；藤本植物主要是大果油麻藤、多裂黄檀（*Dalbergia rimosa*）等；附生植物主要是二色瓦韦（*Lepisorus bicolor*）、石韦（*Pyrrosia lingua*）等。

4.2.2　针阔混交林

该群落的针阔混交林主要是思茅松、短刺栲林。

该群落类型在云南普洱地区分布较为广泛，样地调查主要是在梅子湖的水源林，林龄 30 年，海拔为 1350~1380m，坡位中或中上坡，坡度为 14°~24°。乔木层盖度为 72%~80%，优势种为思茅松、短刺栲、隐距越桔，主要组成物种有红木荷、小果栲、

刺栲、尖叶野漆（*Toxicodendron succedaneum* var. *acuminatum*）、光叶石楠（*Photinia glabra*）等；灌木层盖度为 55%~65%，主要组成物种以乔木幼苗为主，如短刺栲等，真正的灌木有梯脉紫金牛、思茅厚皮香、展枝斑鸠菊、多花野牡丹、艾胶算盘子、钝叶黑面神、大叶千金拔、单叶吴萸、白檀（*Symplocos paniculata*）、珍珠荚蒾（*Viburnum foetidum* var. *ceanothoides*）、羊耳菊等；草本层盖度为 35%~75%，主要组成物种有芒萁、毛果珍珠茅、淡竹叶（*Lophatherum gracile*）等；藤本植物主要是菝葜、来江藤（*Brandisia hancei*）、相思子等；附生植物较少，主要是麦穗石豆兰（*Bulbophyllum orientale*）等。

4.2.3　针叶林

思茅松林是云南普洱地区主要的针叶林。思茅松为松科（Pinaceae）松属（*Pinus*）常绿乔木针叶树种，自然分布于云南中南部和西南部，是我国西南部南亚热带特有的暖性针叶树种。

思茅松林的调查样地主要分布在普洱曼歇坝，起源是该区域的人工造林，林龄 15 年，海拔为 1260~1290m，坡位中或中上，坡度为 15°~25°。乔木层盖度为 70%~80%，优势种为思茅松，主要组成物种有短刺栲、红木荷、中平树（*Macaranga denticulata*）、红皮水锦树、岗柃等；灌木层盖度为 45%~50%，主要组成物种为乔木幼苗，如短刺栲等，真正的灌木种类有展枝斑鸠菊、山芝麻（*Helicteres angustifolia*）、假地豆（*Desmodium heterocarpon*）、梯脉紫金牛、猪肚木、多花野牡丹、地桃花（*Urena lobata*）、艾胶算盘子、钝叶黑面神、粗叶榕、红花木樨榄、单叶吴萸等；草本层盖度为 30%~40%，主要组成物种有飞机草（*Eupatorium odoratum*）等；藤本植物主要有大果油麻藤等。

4.2.4　落叶阔叶林

西南桦林是调查区域主要的落叶阔叶林。西南桦是我国桦木科（Betulaceae）桦木属（*Betula*）中分布最南的暖热树种，为落叶乔木，主要分布在我国热带山地、南亚热带，以及部分亚热带地区。云南是西南桦天然林的主要分布区域，在植被分区中，红河澜沧江中游常绿栎类、思茅松林区的西南桦分布最为普遍、密集。

该群落类型的调查样地主要分布在云南普洱太阳河自然保护区，起源为季风常绿阔叶林刀耕火种后的弃耕地上自然更新，海拔为 1500~1660m，坡位中到中上，坡度为7°~23°。乔木层盖度为 70%~75%，优势种为西南桦与红木荷，主要组成物种有岗柃、截头石栎、红皮水锦树、母猪果、红叶木姜子等；灌木层盖度为 40%~50%，主要组成物种为乔木幼苗，如红皮水锦树等，真正的灌木有多花野牡丹、海南草珊瑚、三桠苦、猪肚木、艾胶算盘子、钝叶黑面神、大叶千金拔、粗叶榕、广东楤木（*Aralia armata*）、秤杆树、扭子果、西南粗叶木；草本层盖度为 25%~50%，主要组成物种有垂穗石松（*Palhinhaea cernua*）、阳荷等；藤本植物主要物种为大果油麻藤、白花酸藤子（*Embelia ribes*）等；附生植物主要组成物种为大花钗子股（*Luisia magniflora*）、长柄贝母兰（*Coelogyne longipes*）、瓦韦等。

4.2.5　桉树林

桉树（*Eucalyptus* spp.）为桃金娘科桉属（*Eucalyptus*）树种的统称，绝大部分原产澳大利亚及其周围岛屿，是全球三大著名速生造林树种之一，同时也迅速成为我国华南西南地区最主要的纸浆用材树种之一。

桉树林主要是在云南普洱太阳河自然保护区的弃耕地上的人工林。该群落类型海拔为 1350~1415m，坡位中或中上，坡度为 10°~25°。乔木层盖度为 60%~75%，优势种为桉树，主要组成物种为红叶木姜子、岗柃、鲫鱼胆等；灌木层盖度为 45%~60%，主要组成物种为乔木幼苗，如红叶木姜子、岗柃等，真正灌木物种有展枝斑鸠菊、假木豆、绒毛杭子哨（*Campylotropis pinetorum* subsp. *velutina*）、小叶干花豆、毛牛斜吴萸（*Evodia trichotoma* var. *pubescens*）、三桠苦、梯脉紫金牛、海南草珊瑚、多花野牡丹、粗叶榕、刺蒴麻（*Triumfetta rhomboidea*）、地桃花等；草本层盖度为 35%~70%，主要组成物种有飞机草、紫茎泽兰（*Ageratina adenophora*）、芒萁等；藤本植物有独籽藤、大果油麻藤、白花酸藤子等。

4.3　物种及区系组成

经过西部季风常绿阔叶林不同恢复群落的数量分类的分析，可以将其分为自然恢复与人工恢复两个类型，明显存在恢复序列包括：自然恢复为恢复 15 年群落—恢复 30 年群落—原始林，人工恢复为针叶林—针阔混交林—原始林。下面区系组成与生活型的分析主要针对这两个序列展开。

4.3.1　西部季风常绿阔叶林恢复群落物种组成

西部季风常绿阔叶林不同恢复群落中植物科属种组成如表 4-3 所示。在相同的样地面积中，原始林中科属种的种类是 7 个群落类型中最多的，针阔混交林中的科属种是最少的。自然恢复中，在科属种水平上，原始林＞恢复 30 年群落＞恢复 15 年群落，显示出随恢复时间的增加，物种丰富度也逐渐增加；人工恢复中，在科属种水平上，原始林＞针叶林＞针阔混交林。

原始林中含 6 个种及其以上的科有 9 个，分别是：大戟科（9 种）、茜草科（9 种）、蝶形花科（Papilionaceae）（8 种）、樟科（8 种）、山茶科（Theaceae）（7 种）、紫金牛科（Myrsinaceae）（7 种）、姜科（Zingiberaceae）（6 种）、壳斗科（6 种）与兰科（6 种）。恢复 30 年群落中含 6 个种及其以上的科有 7 个，分别是：蝶形花科（9 种）、兰科（8 种）、壳斗科（7 种）、大戟科（6 种）、禾本科（Poaceae）（6 种）、茜草科（6 种）与紫金牛科（6 种）。恢复 15 年群落中含 6 个种及其以上的科有 3 个，分别是：壳斗科（9 种）、大戟科（6 种）与樟科（6 种）。针阔混交林含 6 个种及其以上的科有 2 个，分别是：壳斗科（9 种）与山茶科（6 种）。针叶林含 6 个种及其以上的科有 6 个，分别是：蝶形花科（10 种）、大戟科（9 种）、壳斗科（9 种）、禾本科（6 种）、山茶科（6 种）、樟科（6 种）。

表4-3　季风常绿阔叶林及其恢复群落植物科属种组成

Table 4-3　Constitution of families，genera and species among different restoration communities and monsoonal broad-leaved evergreen forest and its restoration community

群落	分类	蕨类植物	裸子植物	被子植物		合计
				双子叶植物	单子叶植物	
原始林	科数	8	1	50	11	70
	属数	10	1	98	24	133
	种数	11	1	126	32	170
恢复30年	科数	5	2	43	8	58
	属数	6	2	80	21	109
	种数	6	2	95	26	129
恢复15年	科数	4	2	44	7	57
	属数	6	2	69	11	88
	种数	7	2	89	13	111
针阔混交林	科数	5	1	32	6	44
	属数	5	1	61	14	81
	种数	5	1	71	17	94
针叶林	科数	5	2	43	6	56
	属数	6	2	91	12	111
	种数	6	2	110	16	134

原始林中含 3 个种及其以上的属共有 8 个，分别是：菝葜属（*Smilax*）（4 种）、栲属（4 种）、榕属（4 种）、紫金牛属（*Ardisia*）（4 种）、黄杞属（*Engelhardtia*）（3 种）、黄檀属（*Dalbergia*）（3 种）、薯蓣属（*Dioscorea*）（3 种）、算盘子属（*Glochidion*）3 种）。恢复 30 年群落中含 3 个种及其以上的属有 4 个，分别是：栲属（4 种）、菝葜属（3 种）、杜茎山属（*Maesa*）（3 种）、黄檀属（3 种）。恢复 15 年群落中有 3 个种及其以上的属有 4 个，分别是：栲属（6 种）、菝葜属（3 种）、黄檀属（3 种）、榕属（3 种）。针阔混交林中含 3 个种及其以上的属有 3 个，分别是：菝葜属（4 种）、栲属（4 种）、石栎属（3 种）。针叶林中含 3 个种及其以上的属有 6 个，分别是：菝葜属（4 种）、木姜子属（*Litsea*）（4 种）、榕属（4 种）、栲属（3 种）、石栎属（3 种）、紫珠属（*Callicarpa*）（3 种）。

季风常绿阔叶林及其不同恢复群落的科属种的相似性系数如表 4-4 所示。从科的相似性水平上，季风常绿阔叶林原始林与恢复群落类型相似性的程度为：恢复 30 年群落＞针叶林＞恢复 15 年群落＞针阔混交林；从属种的相似性水平上，季风常绿阔叶林原始林与恢复群落类型相似性的程度为：恢复 30 年群落＞针阔混交林＞针叶林＞恢复 15 年群落。

4.3.2　西部季风常绿阔叶林不同恢复群落类型植物区系地理成分

西部季风常绿阔叶林不同恢复群落类型中科属分布区类型如图 4-1 所示。世界分布的科属在群落中的比例可以反映群落的恢复程度。各恢复群落类型中世界分布科的比例均高于原始林群落。科分布区类型中，针阔混交林世界广布科成分所占比例最高，不同恢复群落类型中热带成分的科所占比例均高于温带成分，其中原始林的热带成分的科所占比例是 7 个群落类型中最高的，其次是落叶阔叶林。

表4-4　季风常绿阔叶林及其不同恢复群落的科属种相似性比较

Table 4-4　Similarity of family，genera and species among different restoration communities and monsoonal broad-leaved evergreen forest and its restoration community

群落类型	分类	相似性系数			
		原始林	恢复 30 年	恢复 15 年	针阔混交林
恢复 30 年	科	0.67	—	—	—
	属	0.58	—	—	—
	种	0.52	—	—	—
恢复 15 年	科	0.63	0.74	—	—
	属	0.57	0.60	—	—
	种	0.53	0.53	—	—
针阔混交林	科	0.51	0.75	0.67	—
	属	0.49	0.68	0.52	—
	种	0.45	0.62	0.47	—
针叶林	科	0.63	0.74	0.73	0.67
	属	0.48	0.62	0.54	0.59
	种	0.45	0.58	0.49	0.57

　　属分布类型中，桉树林的世界广布属所占比例是恢复群落类型中最高的，原始林中热带成分的属所占比例是最高的，其次是落叶阔叶林，针阔混交林中温带成分的属是最多的，其次是针叶林。

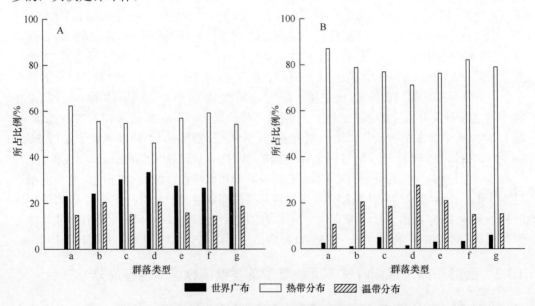

图4-1　季风常绿阔叶林不同恢复群落类型科属分布区类型

Fig. 4-1　The areal-types of families and genera in different restoration communities and monsoonal broad-leaved evergreen forest and its restoration community

A. 科分布区类型 Distribution types of families；B. 属分布区类型 Distribution types of genera；a. 原始林 Primary forest；
b. 恢复 30 年 Restoration 30a；c. 恢复 15 年 Restoration 15a；d. 针阔混交林 Mixed needle broad-leaved forest；
e. 针叶林 Needle forest；f. 落叶阔叶林 Broad-leaved deciduous forest；g. 桉树林 Eucalyptus forest

原始林种子植物的 123 属划分为 11 个分布区类型，其中世界分布属 3 个，分别是黄芩属（*Scutellaria*）、黍属（*Panicum*）、悬钩子属（*Rubus*）；热带分布的属占 86.99%，其中泛热带分布的属最多，有 36 个，如算盘子属、素馨属（*Jasminum*）、杜英属（*Elaeocarpus*）、九节属（*Psychotria*）、斑鸠菊属（*Vernonia*）、买麻藤属（*Gnetum*）、卷瓣兰属（*Bulbophyllum*）等；其次是热带亚洲分布的属，有 31 个，如茶梨属、黄杞属（*Engelhardtia*）、润楠属、钗子股属（*Luisia*）、草珊瑚属（*Sarcandra*）、合果木属（*Paramichelia*）等。温带分布的属占 10.57%，其中北温带分布的有 6 个，如白蜡树属（*Fraxinus*）、槭属（*Acer*）、桦木属、盐肤木属（*Rhus*）等。

恢复 30 年群落种子植物的 103 属划分为 13 个分布区类型，热带分布属占 78.64%，其中泛热带分布的属最多，有 29 个，如算盘子属、山矾属（*Symplocos*）、榕属、黎豆属（*Mucuna*）、黄檀属、杜英属、胡椒属（*Piper*）等；其次是热带亚洲分布，有 21 个，如茶梨属、润楠属、贝母兰属（*Coelogyne*）、蜂斗草属（*Sonerila*）、青冈属（*Cyclobalanopsis*）、黄杞属等。温带分布属占 20.39%，东亚和北美间断分布的属有 9 个，如栲属、山蚂蝗属（*Desmodium*）、五味子属（*Schisandra*）、石楠属（*Photinia*）、石栎属、漆属（*Toxicodendron*）、米饭花属（*Lyonia*）等。

恢复 15 年群落种子植物的 82 属划分为 12 个分布区类型，热带分布属占 78.83%，其中泛热带分布的属最多，有 24 个，如菝葜属、素馨属、南蛇藤属（*Celastrus*）、黄檀属、红叶藤属（*Rourea*）、买麻藤属、珍珠茅属（*Scleria*）、密花树属（*Rapanea*）、厚皮香属（*Ternstroemia*）等；其次是热带亚洲分布，有 14 个，如假山龙眼属（*Heliciopsis*）、毛花瑞香属（*Eriosolena*）、银柴属、子楝树属（*Decaspermum*）、山胡椒属（*Lindera*）等。温带分布属占 18.29%，北温带分布最多，有 8 个，如栎属（*Quercus*）、黄精属（*Polygonatum*）、杜鹃属（*Rhododendron*）、松属、桦木属、忍冬属（*Lonicera*）、杨梅属（*Myrica*）等。

针阔混交林群落种子植物的 76 属划分为 13 个分布区类型，热带分布属占 71.05%，其中泛热带分布最多，有 18 个，如相思子属（*Abrus*）、柿属（*Diospyros*）、叶下珠属（*Phyllanthus*）、斑鸠菊属、山矾属、厚皮香属、紫金牛属等，其次是热带亚洲分布，有 17 个，如黄杞属、石斛属、山胡椒属、子楝树属等。温带分布属占 26.32%，其中北温带分布有 7 个，如栎属、杜鹃属、松属、荚蒾属（*Viburnum*）等，东亚和北美间断分布有 7 个，如栲属、石栎属、鼠刺属（*Itea*）、石楠属、石楠属等。

针叶林种子植物的 105 属划分为 13 个分布区类型，热带分布属占 76.19%，其中泛热带分布最多，有 32 个，如钩藤属（*Uncaria*）、白茅属（*Imperata*）、千斤拔属（*Flemingia*）、冬青属（*Ilex*）、泽兰属（*Eupatorium*）、菝葜属、榕属等；其次是热带亚洲分布，有 17 个，如刺蕊草属（*Pogostemon*）、润楠属、青冈属、葫芦茶属（*Tadehagi*）、银柴属、细圆藤属（*Pericampylus*）。温带分布属占 20.95%，北温带分布有 8 个，如白蜡树属、杜鹃属、松树、桦木属等；东亚与北美间断分布有 8 个，如栲属、石栎属、鼠刺属、楤木属（*Aralia*）等。

季风常绿阔叶林不同恢复群落类型种子植物属种的地理分布区类型如表 4-5 所示。在种的分布区类型中，各恢复群落类型都以热带成分为主，与科属分布区类型一致，种的热带成分所占比例大小顺序是：针叶林＞恢复 15 年群落＞恢复 30 年群落＞原始林＞针阔混交林；种的温带成分所占比例大小顺序是：针阔混交林＞恢复 30 年群落＞原始林＞针叶林＞恢复 15 年群落；特有种成分所占比例大小顺序是：原始林＞恢复 30 年群落＞针阔混交林＞恢复 15 年群落＞针叶林。

表4-5 季风常绿阔叶林不同恢复类型群落类型种子植物属种的分布区类型

Table 4-5 The areal-types of genera and species in different restoration communities and monsoonal broad-leaved evergreen forest and its restoration community

群落类型	分类	1	2	3	4	5	6	7	8	9	10	11	12	14	15	合计
原始林	属数	3	36	6	17	12	5	31	6	4	—	—	1	2	—	123
	占总数比例/%	2.44	29.27	4.88	13.82	9.76	4.07	25.20	4.88	3.25	—	—	0.81	1.63	—	100
	种数	—	4	—	1	4	1	101	1	—	—	—	—	10	37	159
	占总数比例/%	—	2.52	—	0.63	2.52	0.63	63.52	0.63	—	—	—	—	6.29	23.27	100
恢复30年	属数	1	29	5	14	10	2	21	5	7	1	1	1	6	—	103
	占总数比例/%	0.97	28.16	4.85	13.59	9.71	1.94	20.39	4.85	6.80	0.97	0.97	0.97	5.83	—	100
	种数	—	3	—	1	6	—	78	—	—	—	1	—	9	25	123
	占总数比例/%	—	2.44	—	0.81	4.88	—	63.41	—	—	—	0.81	—	7.32	20.33	100
恢复15年	属数	4	24	3	11	8	3	14	8	3	1	—	1	2	—	82
	占总数比例/%	4.88	29.27	3.66	13.41	9.76	3.66	17.07	9.76	3.66	1.22	—	1.22	2.44	—	100
	种数	—	2	—	1	4	1	72	1	—	—	—	—	3	20	104
	占总数比例/%	—	1.92	—	0.96	3.85	0.96	69.23	0.96	—	—	—	—	2.88	19.23	100
针阔混交林	属数	1	18	3	6	9	1	17	7	7	2	—	1	3	1	76
	占总数比例/%	1.32	23.68	3.95	7.89	11.84	1.32	22.37	9.21	9.21	2.63	—	1.32	3.95	1.32	100
	种数	—	1	—	1	5	—	55	—	—	—	—	—	9	18	89
	占总数比例/%	—	1.12	—	1.12	5.62	—	61.80	—	—	—	—	—	10.11	20.22	100
针叶林	属数	3	32	5	13	8	5	17	8	8	2	1	1	2	—	105
	占总数比例/%	2.86	30.48	4.76	12.38	7.62	4.76	16.19	7.62	7.62	1.90	0.95	0.95	1.90	—	100
	种数	2	4	1	1	8	—	86	—	—	—	—	—	7	19	128
	占总数比例/%	1.56	3.13	0.78	0.78	6.25	—	67.19	—	—	—	—	—	5.47	14.84	100

注：1. 世界分布 Cosmopolitan；2. 泛热带分布 Pantropic；3. 热带亚洲和热带美洲间断分布 Trop. Asia and (S.) Trop. Am. Disjuncted；4. 旧世界热带分布 Old world tropics；5. 热带亚洲和热带大洋洲间断分布 Trop. Asia to Trop.Australasia Oceania；6. 热带亚洲和热带非洲分布 Trop. Asia to Trop. Africa；7.热带亚洲分布 Trop. Asia；8. 北温带分布 North Temperate；9. 东亚和北美洲间断分布 E. Asia and N. Amer. Disjuncted；10. 旧世界温带分布 Old World Temperate；11. 温带亚洲分布 Temperate Asia；12. 地中海、西亚至中亚分布 Mediterranea. W. Asia to C. Asia；14. 东亚分布 E. Asia；15. 中国特有分布 Endemic to China

4.4　生长型与生活型

西部季风常绿阔叶林不同恢复群落生长型类型如表 4-6 所示。乔木是生长型的主要类型，在原始林、恢复 15 年和恢复 30 年群落中次要生长型为藤本，随后为灌木；而在针阔混交林和针叶林中其顺序为灌木、藤本。原始林和恢复 15 年群落中缺少一年生植物，仅在原始林中出现寄生植物。

表4-6　季风常绿阔叶林不同恢复群落类型生长型类型

Table 4-6　The growth traits in different restoration communities and monsoonal broad-leaved evergreen forest and its restoration community

群落类型	项目	乔木		灌木	多年生草本	一年生草本	藤本	附生	寄生	合计
		常绿	落叶							
原始林	种数	55	13	28	20	—	40	13	1	170
	占总数比例/%	32.35	7.65	16.47	11.76	—	23.53	7.65	0.59	100
恢复 30 年	种数	42	9	23	21	2	24	8	—	129
	占总数比例/%	32.56	6.98	17.83	16.28	1.55	18.60	6.20	—	100
恢复 15 年	种数	40	14	16	11	—	24	6	—	111
	占总数比例/%	36.04	12.61	14.41	9.91	—	21.62	5.41	—	100
针阔混交林	种数	36	10	15	18	1	12	2	—	94
	占总数比例/%	38.30	10.64	15.96	19.15	1.06	12.77	2.13	—	100
针叶林	种数	50	16	24	20	5	18	1	—	134
	占总数比例/%	37.31	11.94	17.91	14.93	3.73	13.43	0.75	—	100

从表 4-7 中可以看出，季风常绿阔叶林不同恢复群落类型中，生活型都是以高位芽为主，其比例都超过了 50%，其中针叶林比例最高，达 67.16%，在高位芽中，以中小高位芽为主；地上芽在不同恢复群落类型中都比较少，其中恢复 15 年群落中，没有地上芽植物；针阔混交林中的地面芽植物所占比例最高，达 11.7%，其次是恢复 30 年群落，达 10.08%，原始林中最低，达 5.88%。

不同恢复群落的生活型谱相似性结果（表 4-8）显示，不同恢复群落类型之间存在着显著的正相关（$P<0.01$），其中，原始林与针阔混交林、针叶林的相关系数分别为 0.87 和 0.878，其他类型之间的相关系数在 0.9 以上。

西部季风常绿阔叶林不同恢复群落中的叶级谱、叶型、叶质与种子传播方式如表 4-9 所示。叶级谱中，每个群落类型中中型叶的比例最高，其次是小型叶，针叶林中中型叶可达 70.9%，其次是原始林，为 70%；每个恢复群落类型中单叶的比例均高于复叶的植物种类，其中针阔混交林中的单叶种类的比例最高，为 89.36%；原始林、恢复 30 年群落、恢复 15 年群落与针叶林中纸质/草质的比例在叶质中都是最高的，其次是革质叶，针阔混交林中的革质叶是最高的，其次才是纸质/草质。

在种子传播方式中，不同恢复群落中鸟类传播方式的植物所占的比例均为最高，其中：原始林＞恢复 15 年群落＞针叶混交林＞针叶林＞恢复 30 年群落；其次是风力传播方式，按所占比例大小排列为：针阔混交林＞恢复 30 年群落＞针叶林＞原始林＞恢复 15 年群落；重力传播方式的植物所占的比例大小顺序为：针阔混交林＞恢复 15 年群落

＞针叶林＞恢复 30 年群落＞原始林，重力传播以壳斗科植物居多；自体传播方式的植物所占的比例大小顺序为：针叶林＞恢复 30 年群落＞恢复 15 年群落＞原始林＞针阔混交林。针叶林中自体传播所占比例最高。

表4-7　季风常绿阔叶林不同恢复群落类型生活型类型

Table 4-7　The life-form traits in different restoration communities and monsoonal broad-leaved evergreen forest and its restoration community

生活型	项目	原始林	恢复 30 年	恢复 15 年	针阔混交林	针叶林
大高位芽	种数	1	2	2	3	3
	占总数比例/%	0.59	1.55	1.80	3.19	2.24
中高位芽	种数	38	30	29	21	38
	占总数比例/%	22.35	23.26	26.13	22.34	28.36
小高位芽	种数	38	24	29	23	31
	占总数比例/%	22.35	18.60	26.13	24.47	23.13
矮高位芽	种数	19	18	10	14	18
	占总数比例/%	11.18	13.95	9.01	14.89	13.43
地上芽	种数	6	3	—	2	4
	占总数比例/%	3.53	2.33	—	2.13	2.99
地面芽	种数	10	13	7	11	12
	占总数比例/%	5.88	10.08	6.31	11.70	8.96
地下芽	种数	4	5	4	5	4
	占总数比例/%	2.35	3.88	3.60	5.32	2.99
一年生草本	种数	—	2	—	1	5
	占总数比例/%	—	1.55	—	1.06	3.73
藤本	种数	40	24	24	12	18
	占总数比例/%	23.53	18.60	21.62	12.77	13.43
附生	种数	13	8	6	2	—
	占总数比例/%	7.65	6.20	5.41	2.13	—
寄生	种数	1	—	—	—	1
	占总数比例/%	0.59	—	—	—	0.75
合计		170	129	111	94	134

表4-8　季风常绿阔叶林不同恢复群落生活型谱相似性检验

Table 4-8　Similarity test of life-form spectrum of monsoonal broad-leaved evergreen forest and its restoration community

群落类型	相关系数及显著度	原始林	恢复 30 年	恢复 15 年	针阔混交林
恢复 30 年	Pearson 相关系数	0.96**	—	—	—
	显著度（双尾检验）	0.000	—	—	—
恢复 15 年	Pearson 相关系数	0.976**	0.957**	—	—
	显著度（双尾检验）	0.000	0.000	—	—
针阔混交林	Pearson 相关系数	0.87**	0.936**	0.917**	—
	显著度（双尾检验）	0.001	0.000	0.000	—
针叶林	Pearson 相关系数	0.878**	0.94**	0.927**	0.965**
	显著度（双尾检验）	0.000	0.000	0.000	0.000

**，$P < 0.01$

表4-9 季风常绿阔叶林不同恢复群落叶性状与种子传播方式
Table 4-9 The characters of leaf type and seed dispersal patterns of monsoonal broad-leaved evergreen forest and its restoration community

类型		原始林		恢复30年		恢复15年		针阔混交林		针叶林	
		种数	占总数比例/%	种数	占总数比例/%	种数	占总数比例/%	种数	占总数比例/%	种数	占总数比例/%
叶级谱	大型叶	7	4.12	4	3.10	3	2.70	2	2.13	3	2.24
	中型叶	119	70	85	65.89	73	65.77	60	63.83	95	70.9
	小型叶	37	21.76	33	25.58	31	27.93	26	27.66	31	23.13
	微型叶	3	1.76	5	3.88	2	1.80	4	4.26	5	3.73
	鳞型叶	4	2.35	2	1.55	2	1.80	2	2.13	—	—
叶型	单叶	140	82.35	110	85.27	92	82.88	84	89.36	111	82.84
	复叶	30	17.65	19	14.73	19	17.12	10	10.64	23	17.16
叶质	革质	76	44.71	55	42.64	49	44.14	48	51.06	55	41.04
	膜质	4	2.35	3	2.33	1	0.90	1	1.06	5	3.73
	纸质/草质	89	52.35	71	55.04	61	54.95	45	47.87	74	55.22
	肉质	1	0.59	—	—	—	—	—	—	—	—
种子传播方式	动物传播	8	4.71	4	3.10	1	0.90	2	2.13	4	2.99
	风力传播	37	21.76	34	26.36	19	17.12	25	26.60	33	24.63
	鸟类传播	107	62.94	72	55.81	72	64.86	54	57.45	76	56.72
	重力传播	8	4.71	9	6.98	11	9.91	10	10.64	10	7.46
	自体传播	10	5.88	10	7.75	8	7.21	3	3.19	11	8.21

4.5 小结与讨论

4.5.1 群落数量分类

本书利用 TWINSPAN 的方法对西部季风常绿阔叶林分布范围内不同恢复阶段群落进行划分，分类结果表明，用重要值作为数据矩阵，TWINSPAN 可以较为明显地将普洱地区恢复群落划分为 7 个组，依据中国植被的分类原则和分类系统（吴征镒，1980），结合群落环境特征和指示种及其组合的分析，同时考虑群落的恢复时间和方式，将恢复群落划分为 5 种植被类型 7 个群丛，这一分类结果与野外群落的实际情况完全符合。群落分类是根据群落相似性的大小进行的一个聚类过程。可以将恢复群落大致分为人工恢复和自然恢复两类，主要差异是恢复时间及其方式的不同，而人工恢复和自然恢复过程实际上是群落的进展演替过程。人工恢复群落是在完全砍伐季风常绿阔叶林后，通过整地方式取出绝大部分原先常绿阔叶林植物的繁殖体，通过种植苗木形成，研究地区的针叶林、针阔混交林、桉树林都是季风常绿阔叶林砍伐后人工恢复而成。人工恢复群落一般都经过严重的人为干扰，原有季风常绿阔叶林的物种繁殖体基本已不复存在，外来种源的有无及高强度的人工管理成为影响群落恢复到季风常绿阔叶林的主要因素（宋永昌和陈小勇，2007）。桉树林是在季风常绿阔叶林附近的弃耕地上人工种植而成，由于人为干扰的时间和强度较大，桉树人工林的土壤长期处于板结状态，土壤持水能力变化不大（邹碧等，2010），桉树林需经过高强度的人工管理，如改造成阔叶混交林才能沿着季风常绿阔叶林的方向恢复。普洱地区水热条件充沛，思茅松生长旺盛，成为该区域主要的森林树种之一（吴征镒等，1987），多为季风常绿阔叶林破坏后形成。人工种植形成针叶林后，由于距离季风常绿阔叶林较近，常绿树种种源丰富，同时有一部分季风常绿阔叶林的繁殖体存在，因此林下有较多季风常绿阔叶林成分的物种，随着恢复的进行，逐渐形成针阔混交林，最终恢复到成熟季风常绿阔叶林，这一恢复过程与东部亚热带常绿阔叶林（宋永昌和陈小勇，2007；王希华等，2005）和南亚热带季风常绿阔叶林（周小勇等，2005，2004；彭少麟，2003）的恢复方式较为接近。

自然恢复是季风常绿阔叶林一度受到过强烈干扰后，在相当长的时间内未再有强烈干扰的恢复过程。季风常绿阔叶林在择伐和皆伐的过程中，林下优势种幼树、幼苗受到轻度的干扰，同时多数常绿树种具有很强萌生能力（王希华等，2005），因此很快就会形成外貌以季风常绿阔叶林为主的次生灌丛，随着恢复时间的进行，群落的物种组成和结构逐渐恢复到成熟季风常绿阔叶林，在此基础上，自然恢复可以建立这样的恢复序列：恢复 15 年群落—恢复 30 年群落—原始林。干扰强度进一步加剧，使森林群落内出现较大的林窗，思茅松可以作为先锋树种依靠风力扩散的种子趁机侵入定居，形成以常绿树种为主的针阔混交林。在太阳河自然保护区，较早存在刀耕火种，建立保护区后，在弃耕地上自然恢复的 40 年中，由于西南桦喜温暖湿润且对土壤要求不严，种子小且有翅，扩散距离较思茅松远，因此其作为先锋树种在弃耕地上迅速建立，形成西南桦林。西南桦林与成熟季风常绿阔叶林在种的相似性上可达 1.11，仅次于恢复 30 年群落与成熟季风常绿阔叶林的相似性，说明西南桦林正处于向季风常绿阔叶林演替的过程中。但是西南桦林群落外貌会发生一些变化，作为优势种的西南桦在旱季产生落叶现象，与季风常绿阔叶林有明显的区别。因此西南桦林恢复为成熟季风常绿阔叶林的时间会更久。

4.5.2 植物地理区系

西部季风常绿阔叶林主要是由大戟科、樟科、山茶科、壳斗科、蝶形花科的物种组成，这与云南西双版纳季风常绿阔叶林相似（施济普和朱华，2003）。不同恢复群落中主要组成科与原始林接近，体现了其恢复方向。原始林的植物区系具有显著的热带成分，世界分布的科属在群落中的比例可以反映群落的退化程度。恢复群落中世界分布科所占的比例均高于原始林，也验证了这一观点。从植物区系组成成分看，恢复群落与成熟季风常绿阔叶林由于种源地相同，大都处于向季风常绿阔叶林原始林群落的恢复阶段，因此，科属组成的相似性程度较高，种的组成上既有相似之处，也有一些不同。云南思茅地区植物区系的热带性质显著，具有明显的热带亚洲（印度-马来西亚）植物区系特点，其植物区系属于印度-马来西亚植物区系的一部分（朱华等，2006），原始林中热带亚洲成分要高于其他恢复群落类型。原始林中中国特有种的比例要显著高于恢复群落，这是因为人类活动导致环境恶化，植物赖以生存的生境被破坏，造成狭域分布种在植被中逐渐消失，从而使恢复群落的物种组成相对比较单一（陈卫娟等，2006）。不同恢复群落科属种地理组成以热带成分为主，在区系组成上保留了季风常绿阔叶林的区系性质，这表明，只要给予一定的时间和正确方法，群落可以恢复到季风常绿阔叶林成熟群落。因而，不同恢复群落具有恢复到季风常绿阔叶林成熟群落的潜力。

4.5.3　群落生活型

植物生活型是植物对综合生境条件长期适应而在外貌上反映出来的植物类型。群落的外貌主要是由生活型组成所决定的。西部季风常绿阔叶林在生态特征和区系组成上介于热带雨林与中亚热带常绿阔叶林之间，因此物种组成上比较丰富，在群落生态上形成一些固有的特征。西部季风常绿阔叶林主要是以高位芽、中小叶型、单叶、纸质/草质叶、鸟类传播方式为主，乔木种类丰富，尤其以常绿物种居多。通过生活型谱比较发现，恢复群落与原始林群落没有明显差别，有显著的相关性，同时有一定的差异，与针阔混交林及针叶林相比，恢复 30 年及 15 年群落的生活型谱要更接近于原始林，主要的原因是恢复 30 年及 15 年群落中的藤本植物和附生植物显著大于针阔混交林及针叶林，自然恢复更有利于藤本植物和附生植物的恢复。针叶林中一年生植物多度要大于其他群落类型，主要是由于针叶林在 4 种恢复群落中受干扰强度最大，经人工恢复需要 15 年。从叶级谱看，原始林的小型叶的比例要小于恢复群落，这是由于小型叶在植被叶级中的比例可以指示其恢复程度（王希华等，2005）；草质/纸质叶的比例在恢复群落中除针阔混交林外都高于原始林，而叶型则没有反映出群落的恢复程度。

第五章 西部季风常绿阔叶林恢复生态系统物种-面积、物种生态位及种间联结

　　物种数量与生境面积之间的正相关关系是生态理论的重要基础（Carey et al.，2006），也是生态学中阐述最多的生态格局（Harte et al.，2009；Tikkanen et al.，2009）。近年来，物种-面积关系已经在局域、区域及全球范围再次引起人们的关注（Keeley，2003）。物种-面积关系被用于预测岛屿上物种的数量（MacArthur and Wilson，1967），比较不同面积内物种丰富度值（Stiles and Scheiner，2007）、外推物种丰富度及形成的生物多样性图谱（Kier et al.，2005），预测生境破碎和气候变化等动态过程对物种丰富度的影响（Carey et al.，2006；Thomas et al.，2004；Seabloom et al.，2002）等。此外，物种-面积关系也在保护生物地理学中得到应用（Fattorini，2007），物种-面积关系有助于天然群落的研究或管理、群落结构或干扰程度评估（Stiles and Scheiner，2007），识别生物多样性热点及最佳的保护计划（Fattorini，2007；Manne et al.，2007），预测生境消失后的物种消亡（Ulrich，2005），评价人类对生物多样性的影响（Tittensor et al.，2007）等。最近，物种多样性维持理论，如岛屿生物地理学理论（Whittaker and Fernández-Palacios，2007）、物种多度分布（Ovaskainen and Hanski，2003）及中性理论模型（Rosindell and Cornell，2007）也分别预测了不同形状的物种-面积关系，因此，物种-面积关系的实际形状对于验证这些理论具有一定的意义（Dengler，2009）。

　　生态学家一直以来都在关注物种-面积关系（Harte et al.，2009），并且从局域到全球范围阐述了物种丰富度是如何随着面积增加而累积的（Hubbell，2001）。群落时刻在变，物种随时都可能在增加和减少（Fridley et al.，2006）。尽管生态学家很少注意到，但生物多样性的时空性并非独立的，其中小面积内的物种组成必定比较大的连续面积内的物种组成波动更为迅速（Adler，2004）。物种丰富度在时空方面的相互依赖性对于生物多样性动态起因和结果的调查研究具有重要意义。物种-面积曲线的研究正是关键所在，物种丰富度在小范围与大的区域性范围在空间依赖性上还存在较大的争议（Fridley et al.，2005）。小范围内的空间格局表现出较快的物种累积速率。尽管这些不一致已经在生物和统计层面上给予了解释，但极少研究真正意识到小范围数据的较大的时间依赖性，或者说没有考虑不同空间范围内的物种-面积关系根本上是依赖于种群的时间稳定性（Fridley et al.，2006）。到目前为止，对物种-面积关系已经做了长期、大量的研究（Fridley et al.，2006；Lomolino and Weiser，2001），也提出了诸如环境异质性、生物过程、取样效应等假说来进行解释（Tittensor et al.，2007）。然而，物种-面积关系随时间变化的研究却较少（White et al.，2006；Adler et al.，2005；White，2004；Adler and Lauenroth，2003），尤其是不同演替时间群落的物种-面积关系变化，物种-面积关系的确切形式没有得到一致性的认同，其形状和斜率也没有被解释清楚（Fattorini，2006），缺

乏对观测到的物种-面积关系格局系统的理解（Harte et al., 2009）。因此，有必要加强不同演替时间群落物种-面积关系的研究。

植物群落物种间存在着复杂的相互关系，物种间的相互关系决定着群落的结构和动态（王文进等，2007；Armas and Pugnaire，2005；Callaway and Walker，1997）。物种间的相互关系包括对有限资源的竞争和相互促进两种（Brooker et al.，2008；Graff et al.，2007；Rousset and Lepart，2000），主要体现在物种生态位及种间关联上。生态位是物种对环境的影响和环境对物种的影响两方面及其相互作用规律（王祥福等，2008）。植物群落演替过程中生态位的变化能够反映物种对资源的竞争（Parrish and Bazzaz，1982），物种之间稳定共存的关系需要竞争者在生态位之间的分化（Levine and Hillepislambers，2009）。种间联结则指不同物种在空间分布上的相互关联性，通常是由于群落生境的差异影响了物种分布而引起的（王乃江等，2010；史作民等，2001）。种间联结能够揭示物种的相互作用及物种与环境之间的耦合关系（康冰等，2006）。种间联结包括正联结、负联结和无联结 3 种情况。种间的正联结常常是由于物种选择相同的生境或有相同环境需求，负联结则是由于物种间不同的生态需求（Roxburgh and Chesson，1998），而无联结是由于物种间无相互作用。生态位和种间联结均反映物种间对资源竞争的大小，从而影响群落的稳定性。因此，加强群落中物种间相互关系的研究，对于正确认识群落特别是恢复群落的组成和功能及演替动态具有重要的指导意义，并能为森林经营、自然植被恢复和生物多样性保护提供理论依据。然而，到目前为止，有关恢复群落中物种间的相互关系的研究还为数不多（胡正华等，2009；李刚等，2008；张志勇等，2000；周先叶等，2000b；Myster and Pickett，1992；Parrish and Bazzaz，1982）。

利用在西部季风常绿阔叶林干扰（皆伐）后不同演替时间的群落（演替 15 年、30年及原始林群落）样地调查数据，分别统计不同演替时间群落中乔木、灌木、藤本及总物种的丰富度。统计每个样地中乔木、灌木、藤本及总物种随取样面积增加的变化情况，统计的基础面积为一个小样方的面积（5m×5m），每次面积增加数值也为一个小样方的面积（5m×5m）。计算不同演替时间群落中乔木、灌木、藤本及总物种在不同取样面积下的数值，绘制乔木、灌木、藤本及总物种与取样面积之间的曲线。物种-面积关系采用公式 $\ln S = \ln C + Z \times \ln A$ 计算，其中 S 为物种数量，A 为取样面积，C 为常数，Z 为斜率。为避免 $\ln 0$ 情况的出现，在计算过程中采用 $\ln(S+1)$ 代替 $\ln S$。根据 $\ln S = \ln C + Z \times \ln A$ 计算不同演替时间群落物种-面积关系的斜率（Z）、截距（$\ln C$）及决定系数（R^2），比较它们的大小，并对不同演替时间群落中初始物种丰富度与 Z 值进行回归分析，检测初始物种丰富度对 Z 值的预测能力。

此外，利用以下公式分别计算重要值、生态位宽度、生态位重叠、种间关联等，具体公式如下所述。

（1）重要值（IV）：IV=（相对多度+相对优势度+相对频度）/3，相对优势度是该树种的胸高断面积之和与所有树种胸高断面积之和的比值（宋永昌，2001）。

（2）生态位宽度：采用 Shannon 指数来测定种群的生态位宽度（胡正华等，2009；Feinsinger and Spears，1981）。

$$B_i = -\sum_{j=1}^{r} P_{ij} \lg P_{ij} \qquad (5.1)$$

式中，B_i 为种 i 在 r 个资源下的生态位宽度；P_{ij} 为种 i 对第 j 个资源利用占全体种群对第 j 个资源利用的频度。

（3）生态位重叠：采用相似性系数测定优势种群间的生态位重叠（康冰等，2006）。

$$O_{ik} = 1 - \frac{1}{2}\sum_{j=1}^{r}\left|P_{ij} - P_{kj}\right| \qquad (5.2)$$

式中，O_{ik} 为物种 i 与物种 k 的相似程度；P_{ij} 和 P_{kj} 分别为种 i 和种 k 对第 j 个资源的利用占全体种群对第 j 个资源利用的频度。

（4）多物种间总体联结性检验：根据 Schluter（1984）提出的采用方差比率（VR）法来同时测定多物种间的关联性质，并用统计量 W 来检验多物种间的关联程度。计算公式为

$$Q_T^2 = \sum_{i=1}^{S} \frac{n_i}{N}(1 - \frac{n_i}{N}) \qquad (5.3)$$

$$S_T^2 = \frac{1}{N}\sum_{j=1}^{N}(T_j - t)^2 \qquad (5.4)$$

$$\mathrm{VR} = \frac{S_T^2}{Q_T^2} \qquad (5.5)$$

式中，Q_T^2 为总体样本方差；S_T^2 为总物种数方差；S 为总物种数；N 为总样方数；T_j 为样方 j 内出现的物种总数；n_i 为物种 i 出现的样方数；t 为样方中种的平均数，$t = (t_1 + t_2 + \cdots + t_N)/N$。

$VR > 1$ 表示物种间总体上表现为正关联，$VR < 1$ 表示物种间总体上表现为负关联。应用统计量 $W(W = N \times VR)$ 来检验 VR 的显著性，χ^2 分布 90% 的置信区间：$\chi_{0.95}^2 < W < \chi_{0.05}^2$。

（5）χ^2–检验：由于取样为非连续性取样，原始数据为时间存在与否的二元数据，因此非连续性数据的 χ^2 值用 Yates 的连续性校正公式计算（简敏菲等，2009）。

$$\chi^2 = \frac{N\left[\left|ad - bc\right| - \frac{1}{2}N\right]^2}{(a+b)\times(c+d)\times(a+c)\times(b+d)} \qquad (5.6)$$

式中，a 为仅出现物种 A 的样方数；b 为仅出现物种 B 的样方数；c 为物种 A 和 B 共同出现的样方数；d 为种对均未出现的样方数。种间联结强弱由 χ^2 决定，若 $\chi^2 \geq 3.841$（$0.01 < P \leq 0.05$），表示种间联结显著；$\chi^2 \geq 6.635$（$P < 0.01$），表示种间联结极为显著；$\chi^2 < 3.841$（$P > 0.05$）时，认为两个种独立分布，即中性联结；当 $ad > bc$ 时为正联结，$ad < bc$ 则为负联结。

（6）联结系数（AC）：测定联结系数时，通常把取样数据排成 2×2 连列表（王乃江等，2010），其计算公式为

$$\mathrm{AC} = \frac{ad - bc}{(a+b)\times(b+d)} \qquad (ad \geq bc) \qquad (5.7)$$

$$AC = \frac{ad - bc}{(a+b) \times (a+c)} \qquad (bc > ad, d \geqslant a) \qquad (5.8)$$

$$AC = \frac{ad - bc}{(d+b) \times (d+c)} \qquad (bc > ad, d < a) \qquad (5.9)$$

AC 值域为[–1，1]，AC 越接近 1 物种间正关联越强，反之，越接近–1 物种间负关联越强，AC 为 0 表明物种间完全独立。

对不同演替时间群落中物种丰富度，物种-面积曲线中斜率、截距及决定系数的大小采用多重比较，当统计数据方差具有齐性时，选择 LSD（least significant difference）进行比较；当统计数据方差不具有齐性时，选择 Games-Howell 方法进行比较。将不同恢复阶段优势种的联结系数与生态位重叠进行相关分析，并得出回归方程。书中所有数据均在 SPSS17.0 中进行统计方程，显著性水平为 $P < 0.05$。

5.1　物种-面积关系

5.1.1　不同演替时间群落物种丰富度

在物种丰富度上，总物种、灌木、藤本丰富度由高到低依次为原始林群落＞演替 15 年群落＞演替 30 年群落，乔木物种丰富度则是演替 15 年群落与原始林群落之间无显著性差异（$P > 0.05$），而均显著高于演替 30 年群落（$P < 0.05$）（图 5-1）。

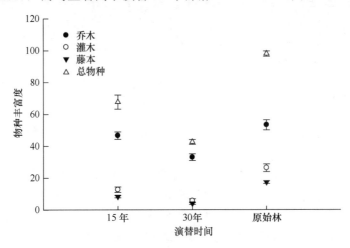

图5-1　物种丰富度随演替时间的变化

Fig. 5-1　Species richness in the different succession time communities

5.1.2　不同演替时间群落物种-面积曲线

不同演替时间群落中总物种、乔木、灌木、藤本物种数量与取样面积均具有极高的相关性（图 5-2），面积解释了总物种、乔木、灌木、藤本物种数量变化均超过 94%（回归方程决定系数，$R^2 > 0.94$）。面积对总物种、乔木、灌木、藤本物种数量变化的解释数量由低到高依次为恢复15年群落<恢复30年群落<原始林，说明随着干扰影响的逐渐减弱，面积解释数量逐渐增加。

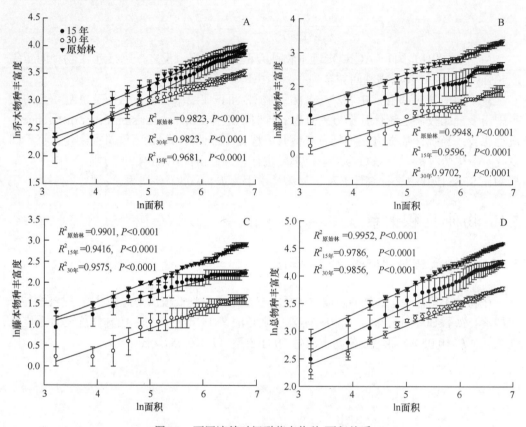

图5-2 不同演替时间群落中物种-面积关系
Fig. 5-2 Species-area relationships in the different succession time communities

5.1.3 物种-面积曲线性质随演替时间的变化

3种不同演替时间群落的物种-面积曲线的斜率 Z 中，总物种和乔木的 Z 值在演替30年的群落中最低，而演替15年群落与原始林群落之间无显著性差异，灌木和藤本的 Z 值则在演替15年的群落中最低，而演替30年群落与原始林群落之间无显著性差异（表5-1）。

总物种、乔木、灌木及藤本物种-面积曲线截距在不同演替时间群落中均无显著性差异（表5-1）。

乔木及灌木物种-面积曲线决定系数(R^2)在不同演替时间群落中均无显著性差异（表5-1），但原始林中总物种及藤本的物种-面积曲线 R^2 显著高于演替15年及30年的群落，说明干扰影响物种-面积曲线的 R^2。

5.1.4 不同演替时间初始物种丰富度对物种累积速率的预测能力

统计时初始样方物种丰富度的数量可能对物种累积速率（Z 值）的大小具有较大的

表5-1　不同演替时间群落中物种-面积曲线性质
Table 5-1　Curve properties in the different succession phase communities

项目	分类	15 年	30 年	原始林
Z 值	乔木	0.4790±0.0541 [a]	0.3337±0.0358 [b]	0.4070±0.0448 [ab]
	灌木	0.4371±0.1292 [a]	0.5032±0.1156 [b]	0.5250±0.0065 [b]
	藤本	0.3258±0.0778 [a]	0.4396±0.0661 [b]	0.4895±0.0183 [b]
	总物种	0.4706±0.0659 [a]	0.3937±0.0302 [b]	0.4688±0.0297 [a]
$\ln C$	乔木	0.6870±0.4449 [a]	1.2761±0.1635 [a]	1.2581±0.3113 [a]
	灌木	−0.3895±0.9393 [a]	−1.5315±0.7040 [a]	−0.2671±0.1267 [a]
	藤本	0.0023±0.5417 [a]	−1.2979±0.4994 [a]	−0.4262±0.1122 [a]
	总物种	1.0976±0.5376 [a]	1.1325±0.1520 [a]	1.4279±0.2042 [a]
R^2	乔木	0.96±0.01 [a]	0.95±0.01 [a]	0.97±0.01 [a]
	灌木	0.89±0.05 [a]	0.90±0.01 [a]	0.97±0.01 [a]
	藤本	0.90±0.01 [a]	0.89±0.02 [a]	0.97±0.01 [b]
	总物种	0.97±0.01 [a]	0.95±0.01 [a]	0.99±0.00 [b]

注：表中字母不同表示存在显著性差异（$P<0.05$）

影响。例如，当初始样方物种数量较小，物种累积可能会很快，而当初始样方物种数量较大时，物种累积可能会很慢。云南思茅常绿阔叶林中，初始样方乔木物种丰富度与 Z 值具有显著的相关性，解释了 51.44% 的 Z 值变化，但初始样方中灌木、藤本及总物种的丰富度与 Z 值均无显著的相关性（图 5-3）。

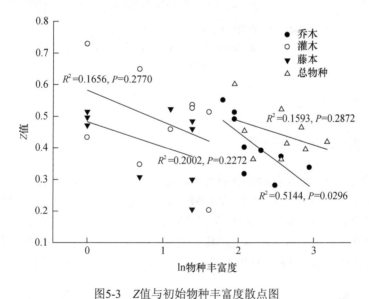

图5-3　Z值与初始物种丰富度散点图
Fig. 5-3　Scatterplot of Z-values versus the ln of current species richness

在不同演替时间群落中，演替 15 年群落中初始样方中乔木及灌木丰富度与 Z 值均具有显著的相关性，分别解释了 99.97% 的 Z 值变化，但初始样方中藤本及总物种丰富度与 Z 值均无显著的相关性（图 5-4）。演替 30 年及原始林群落中初始样方的乔木、灌木、藤本及总物种丰富度与 Z 值均无显著的相关性（图 5-4）。

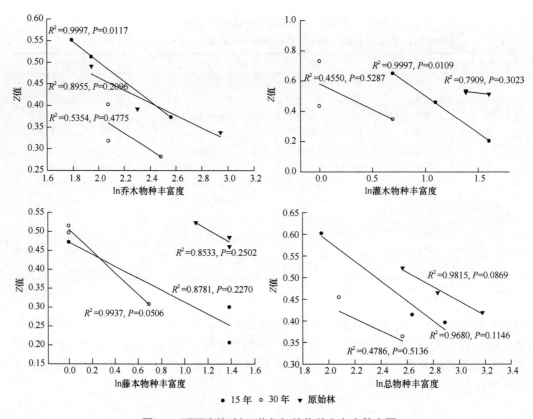

图5-4 不同演替时间Z值与初始物种丰富度散点图

Fig. 5-4 Scatterplot of Z-values versus the ln of current species richness in the different succession time communities

5.2 生态位及种间联结

5.2.1 重要值及其生态位宽度

恢复15年、恢复30年及原始林群落中，乔木层物种分别有61种、66种和89种，选取重要值在前22位的物种进行种间联结及生态位统计，其重要值分别占总数的85.66%、86.93%和84.78%。恢复15年、恢复30年及原始林群落中对应生态位宽度最大的分别是华南石栎、短刺栲和短刺栲（表5-2），其中恢复15年和原始林群落的重要值与生态位宽度之间存在极显著正相关（$P<0.001$），恢复30年群落存在显著正相关（$P<0.01$）。

5.2.2 生态位重叠

恢复15年、恢复30年和原始林群落乔木种群间生态位重叠值分别为0.4~0.8、0~0.4和0~0.4的种对数量分别占总种对数的78.22%、69.57%和72.59%。3种群落中生态位重叠值大于0.8的种对数量分别6个、8个和3个。生态位宽度较大的物种与其他种群间的生态位重叠也较大，如恢复15年群落中的短刺栲-红木荷，短刺栲-山鸡椒，红木

表5-2　3种群落中优势物种重要值和生态位宽度

Table 5-2　Importance value and niche breadth of dominant species in three communities

序号	恢复15年			恢复30年			原始林		
	物种	重要值	生态位宽度	物种	重要值	生态位宽度	物种	重要值	生态位宽度
1	杯状栲 Castanopsis calathiformis	10.19	2.94	短刺栲 Castanopsis echidnocarpa	24.86	3.3	短刺栲 Castanopsis echidnocarpa	21.92	3.22
2	短刺栲 Castanopsis echidnocarpa	8.01	3.04	华南石栎 Lithocarpus fenestratus	7.38	3.14	红木荷 Schima wallichii	15.31	3.14
3	小果栲 Castanopsis fleuryi	7.7	2.89	隐距越桔 Vaccinium exaristatum	5.59	3	杯状栲 Castanopsis calathiformis	6.09	2.83
4	母猪果 Helicia nilagirica	7.34	3.14	粗壮润楠 Machilus robusta	4.96	3.09	粗壮润楠 Machilus robusta	4.39	3.04
5	华南石栎 Lithocarpus fenestratus	7.28	3.26	刺栲 Castanopsis hystrix	4.85	3.04	华南石栎 Lithocarpus fenestratus	4.38	2.71
6	红木荷 Schima wallichii	5.2	3.09	红花木犀榄 Olea rosea	4.74	3.04	截头石栎 Lithocarpus truncatus	4.36	2.64
7	山鸡椒 Litsea cubeba	5.13	3.04	红木荷 Schima wallichii	4.71	2.56	茶梨 Anneslea fragrans	3.9	2.83
8	猪肚木 Canthium horridum	3.74	2.83	茶梨 Anneslea fragrans	4.23	2.89	山鸡椒 Litsea cubeba	3.44	3.04
9	香面叶 Lindera communis	3.6	2.83	思茅松 Pinus kesiya var. langbianensis	3.9	1.39	密花树 Rapanea neriifolia	3.43	2.71
10	糙叶水锦树 Wendlandia scabra	2.84	2.83	密花树 Rapanea neriifolia	3.74	3.14	母猪果 Helicia nilagirica	2.56	2.2
11	红皮水锦树 Wendlandia tinctoria subsp. intermedia	2.83	2.64	毛银柴 Aporusa villosa	3.09	2.83	刺栲 Castanopsis hystrix	2.34	2.2
12	粗壮润楠 Machilus robusta	2.68	2.77	山鸡椒 Litsea cubeba	2.97	2.94	毛银柴 Aporusa villosa	2.3	2.56
13	印度栲 Castanopsis indica	2.51	2.71	杯状栲 Castanopsis calathiformis	2.02	2.08	猪肚木 Canthium horridum	1.2	1.79
14	毛杨梅 Myrica esculenta	2.38	2.64	截头石栎 Lithocarpus truncatus	1.64	2.4	钝叶桂 Cinnamomum bejolghota	1.19	1.79
15	围涎树 Abarema chypearia	2.29	2.71	红皮水锦树 Wendlandia tinctoria subsp. intermedia	1.63	2.3	山香圆 Turpinia montana	1.13	2.08
16	西南桦 Betula alnoides	2.19	2.2	尖叶野漆 Toxicodendron succedaneum var. acuminatum	1.28	2.08	红花木犀榄 Olea rosea	1.12	2.2
17	野毛柿 Diospyros kaki var. sylvestris	2.17	2.71	岗柃 Eurya groffii	1.1	2.2	小果栲 Castanopsis fleuryi	1.12	2.08
18	五瓣子楝树 Decaspermum parviflorum	1.87	2.83	云南蒲桃 Syzygium yunnanense	1.06	1.61	云南蒲桃 Syzygium yunnanense	1.02	1.79
19	假山龙眼 Heliopsis terminalis	1.66	2.48	白檀 Symplocos paniculata	0.92	1.95	岗柃 Eurya groffii	0.96	1.79
20	川梨 Pyrus pashia	1.42	2.3	米饭花 Lyonia ovatifolia	0.76	1.61	香芙木 Schoepfia fragrans	0.89	1.79
21	艾胶算盘子 Glochidion lanceolarium	1.33	2.56	小果栲 Castanopsis fleuryi	0.75	1.39	伞花木姜子 Litsea umbellata	0.88	1.95
22	岗柃 Eurya groffii	1.28	2.4	湄公硬核 Scleropyrum wallichianum var. mekongense	0.75	1.79	粗毛杨桐 Adinandra hirta	0.86	1.79

荷-母猪果，红木荷-华南石栎，猪肚木-香面叶；恢复 30 年群落中的短刺栲-华南石栎，短刺栲-粗壮润楠，短刺栲-密花树；但这并不意味着生态位宽度较小的物种之间生态位重叠就一定小，如原始林群落中的猪肚木-岗柃，其生态位宽度同时为 1.79，而生态位重叠值为 0.83。

5.2.3　种群总体关联分析

恢复 15 年和恢复 30 年群落的物种总体联结性指数 VR＞1，主要种群间总体呈正联结，但不显著 [（$\chi^2_{0.95(27)}$ = 16.15）＜W＜（$\chi^2_{0.05(27)}$ =40.11）]，原始林的物种总体联结性指数 VR＜1，群落总体联结性呈不显著负联结，表明群落总体关联性随着恢复进行而减弱（表 5-3）。

表5-3　不同恢复阶段主要种群间总体关联性
Table 5-3　Overall association among dominant tree species in different restoration stages

恢复阶段	方差比率	检验统计量	χ^2临界值 （$\chi^2_{0.95(27)}$, $\chi^2_{0.05(27)}$）	检验结果
恢复 15 年	1.31	35.45	16.15，40.11	ns
恢复 30 年	1.04	28.14	16.15，40.11	ns
原始林	0.71	19.17	16.15，40.11	ns

注：ns 表示无显著相关性

5.2.4　种间联结分析

经 χ^2 统计量矩阵分析，在 3 种群落类型中中性联结的种对占全部种对的百分比均超过90%（恢复 15 年群落，95.67%；恢复 30 年群落，97.4%；原始林，90.04%）（图 5-5），基本上处于独立分布；只有原始林群落中出现极显著正联结关系的种对，占总数的 2.6%，而恢复 15 年、恢复 30 年及原始林群落中极显著负联结关系的种对分别占总数的 0.87%、0.87%和1.73%，原始林中极显著正联结的种对要多于极显著负联结；恢复 15 年、恢复 30 年及原始林群落中显著正联结关系的种对占总数的 2.6%、0.87%和 2.6%，相应的显著负联结关系的种对占总数的 0.87%、0.87%和3.03%，随着恢复时间的延长，显著负联结关系的种对在增加，这与群落总体关联性的趋势是一致的。

恢复 15 年、恢复 30 年及原始林群落中正联结分别是 115 对（49.78%），107 对（46.32%），105 对（45.45%），相应的负联结为 110 对（47.62%），100 对（43.29%），115对（49.78%）。正负联结系数种对的比率分别为 1.05、1.07、0.91。恢复 15 年群落中极显著正联结的种对为小果栲-母猪果，毛杨梅-五瓣子楝树；恢复 30 年群落中极显著正联结的种对为思茅松-密花树，杯状栲-岗柃；原始林群落中极显著正联结的种对为截头石栎-茶梨，华南石栎-山鸡椒，猪肚木-岗柃。在群落中无联结或少联结（−0.2＜AC＜0.2）的种对占总数的 56.28%、64.07%和 48.51%（表 5-4），其中原始林群落最少，恢复 30年群落中最多。

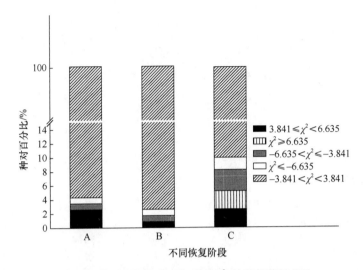

图5-5　不同恢复阶段种间联结χ^2-检验显著性统计

Fig. 5-5　Chi-square test significance statistics of interspecific association in different restoration stages

A. 恢复 15 年群落；B. 恢复 30 年群落；C. 原始林

表5-4　不同恢复阶段种间联结系数范围及相应物种对数

Table 5-4　Range of interspecific association coefficient and the corresponding number of species pair in different restoration stages

恢复阶段	AC≤-0.6		-0.6<AC<0.2		-0.2<AC<0.2		0.2≤AC<0.6		AC≥0.6	
	NSP	P/%	NSP	P/%	NSP	P/%	NSP	P/%	NSP	P/%
15 年	24	10.39	45	19.48	130	56.28	30	12.99	2	0.87
30 年	20	8.66	47	20.35	148	64.07	14	6.06	2	0.87
原始林	47	20.35	45	19.48	112	48.51	24	10.39	3	1.3

注：NSP 表示种对数（No. species pair），P 表示占总数百分比（percentage）

5.2.5　生态位重叠与联结系数回归分析

恢复 15 年、恢复 30 年及原始林群落中乔木优势种群间联结系数与对应的生态位重叠值均具有显著的正相关性（恢复 15 年，$R^2=0.3021$，$\mathrm{d}f=231$，$P<0.01$；恢复 30 年，$R^2=0.1855$，$\mathrm{d}f=231$，$P<0.001$；原始林，$R^2=0.3787$，$\mathrm{d}f=231$，$P<0.001$）。分别对 3 种群落类型进行回归分析，结果表明，3 种群落中主要种群间联结系数与对应的生态位重叠值可用不同的回归方程较好地描述（图 5-6）。

5.3　小结与讨论

5.3.1　物种-面积关系

物种-面积关系是生态理论的重要基础（Carey et al.，2006），也是生态学中最经典的格局之一（Londoño-Cruz and Tokeshi，2007）。物种-面积关系是一个源自物种分布组

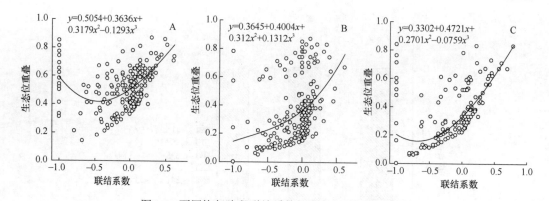

图5-6　不同恢复阶段联结系数与生态位重叠回归分析

Fig. 5-6　Regression analysis between AC and niche overlap in different restoration stages

A. 恢复 15 年群落；B. 恢复 30 年群落；C. 原始林群落

合的群落水平性质（Manne et al.，2007），反映了物种丰富度随着取样面积的增加而增加。本书中，不同演替时间群落中物种丰富度与面积均具有较强的正相关关系（$R^2 > 0.94$，$P < 0.0001$），即取样面积是影响物种丰富度大小的最重要因子。这与以往众多的研究结论是一致的（Marshall et al.，2010；William et al.，2009；Martin and Goldenfeld，2006）。物种丰富度随取样面积的增加而增加是生态学上的基本规律之一（Dengler，2009）。在较大面积内发现更多的物种是必然的，这是因为物种在空间上并非均匀分布，这种关系的天然性是生态学家认为其重要的关键所在（Drakare et al.，2006）。物种是在一定的生境下生存的，每个物种都具有自己的生态位需求。随着取样面积的增加，发现新物种及遇到更多生境类型的概率也在增加（Hoylet，2004）。一些物种被限制在一定的生境之下，而另一些物种的生存或许需要多个生境类型。因此，物种数量会随着取样生境数量的增加而增加。此外，随着取样面积的增加，物种迁移率的增加和灭绝速率的降低也会导致取样面积内物种丰富度的增加（Carey et al.，2006）。

尽管物种丰富度随取样面积的增加而增加，但不同演替时间群落物种丰富度随取样面积增加的速率却不同，面积对物种增加的解释数量在不同演替时间群落内也不同，即物种-面积关系的性质随群落演替时间而变化。本书的研究中，科的物种-面积关系斜率 Z 随着演替时间的增加而降低，这与 Fridley 等（2005）及 Drakare 等（2006）的物种-面积关系研究结果相同。物种-面积关系的斜率随着物种定居而降低，这在许多快速定居的生态系统中已经被证明，如在一年生的沙漠区域（Ward and Blaustein，1994）和荒废地的连续样地中（Leps and Stursa，1989）。由于所选的演替群落为皆伐后恢复的群落，而皆伐迹地也可以看作是能够快速定居的生态系统，加之土壤中大量种子库及地表部分幼苗的存在，演替初期科的增幅较大，物种-面积关系的斜率较高。而随着演替的进行，大量物种占据皆伐迹地后，其他物种的进入受到一定限制，导致物种所在科的增幅减缓，物种-面积关系的斜率降低。与科的物种-面积关系斜率 Z 的变化不同，乔木及总物种丰富度与面积关系的斜率 Z 均是在演替 30 年群落中最低，而在演替 15 年和原始林群落中较高。在一个干扰过后快速恢复的群落中，由于物种在景观范围内扩展它们的分布范围，物种-面积关系的斜率最初是降低的。在这期间，一些早期物种由于竞争排斥或许很快消失。最后，基于传播限制性，由于一些高度特化的植物物种的到达而导致物种-面积关系的斜率增加。本书的研究也同时显示，属的物种-面积关系斜率在不同演替时间群落中无显著变化，而灌木和藤本的物种-面积关系斜率则随演替时间的增加而增加。这表明，在干扰后恢复过程中物种-面积关系斜率在时间上的变化在不同的分类群组中各不相同。这在以往的研究中也有所体现，如 Adler 等（2005）对美国堪萨斯州及亚利桑那州物种-时间-面积关系的研究表明，物种-面积关系斜率随着时间和取样面积的增加而降低，但在比利时中部的落叶混交林中，物种-面积关系斜率随着时间的增加而增加（Jacquemyn et al.，2001）。此外，蜘蛛的物种-面积关系斜率是随着物种组配而增加的（Schoener and Spiller，2006）。本书的研究同时显示，总物种及藤本的物种-面积曲线决定系数在原始林中均显著高于演替 15 年及 30 年的群落，这说明在演替群落中，物种的数量除受取样面积的影响外，也受到干扰的影响（如中度干扰假说）。随着演替时间的延长，干扰对物种影响逐渐减小，取样面积影响则逐渐加大。

　　本书的研究表明，物种-面积关系性质随着演替时间而产生重要变化。大多数物种-面积文献都强调了幂函数的性质（Marshall et al.，2010），在物种-面积数据的斜率上存在许多一致性（Carey et al.，2006）。斜率随时间而变化表明幂函数性质随着群落发展而变化，这种变化或许也发生在其他时间范围及非演替系统中。例如，由于物种对物理环境因子的反应，物种-面积关系性质或许随着时间而变化（Carey et al.，2006）。基于对其他的影响物种-面积关系因子理解的尝试，物种-面积关系时间变化的进一步解释或许提供了对驱动物种-面积关系的潜在过程和机制的预测。而本书的研究证明，在未受干扰系统中测定的物种-面积关系不适用于演替系统或者相反，而干扰前物种-面积关系是否适用于干扰后完全恢复的系统则不得而知，这将决定于形成物种-面积关系的过程是否相同。目前，试图预测干扰对物种丰富度影响的物种-面积关系研究应该考虑物种-面积关系性质或许在事件发生过程中变化的可能性。我们相信，随着物种-面积关系随时间变化研究的不断深入，驱动物种-面积关系的潜在过程和机制将不断呈现在人们的面前。

5.3.2　物种生态位及种间关联

　　本书的研究中，群落的标志种和建群种一般对应的生态位宽度较大，如短刺栲、华南石栎等。生态位宽度是衡量植物种群对资源环境利用状况的尺度（王祥福等，2008），生态位宽度越大表明物种对环境的适应能力越强，对各种资源的利用越充分，而且这些物种在群落中往往处于优势地位（康冰等，2006）。研究表明，在中亚热带典型常绿阔叶林的群落演替过程中，大多数耐荫树种具有较大的生态位宽度（苏志尧等，2003）。而本书的研究中 3 种群落类型的栲属（*Castanopsis*）（如短刺栲、杯状栲等）及润楠属（*Machilus*）植物等为群落中的耐荫树种，也具有较大的生态位宽度，同时这些物种也是群落的建群种；作为先锋树种的岗柃、米饭花和西南桦为阳生树种，则具有较小的生态位宽度，反映出它们在资源中的生态适应范围较窄，对环境资源的利用能力较弱。生态位宽度与物种间生态位重叠具有密切关系（胡正华等，2009）。研究表明，生态位宽度较大的树种之间的生态位重叠机会也较大，生态位宽度较大的树种与生态位宽度较小的树种之间也可能有较高的生态位重叠（王祥福等，2008；史作民等，1999）。生态位重叠反映了物种之间对资源的竞争，较高的生态位重叠表明种群间对环境资源具有相似的生态需求，就有可能产生资源利用性竞争，种间竞争激烈，推动群落演替的进行（胡正华等，2009），加快群落的恢复。根据不同恢复阶段群落中物种间生态位重叠值大小，恢复 15 年群落中大部分种对之间存在着较强的资源利用性竞争，而其他两个恢复阶段群落中物种的资源利用性竞争就稍微弱一些，群落结构相对稳定。

　　研究表明，恢复 15 年和恢复 30 年群落的总体关联度表现不显著的弱正相关，而原始林群落的总体关联度表现为不显著负相关。原始林的这种不显著负相关结论与黄云鹏（2008）对武夷山米槠林研究的结论一致，但与周先叶等（2000b）和王文进等（2007）的研究结论相反。本研究的原始林研究地点位于云南普洱太阳河自然保护区，该保护区部分区域已进行旅游活动的开发，这可能是导致群落总体表现为不显著负相关的重要原因（黄云鹏，2008）。此外，3 种群落中中性联结的种对占总数的大多数，这说明群落中种对间独立性相对较强，优势种种对之间能够较好地利用共处生境中的不同的非限制性资源。随着恢复的进行，优势种间的种间联结系数的正负联结的比例下降，恢复 30 年和原始林群落无联结的比例明显高于恢复 15 年群落，与黄世能等（2000）和王文进等（2007）对海南岛热带山地雨林演替阶段的研究结果一致。随着进展演替进行，群落中以中性树种及耐荫树种为优势种，呈现出多物种和谐利用不同资源的局面，种间竞争逐渐减弱，种群间依赖性大为降低，因此无联结的比例逐渐上升（彭李箐，2006）。

　　恢复 15 年、恢复 30 年及原始林群落主要种群之间的联结系数与对应的生态位重叠有显著的正相关，总体表现为种间正联结越强，其生态位重叠越大，种间负联结越强，其生态位重叠越小。史作民等（2001，1999）在研究宝天曼落叶阔叶林时也得出这一结论，本书的研究利用回归分析方程更好地诠释了这一观点。植物种对的正联结体现了植物利用资源的相似性和生态位的重叠性（邓贤兰等，2003），高度正联结的种对之间生态位重叠值较大，反映出这些种对生境要求的一致性（康冰等，2006），如原始林群落中出现的猪肚木–岗柃种对，其联结系数和生态位重叠分别是 0.79 和 0.83，这两个物种同为阳生物种，有着相似的资源利用策略。

第六章 西部季风常绿阔叶林恢复生态系统群落结构、物种多样性及优势种空间分布格局

植物群落是一定地段内的不同植物在长期的历史过程中逐渐形成的生态复合体（Jernvall and Fortelius，2004），是由集合在一起的不同植物物种之间，以及与其他生物间的相互作用，并经过长时期的与其环境相互作用而形成的。群落物种组成与结构是群落生态学的基础，具备不同功能特性的物种个体相对多度的差异及其在群落中的空间分布方式是形成不同群落生态功能的基础（John et al.，2007）。

物种多样性一直都是生态学家关注的中心（Gotmark et al.，2008；Brehm et al.，2007；Bachman et al.，2004；Aiba and Kitayama，1999）。环境条件是影响物种丰富度和多度的重要因子，探索物种丰富度及多度格局随环境条件的变化一直都是生态学和生物地理学的中心内容（Gotmark et al.，2008；Pimm and Brown，2004）。随着研究的不断深入，物种丰富度和多度与当前环境之间的关系正在逐渐被理解（Hawkins et al.，2003；O'Brian et al.，2000；O'Brian，1998；Kerr and Packer，1997；McGlone，1996）。

6.1 植物群落结构

干扰是自然界中普遍的现象（Peres et al.，2006；Sheil and Burslem，2003；Connell，1978）。在植物群落中，发生在不同时空范围的干扰，直接或者潜在地影响着生物有机体的所有水平（Guariguata and Ostertag，2001），对种群、群落和生态系统结构具有重要的影响（Sletvold and Rydgren，2007）。干扰按起因分为自然干扰和人为干扰，而在人为干扰中，森林采伐是影响森林生态系统动态的最主要的人为干扰方式之一。森林采伐对森林的影响是多方面、多层次的。在个体水平上，森林采伐造成一部分个体的消失；在种群水平上，它影响到种群的年龄结构和性状；在群落水平上，它会极大地影响到植被的丰富度、优势度、结构和演替过程；在景观水平上，它会影响到景观的结构和格局。同时，森林采伐也导致微生态环境变化（姜金波等，1995），直接影响到地表植物对土壤中各种养分的吸收和利用（满秀玲等，1998，1997），进而影响到土地覆被的变化，也导致了土壤中的生物循环、水分循环、养分循环的变化（Nygaard and Ejrnaes，2009；Ballard，2000）。在许多地区，大面积采伐使人类干预森林的强度超出了森林生态系统所能承受的极限，从而导致了森林生态系统的退化崩溃。因此，干扰生态系统的生态恢复成为当前生态学研究中的热点和国际前沿之一（Brudvig and Asbjornsen，2009；Matthews et al.，2009）。

近年来，国内外对退化生态系统的研究逐渐增多，主要集中于物种多样性（Powers et al.，2009；Summerville，2008）、群落结构（Zahawi and Augspurger，2006；Baer et al.，

2004；刘庆等，2004；温远光等，1998）、群落动态（Crain et al.，2008；Bassett et al.，2005；何海等，2004）、景观（Matthews et al.，2009；Hill et al.，2008；郭晋平和张芸香，2002）及养分循环（Nygaard and Ejrnaes，2009；Gamboa et al.，2008；Borders et al.，2006）等方面。尽管大量有关生态恢复方面的工作已经开展，并取得了较为丰硕的成果，但这些研究相对集中于砍伐破坏后的森林和放牧干扰下的草地生态系统人工重建，相对忽视自然恢复过程的研究，而对比分析人工与自然恢复的研究相对较少。

6.1.1 季风常绿阔叶林群落结构

利用在西部季风常绿阔叶林干扰（皆伐）后不同恢复时间、方式（人工与自然恢复）及老龄林群落的调查数据，计算季风常绿阔叶林不同恢复方式及恢复时间和原始林群落平均高、平均胸径、胸高断面积和林分密度等林分因子。按上限排外法将树木胸径（DBH）共划分 6 级：Ⅰ（DBH<1cm）、Ⅱ（1cm≤DBH<5cm）、Ⅲ（5cm≤DBH<10cm）、Ⅳ（10cm≤DBH<20cm）、Ⅴ（20cm≤DBH<40cm）和Ⅵ（DBH≥40cm）。分别统计每个样地各径级树木个体多度及物种数，计算不同径级树木的物种丰富度（平均值±标准误）及多度（平均值±标准误）。按上限排外法将树高（H）共划分 4 级：Ⅰ（H<5 m）、Ⅱ（5m≤H<10m）、Ⅲ（10m≤H<20m）和Ⅳ（H≥20m）。分别统计各样地不同高度级内树木个体数及物种数，计算不同高度级树木的物种丰富度（平均值±标准误）及多度（平均值±标准误）。利用恢复方式和恢复时间与群落的林分因子（平均高、平均胸径、胸高断面积）、物种丰富度（科、属、物种、乔木、灌木、藤本）及多度（乔木、灌木、藤本、合计）进行 Pearson 相关性分析，显著性检验采用双尾 T 检验（two-tailed）。具有相关性的变量之间再进行回归分析，以检测恢复方式及恢复时间对群落结构和多样性的影响。所有数据大小比较均采用方差分析中的多重比较，当统计数据方差具有齐性时，选择 LSD（least significant difference）进行比较；当统计数据方差不具有齐性时，选择 Games-Howell 方法进行比较。相关性分析及回归分析利用 SPSS17.0 软件完成。显著性水平为 P<0.05。

6.1.1.1 林分因子特征

不同恢复方式群落林分因子比较中，平均高、平均胸径、胸高断面积及林分密度在人工恢复 15 年与天然恢复 15 年群落之间及人工恢复 30 年与天然恢复 30 年群落之间均无显著性差异（表 6-1）。在不同恢复时间比较中，平均高在恢复 15 年和恢复 30 年群落之间无显著性差异，但恢复 15 年群落平均高低于原始林；平均胸径和胸高断面积则均表现出随着恢复时间的延长而逐渐增大，但恢复 30 年群落与原始林之间无显著性差异；林分密度则随着恢复时间（原始林除外）的延长表现出减小趋势（表 6-1）。

6.1.1.2 径级结构

所有不同恢复方式及恢复时间和原始林群落物种丰富度均表现出随径级的增加而降低的趋势（图 6-1）。在相同径级比较中，人工及天然恢复 30 年群落物种丰富度在第Ⅰ、第Ⅱ径级均较低，而人工及天然恢复 15 年群落缺失大径级物种，原始林物种丰富度在所有径级中均较高。

表6-1 不同恢复方式及恢复时间群落林分因子
Table 6-1 Stand factors in communities of different restoration strategy and time

恢复方式	恢复时间	平均高/m	平均胸径/cm	胸高断面积/（m²/hm²）	密度/（株/hm²）
人工恢复	15 年	4.07±0.12[a]	3.24±0.34[a]	20.74±2.15[a]	9555.56±1174.16[ab]
	30 年	4.71±0.09[ab]	5.15±0.48[b]	34.75±2.65[b]	6977.78±1370.34[b]
天然恢复	15 年	4.08±0.23[a]	4.034±0.33[a]	23.78±2.34[a]	11437.04±490.29[a]
	30 年	5.10±0.56[ab]	5.65±0.70[b]	33.29±0.90[b]	8177.78±1231.35[ab]
原始林		5.62±0.45[b]	6.57±0.59[b]	40.47±3.60[b]	10714.81±2116.18[ab]

注：表中字母的不同表示存在显著性差异（$P<0.05$）

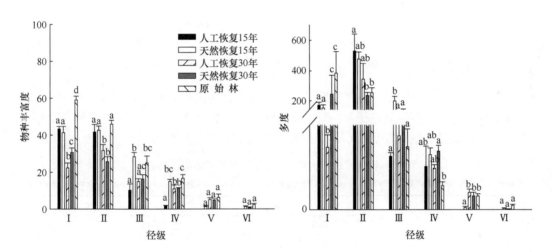

图6-1 不同径级物种丰富度及多度
Fig.6-1 Species richness and abundance in different DBH
柱状图顶部字母的不同表示存在显著性差异（$P<0.05$），下同

不同径级个体多度在所有群落中的变化规律与物种丰富度略有不同，呈现出偏峰曲线（图 6-1）。人工及天然恢复 15 年群落在第Ⅰ、第Ⅱ径级个体多度较多，而随着径级的增加，人工及天然恢复 30 年群落及原始林群落个体多度逐渐高于人工及天然恢复 15 年群落。

6.1.1.3 高度级结构

所有不同恢复方式及恢复时间群落和原始林群落中不同高度级物种丰富度均呈现倒"J"形曲线，即随着高度级的增加，物种丰富度逐渐降低（图 6-2）。相同高度级中，人工及天然恢复 30 年群落物种丰富度均为最低，原始林最高，而人工及天然恢复 15 年群落几乎没有树木超过 20m。

所有不同恢复方式及恢复时间群落和原始林群落中个体多度随高度级的变化规律与物种丰富度相同，也呈现倒"J"形曲线。在第Ⅰ高度级中各群落之间均无显著性差异，而在第Ⅱ、第Ⅲ高度级中天然恢复 15 年群落个体多度数量较多，但人工和天然恢复 15 年群落缺失第Ⅳ高度级物种。

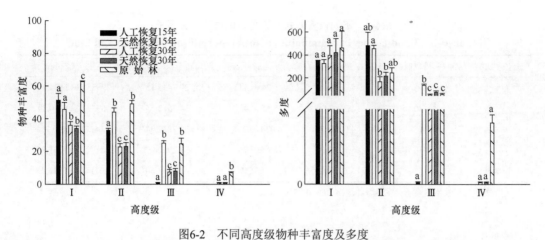

图6-2　不同高度级物种丰富度及多度

Fig. 6-2　Species richness and abundance in different high

6.1.1.4　恢复方式及恢复时间与群落结构和多样性之间的关系

在对恢复方式及恢复时间与群落结构和多样性之间的相关性分析中发现，恢复方式仅与藤本多度具有显著的正相关，但恢复时间则与多数群落结构与多样性因子（除平均高、胸高断面积和乔木多度外）之间具有显著的相关性（表6-2）。

表6-2　恢复方式及恢复时间与群落结构和多样性的关系

Table 6-2　Relationship between community structure and diversity in restoration pattern and time

项目		恢复时间			恢复方式		
		相关系数	P	R^2	相关系数	P	R^2
林分因子	平均高（m）	0.44	0.1007	—	0.51	0.0513	—
	平均胸径（cm）	0.56	0.0304	0.3134	0.05	0.8469	—
	胸高断面积（m²/hm²）	0.10	0.7222	—	0.29	0.2965	—
物种丰富度	科	0.95	<0.0001	0.9047	0.48	0.0673	—
	属	0.97	<0.0001	0.9462	0.30	0.2697	—
	种	0.98	<0.0001	0.9582	0.40	0.1444	—
	乔木	0.91	<0.0001	0.8339	0.27	0.3299	—
	灌木	0.94	<0.0001	0.8837	0.39	0.1502	—
	藤本	0.95	<0.0001	0.8956	0.51	0.0541	—
多度	乔木	−0.09	0.7628	—	0.01	0.9939	—
	灌木	0.83	0.0001	0.6907	0.41	0.1334	—
	藤本	0.84	<0.0001	0.7007	0.65	0.0091	0.4187
	合计	0.52	0.0474	0.2694	0.36	0.1933	—

注：无显著相关性的变量之间未做回归分析

6.1.2　思茅松林群落结构

利用在思茅松分布区内对人工林、天然次生林、天然林的调查数据，分析其群落结构与土壤特征。根据植被调查数据，统计物种组成，计算物种重要值，分析其结构特征，并通过主成分分析（PCA）确定 pH、有机质、全氮、全磷、全钾、水解性氮、有效磷与速效钾各指标的累积贡献率和主成分的贡献率，采用土壤综合评价指数值（soil integrated quality index，SQI）分析不同类型森林的土壤质量状况。

6.1.2.1　物种组成与重要值

在 0.81hm^2 的调查中样地中共调查乔木 26 科 45 属 54 种，灌木 9 科 16 属 18 种，藤本 13 科 16 属 16 种，草本 20 科 48 属 53 种。3 种思茅松林类型的重要值计算结果如表 6-3 所示，人工林中重要值排在前三位的乔木物种为思茅松、红木荷与小果栲；天然次生林重要值排在前三位的乔木物种为思茅松、红木荷与红皮水锦树；天然林重要值排在前三位的物种有思茅松、隐距越桔与红木荷。

表6-3　3种思茅松林主要物种重要值

Table 6-3　Importance value of main species in three *Pinus kesiya* var. *langbianensis* communities

物种名	重要值		
	人工林	天然次生林	天然林
思茅松 *Pinus kesiya* var. *langbianensis*	42.93	32.27	20.49
隐距越桔 *Vaccinium exaristatum*	2.12	3.01	7.57
红木荷 *Schima wallichii*	10.98	16.78	7.41
小果栲 *Castanopsis fleuryi*	6.98	4.64	6.71
红皮水锦树 *Wendlandia tinctoria*	1.62	9.58	5.16
水红木 *Viburnum cylindricum*	—	2.76	4.46
黄毛青冈 *Cyclobalanopsis delavayi*	—	—	4.14
红叶木姜子 *Litsea rubescens*	—	—	3.68
茶梨 *Anneslea fragrans*	2.35	3.09	3.66
华南石栎 *Lithocarpus fenestratus*	—	—	3.64
米饭花 *Lyonia ovalifolia*	—	2.16	3.01
密花树 *Rapanea neriifolia*	—	0.69	3.00
小叶干花豆 *Fordia microphylla*	—	0.63	2.45
余甘子 *Phyllanthus emblica*	—	2.42	1.78
齿叶黄杞 *Engelhardtia serrata*	—	—	1.74
岗柃 *Eurya groffii*	1.87	1.75	1.57
母猪果 *Helicia nilagirica*	4.44	2.39	1.28
西南桦 *Betula alnoides*	2.30	—	1.18
思茅厚皮香 *Ternstroemia simaoensis*	0.67	2.01	1.17
粗壮润楠 *Machilus robusta*	1.39	—	1.08
金叶子 *Craibiodendron yunnanense*	—	1.34	0.95
毛叶柿 *Diospyros mollifolia*	2.03	0.69	0.94
大叶栎 *Quercus griffithii*	4.88	0.73	0.94
高山栲 *Castanopsis delavayi*	2.61	5.36	—
杨梅 *Myrica rubra*	3.61	2.59	—
麻栎 *Quercus acutissima*	2.15	—	—

6.1.2.2　群落大小结构

3种森林类型中思茅松的胸径与树高有显著差异（$P<0.05$），天然林、天然次生林与人工林的胸径分别为（27.31 ± 3.32）cm、（20.91 ± 3.6）cm 与（12.73 ± 0.25）cm，相应的树高分别为（19.55 ± 3.05）m、（15.93 ± 2.24）m 与（9.69 ± 0.41）m。思茅松由中龄到成熟阶段，随着树木年龄的增加，林内树木树高与胸径随之增大。3种森林类型乔木物种丰富度呈现出随胸径增加呈减少的趋势（图 6-3），在不同的径级中天然林的物种丰富度都要多于天然次生林与人工林，后两者在第Ⅵ级则没有物种存在。天然次生林与天然林的个体多度随着径级的增加而减少，在第Ⅰ级个体多度的大小顺序为天然次生林＞天然林＞人工林。

思茅松林3种森林类型高度级乔木树种物种丰富度与个体多度呈现出随高度增加逐渐减少的趋势（图6-4），在第Ⅰ与第Ⅱ高度级中，天然林的物种丰富度要显著高于天然次生林和人工林，天然次生林没有物种出现在第Ⅲ与第Ⅵ级，人工林只出现在前3个高度级。天然次生林与天然林的个体多度在第Ⅰ级中要显著高于人工林。

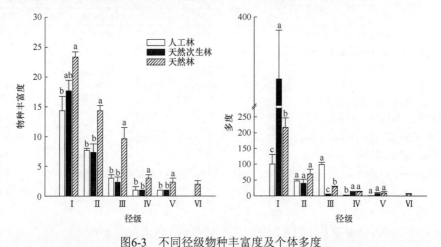

图6-3　不同径级物种丰富度及个体多度

Fig. 6-3　Species richness and abundance in different diameter classes

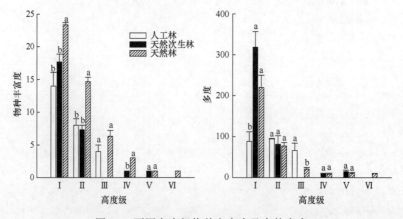

图6-4　不同高度级物种丰富度及个体多度

Fig. 6-4　Species richness and abundance in different height classes

Ⅰ，$H<5$m；Ⅱ，5m$\leqslant H<10$m；Ⅲ，10m$\leqslant H<15$m；Ⅳ，15m$\leqslant H<20$m；Ⅴ，20m$\leqslant H<25$m；Ⅵ，$H\geqslant25$m

6.1.2.3 土壤养分

计算 pH、有机质、全氮、全磷、全钾、水解性氮、速效磷和速效钾等 8 个指标的累积贡献率和主成分的贡献率（表 6-4），前两个主成分的贡献率分别是 51.42% 和 25.32%，累积贡献率可达 76.74%，可以充分代表原指标的信息，因此可用前两个主成分的因子负荷量计算各指标在土壤质量评价中的作用，并确定其权重大小（表 6-5）。各指标隶属度值的计算结果如表 6-6 所示，通过计算可知土壤综合质量由高到低为天然林＞天然次生林＞人工林，其 SQI 值分别为 0.4844、0.478 和 0.4401。结果显示，思茅松林从天然林转化为人工林的过程中土壤肥力有降低的趋势，但幅度并不大。

表6-4　土壤质量指标的主成分分析

Table 6-4　Principal component analysis of soil quality index

	主成分							
	1	2	3	4	5	6	7	8
贡献率/%	51.42	25.32	15.63	5.77	1.34	0.38	0.12	0.02
累积贡献率/%	51.42	76.74	92.37	98.14	99.49	99.86	99.98	100

注：1~8 分别为 pH、有机质、全氮、全磷、全钾、水解性氮、速效磷和速效钾

表6-5　土壤质量指标的负荷量和权重

Table 6-5　Proportion and weight of soil quality index

		土壤质量指标							
		x_1	x_2	x_3	x_4	x_5	x_6	x_7	x_8
因子负荷量	$A1$	0.1935	0.3875	0.4415	0.4748	0.2784	0.4842	0.0343	0.2810
	$A2$	0.0640	0.3897	0.2200	0.0417	0.4918	0.1001	0.5235	0.5176
权重	$B1$	0.0751	0.1505	0.1714	0.1844	0.1081	0.1880	0.0133	0.1091
	$B2$	0.0273	0.1659	0.0937	0.0178	0.2094	0.0426	0.2229	0.2204

注：$A1$，第一主成分的因子负荷量；$A2$，第二主成分的因子负荷量；$B1$，以第一主成分的因子负荷量计算的权重；$B2$，以第二主成分的因子负荷量计算的权重；x_1~x_8 分别为 pH、有机质、全氮、全钾、全磷、水解性氮、速效磷及速效钾

表6-6　土壤质量指标平均值（A）及其隶属度值（B）

Table 6-6　The mean of soil quality（A）and membership grade（B）

土壤质量指标	人工林		天然次生林		天然林	
	A	B	A	B	A	B
x_1	5.05	0.0313	5.00	0.0409	4.77	0.0323
x_2	72.06	0.0713	51.82	0.0609	56.85	0.0806
x_3	2.32	0.0580	1.43	0.0692	1.84	0.0817
x_4	0.37	0.0840	0.28	0.0880	0.39	0.0741
x_5	4.51	0.0478	5.04	0.0679	8.55	0.0536
x_6	175.42	0.0816	121.31	0.0791	168.53	0.0808
x_7	3.68	0.0068	3.34	0.0072	3.93	0.0048
x_8	131.51	0.0594	97.62	0.0712	158.63	0.0700

注：x_1~x_8 的含义同表 6-5

6.2 植物物种多样性

近年来，随着全球变暖、干扰、森林采伐及景观破碎化等的日益加重（de Mazancourt et al.，2008；Golicher et al.，2008），生物多样性正在迅速降低。生物多样性迅速降低已经引起人们的关注，这是因为生物多样性在一定的环境条件和生态系统的一定范围内影响生态系统的功能（Potvin and Gotelli，2008；Sullivan et al.，2007；Balvanera et al.，2006），并且生物多样性的降低会导致生态系统的崩溃（Naeem，2002），而生物多样性的增加则能够增加生产力（Sullivan et al.，2007；Callaway et al.，2003；Fridley，2002）、养分保持力（Ewel et al.，1991）、生态系统的稳定性和弹性（Tilman et al.，2006）、林冠层的复杂性（Keer and Zedler，2002）、对入侵物种的抵制力（Fargione and Tilman，2005；Kennedy et al.，2002；Naeem et al.，2000），以及降低病虫害（Mitchell et al.，2002）。

6.2.1 物种丰富度

地球上的生物都是处在不同的环境条件范围内，探索物种丰富度格局随环境条件的变化一直都是生态学和生物地理学的中心内容（Gotmark et al.，2008；Pimm and Brown，2004）。近年来，对于物种丰富度格局的研究已经有了较大的进步，物种丰富度格局和当前环境之间的关系正在逐渐被理解（Hawkins et al.，2003；O'Brian et al.，2000；O'Brian，1998；Kerr and Packer，1997；McGlone，1996），人们正在发展一种综合的、一致的理论体系来解释当前的物种丰富度格局（O'Brian，2006；Currie et al.，2004；Whittaker et al.，2001）。在热带林中，环境异质性是影响物种丰富度的重要因子（Takyu et al.，2002；Rennolls and Laumonier，2000；Clark et al.，1998）。环境异质性影响生态位的多样性，异质的环境能够比均一的环境提供更多的生态位，导致较高的物种丰富度（Hofer et al.，2008）。因此，环境异质性被认为是控制物种丰富度的重要因子（Plotkin and Muller-andau，2002）。在预测物种丰富度格局的模型研究中，环境异质性经常被用来估测物种丰富度（Coblentz and Riitters，2004）。

利用不同恢复方式和时间群落的调查数据，按科、属、物种、乔木、灌木、藤本等分类统计每个样地中物种数量，计算季风常绿阔叶林不同恢复方式及恢复时间和原始林群落中科、属、物种、乔木、灌木丰富度；分别统计乔木、灌木和群落总体在每个样地中个体多度情况，计算季风常绿阔叶林不同恢复方式及恢复时间和原始林群落中乔木、灌木、藤本及群落总体多度。

在不同恢复方式物种丰富度的比较中，除藤本物种丰富度在人工恢复30年群落中低于天然恢复30年群落外，科、属、种、乔木及灌木物种丰富度分别在人工和天然恢复15年群落之间，人工和天然恢复30年群落之间无显著性差异（表6-7）。在个体多度比较中，乔木、灌木、藤本及群落总多度表现出了与物种丰富度相同的规律（表6-7）。

在不同恢复时间物种丰富度的比较中，科、属、种、乔木、灌木及藤本物种丰富度在人工和天然恢复15年群落分别高于人工和天然恢复30年群落，同时人工恢复15年群落高于天然恢复30年群落，而天然恢复15年群落高于人工恢复30年群落，但原始林群落的物种丰富度在所有的比较中均是最高（表 6-7）。在个体多度的比较中，乔木物种多度在所有的恢复群落及原始林之间均无显著性差异，灌木则是人工恢复 15 年群落高于天然恢复 30 年群落，藤本则是在相同恢复方式下随着恢复时间的延长而降低，而群落总体多度则是人工恢复 30 年群落低于天然恢复 15 年群落，其他群落之间无显著性差异（表 6-7）。

表6-7　不同恢复方式及恢复时间群落物种丰富度与多度
Table 6-7　Species richness and abundance of community in restoration pattern and time

指标	分类	人工恢复		天然恢复		原始林
		15 年	30 年	15 年	30 年	
物种丰富度	科	33.3 ± 1.2^a	21.0 ± 0.0^b	37 ± 2.1^a	25.3 ± 0.9^b	45.3 ± 1.9^c
	属	55.7 ± 2.9^a	34.0 ± 1.5^b	52.7 ± 3.7^a	35 ± 2.1^b	77 ± 1.5^c
	种	64.3 ± 3.0^a	40.3 ± 1.2^b	67.7 ± 4.4^a	42.7 ± 1.5^b	98 ± 1.7^c
	乔木	44.7 ± 1.8^a	35.0 ± 0.6^b	46.7 ± 2.3^{ac}	33 ± 2.1^b	53.3 ± 3.2^c
	灌木	12.7 ± 1.8^a	4.0 ± 1.0^b	12.7 ± 1.7^a	5.7 ± 1.2^b	26.3 ± 2.4^c
	藤本	7.0 ± 1.0^a	1.3 ± 0.3^b	8.3 ± 0.7^a	4 ± 0.6^c	17.3 ± 0.9^d
多度	乔木	777.0 ± 107.5^a	600.3 ± 111.3^a	805.3 ± 51.1^a	704 ± 109.4^a	559 ± 126.9^a
	灌木	67.3 ± 7.5^a	25.0 ± 12.5^{ab}	119.3 ± 52.3^{ab}	14.3 ± 2.9^b	232 ± 46.8^{ab}
	藤本	15.7 ± 1.5^{ab}	2.7 ± 0.3^{cd}	104.7 ± 13.9^{ac}	17.7 ± 6.4^{bd}	164 ± 22.5^{ad}
	合计	860.0 ± 105.7^{ab}	628.0 ± 123.3^a	1029.3 ± 44.1^b	736 ± 110.8^{ab}	964.3 ± 190.5^{ab}

注：表中字母的不同表示存在显著性差异（$P<0.05$）

南亚热带季风常绿阔叶林所有恢复方式及恢复时间群落物种-相对多度曲线均表现出急剧的变化，说明群落中优势种均较明显（图 6-5）。在调查中发现，天然恢复及原始林群落中刺栲和短刺栲数量相对较多，而在人工恢复群落中则是短刺栲及思茅松相对较多。图 6-5 中也反映出物种数量由低到高依次为人工恢复 30 年群落＜天然恢复 30 年群落＜天然恢复 15 年群落＜人工恢复 15 年群落＜原始林群落。在人工及天然恢复 15 年和 30 年群落中，低密度物种数量相对较少，而在原始林中低密度物种数量较多。

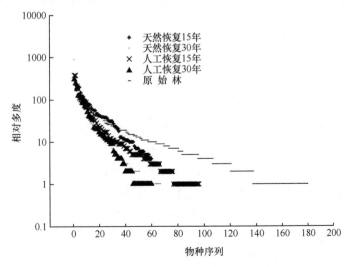

图6-5　不同恢复方式及恢复时间群落物种-相对多度曲线
Fig. 6-5　Species-rank in relative abundance in communities of different restoration strategy and time

6.2.2　藤本植物多样性

藤本植物是热带和亚热带森林的重要组成部分，贡献了大约 25% 的物种多样性（Appanah et al., 1992），同时利用了大约 40% 的乔木物种的林冠作为支持物（Putz, 1984）。热带原始林中，藤本植物仍保持着重要的作用（Dewalt et al., 2000）。藤本植物能极大影响热带森林的动态（Addo-Fordiour et al., 2009）。由于攀缘能力较强，藤本植物常常能在采伐过的森林中迅速扩散（Gerwing, 2004），从而对热带乔木的繁殖、生长和生存产生负面影响（Letcher and Chazdon, 2009；Sanchez-Azofeifa et al., 2009；Laurance et al., 2001；Dewalt et al., 2000；Clark and Clark, 1990），如影响林窗和次生林的更新（Nabe-Nielsen et al., 2009），阻碍森林结构的恢复，延长森林演替的时间（Schnitzer et al., 2000）等。藤本植物在森林更新研究中逐渐被重视（Schnitzer et al., 2005；Phillips et al., 2002）。国内外对藤本的研究主要集中在藤本的攀缘机制（蔡永立和宋永昌, 2000a；张玉武, 2000）、适应生态学（Pérez-Salicrup and de Meijere, 2005；蔡永立和宋永昌, 2005）、干扰对藤本的影响（Ding and Zang, 2009；Madeira et al., 2009；Kouamé et al., 2004）、叶片解剖（蔡永立和宋永昌, 2001）、生物量（Putz, 1983）、藤本与支持木的相互关系（袁春明等, 2010b；Nabe-Nielsen et al., 2009；颜立红等, 2007；Pérez-Salicrup and de Meijere, 2005）、藤本多样性（Addo-Fordiour et al., 2009；陈亚军和文斌, 2008；袁春明等, 2008；Nabe-Nielsen and Hall, 2002；Appanah et al., 1992）和区系组成（蔡永立和宋永昌, 2000b）。

利用不同恢复时间（恢复 15 年、恢复 30 年及老龄林）群落的调查数据，统计 3 种群落类型藤本植物物种、属和科的丰富度，同时计算密度、平均胸径、平均长度、胸高断面积、平均胸高断面积及 Shannon-Wiener 指数。用逐步扩大样方面积法确定物种-面积累积曲线和物种-个体累积曲线。

密度是指在 0.09hm^2 样地中所有藤本植物的个体数；物种重要值=（相对多度+相对显著度）/2；物种多样性计算方法使用 Shannon-Wiener 指数（H），$H = -\sum_{i=1}^{S}\left(P_i \ln P_i\right)$，$P_i$ 表示相对多度，即 $P_i = \dfrac{N_i}{N_0}$，N_i 为第 i 物种的多度，N_0 为所有物种的多度。将藤本植物的胸径进行分级：0.1~0.5cm；>0.5~1cm；1~2cm；2~3cm；3~4cm；4~5cm；5~10cm；>10cm，共有 8 个等级，进行分类对比；同时将支持木的胸径进行分级：<5cm；5~10cm；10~15cm；15~20cm；20~25cm；25~30cm；30~35cm；35~40cm；>40cm，共 9 个等级。分别统计每个样地各径级物种数及多度，并计算其百分比。统计 3 种群落类型支持木上攀缘的藤本植物多度，并计算不同径级支持木上藤本植物多度。

在野外观测的基础上，依据藤本植物攀缘器官和攀缘方式的不同，参考 Putz（1984）及蔡永立和宋永昌（2000a）的划分方法，将所调查的藤本植物分为缠绕类、卷须类、根攀缘和搭靠类 4 种攀缘方式进行归类汇总。

针对 3 种群落类型藤本植物科属种的丰富度、密度、胸高断面积、平均胸高断面积、平均胸径、平均长度、Shannon-Wiener 指数、不同径级藤本与支持木多度的百分比、不同攀缘方式藤本植物多度与物种的百分比的差异进行单因素方差分析（one-way ANOVA）的方法检验，并对其进行两两比较，当统计数据方差具有齐性时，选择 LSD 进行比较；当统计数据方差不具有齐性时，选择 Games-Howell 方法进行比较。将支持木胸径与其对应的藤本植物胸径进行相关分析，得出回归方程。3 种群落类型的藤本植物的不同径级结构和藤本的攀缘方式的差异性用卡方检验。所有数据均在 SPSS17.0 中完成，显著度水平为 $P<0.05$。

6.2.2.1　藤本植物物种组成、丰富度及密度

在 0.81hm^2 的调查样地中，共调查到藤本植物 1292 株，分属 34 科 51 属 64 种，其中蝶形花科（Papilionaceae）的物种最多，包含了 7 个种，占总物种个体多度的 22.91%，其次是萝藦科（Asclepiadaceae）（6 种，7.02%）、葡萄科（Vitaceae）（5 种，1.08%）和菝葜科（Smilacaceae）（4 种，11.84%）。

大果油麻藤是恢复 15 年和 30 年群落中相对多度和相对显著度最大的物种，独籽藤和买麻藤是 3 种群落中最常见的物种，尤其在原始林中，后两者最多，此外在原始林中，黄花胡椒（*Piper flaviflorum*）的相对多度也较多（表 6-8）。

在 3 种群落类型中，原始林的物种丰富度显著高于恢复 30 年群落，恢复 15 年群落在两者之间；原始林属丰富度显著高于恢复 30 年及 15 年群落；科丰富度在 3 种群落类型均无显著性差异；3 种类型 Shannon-Wiener 指数无显著差异（表 6-9）。3 种群落类型中，原始林（DBH<1cm）的藤本密度显著高于恢复 30 年和 15 年群落，而在 DBH≥1cm 时，恢复 30 年群落的藤本密度显著低于原始林和恢复 15 年群落。

6.2.2.2　藤本植物胸径、胸高断面积及长度

恢复 30 年群落的平均胸径和平均长度要显著低于另外 2 种类型；在藤本植物的胸高断面积中，原始林（DBH<1cm）显著高于其他两个，而在 DBH≥1cm 的藤本植物中，原始林显著高于恢复 30 年群落，恢复 15 年群落在两者之间；原始林和恢复 15 年群落的平均胸径显著高于恢复 30 年群落（表 6-9）。

对 3 种群落类型藤本植物径级进行划分，结果显示其差异极显著（x^2=116.756, df=14, $P<0.001$），随着径级增加，藤本植物多度明显降低。超过 95% 是 DBH<5cm 的藤本植物个体，大胸径（DBH≥10cm）没有出现在恢复 15 年群落中（图 6-6），其中托叶黄檀（*Dalbergia stipulacea*）、大果油麻藤和买麻藤分别是恢复 15 年、30 年和原始林群落中胸径（6.5cm、10.8cm 和 17cm）最大的藤本。

6.2.2.3　藤本植物的种-面积累积曲线

藤本植物种-面积累积曲线显示了 3 种群落类型的物种的累积率在样地累积面积 900m^2 之前是相似的，曲率变化不大；当样地累积面积超过 900m^2 之后，3 者之间变化较大，原始林的曲率显著高于恢复 15 年和 30 年群落（图 6-7A）；同时，种-个体多度累积曲线显示出原始林藤本植物物种丰富度随着其个体多度的增加而增加，曲线显著高于另外 2 种类型，恢复 15 年和 30 年群落在藤本植物个体多度累积分别达到 170 株和 370 株时，群落中物种多度就趋于稳定（图 6-7B）。

表6-8　不同恢复阶段主要藤本植物的相对多度、相对显著度和重要值变化

Table 6-8　Changes of relative abundance，relative basal area and importance value of main lianas in different restoration stages

恢复阶段	物种名	相对多度	相对显著度	重要值
15 年	大果油麻藤 *Mucuna macrocarpa*	19.93±7.42	37.08±18.45	28.51±12.62
	买麻藤 *Gnetum montanum*	18.38±8.8	15.05±6.4	16.71±7.58
	白花酸藤子 *Embelia ribes*	11.53±1.31	9.04±6.64	10.29±3.95
	托叶黄檀 *Dalbergia stipulacea*	2.37±0.82	17.46±10.47	9.92±5.45
	多裂黄檀 *Dalbergia rimosa*	6.47±2	11.03±6.47	8.75±4.21
	独籽藤 *Celastrus monospermus*	9.86±3.63	4.35±2.4	7.11±2.43
	玉叶金花 *Mussaenda pubescens*	9.26±5.38	3.87±3.45	6.56±4.41
	黄花胡椒 *Piper flaviflorum*	9.35±1.97	0.97±0.77	5.16±1.36
	穿鞘菝葜 *Smilax perfoliata*	2.91±0.47	0.19±0.13	1.55±0.3
	圆锥菝葜 *Smilax bracteata*	2.43±0.55	0.06±0.02	1.25±0.28
30 年	大果油麻藤 *Mucuna macrocarpa*	35.61±12.01	51.52±20.26	43.57±8.67
	独籽藤 *Celastrus monospermus*	12.55±5.7	11.38±3.49	11.97±4.1
	托叶黄檀 *Dalbergia stipulacea*	0.72±0.72	18.18±18.18	9.45±9.45
	来江藤 *Brandisia hancei*	4.62±2.48	7.56±6.23	6.09±4.22
	粉背藤 *Cissus* sp.	8.17±2.18	3.03±2.4	5.6±2.18
	买麻藤 *Gnetum montanum*	5.88±4.84	1.69±1.03	3.78±2.5
	细花火把花 *Colquhounia elegans* var. *tenuiflora*	5.16±5.16	0.45±0.45	2.8±2.8
	锈毛弓果藤 *Toxocarpus fuscus*	3.13±1.58	2.32±2.11	2.72±1.56
	相思子 *Abrus precatorius*	3.6±0.85	0.94±0.28	2.27±0.55
	薯莨 *Dioscorea cirrhosa*	3.83±2.39	0.52±0.5	2.18±1.44
原始林	独籽藤 *Celastrus monospermus*	23.34±6.86	25±11.73	24.17±8.36
	买麻藤 *Gnetum montanum*	6.52±1.14	29.83±7.32	18.18±4.2
	黄花胡椒 *Piper flaviflorum*	16.49±4.98	1.73±0.68	9.11±2.68
	大果油麻藤 *Mucuna macrocarpa*	3.77±2.76	12.46±12.44	8.11±7.57
	扁担藤 *Tetrastigma planicaule*	1.72±1.72	8.83±8.83	5.28±5.28
	多裂黄檀 *Dalbergia rimosa*	4.72±4.15	5.54±4.85	5.13±2.58
	圆锥菝葜 *Smilax bracteata*	7.57±5.23	0.3±0.24	3.93±2.74
	筐条菝葜 *Smilax hypoglauca*	6.34±3.01	0.27±0.16	3.31±1.59
	尖叶瓜馥木 *Fissistigma acuminatissimum*	2.31±1.77	3.93±3.49	3.12±2.62
	蚬壳花椒 *Zanthoxylum dissitum*	1.72±1.72	2.31±2.31	2.02±2.02

表6-9　不同恢复阶段样地藤本调查结果比较（均值±标准误）

Table 6-9　Comparison of the results of lianas in different restoration stages（Mean±SE）

类型	恢复阶段		
	15 年	30 年	原始林
物种丰富度	17±2.08[ab]	16.33±2.91[a]	26.67±3.38[b]
属丰富度	14±2[a]	13.33±2.33[a]	22±2.52[b]
科丰富度	12.67±1.86[a]	12±2.08[a]	17±1.53[a]
密度（0.1≤DBH＜1cm）/（株/0.09hm²）	79±6.11[a]	71±8.39[a]	160.67±20.2[b]
密度（DBH≥1cm）/（株/0.09hm²）	60.67±14.76[a]	7.67±2.6[b]	51.67±12.71[a]
平均胸径/cm	1.08±0.12[a]	0.51±0.13[b]	1.01±0.06[a]
胸高断面积（0.1cm≤DBH＜1cm）/cm²	9.17±0.71[a]	7.46±2.2[a]	18.14±2.48[b]
胸高断面积（DBH≥1cm）/cm²	407.84±182.25[ab]	71.57±50.15[a]	650.46±106.36[b]
平均胸高断面积/cm²	2.01±0.34[ab]	0.95±0.61[a]	3.35±0.85[b]
平均长度/m	9.23±0.46[a]	4.2±0.48[b]	8.50±0.11[a]
Shannon-Wiener 指数	2.21±0.05[a]	2.08±0.19[a]	2.44±0.08[a]

注：表中同行数据中相同字母的数据差异不显著，单因素方差分析：$P=0.05$

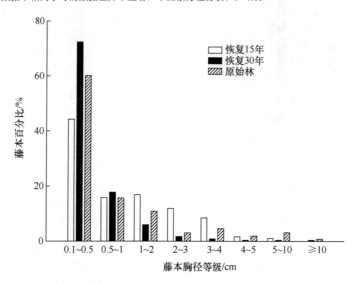

图6-6　不同径级的藤本个体百分比在不同恢复阶段的变化

Fig. 6-6　Changes on percentages of liana individuals in different DBH class in different restoration stages

柱状图顶部字母的不同表示存在显著性差异（$P＜0.05$）

6.2.2.4　藤本-支持木关系在不同恢复阶段的变化

支持木上分布 1 株藤本比率在 3 种群落中无显著差异，也是群落中最常见的藤本-支持木关系；原始林中支持木上分布 2 株藤本的比率要显著高于恢复 30 年群落，而与恢复 15 年群落之间无显著差异，原始林中支持木上最多可攀缘 9 株藤本，恢复 30 年群落中最多可攀缘 4 株藤本，恢复 15 年群落中最多可攀缘 6 株（图 6-8）。

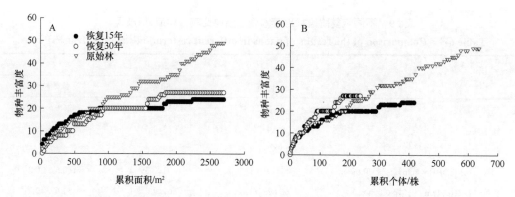

图6-7　不同恢复阶段藤本植物种-面积累积曲线和种-个体累积曲线

Fig. 6-7　Randomized liana species accumulation curves based on cumulative area and number of
individuals in different restoration stages

A. 种-面积累积曲线；B. 种-个体累积曲线

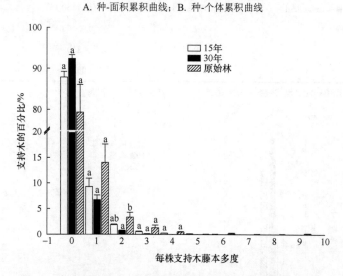

图6-8　藤本攀缘支持木株数的百分比在不同恢复阶段的变化

Fig. 6-8　Changes of percentage of host with lianas in different restoration stages

柱状图顶部字母的不同表示存在显著性差异（$P < 0.05$）

　　原始林中支持木上攀缘的藤本数量随着支持木径级的增加而呈现出双峰曲线，峰值出现在支持木胸径 15~20cm 和支持木胸径 35~40cm。恢复 15 年群落中支持木上攀缘的藤本数量随着支持木径级的增加而呈现出单峰曲线，峰值出现在支持木胸径 10~15cm。恢复 30 年群落中支持木上攀缘藤本数量随着支持木径级增加而减少，在支持木胸径 20~25cm 时又增加（图 6-9）。

　　恢复 15 年、30 年及原始林群落中藤本植物胸径与支持木胸径之间均具有极显著的正相关性（恢复 15 年群落，$R^2 = 0.1819$，$n = 369$，$P < 0.001$；恢复 30 年群落，$R^2 = 0.2101$，$n = 187$，$P < 0.001$；原始林，$R^2 = 0.2488$，$n = 562$，$P < 0.001$）。分别对恢复 15 年、30 年及原始林群落中支持木胸径与藤本胸径进行回归分析，结果表明，3 种群落中支持木胸径与藤本胸径均可用不同的回归方程较好地描述，其回归方程分别为：$y = 0.2756x^{0.7118}$，$y = 0.3351 - 0.0409x + 0.0217x^2 - 0.0007x^3$，$y = 0.2064x^{0.7481}$（图 6-10）。

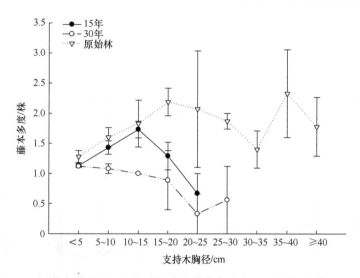

图6-9 不同恢复阶段不同径级支持木上的藤本多度（平均值±标准误）变化

Fig. 6-9 Changes of liana abundance（mean±SE）on host tree stems of different DBH classes in different restoration stages

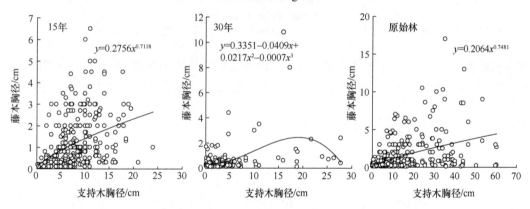

图6-10 不同恢复阶段支持木胸径与对应的藤本胸径回归分析

Fig. 6-10 Regression analysis between host tree DBH and liana DBH in different restoration stages

6.2.2.5 藤本植物攀缘方式的变化

藤本植物不同攀缘方式中物种丰富度的百分比在 3 种群落差异极显著（x^2=57.327，df=8，P<0.001），茎缠绕的藤本在 3 种群落中占比率最高，其次为卷须类，搭靠类和根攀缘也是 3 种群落中较为常见的类型，原始林中偏多；茎缠绕的物种丰富度的比率在恢复 30 年、15 年及原始林群落之间无显著差异；卷须类的物种丰富度的比率在三者之间均无显著差异；原始林搭靠类的物种丰富度的比率显著高于恢复 15 年群落，而与恢复 30 年群落无显著差异；根攀缘的物种丰富度的比率在原始林和恢复 15 年群落中要显著高于恢复 30 年群落（图 6-11）。

藤本植物不同攀缘方式中物种多度的百分比在 3 种群落中差异极显著（x^2=123.193，df=8，P<0.001）。茎缠绕是 3 种群落类型中物种多度最高的，但原始林中要显著低于恢复 15 年和 30 年群落；恢复 30 年群落的根攀缘的藤本植物要显著低于原始林和恢复

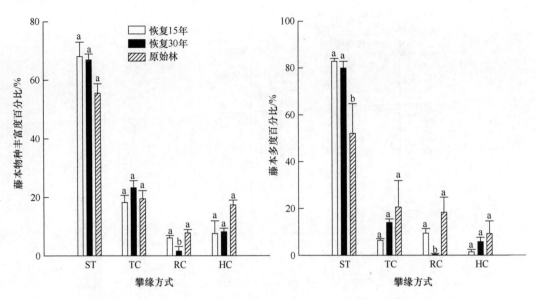

图6-11　不同恢复阶段不同攀缘方式藤本的物种丰富度和多度的百分比变化

Fig. 6-11　Changes of percentage of liana species richness and abundance in different climbing method in different restoration stages

柱状图顶部字母的不同表示存在显著性差异（$P<0.05$）；ST，茎缠绕；TC，卷须类；RC，根攀缘；HC，搭靠类

15年群落；原始林群落中搭靠类的藤本植物物种多度的比率与恢复30年和15年群落无显著性差异；恢复30年群落中卷须类藤本的多度的比率要显著高于恢复15年群落。

6.2.3　附生植物多样性与分布

　　附生植物通常指生长在其他植物体（宿主）上而不吸取其营养，生活史的全部或者部分时期生长在空气中、不与地面接触的一类自养植物（刘文耀等，2006；Benavides et al.，2005）。全球的维管植物中大约有10%的物种属于附生植物（Hsu and Wolf，2009；Ozanne et al.，2003），主要分布在热带地区（Nieder et al.，2001），在某些热带雨林中可达到30%（Wolf，2005）。附生植物是全球生物多样性的重要组成部分（刘广福等，2010b），对森林生态系统的水分和养分循环有重要的作用（徐海清和刘文耀，2005；Nadkarni，1994；Nadkarni and Matelson，1992），可以作为人类干扰和健康生态系统的指示植物（Nadkarni and Solano，2002；Barthlott et al.，2001），由于森林生境微气候和宿主结构的差异，次生林和原始林中附生植物的多样性和物种组成显著不同（Marin et al.，2008；Wolf，2005）。附生维管植物的分布一般取决于宿主种类、树龄及微环境状况（Annaselvam and Parthasarathy，2001），过去由于攀爬技术的限制，对附生植物在生态系统结构和功能中的作用未引起足够的重视（刘文耀等，2006），随着技术手段的发展，对附生植物的调查现在已较为容易。

　　首先通过对不同恢复时间（恢复15年、30年及老龄林）群落的样地调查，获取样地植被数据。在样地调查的同时，对地上附生维管植物进行调查。附生维管植物调查主要通过双筒望远镜观察，结合取样杆与单绳攀爬技术（Wolf et al.，2009）。附生维管植物的离地高度主要是根据其附生的位置进行测量，距离地面较近的附生维管植物用测杆进行测量，附生植物的离地高度超过测杆测量范围的，根据其宿主的高度进行估测。部分附生维管植物的株数容易统计，如阳荷、螳螂跌打（*Pothos scandens*）、爬树龙（*Rhaphidophora decursiva*）、白花线柱兰（*Zeuxine parviflora*）等，而有些兰科植物经常成片或成团附生在一起而很难区分株数，如石斛属等。针对此类情况，则将相同种的一群与另外一群具有明显的边界区分成不同的株；不同种杂生在一起的，则分别统计。本书中附生维管植物的一株指的是附生维管植物的一个无性系克隆（刘广福等，2010a）。本书按照 Benzing 的分类法将附生植物分为 4 种类型：①专性附生植物，即完全不与地面接触而在树木上度过整个生活周期；②半附生植物，即生活史的某个阶段与地面有联系（Nieder et al.，2001）；③兼性附生植物，即在不同生境中偏向在树木上附生或在岩石等具有浅薄土壤的地生环境中生长；④偶发附生植物，即主要生长在地面上，仅偶然附生在活体基质上（刘广福等，2010b；Zotz and Schultz，2008；Benzing，1990）。

根据野外调查数据，统计不同恢复阶段附生维管植物科、属、种丰富度和多度及宿主的多度的基本情况。附生维管植物的物种丰富度以其物种数表示，多度以其株数表示。

附生维管植物的水平分布分别以两种统计单位进行统计分析：一种是以每个 10m×10m 小样方为统计单位，以附生维管植物在每个小样方中的株数为数据样本进行统计分析；另一种是以每株调查木为统计单位，以附生维管植物在每株调查木上的株数为数据样本进行统计分析（刘广福等，2010a）。附生维管植物水平分布格局的判定为：①分布类型的理论拟合，用 Kolmogorov-Smirnov 分布类型统计检验方法分别与随机分布、均匀分布进行拟合。②方差均值比（扩散指数法，$C=s^2/x$）判断，$C=1$，判定为随机分布；$C<1$ 为均匀分布；$C>1$ 为聚集分布；然后采用 t 检验进行显著性判断。

附生维管植物的垂直分布，参考 Zotz 和 Schultz（2008）和刘广福等（2010a）的方法从树木基部向上每隔 5m 分段，区分不同的高度层次，统计每个高度层次出现的附生维管植物的物种丰富度及多度。

以样地为单位统计每种附生维管植物多度，建立样地-物种矩阵，应用除趋势对应分析（detrended correspondence analysis，DCA）法排序各群落附生维管植物的相对多度的分布和相关性。不同恢复阶段与原始林之间附生维管植物的相似性用 Sørensen 指数表示：$CC=2C/(S_1+S_2)$，式中，CC 为 Sørensen 指数；C 为两个类型中都出现的附生维管植物的物种数；S_1 和 S_2 分别对应于每个类型中出现附生维管植物的物种数。3 种群落类型附生维管植物物种丰富度及多度之间差异分析使用单因素方差分析（one-way ANOVA）检验。对附生维管植物的物种丰富度及多度与宿主进行相关性分析。书中所有数据的统计分析均在 SPSS17.0 中进行，显著性水平为 $P<0.05$。

6.2.3.1　附生维管植物的组成、丰富度及多度

在 0.81hm² 的样地内共调查到附生维管植物 3116 株，分属 9 科 20 属 22 种，其中兰科植物最多，有 9 种，其次为水龙骨科（Polypodiaceae），4 种，天南星科（Araceae）和骨碎补科（Davalliaceae）分别有 2 个物种。在所有附生维管植物中，石斛属和瓦韦属分别有 2 个物种，其他各属物种均为 1 种。恢复 15 年、30 年及原始林群落中附生维管植物物种数分别为 5、7、17（表 6-10），恢复 15 年群落中的附生维管植物全部为蕨类

植物，其中瓦韦（*Lepisorus thunbergianus*）的相对多度为85.5%；恢复30年群落中附生维管植物主要是由兰科植物组成，主要是大苞兰（*Sunipia scariosa*），相对多度为59.14%，而蕨类植物的相对多度仅为0.36%；原始林中附生维管植物的主要组成物种为大苞兰、鼓槌石斛和疏花石斛，相对多度分别为31.42%、30.68%和28.14%，附生蕨类植物有7种，相对多度为8.26%。原始林中附生维管植物的物种丰富度与多度均显著高于恢复15年与30年群落（表6-10）。恢复15年与30年群落中的附生维管植物都为专性附生植物，原始林中除专性附生植物外，阳荷为偶发附生植物，金瓜核（*Dischidia esquirolii*）、螳螂跌打和爬树龙为半附生植物。

表6-10 不同恢复阶段附生维管植物的物种组成及多度

Table 6-10 Species composition and abundance of vascular epiphytes in different restoration stages

种类	科名	多度			附生类型
		15 年	30 年	原始林	
附生种子植物					
大苞兰 *Sunipia scariosa*	兰科 Orchidaceae	0	165	852	专性附生
鼓槌石斛 *Dendrobium chrysotoxum*	兰科 Orchidaceae	0	0	832	专性附生
疏花石斛 *Dendrobium henryi*	兰科 Orchidaceae	0	47	763	专性附生
鸢尾兰 *Oberonia iridifolia*	兰科 Orchidaceae	0	0	19	专性附生
大花钗子股 *Luisia magniflora*	兰科 Orchidaceae	0	0	9	专性附生
螳螂跌打 *Pothos scandens*	天南星科 Araceae	0	0	5	半附生
阳荷 *Zingiber striolatum*	姜科 Zingiberaceae	0	0	3	偶发附生
麦穗石豆兰 *Bulbophyllum orientale*	兰科 Orchidaceae	0	22	3	专性附生
爬树龙 *Rhaphidophora decursiva*	天南星科 Araceae	0	0	1	半附生
金瓜核 *Dischidia esquirolii*	萝藦科 Asclepiadaceae	0	0	1	半附生
白点兰 *Thrixspermum centipeda*	兰科 Orchidaceae	0	19	0	专性附生
白花线柱兰 *Zeuxine parviflora*	兰科 Orchidaceae	0	15	0	专性附生
长柄贝母兰 *Coelogyne longipes*	兰科 Orchidaceae	0	10	0	专性附生
附生蕨类植物					
阴石蕨 *Humata repens*	骨碎补科 Davalliaceae	0	0	83	专性附生
槲蕨 *Drynaria rigidula*	槲蕨科 Drynariaceae	0	0	47	专性附生
云南骨碎补 *Davallia cylindrica*	骨碎补科 Davalliaceae	1	1	29	专性附生
狭叶瓦韦 *Lepisorus angustus*	水龙骨科 Polypodiaceae	0	0	26	专性附生
半边铁角蕨 *Asplenium unilaterale* var.*unilateale*	铁角蕨科 Aspleniaceae	0	0	17	专性附生
膜叶星蕨 *Microsorium membranaceum*	水龙骨科 Polypodiaceae	7	0	12	专性附生
瓦韦 *Lepisorus thunbergianus*	水龙骨科 Polypodiaceae	106	0	10	专性附生
石韦 *Pyrrosia lingua*	水龙骨科 Polypodiaceae	10	0	0	专性附生
光叶条蕨 *Oleandra musaefolia*	条蕨科 Oleandraceae	1	0	0	专性附生
物种丰富度		2.3±0.67[a]	5.67±0.33[a]	9.67±1.76[b]	
多度		42±24.1[a]	93±6.51[a]	904±180[b]	

注：表中同行数据后不同小写字母表示差异显著，相同小写字母表示差异不显著，"±"后的数值为标准误，单因素方差分析：P=0.05

6.2.3.2　附生维管植物相似性

3种群落类型之间附生维管植物的相似性系数为0.17~0.33。恢复15年与30年群落之间相似性系数最小，为0.17，共有物种为1种；恢复15年群落与原始林的共有物种为3种，相似性系数为0.27；恢复30年群落与原始林的共有物种为4种，相似性系数最大，为0.33。恢复30年群落的附生维管植物种类组成更接近原始林群落。

6.2.3.3　附生维管植物与不同恢复阶段DCA分析

在3种群落类型共9个样地附生维管植物DCA分析中，根据相对多度数据做出附生维管植物的DCA排序图（图6-12），两轴累计信息量达到88.55%。一般情况下，累计信息量在70%以上，事物的基本面貌就可以得到反映。从DCA排序图可以看出，可以将附生维管植物较为清晰地分为3组，其中恢复15年群落有明显的区分，恢复30年群落与原始林有一定程度的重叠。

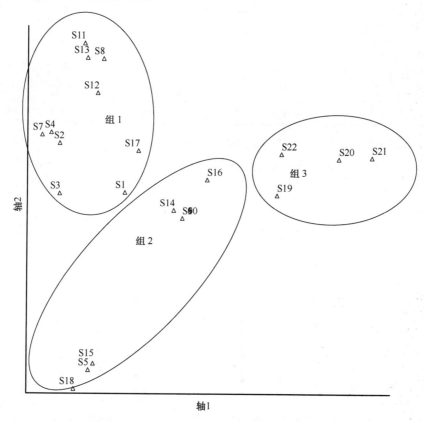

图6-12　不同恢复阶段群落附生维管植物DCA排序

Fig. 6-12　DCA ordination graph on vascular epiphytes of different restoration stages

S1~S22是22个样地，△代表相对多度数据

6.2.3.4　附生维管植物的分布

以小样方中的附生维管植物株数为数据样本进行统计，结果表明：附生维管植物在

恢复15年、30年和原始林群落分布格局相同，即3种群落类型中的附生维管植物均不属于随机分布，也不属于均匀分布，而是属于聚集分布（$C>1$，$P<0.05$）。

以每株宿主调查木的附生维管植物株数为统计单位，与以小样方为统计单位的结果相同，即3种群落类型中的附生维管植物均不属于随机分布，也不属于均匀分布，而是属于聚集分布（$C>1$，$P<0.05$）。恢复30年群落中每个宿主上株数大于50的附生维管植物只有大苞兰，而原始林中每个宿主上株数大于50的附生维管植物有大苞兰、疏花石斛和鼓槌石斛，这些物种常成片聚集分布在宿主上。3种森林类型内附生维管植物的分布格局检验结果如表6-11所示。

表6-11 不同恢复阶段附生维管植物的分布格局检验

Table 6-11 Distribution of vascular epiphytes of different restoration stages

恢复阶段	统计单位	与泊松分布相比，Kolmogorov-Smimov 检验，P 值	与均匀分布相比，Kolmogorov-Smimov 检验，P 值	C 值	t 检验结果，P 值
15 年	以 10m×10m 为单位	$P<0.001$	$P<0.001$	17.53	0.017
	以宿主为单位	$P<0.05$	$P<0.05$	3.01	0.001
30 年	以 10m×10m 为单位	$P<0.001$	$P<0.001$	38.39	0.012
	以宿主为单位	$P<0.001$	$P<0.001$	20.68	0.001
原始林	以 10m×10m 为单位	$P<0.001$	$P<0.001$	327.08	0.008
	以宿主为单位	$P<0.001$	$P<0.001$	325.97	0.006

不同恢复阶段群落中附生维管植物的物种丰富度及多度在垂直分布上有明显不同（图6-13），恢复15年群落中附生维管植物仅在群落的0~5m分布，恢复30年群落附生维管植物分布的高度可达10m，而原始林中附生维管植物垂直分布最高，可达乔木树高的20m位置。

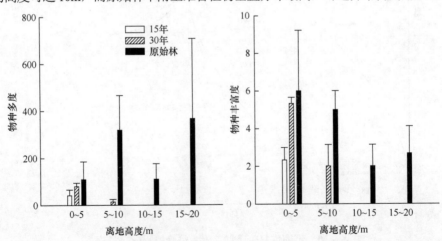

图6-13 不同恢复阶段附生维管植物在不同高度层次的分布

Fig. 6-13 Distribution of vascular epiphytes in the vertical direction of different restoration stages

6.2.3.5 附生维管植物与调查木及宿主关系

恢复15年、30年及原始林群落中，附生维管植物宿主与调查木的比例分别为0.62%、

1.28%和1.67%，原始林中宿主与调查木的比例要大于恢复阶段。

恢复15年与30年群落中附生维管植物的物种丰富度及多度与宿主胸径（DBH）之间无显著相关，而原始林中附生维管植物物种丰富度及多度与宿主胸径之间存在着显著正相关（图6-14）。原始林中附生维管植物物种丰富度与宿主胸径之间的相关性要大于与宿主胸径之间的相关性。原始林中宿主的胸径越大，其附生的维管植物物种数和个体数量就越多。

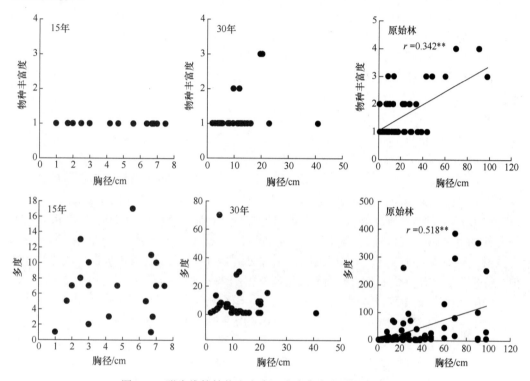

图6-14　附生维管植物丰富度、多度与宿主胸径的相似性

Fig. 6-14　Correlation between diameter at breast height of phorophyte and species richness，abundance of vascular epiphytes in different restoration stages

**表示 $P<0.01$

6.2.4　思茅松林物种多样性

思茅松林是我国南亚热带地区重要的暖性常绿针叶林。近年来，思茅松天然林面积逐年下降，而对思茅松天然林群落生态学的研究则相对较少。《云南植被》对思茅松林进行群落描述（吴征镒等，1987），目前对思茅松天然林群落生态学的研究主要涉及群落结构、物种组成、土壤种子库与幼苗库等（李帅锋等，2012a，2012b；刘万德等，2011b；宋亮等，2011），而关于思茅松林的物种多样性研究相对较少，特别是由于思茅松天然林分布较广，长期以来受到较多人为干扰，群落结构与物种组成差异较大，群落类型的划分不完全，从而急需对群落进行数量分类，全面、细致研究思茅松林各种群落类型物种多样性及与环境因子的相互关系。

为更好研究思茅松林的物种多样性，需进一步深入认识思茅松林的群落类型，建立植被-环境因子的响应关系。本书的研究通过对云南思茅松天然林分布区域进行样地调查，获取植物群落特征、分布状况和自然环境的数据，对群落进行 TWINSPAN 数量分类、主成分分析（PCA）和冗余分析（RDA）排序，同时通过广义可加模型（generalized additive model，GAM）分析环境因子对物种丰富度的影响，得出云南思茅松林的主要群落类型，以及影响群落分布和物种丰富度的主要环境因子。

本书的研究区地处云南省的中南部与西南部，涉及 9 个市、县（景谷县、景东县、镇沅县、普洱市翠云区、勐海县、景洪市、云县、梁河县与昌宁县）。思茅松林分层明显，可分为乔木层、灌木层和草本层 3 个基本层次。其中乔木层可分为两个亚层，乔木第一亚层的物种主要以思茅松为主，偶见红木荷；乔木第二亚层的组成物种除思茅松外均为阔叶树种，主要以红木荷与壳斗科树种为主，如刺栲、短刺栲、高山栲、杯状栲、小果栲、华南石栎等常绿物种在群落内常有出现，其他物种如隐距越桔、红皮水锦树等也是群落的伴生树种。灌木层主要以乔木幼树为主，灌木种类相对较少，草本层中常出现襄荷（*Zingiber mioga*）、毛果珍珠茅、红姜花（*Hedychium coccineum*）、紫茎泽兰（*Eupatorium adenophorum*）和芒萁等物种。

利用 9 个市、县思茅松林 33 个样地（样地面积为 30m×30m）的植被与环境调查数据及所收集到的气象数据，分样地计算每个样地中乔木、灌木和草本层的重要值，33 个样方共记录 251 个物种，剔除频度小于 5%的植物物种（Lepš and Šmilauer，2003），建立 33×191 的物种-样地矩阵。选择海拔、坡度、坡向、坡位、土壤 pH、有机质、全氮、全磷、全钾、有效氮、有效磷、速效钾、年均气温与年均降水量等 14 个因子，其中坡向、坡位等非数值指标按经验式建立隶属函数并换算成编码，得到 33×14 样方-环境因子矩阵。

先用物种-样地矩阵表数据进行 DCA 分析，看分析结果中梯度长度的第一轴的大小。如果大于 4.0，就应该选单峰模型；如果为 3.0~4.0，那么选单峰和线性模型均可；如果小于 3.0，那么线性模型（RDA、PCA）的结果要好于单峰模型（朱军涛等，2011）。DCA 分析结果中第一轴的梯度长度值为 2.813，小于 3.0，故选择线性模型较为合适（PCA、RDA）。

应用 TWINSPAN 对植物群落进行分类，划分云南思茅松林的群落类型；采用非约束性排序主成分分析和约束性排序冗余分析方法对群落进行排序，先用 Monte Carlo 检验（499 个置换）检测代理变量和植物群落组成是否存在统计意义上的显著相关关系，运用 RDA 分析所选变量对群落物种组成变异的解释能力，筛选出对群落物种组成有显著影响的环境因子进行 RDA 排序。研究群落的分布格局，以及与环境因子的关系，在 RDA 排序图中，每个环境因子箭头长度所代表的特征向量的长度，可以看作是环境因子对群落物种组成的解释量的相对大小。利用广义可加模型分析环境因子对物种多样性的影响，物种多样性为样地中乔木层、灌木层和草本层的物种丰富度总和，*F* 测验用于检测各环境因子影响的显著性（任学敏等，2012）。

TWINSPAN 通过 PCORD5.0 完成，PCA、RDA 排序用 CANOCO for Windows 4.5 完成，并通过 CanoDraw for windows 4.0 完成排序图。GAM 模型的构建、检验，以及物种丰富度对环境因子的响应曲线在 R2.15.3 中的 mgcv 软件包完成。

6.2.4.1　群落数量分类与类型

对 33 个样地进行 TWINSPAN 数量分类，最终将其划分为 8 个主要植物群落类型，如图 6-15 所示。群落是植被分类的基本单位，主要是以各层片的优势种或共优种相同的植物群落联合，群落必须有一致的特征种或标志种（宋永昌，2001），把经过 TWINSPAN 分类的样地合并计算重要值，群落Ⅰ、群落Ⅱ、群落Ⅲ、群落Ⅳ、群落Ⅴ、群落Ⅵ、群落Ⅶ和群落Ⅷ中思茅松的重要值均排在第一位，分别是 44.88%、41.54%、52.82%、36.78%、34.61%、35.1%、40.67%和24.84%，思茅松在群落中的优势地位非常明显，且分布在群落的上层，在群落命名中排在第一位，同时选择乔木下层共优种或标志种和草本层的优势种加入到群落命名中。

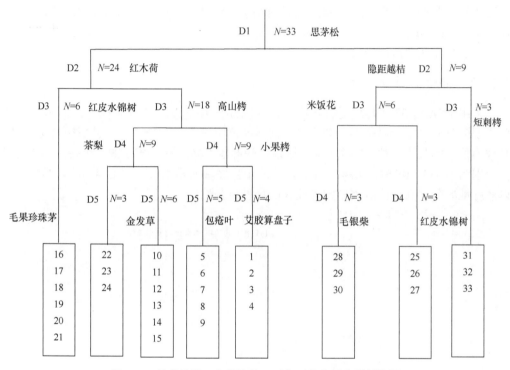

图6-15　思茅松林33个样地的二元指示种分析分类树状图

Fig. 6-15　Dendrogram of two-way indicators species analysis classification of 33 plots of *Pinus kesiya* var. *langbianensis* forest

D，分级水平；N，样地数量；框中数字为样地号

群落Ⅰ为思茅松+红木荷+红皮水锦树+紫茎泽兰群落（Comm. *Pinus kesiya* var. *langbianensis*+*Schima wallichii*+*Wendlandia tinctoria* subsp. *intermedia*+*Eupatorium adenophorum*），样地包括 16，17，18，19，20，21，主要分布在梁河县和昌宁县。群落Ⅱ为思茅松+高山栲+隐距越桔+毛果珍珠茅群落（Comm. *Pinus kesiya* var. *langbianensis*+*Castanopsis delavayi*+*Vaccinium exaristatum*+*Scleria levis*），样地包括 22，23，24，主要分布在云县。群落Ⅲ为思茅松+红木荷+高山栲+金发草群落（Comm. *Pinus kesiya* var. *langbianensis*+*Schima wallichii*+*Castanopsis delavayi*+ *Pogonatherum paniceum*），样地包括 10，11，12，13，14，15，主要分布在景东县和镇沅县。群落Ⅳ为思茅松+红木荷+高山栲+紫茎泽兰群落（Comm. *Pinus kesiya* var. *langbianensis*+*Schima wallichii*+ *Castanopsis delavayi*+*Eupatorium adenophorum*），样地包括 1，2，3，4，主要分布在景谷县。群落Ⅴ

为思茅松+红木荷+小果栲+紫茎泽兰群落（Comm. *Pinus kesiya* var. *langbianensis*+*Schima wallichii*+*Castanopsis fleuryi*+*Eupatorium adenophorum*），样地包括 5，6，7，8，9，主要分布在景谷县。群落Ⅵ为思茅松+隐距越桔+毛银柴+芒萁群落（Comm. *Pinus kesiya* var. *langbianensis*+*Vaccinium exaristatum*+*Aporusa villosa*+*Dicranopteris pedata*），样地包括 28，29，30，主要分布在景洪市普文镇。群落Ⅶ为思茅松+隐距越桔+红皮水锦树+芒萁群落（Comm. *Pinus kesiya* var. *langbianensis*+*Vaccinium exaristatum*+ *Wendlandia tinctoria* subsp. *intermedia*+*Dicranopteris pedata*），样地包括 25，26，27，主要分布在勐海县。群落Ⅷ为思茅松+隐距越桔+短刺栲+芒萁群落（Comm. *Pinus kesiya* var. *langbianensis*+ *Vaccinium exaristatum*+*Castanopsis echidnocarpa*+*Dicranopteris pedata*），样地包括 31，32，33，主要分布在普洱市翠云区。

6.2.4.2 群落的排序分析

采用 PCA 对 33 个样地进行排序分析（图 6-16）。PCA 不能较好地把思茅松林的群落类型区分开，由于思茅松在群落中的优势地位明显，有一些物种和思茅松同时出现，且成为群落的共优树种，如红木荷，导致有些群落不易区分。PCA 的 4 个排序轴的特征值分别为 0.333，0.164，0.14，0.084，前两个排序轴的累积贡献率为 49.6%，群落Ⅷ可以较好地区分，其他群落类型则有较大的物种重叠性。

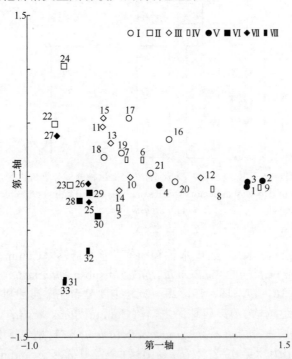

图6-16　思茅松林33个样地的PCA排序

Fig. 6-16　PCA ordination of 33 plots in *Pinus kesiya* var. *langbianensis* forest

1~33，样地编号；Ⅰ，思茅松+红木荷+红皮水锦树+紫茎泽兰群落；Ⅱ，思茅松+高山栲+隐距越桔+毛果珍珠茅群落；Ⅲ，思茅松+红木荷+高山栲+金发草群落；Ⅳ，思茅松+红木荷+高山栲+紫茎泽兰群落；Ⅴ，思茅松+红木荷+小果栲+紫茎泽兰群落；Ⅵ，思茅松+隐距越桔+毛银柴+芒萁群落；Ⅶ，思茅松+隐距越桔+红皮水锦树+芒萁群落；Ⅷ，思茅松+隐距越桔+短刺栲+芒萁群落

6.2.4.3 群落类型、物种与环境因子的相互关系

为消除冗余变量的影响，通过前向选择结合 Monte Carlo 检验对 14 个环境因子进行边际影响和条件影响的分析，结果如表 6-12 所示。海拔环境变量对群落影响最大，特征值为 0.153，边际影响最高，因此也排在条件影响变量中的第一位。年均气温边际影响排在第 2 位，但 Monte Carlo 检验剔除海拔这一变量后，其条件影响降到 0.07，反应两者之间存在很强的相关性。其他环境因子在剔除海拔后，其条件影响的特征值也发生不同程度的下降，但通过 Monte Carlo 检验发现，海拔、年均气温、年均降水量和坡度等 4 个环境因子与群落物种之间存在显著相关。

表6-12 前向选择中各变量的边际影响和条件影响
Table 6-12 Marginal and conditional effects of each variable obtained from the forward selection

环境因子	边际影响 特征值	条件影响 特征值	P 值	F 值
海拔 /m	0.153	0.153	0.002**	5.599
年均气温/℃	0.135	0.07	0.01*	2.688
坡度/ (°)	0.092	0.067	0.016*	2.579
年均降水量 /mm	0.056	0.053	0.046*	1.996
全钾/ (g/kg)	0.082	0.048	0.062	1.801
坡位	0.049	0.045	0.084	1.699
速效钾 / (mg/kg)	0.043	0.043	0.13	1.605
pH	0.027	0.041	0.164	1.527
坡向	0.051	0.04	0.128	1.493
水解性氮/ (mg/kg)	0.103	0.038	0.16	1.402
全磷/ (g/kg)	0.03	0.038	0.178	1.39
有机质/ (g/kg)	0.036	0.036	0.216	1.326
有效磷/ (mg/kg)	0.051	0.033	0.294	1.203
全氮/ (g/kg)	0.065	0.02	0.698	0.726

**，环境因子对群落物种组成的影响极显著（$P<0.01$）；*，环境因子对群落物种组成的影响显著（$P<0.05$）

如图 6-17A 和 6-17B 所示，RDA 前两个排序轴的特征值为 0.184 和 0.073，第一轴解释了 18.4%的群落物种变化和 55.7%的物种与环境的关系，第二轴进一步解释了 7.3%的群落物种变化和 18.1%的物种与环境关系，说明这两个排序轴已反映了群落与环境因子大部分的信息。RDA 结果表明海拔是影响物种分布最大的环境因子，且与第一轴的相关性更大，沿着 RDA 第一轴由左到右海拔逐渐增加，且与群落Ⅳ和群落Ⅴ相关性最大，群落分布在景谷县海拔 1400~1800m，思茅松的分布与海拔呈显著负相关，随着海拔的上升，紫茎泽兰成为群落中草本层的优势种；坡度也是影响物种分布的重要因子，思茅松在坡度 8°~25°分布较多；气候因子中年均气温和年均降水量是影响物种分布主导因子，思茅松与年均气温呈显著正相关，气温是限制思茅松天然分布的因素之一，年均气温较高则限制了西南桦和红木荷在思茅松林中的分布，刺栲、短刺栲和华南石栎的分布与年均气温呈显著正相关，而高山栲则呈显著负相关，年均降水量对思茅松分布呈显著正相关。

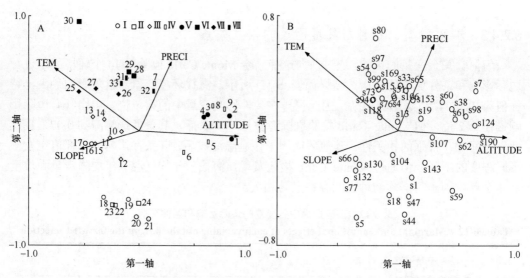

图6-17　思茅松林33个样地-环境因子（A）和物种-环境因子（B）的RDA二维排序

Fig. 6-17　Two-dimensional redundancy analysis ordination on plot-environmental factors and species-environmental factors of 33 plots in *Pinus kesiya* var. *langbianensis* forest

A 中的数字表示样地号，B 中的数字表示物种编号；1，艾胶算盘子 *Glochidion lanceolarium*；4，包疮叶 *Maesa indica*；5，杯状栲 *Castanopsis calathiformis*；7，茶梨 *Anneslea fragrans*；15，刺栲 *Castanopsis hystrix*；18，粗叶水锦树 *Wendlandia scabra*；19，粗壮润楠 *Machilus robusta*；33，短刺栲 *Castanopsis echidnocarpa*；38，多花野牡丹 *Melastoma polyanthum*；44，岗柃 *Eurya groffii*；47，高山栲 *Castanopsis delavayi*；51，光叶石楠 *Photinia glabra*；54，黑黄檀 *Dalbergia fusca*；59，红木荷 *Schima wallichii*；60，红皮水锦树 *Wendlandia tinctoria* subsp. *intermedia*；61，红球姜 *Zingiber zerumbet*；62，红叶木姜子 *Litsea rubescens*；65，华南石栎 *Lithocarpus fenestratus*；66，黄姜花 *Hedychium flavum*；73，尖叶野漆 *Toxicodendron succedaneum* var. *acuminatum*；76，截头石栎 *Lithocarpus truncatus*；77，金发草 *Pogonatherum paniceum*；80，金叶子 *Craibiodendron yunnanense*；94，芒萁 *Dicranopteris pedata*；97，毛果珍珠茅 *Scleria levis*；98，毛杨梅 *Myrica esculenta*；99，毛叶黄杞 *Engelhardtia colebrookiana*；104，米饭花 *Lyonia ovalifolia*；107，母猪果 *Helicia nilagirica*；118，山菅兰 *Dianella ensifolia*；124，水红木 *Viburnum cylindricum*；130，思茅松 *Pinus kesiya* var. *langbianensis*；132，四角蒲桃 *Syzygium tetragonum*；143，西南桦 *Betula alnoides*；153，小果栲 *Castanopsis fleuryi*；169，隐距越桔 *Vaccinium exaristatum*；173，余甘子 *Phyllanthus emblica*；190，紫茎泽兰 *Eupatorium adenophorum*；TEM，年均气温 average annual temperature；PRECI，年均降水量 average annual precipitation；SLOPE，坡度；ALTITUDE，海拔；I~Ⅷ表示群落同图 6-16

6.2.4.4　环境因子对物种多样性的影响

如图 6-18 所示，海拔与年均降水量显著影响物种丰富度的变化，海拔对物种丰富度的影响可以分两个部分，小于 1350m 时，物种丰富度随海拔升高逐渐增加，大于1350m时，物种丰富度随海拔升高又迅速减少；年均降水量的影响则分为 3 个部分，小于1300mm 时，物种丰富度随降水量增多而增加，在 1300~1400mm 时，物种丰富度比较稳定，而大于 1400mm 时物种丰富度随降水量增多又逐渐减少。F 检测表明，海拔和年均降水量对物种丰富度的影响达极显著水平（$P < 0.001$）。

6.3　优势种空间分布格局

种群是构成群落的基本单位，其结构不仅对群落结构有直接影响，并能客观体现群落的发展、演变趋势（范繁荣等，2008）。种群的空间分布是指组成种群的个体在其生活空间中的位置状态或布局（李立等，2010），种群的空间分布格局分析一直是生态学

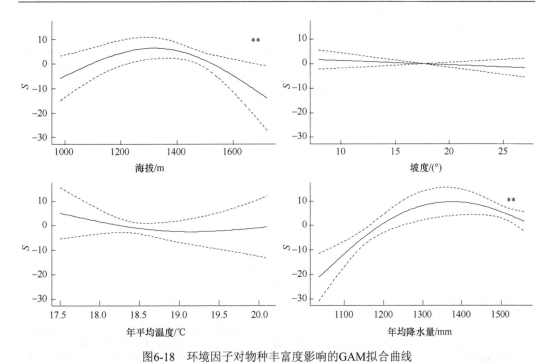

图6-18 环境因子对物种丰富度影响的GAM拟合曲线

Fig. 6-18 GAM fitting curve of effects of various environmental factors on species richness

图中 S 为自然样条平滑，虚线表示95%的置信区间；**表示 $P<0.01$

研究的热点之一（郝朝运等，2008）。种群的空间分布格局通常可以分为随机分布、集群分布和均匀分布 3 种类型（张金屯，2004），不同的格局类型可以反映种群利用环境资源的状况、揭示种群生殖生物学内涵，是其在群落中地位与综合生存能力的外在表现（郝朝运等，2008）。种群的空间分布格局是影响群体发展的主要因素之一，它决定了群体的结构特性。分析种群的空间分布格局有助于认识其潜在的生态学过程（如种子扩散、种内和种间竞争、干扰等）、种群的生物学特性（如生活史策略、喜光、耐荫等）及其与环境因子之间的相互关系（如小生境、植物与生长环境的适合度、环境异质性等）（Nathan，2006；Druckenbrod et al.，2005；He et al.，1997）。物种的空间分布格局对物种的生长、繁殖、死亡、再生、资源利用，以及林窗的形成等具有显著的影响（Druckenbrod et al.，2005；Condit et al.，2000a；He et al.，1997）。种群的空间分布格局不仅因种而异，而且同一个种在不同尺度上、不同发育阶段及不同生境条件下也有明显差异。因此，研究种群空间分布格局，既可阐明种群及群落的动态特征，也可阐明种群与环境互作过程（张文辉等，2005）。

6.3.1 西部季风常绿阔叶林不同恢复阶段优势种空间分布格局

利用野外样地调查资料，分析了不同恢复阶段西部季风常绿阔叶林主要优势种短刺栲、刺栲、红木荷的空间分布格局。分析过程中，以样地内短刺栲、刺栲、红木荷个体定位数据为依据，应用相邻格子法，分 5m×5m，5m×10m，10m×10m 的样方格子分别进行统计分析。

测定种群空间分布格局的方法很多，本书采用聚集度指标进行测定。聚集度指标是度量一个种群空间分布的聚集程度（随机、均匀或聚集），它克服了频次比较法出现种群同时属于多种分布的混乱矛盾的解释状态。具体指标计算如下：

扩散系数 C

$$C = \frac{S^2}{\bar{X}} \tag{6.1}$$

聚集度指数 I

$$I = \frac{S^2}{\bar{X}} - 1 \tag{6.2}$$

平均拥挤度系数 M^*

$$M^* = \bar{X} + \frac{S^2}{\bar{X}} - 1 \tag{6.3}$$

聚块性指数 PAI

$$PAI = \frac{M^*}{\bar{X}} \tag{6.4}$$

聚集指数 C_a

$$C_a = \frac{I}{X} \tag{6.5}$$

负二项分布指数 K

$$K = \frac{\bar{X}^2}{S^2 - \bar{X}} \tag{6.6}$$

以上各式中，S^2 为样本方差，$\bar{X}$ 为样本均值。

其中，扩散系数 C 是检验种群扩散是否为随机型的一个系数，当 C<1 时，为均匀分布；C=1 时，为随机分布；C>1 时，为聚集分布。聚集度指数 I>0 时，为聚集分布；当 I=0 时，为随机分布，当 I<0 时，为均匀分布。平均拥挤度系数表示生物个体在一个样方中的邻居数，它反映了样方内生物个体的拥挤程度。当 $M^* > \bar{X}$ 时，为聚集分布；当 $M^* = \bar{X}$ 时，为随机分布；当 $M^* < \bar{X}$ 时，为均匀分布。聚块性指数可用于聚集程度的度量，以客观反映格局强度，由于它考虑了空间格局本身的性质，并不涉及密度，其值越大，聚集性越强。PAI=1，则个体分布为随机分布；PAI>1，则为集群分布；PAI<1，则为均匀分布。聚集指数 C_a>0 时，为聚集分布；当 C_a=0 时，为随机分布；当 C_a<0 时，为均匀分布。负二项分布指数 K>0 时，为聚集分布；当 K>8 时，为随机分布；当 K<0 时，为均匀分布。

6.3.1.1　种群实际分布格局

根据样地调查所得季风常绿阔叶林中自然恢复 15 年、30 年及老龄林中的 3 个优势种刺栲、短刺栲、红木荷的实际坐标绘制成个体分布散点图，得到 3 个恢复阶段中 3 个优势种的实际分布状态图（图 6-19，图 6-20，图 6-21）。

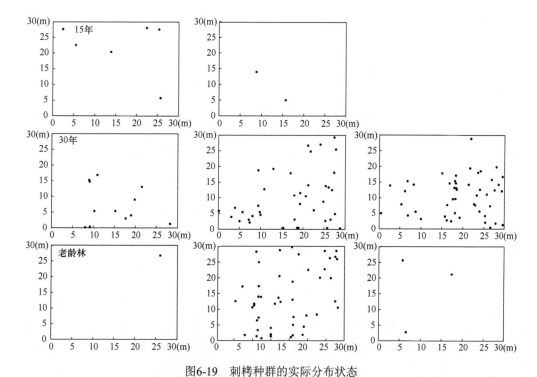

图6-19　刺栲种群的实际分布状态

Fig. 6-19　Spatial distribution state on spot of *Castanopsis hystrix* population

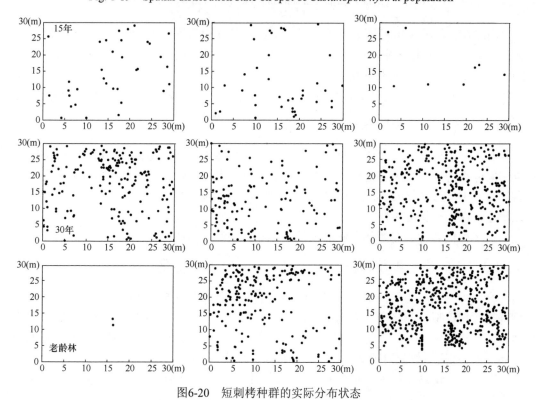

图6-20　短刺栲种群的实际分布状态

Fig. 6-20　Spatial distribution state on spot of *Castanopsis echidnocarpa* population

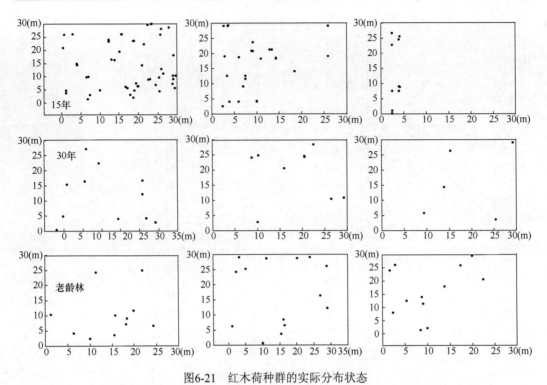

图6-21　红木荷种群的实际分布状态

Fig. 6-21　Spatial distribution state on spot of *Schima wallichii* population

由图 6-19、图 6-20 和图 6-21 可看出，刺栲种群在自然恢复 15 年的样地中个体较少，并仅出现于 2 个样地之中，而在自然恢复 30 年和老龄林中则分布得较多，特别是在恢复 30 年后两块样地和老龄林的第二块样地。短刺栲种群在多数样地中个体数量均较多，仅在老龄林的第一块样地个体数量较少。红木荷在不同恢复阶段样地中个体数量相对均匀。

6.3.1.2　不同恢复阶段种群空间分布格局

利用格子样方法对西部南亚地区季风常绿阔叶林优势种群刺栲、短刺栲、红木荷种群空间分布格局进行了理论拟合和格局强度判定。表 6-13 为西部南亚季风常绿阔叶林自然恢复 15 年、30 年及老龄林不同恢复阶段 3 种优势种种群的分布格局。从表 6-13 可以看出，在 3 个恢复阶段，3 种优势种都呈聚集分布，说明聚集分布是刺栲、短刺栲、红木荷 3 种优势种群在西部南亚季风常绿阔叶林空间分布的基本状态属性。

6.3.1.3　不同恢复阶段种群空间分布格局随尺度的变化

利用可变尺度相邻格子样方法对西部南亚季风常绿阔叶林 3 种优势种种群空间分布格局进行理论拟合和格局强度判定。表 6-14 为在 5m×5m、5m×10m、10m×10m 取样面积，自然恢复 15 年、自然恢复 30 年及老龄林不同恢复阶段 3 种优势种的聚集强度和分布类型。在所有恢复阶段和尺度下，除刺栲在老龄林 10m×10m 尺度下为均匀分布外，3 个物种均为聚集分布（表 6-14），说明聚集分布为 3 种优势种在 3 个恢复阶段的基本分布格局属性。

表6-13　不同取样面积3种优势种种群分布格局比较

Table 6-13　Comparison of patterns of three species populations in different sample ares

恢复阶段	种群	$\bar{X}$	扩散系数 C	聚集度指数 I	平均拥挤度系数 M^*	聚块性指数 PAI	聚集指数 C_a	负二项分布指数 K	分布型
15年	刺栲 Castanopsis hystrix	0.10	3.66	2.66	2.76	27.11	9.82	0.04	C
	短刺栲 Castanopsis echidnocarpa	1.14	7.33	6.33	7.47	6.56	0.88	0.18	C
	红木荷 Schima wallichii	2.20	2.69	1.69	3.89	1.77	0.45	1.31	C
30年	刺栲 Castanopsis hystrix	1.16	8.13	7.13	8.28	7.16	0.86	0.16	C
	短刺栲 Castanopsis echidnocarpa	8.59	2.47	1.47	10.06	1.17	0.12	5.86	C
	红木荷 Schima wallichii	0.27	9.16	8.16	8.43	31.39	3.72	0.03	C
老龄林	刺栲 Castanopsis hystrix	0.48	9.37	8.37	8.86	18.39	2.08	0.06	C
	短刺栲 Castanopsis echidnocarpa	7.53	3.82	2.82	10.34	1.37	0.13	2.67	C
	红木荷 Schima wallichii	0.35	22.54	21.54	21.89	62.22	2.84	0.02	C

注：C 为聚集分布

表6-14　不同恢复阶段3种优势种种群分布格局

Table 6-14　Patterns of three dominant species populations in different restoration stages

恢复阶段	种群	样方/m²	$\bar{X}$	扩散系数 C	聚集度指数 I	平均拥挤度系数 M^*	聚块性指数 PAI	聚集指数 C_a	负二项分布指数 K	分布型
15 年	刺栲 Castanopsis hystrix	5×5	0.10	3.66	2.66	2.76	27.11	9.82	0.04	C
		5×10	0.20	3.22	2.22	2.42	11.90	4.91	0.09	C
		10×10	0.41	1.75	0.75	1.16	2.84	2.45	0.54	C
	短刺栲 Castanopsis echidnocarpa	5×5	1.14	7.33	6.33	7.47	6.56	0.88	0.18	C
		5×10	2.28	2.33	1.33	3.60	1.58	0.44	1.72	C
		10×10	3.42	1.73	0.73	4.15	1.21	0.29	4.66	C
	红木荷 Schima wallichii	5×5	2.20	2.69	1.69	3.89	1.77	0.45	1.31	C
		5×10	2.20	2.13	1.13	3.33	1.51	0.45	1.95	C
		10×10	4.41	2.49	1.49	5.90	1.34	0.23	2.96	C
30 年	刺栲 Castanopsis hystrix	5×5	1.16	8.13	7.13	8.28	7.16	0.86	0.16	C
		5×10	2.31	2.18	1.18	3.50	1.51	0.43	1.96	C
		10×10	4.63	2.67	1.67	6.30	1.36	0.22	2.77	C
	短刺栲 Castanopsis echidnocarpa	5×5	8.59	2.47	1.47	10.06	1.17	0.12	5.86	C
		5×10	17.19	15.62	14.62	31.81	1.85	0.06	1.18	C
		10×10	34.37	34.16	33.16	67.53	1.96	0.03	1.04	C
	红木荷 Schima wallichii	5×5	0.27	9.16	8.16	8.43	31.39	3.72	0.03	C
		5×10	0.54	8.06	7.06	7.60	14.15	1.86	0.08	C
		10×10	1.07	4.72	3.72	4.80	4.46	0.93	0.29	C
老龄林	刺栲 Castanopsis hystrix	5×5	0.48	9.37	8.37	8.86	18.39	2.08	0.06	C
		5×10	0.96	3.56	2.56	3.53	3.66	1.04	0.38	C
		10×10	1.93	0.28	−0.72	1.20	0.62	0.52	−2.66	U
	短刺栲 Castanopsis echidnocarpa	5×5	7.53	3.82	2.82	10.34	1.37	0.13	2.67	C
		5×10	15.06	13.70	12.70	27.76	1.84	0.07	1.19	C
		10×10	42.79	43.97	42.97	85.76	2.00	0.02	1.00	C
	红木荷 Schima wallichii	5×5	0.35	22.54	21.54	21.89	62.22	2.84	0.02	C
		5×10	0.70	14.67	13.67	14.38	20.43	1.42	0.05	C
		10×10	1.41	4.66	3.66	5.07	3.60	0.71	0.38	C

6.3.2　择伐对思茅松天然种群空间分布格局的影响

择伐作为森林中常见的干扰因素，其对种群分布格局影响的研究日益受到重视（周建云等，2012；周蔚等，2012；胡云云等，2011），一些学者认为适度的择伐可加快林分生长（Mäkinen and Isomäki，2004），改变林分空间分布格局（董希斌，2002）。当然，不同类型的林分，其最合适的择伐强度也不同（胡云云等，2011）。胡云云等（2011）和沈林等（2013）在研究中得出，轻度择伐更加有利于林分空间结构的优化，而陈辉荣等（2012）在不同择伐强度对天然混交林林分空间结构变化动态研究中得出，轻度和中度择伐后林分空间结构趋于优化。

利用在普洱市景谷县思茅松天然种群分布集中区域的调查数据，按高度（H）和胸径（DBH）大小，将思茅松划分为 5 个不同生长阶段，即Ⅰ，幼苗，$H<1.3m$；Ⅱ，小树，$2.5cm \leqslant DBH < 7.5cm$；Ⅲ：中树，$7.5cm \leqslant DBH < 22.5cm$；Ⅳ，大树，$22.5cm \leqslant DBH < 47.5cm$；Ⅴ，老树，$47.5cm \leqslant DBH$，在此基础上进行空间分布格局分析。分析方法采用 Ripley 的 L 函数。

6.3.2.1　种群实际分布

景谷县三块样地的思茅松种群个体分布如图 6-22 所示，它直观地表现出了云南思茅松在样地内的空间分布状态。未择伐、轻度择伐和中度择伐的思茅松个体分别有 77 株、123 株、694 株。其中未择伐的思茅松种群中有老树 1 株，大树 45 株，中树 14 株，小树 5 株，幼苗 12 株。轻度择伐强度的思茅松种群有大树 29 株，中树 61 株，小树 24 株，幼苗 9 株。中度择伐强度的思茅松种群中有大树 54 株，中树 14 株，小树 34 株，幼苗 591 株。总体来看，随着择伐强度的增加，思茅松种群的资源量也越来越高，且中度择伐影响后的资源量最高，3 个种群的年龄结构完整，各年龄结构均有植株分布。

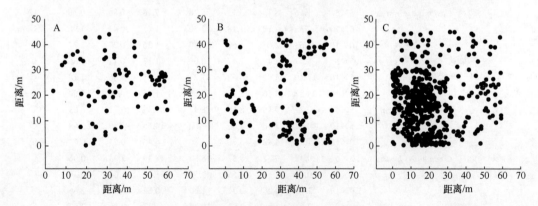

图6-22　不同类型思茅松种群的个体分布位点图
Fig. 6-22　Mapped points pattern of different *Pinus kesiya* var. *langbianensis* population
A. 未择伐；B. 轻度择伐；C. 中度择伐

6.3.2.2　思茅松天然种群的空间分布格局

3 个不同类型的思茅松种群的点格局分析结果见图 6-23，未择伐和中度择伐的思茅松种群的全部个体在所研究的空间尺度（0~22.5m）范围内，分布格局呈显著的随机分布，且中度择伐的思茅松天然种群在所有尺度上比未择伐的更倾向于均匀分布。而轻度择伐种群在 0~16m 尺度上呈随机分布，随后转向集群分布，且聚集度有缓慢增长趋势。

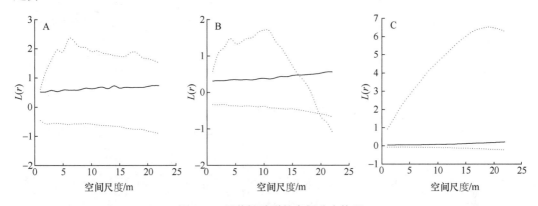

图6-23　思茅松种群的空间分布格局

Fig. 6-23　Spatial patterns of *Pinus kesiya* var. *langbianensis* populations

A. 未择伐；B. 轻度择伐；C. 中度择伐；L（r）表示 Ripley's K 函数值，实线为 L（r）值，虚线为包迹线，表示所模拟的 99%置信区间

6.3.2.3　云南思茅松天然种群各生长阶段空间分布

树种在不同发育阶段会表现不同的空间分布格局，这与森林群落的自然稀疏过程、干扰格局，以及环境的变化有着密切的关系（Greig-Smith，1983）。不同类型的云南思茅松种群不同发育阶段个体的空间分布格局及其与尺度的关系如图 6-24 所示。未择伐的思茅松天然种群大树在 0~2m 尺度上分布格局呈集群分布，当尺度大于 3m 时，呈现随机分布；在 0~1m 尺度上，中树呈集群分布，在 2~3m 的尺度上，中树波动于随机和集群分布，在 4~12m 的尺度上呈随机分布，在 13~22.5m 的尺度上又表现为集群分布；对于小树，在 0~5m 的尺度上呈随机分布，在＞5m 的尺度上呈集群分布，在 0~20m 的尺度上小树的分布格局呈随机分布，在＞20m 尺度上表现为集群分布。轻度择伐种群大树在 0~3m 尺度上分布格局呈随机分布，在＞3m 尺度上呈集群分布；中树在 0~19m 尺度上呈随机分布，在＞19m 尺度上呈集群分布；小树在 0~2m 和 15~22.5m 尺度上呈集群分布，在 2~15m 尺度上呈随机分布；而幼苗在所研究尺度上均呈随机分布。中度择伐的思茅松天然种群中，大树和中树在所研究的尺度上均呈现集群分布，且聚集强度随着尺度的增加缓慢增强；而小树在 0~1m 的小尺度上表现为集群分布，在 2~22.5m 的尺度上呈随机分布；幼苗在不同尺度下均呈随机分布。

6.4　小结与讨论

6.4.1　恢复方式与时间对群落结构与多样性的影响

作为生态系统功能维持的生物基础，群落结构和多样性是生态学研究中十分重要的

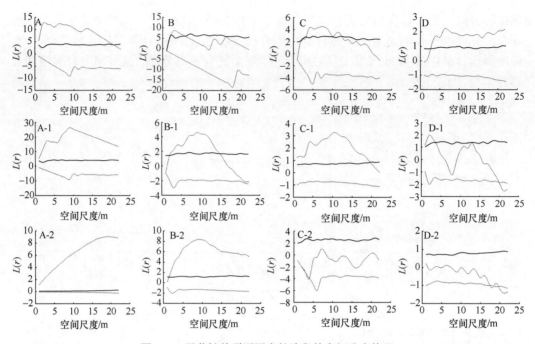

图6-24　思茅松种群不同生长阶段的空间分布格局

Fig. 6-24　Spatial patterns of *Pinus kesiya* var. *langbianensis* population among different growth stages

A. 未择伐大树; B. 未择伐中树; C. 未择伐小树; D. 未择伐幼苗; A-1~D-1 和 A-2~D-2 为大树、中树、小树、幼苗轻度择伐和中度择伐相应对照; $L(r)$ 表示 Ripley's K 函数值，实线为 $L(r)$ 值，虚线为包迹线，表示所模拟的99%置信区间

内容（Grime，1997；Tilman and Downing，1994）。而在恢复生态学中，群落结构和多样性的恢复是生态系统恢复过程的重要特征，也是生态系统恢复的主要目标和评价恢复成功的主要指标（Zerbe and Kreyer，2006；Ruiz-Jaen and Aide，2005）。本书的研究中，人工恢复和天然恢复两种恢复方式在季风常绿阔叶林的林分因子、群落结构及物种多样性上没有明显的差异，即两种恢复方式的恢复效果相同。退化生态系统的生态恢复是当前众多国际合作组织主要的研究内容（Chazdon，2008；Lamb et al.，2005）。退化生态系统恢复包括自然恢复、人工恢复和二者的结合等 3 种形式，其恢复效果因时、因地而不同。一般来说，人工恢复具有恢复速度快、但多样性水平低的特点，而天然恢复则具有恢复速度慢、多样性水平高的特点。而本研究结果并没有显示出类似的特征，这可能与人工恢复后的森林经营和恢复地的土壤种子库有关。在云南普洱地区，森林采伐后，部分地区采用封山育林方式进行天然恢复，而部分地区则采用人工栽植思茅松进行人工恢复。但两种恢复方式森林在封山育林和栽植思茅松后均未进行人工抚育，即森林恢复过程中未进行任何人工的经营活动，这一方面提供了研究中对两者进行对比的基础，另一方面也减少了人为活动对生态恢复的影响，保证了其恢复进程的自然性。而由于采伐前，两种恢复方式的原生植被均是季风常绿阔叶林，保证了土壤中种子库的相同或近似，在随后的恢复过程中出现的物种也相同或近似，使得其恢复群落的结构和多样性相同或相似。因此，本书的研究未检测出人工和天然恢复群落之间在群落结构和多样性上的差异，恢复方式与群落结构和多样性之间的相关性分析也进一步证明了这点。这说明，在

普洱季风常绿阔叶林退化生态系统恢复过程中，天然恢复比人工恢复更适合该地区，这样既得到了相同的恢复效果，又减少了人工恢复所产生的财力、物力、人力的消耗，是一种经济、有效的恢复方式。

本书的研究中恢复时间对群落结构和多样性具有重要的影响。随着恢复时间的延长，平均胸径和胸高断面积逐渐增大，林分密度则逐渐减小，物种多样性则呈现先减后增的趋势。森林群落在干扰后的恢复过程中，随着恢复时间的延长，其群落的组成及多样性特征在逐渐改变（Finegan and Delgado，2000），特别是在干扰方式及强度相近的情况下，恢复时间是影响其多样性特征的重要因素（Zahawi and Augspurger，1999）。随着恢复时间的延长，树木在慢慢生长，其群落的平均胸径和胸高断面积逐渐增大是必然的。由于树木逐渐变大，其所占据的空间逐渐增多，因此，在相同空间大小的情况下，群落所能容纳的树木个体数量减少，导致林分密度降低。本书的研究中物种多样性的先减后增趋势与多数研究结果相反（Cutler et al.，2008；Blanc et al.，2000；Finegan and Delgado，2000；Finegan，1996）。我们知道，森林采伐后，特别是皆伐后形成的林窗为物种的快速定植提供了空间（Brown and Gurevitch，2004）。皆伐迹地也可以看作是能够快速定居的生态系统，而快速定居生态系统具有物种丰富度增加迅速的特征（Carey et al.，2006）。森林采伐后，林内环境发生改变，林分郁闭度降低，光照增加，温度上升，这利于阳性物种的生长，加之土壤中大量种子库及地表部分幼苗的存在，使得演替初期物种丰富度较高。而随着演替的进行，大量物种占据皆伐迹地后，其他物种的进入受到一定限制，同时，由于物种之间的竞争，一些早期物种由于竞争排除或许很快消失，导致物种丰富度有所下降。而在演替的后期，基于传播限制性，由于一些高度特化的植物物种及大量耐荫物种的出现而使得物种丰富度再次增加。

森林恢复是森林通过天然或人工措施达到破坏前水平的过程（邓守彦等，2009）。采取不同措施的依据是恢复速度和恢复效果，在得到相同的恢复速度和效果时，首选的恢复方式是天然恢复，这样会减少人工恢复所产生的财力、物力、人力的消耗，避免了不必要的浪费。本研究结果表明，在南亚热带退化季风常绿阔叶林的恢复过程中，由于特有的气候和自然条件，采用天然恢复是一种较为理想的恢复方式。然而，退化森林生态系统的恢复需要一个漫长的过程，两种恢复方式在恢复15年和30年时的物种丰富度仅占原始林的2/3和1/3，因此，物种丰富度要想恢复到原始林水平，可能还需要较长的时间。由于本研究所选的恢复方式仅有人工和天然恢复两种，人工+天然的恢复方式未找到理想的地点，因此无法说明人工+天然的恢复方式是否优于人工或天然恢复方式。但人工+天然的恢复方式结合了人工和天然两种恢复方式的优点，因此，我们理论上认为，在普洱地区退化季风常绿阔叶林的天然恢复过程中加入人工措施可能会加速森林的恢复速度，然而，实践中的可行与否还有待进一步研究。

6.4.2　藤本植物物种多样性

在 $0.81hm^2$ 面积内出现 DBH≥0.1cm 的藤本植物共计64种1292株。其中，原始林、恢复30年及15年群落分别出现藤本植物49种、27种和24种。通过藤本植物的种-面积累积曲线和种-个体多度累积曲线发现原始林比恢复30年和15年群落更能保存藤本植物的物种多样性，季风常绿阔叶林在生态特征和区系组成上介于热带季雨林与亚热带常绿阔叶林之间（朱华，2007），在云南太阳河自然保护区海拔 1300m 以下湿润沟箐中分布的热带季雨林中层间木质藤本植物丰富（朱华等，2000）。因此，当地季风常绿阔叶林原始林群落中保留着许多热带雨林的成分，而藤本植物是其重要组成部分，其物种丰富度要多于哀牢山的中山湿性常绿阔叶林（23 种，DBH≥1cm，1hm²）（袁春明等，2010b），而与西双版纳的热带山地雨林接近（64 种，地径≥0.2cm，0.8hm²）（陈亚军和文斌，2008）。

研究证明，森林砍伐可以明显减少森林中藤本植物的多度和丰富度，恢复时间的长短对藤本植物的恢复有重要影响，这与半落叶森林的研究一致（Kouamé et al.，2004）。藤本密度的变化主要受人类干扰和环境因子的影响（Senbeta et al.，2005），森林砍伐是季风常绿阔叶林最主要的人类干扰，乔木砍伐使藤本植物失去了攀缘的支持木，从而限制其生长或者被清除出森林，群落结构和林内环境都产生了巨大的变化，相应的藤本植物在不同恢复时间的物种丰富度和多度也发生改变。3 种群落类型中最常见的大果油麻藤、独籽藤和买麻藤反映出它们的较宽生态适应幅度和扩散机制，原始林群落中大果油麻藤的密度（23 株/0.27hm²）要低于恢复 15 年（76 株/0.27hm²）和 30 年（81 株/0.27hm²）群落，而胸高断面积在 3 种群落类型中相差并不大，原始林群落中独籽藤和买麻藤的密度和胸高段面积都要高于恢复 15 年和 30 年群落，说明藤本植物在不同恢复阶段有不同的生存策略，而大藤本常常生长在原始林中。藤本植物不同扩散机制影响到物种丰富度和多度，藤本植物的花是通过各种动物和昆虫来授粉，同时一些藤本植物的果实是一些动物食物的重要组成部分，森林砍伐使其很难恢复到原来的多度（Gerwing，2004）。恢复时间不同，森林土壤结构也不相同，进而限制藤本植物的养分利用率，影响到了藤本植物在群落中的更新。原始林中的大树提供更多机遇和时间允许藤本植物在森林中定居，同时小树为藤本提供支持使其更容易进行攀缘（Addo-Fordiour et al.，2009），因此原始林群落中藤本植物的物种丰富度和多度要多于恢复阶段。

原始林和恢复 15 年群落藤本植物密度（DBH≥1cm）、平均长度及平均胸径之间无显著差异，但都显著高于恢复 30 年群落，这是由于森林自疏现象，在 DBH≥3cm 林木密度中恢复 15 年群落[（482.33±29.54）株/0.09hm²]要显著高于恢复 30 年[（324.33±35.84）株/0.09hm²]和原始林群落 [（286±41.26）株/0.09hm²]，在森林恢复初期林木密度越高，群落内攀缘的藤本就越多，而原始林中较多大胸径林木相比恢复阶段更能支撑更多的藤本植物。

藤本植物对支持木的利用能力和效率决定了它们在群落中可能采取的分布策略和作用（蔡永立和宋永昌，2005），而支持木与藤本植物关系在藤本植物的多度、多样性和分布中发挥重要作用（Nabe-Nielsen，2001）。研究区域 3 种群落类型中被藤本植物攀缘的支持木中，被 1 株藤本植物攀缘的支持木最为常见，这一分布格局与哀牢山中山湿性常绿阔叶林相似（袁春明等，2010b），这是因为 1 株藤本选择了支持木，就减少其他藤本对该支持木攀缘的概率（蔡永立和宋永昌，2005；Nabe-Nielsen，2001）。原始林和恢复 15 年群落中支持木（DBH≤15cm）随径级的增加而被藤本攀缘概率随之增加，同时原始林群落中大径级（DBH≥35cm）的支持木上攀缘更多的藤本植物。Ding and Zang（2009）也发现藤本植物依赖合适径级的支持木到达林冠，这或许是因为拥有较大胸径的支持木较小胸径的支持木有更多的时间，让藤本植物易于攀缘（蔡永立和宋永昌，2005）。大胸径藤本植物多出现在原始林中，其次是恢复30年群落。由于藤本植物的年增长率很低（Putz，1990），大径级的藤本只有到达林冠层之上，才能有效地利用光进行生长（Nabe-Nielsen and Hall，2002）。大径级的林木被藤本植物攀缘的比率比小径级的林木高，主要可能是因为大树更能让藤本植物攀缘至森林林冠的顶层，从而占据更有利的生存空间，同时因为大树的生长时间较长，被藤本攀缘的机会也多（袁春明等，2010b），所以原始林中大胸径的藤本植物居多。

　　藤本植物与支持木胸径大小之间都存在着一定的相关关系（Nabe-Nielsen and Hall，2002）。3种群落类型支持木被藤本植物攀缘的比率在林木间的差异极显著，表明藤本植物对支持木的攀缘具有选择性（袁春明等，2010b）。支持木的胸径与其攀缘的藤本植物的胸径极显著相关，说明小藤本能利用好的小胸径的支持木，而大型藤本则需要大树的支撑才能更好地生存（Phillips et al.，2005）。

　　干扰因素会直接影响藤本植物不同攀缘方式的相对比例（Dewalt et al.，2000），森林砍伐是影响不同恢复阶段攀缘方式变化的主要原因。3个群落类型中茎缠绕的藤本植物是最主要的攀缘方式，其藤本物种丰富度和多度也是最多的，这与热带森林藤本植物的攀缘方式一致（Ding and Zang，2009；Nabe-Nielsen，2001；Muthuramkumar and Parthasarathy，2000）。原始林的茎缠绕的藤本植物丰富度和多度百分比显著低于恢复30年和15年群落，这是主要是由于恢复30年和15年群落中森林郁闭度要小于原始林群落，因此光照较多，同时中、小径级支持木也较多，而茎缠绕的藤本植物在有此特征的早、中期群落出现较多（蔡永立和宋永昌，2005）。茎缠绕的藤本可造成中、小径级的支持木物理性损害，可造成支持木的生长减缓或死亡，因此在森林恢复阶段对群落动态的影响最大，而对原始林影响相对变小。

　　3种群落类型中卷须类藤本的物种丰富度的百分比仅次于茎缠绕类藤本，与海南岛热带森林一致（Ding and Zang，2009），同时季风常绿阔叶林原始林中卷须类藤本相对于中山湿性常绿阔叶林明显得多（袁春明等，2010b）。随着森林砍伐后群落恢复时间的增长，恢复30年群落的卷须类藤本植物的多度百分比显著高于恢复15年群落，这是因为恢复30年群落比恢复15年群落中存在更多中、小径级的支持木，而卷须类藤本通常多利用较小径级的支持木进行攀缘（Putz，1984）。原始林中卷须类藤本的密度（115株/0.27hm^2）要多于恢复15年（26株/0.27hm^2）和30年（32株/0.27hm^2）群落，这与热带森林中卷须类在群落演替的早期将占据主导地位存在差异（Muthuramkumar and Parthasarathy，2000）。存在上述差异是因为原始林中出现大量的菝葜类（*Smilax* spp.）藤本植物，这些植物拥有较小的胸高断面积和较大的死亡率，限制其在群落内攀缘，因此在群落中的贡献较小。卷须类藤本在原始林内较为丰富，一方面说明卷须类藤本适应了原始林的生态环境，另一方面也说明该地区原始林也正处于一个动态变化的过程，但是随着群落年龄的增长，卷须攀缘的比例也将会下降（陈亚军和文斌，2008）。

　　根攀缘的藤本通常形成耐荫或宜荫生的特性，多适应于演替后期群落的林下环境（Muthuramkumar and Parthasarathy，2000；蔡永立和宋永昌，2000a），胡椒类（*Piper* spp.）是季风常绿阔叶林群落中最常见的根攀缘藤本植物，根攀缘藤本对支持木的伤害较小，主要是依靠根通过支持木获取水分和养分并生长获得光能。原始林群落中根攀缘的藤本植物的物种丰富度与多度百分比显著高于恢复 30 年群落，原始林群落中大树比恢复阶段的群落中要多，而大树树干上的水分比小树树干上要多，且持续时间更长，同时更易获得光照，因此大树要比小树能满足藤本植物对光照和水分的要求（颜立红等，2007），易于根攀缘的藤本植物生长。恢复 30 年群落根攀缘最少，这可以反映出森林砍伐的强度对群落内部环境恢复的影响，由于恢复 30 年群落砍伐恢复时期，群落中出现一定数量的思茅松，过度采松脂造成一部分思茅松的死亡，改变林内环境，不适于根攀缘的植物的生长。恢复 15 年群落中由于思茅松还处于小乔木阶段，使群落在恢复时期较少受到外界干扰，森林郁闭较恢复 30 年群落要大，林内环境更适应根攀缘藤本的生长。原始林群落中搭靠类藤本主要是尖叶瓜馥木（*Fissistigma acuminatissimum*）和小萼瓜馥木（*Fissistigma polyanthoides*），胸径为 0.2~7.5cm，最长 30m，在群落中可长成大藤本，搭靠在林冠之上；恢复 30 年群落中搭靠类藤本的主要组成物种来江藤，胸径为 0.3~1.8cm，最长 7.5m，对光的利用率要求较高，在高大郁闭的林内不易生存，在森林的恢复时期较多，因此根据搭靠类和根攀缘的藤本植物的物种组成和多度可判断季风常绿阔叶林受干扰后的恢复程度。

森林恢复过程会显著影响季风常绿阔叶林中藤本植物的物种丰富度、多度和胸高断面积，同时改变了群落中藤本植物的攀缘方式。本书研究结果对我国南亚热带季风常绿阔叶林砍伐后的恢复和可持续的管理和保护有重要意义。同时，也表明原生林在季风常绿阔叶林藤本多样性保护中发挥着重要作用。

6.4.3　附生植物物种多样性与分布

恢复早期的季风常绿阔叶林中附生维管植物的物种组成与原始林中有显著不同：恢复 15 年群落中附生维管植物仅有蕨类植物；到恢复 30 年群落中，主要以兰科植物为主；原始林中附生维管植物的优势类群为兰科植物，物种组成与附生方式比恢复阶段更为丰富和多样。这是因为在恢复过程中，森林高度往往比原始林要低，导致林内光照较强，温度较高，群落的微生境不利于附生植物的生存；而原始林则更适宜附生植物的生存（Benavides et al.，2005）。季风常绿阔叶林的附生维管植物主要以兰科植物为主，这是因为季风常绿阔叶林在生态特征和区系组成上介于热带季雨林与亚热带常绿阔叶林之间（Zhu et al.，2005），原始林中保留了许多热带雨林的成分，而热带雨林的附生维管植物一般以兰科植物为主（刘广福等，2010b；Benavides et al.，2005；Zotz，1998），因此群落内优势附生植物与热带雨林接近。季风常绿阔叶林内附生维管植物物种丰富度小于热带雨林，如海南霸王岭 0.6hm^2 面积的热带季雨林内出现 15 种附生兰科植物（刘广福等，2010b）；但是与印度 Varagalaiar 地区的热带常绿林内附生维管植物物种丰富度接近。亚热带常绿阔叶林的附生维管植物主要是以蕨类植物为主（徐海清和刘文耀，2005），与恢复 15 年群落物种组成一致。

原始林中附生维管植物物种丰富度和多度都要显著高于恢复阶段，尤其是兰科植物，这是由于在生长环境和种群受破坏后，附生兰科植物难以迅速恢复。因为附生兰科植物对附生环境要求严格，生长缓慢，每个生长轴一年中仅产生一个芽，需要较长时间才能进入成熟繁育期（Schmidt and Zotz，2002；Zotz，1998），所以附生兰科植物恢复缓慢，刘广福等对海南岛不同热带林内附生兰科植物的研究也证实了这一点（刘广福等，2010b）。恢复阶段受影响最大的是中生的和耐荫的附生维管植物，而耐旱的种类较少受到影响（Werner and Gradstein，2008）。恢复 15 年群落中，附生维管植物只有蕨类植物，如瓦韦等，适合恢复初期较为干旱的微环境；经过 30 年的恢复，群落环境相对已接近原始林群落，兰科附生植物开始大量出现。附生植物中的阳荷、金瓜核、螳螂跌打、爬树龙、阴石蕨（*Humata repens*）和槲蕨及一些兰科植物等局限存活在原始林中，这些物种可以作为季风常绿阔叶林恢复状态的指示物种，这些附生维管植物更容易存活在湿润的微环境中（Kreft et al.，2004）。

恢复 15 年、30 年及原始林群落中附生维管植物的水平分布都为聚集分布，这是因为附生维管植物中的瓦韦、大苞兰、石斛常为丛生型植物，这种生长型特点可能更易于聚集附生，容易散布在相邻位置而形成聚集分布（刘广福等，2010a）。墨西哥的松栎林（Pine-oak forest）中的附生维管植物也是聚集分布（Wolf，2005），巴拿马的低地森林中的附生维管植物在棕榈树上呈聚集分布（Laube and Zotz，2006），这说明附生维管植物在不同地区多呈现出聚集分布。在不同恢复阶段，附生维管植物一般在垂直分布方向上呈现出明显的空间分布差异，宿主的底物水分状况、树皮稳定性及树皮的粗糙性能影响到附生植物的定居（Callaway et al.，2002）。恢复 15 年群落附生维管植物主要分布在离地 0~5m 的高度，这是因为林内乔木正处于生长期，基部的树皮更加粗糙，水分含量更多，0~5m 处的树干树皮的附生植物更容易存活。原始林中的兰科植物附生位置较高，这是因为原始林内湿度非常大，从地表至较高的层次水分均可以维持附生植物的生长。

恢复阶段的附生维管植物的物种丰富度和多度与宿主胸径之间并不存在显著的相关关系，而原始林中则存在着显著的正相关关系，这也说明附生维管植物的恢复过程是一个长期的过程。森林的砍伐移除了附生维管植物的宿主，减少了附生植物的种子供给，阻隔了一部分附生植物的扩散，同时也极大地破坏了群落适应的生境（Wolf，2005），如兰科的一些物种，种子扩散、萌发及幼苗定居都能限制这些物种的分布。附生维管植物与群落中乔木的生长紧密联系在一起，如果群落中出现较多的大树，附生维管植物的物种丰富度和多度也会随之增加，因为大树可以提供更多的时间利于附生植物定居，同时提供更大面积的树皮为繁殖体定居提供潜在的空间（Laube and Zotz，2006；Barthlott et al.，2001）。研究结果也证明了群落内大径级树木的存在有利于附生植物的定居。多数附生植物对特定宿主类群具有一定的偏好（Callaway et al.，2002），因为附生植物的生长和定居是一个缓慢的过程，生境稳定性是附生植物定居的重要因素（Hirata et al.，2009）。原始林中大树生长时间更长，为附生植物提供了更复杂、充足和稳定的生境，同时大树上原有的附生维管植物可以继续提供种子繁殖，大树树干苔藓植物的累积可以提高附生植物的定居成功（Laube and Zotz，2006），本书的研究也表明长时间的恢复比短时间的恢复更有利于附生植物的定居和繁殖。

6.4.4　思茅松林群落结构与物种多样性

植被数量分类和排序是研究植被与环境关系的基本方法（Mucina，1997），本书的研究中的 33 个样地可将思茅松天然林分为 8 个类型，其中 4 个群落类型的前两个优势种为思茅松和红木荷，这个结论与《云南植被》的思茅松类型相似，思茅松和红木荷是群落的优势种（吴征镒等，1987），第三优势种分别是红皮水锦树、高山栲和小果栲；另 4 个群落类型的优势种中都出现了隐距越桔。本书的研究对《云南植被》的群落类型进行了补充，同时在云南思茅松天然林分布的大区域的尺度上探讨了群落类型。思茅松林的群落类型的分类也反映了植被与环境之间的关系，群落的分布区域主要受印度洋西南季风暖湿气流的影响，思茅松林与季风常绿阔叶林之间存在演替关系（宋亮等，2011），因而思茅松群落内存在较多的季风常绿阔叶林的优势种和标志物种，如壳斗科的一些种类，从而使得一些群落之间较难区分，这也限制了思茅松天然林群落的进一步细分。

通过 RDA 可以有效解释种类数据矩阵和环境因子矩阵，有利于对排序轴的生态意义的解释。地形因子和气候因子相互作用影响思茅松林的物种分布，其中，地形因子主要是海拔和坡度，山地森林植被的物种组成受海拔的影响向来比较大，因为海拔的变化会直接或间接导致温度、降水和地形存在较大差异，从而影响物种的分布和个体生长（Zhao et al.，2005）。本书的研究中的思茅松林分布在海拔 980~1750m，随着海拔的升高，群落中的其他优势树种也相应变化，如短刺栲更适应生长在降水量更大、气温更高而海拔较低的区域，如云南省纬度更偏南的勐海县、景洪市的普文镇，以及普洱市的翠云区，而在更高的海拔地区，高山栲、华南石栎和小果栲更易在群落中占据优势地位；坡度大小对林地的土壤理化性质影响较大，坡度越大，土壤肥力越差，同时受干扰影响越大，限制物种的分布。思茅松的分布受年均气温的影响最为明显，在气温较低的区域，思茅松生长较差，天然林分布较少，气温高低直接影响了物种的定植、生长、衰老与死亡（Sánchez-González and López-Mata，2005），尤其对针叶林的分布有影响（Woodward et al.，2004）。思茅松分布区域的年均气温为 17.5~20.1℃，在思茅松天然林分布的南端年均气温在 20.1℃左右，该区域在海拔 800m 以下的地带性植被为热带季雨林，在海拔 800 m 以上多为季风常绿阔叶林（吴征镒等，1987），思茅松天然林分布面积并不大，海拔、温度和水分可能是限制思茅松林天然分布的重要因子。

物种多样性与环境因子的关系受研究尺度的影响较大，在大区域，气候是其主导因素，而在较小尺度，地形因子起主要作用（任学敏等，2012；Woodward and Mckee，1991）。热量和水分是植物生长过程中的重要限制因子，在山地植被的研究中，热量的变化与海拔联系紧密。研究发现，海拔被认为是影响物种多样性格局的决定因素之一（徐远杰等，2010），海拔较低时，温度相对较高，适合物种发芽、生长，同时，如果水分充足，则有较多的物种多样性。本书研究中年均气温对物种多样性没有显著影响，物种丰富度则存在随海拔升高先增加而后逐渐降低的现象，究其原因，一方面可能是由于中海拔范围内具有多个物种共同生长和生存的温度和湿度条件（Bhattarai and Vetaas，2003），而随着海拔升高，温度下降，水分减少，限制了一些物种的分布，因而物种多样性则逐渐减少；另一方面与对海拔 980~1350m 的思茅松过度利用有关，人为干扰是低海拔思茅松天然林内物种丰富度较少的原因。

思茅松是云南省重要的用材树种，生长快，具有很强的固碳能力，是碳汇造林的优良树种，研究思茅松林的天然分布，以及与环境因子的关系对思茅松林的森林经营和管理至关重要。一方面，思茅松林分布受海拔与气温的影响显著，这限制了思茅松林的天然分布，因此有必要通过进一步研究影响思茅松个体、种群生长的限制因子，找到适应思茅松林生长的区域，推广乡土树种在云南省的发展。另一方面，为更好利用植物资源，必须更好地保护群落的物种多样性，合理利用环境因子以提高思茅松林的物种多样性。目前，思茅松天然林面积不断减少，究其原因，一方面是由于松材与松脂需求量大，森林采伐和造林使思茅松林大量减少；另一方面，思茅松林下存在幼苗更新障碍（李帅锋等，2012a），间伐使群落演变趋向于季风常绿阔叶林，思茅松易在火烧迹地和林内大的林窗更新。全球气候变化对物种的分布有重要影响（Pearson and Dawson，2003），如气温的升高可能使思茅松林的分布区域北移，进一步研究气温和降水的变化对思茅松林分布的影响也至关重要。

6.4.5　西部季风常绿阔叶林优势种空间分布格局

刺栲种群在自然恢复 15 年的样地中个体较少，呈现聚集分布状态，在自然恢复 30 年、老龄林中则分布得较多，但仍呈聚集分布状态。短刺栲种群在自然恢复 15 年、30 年及老龄林内均分布较多，呈聚集分布状态。红木荷从幼树至老树阶段都分布较多、较广，呈聚集分布状态。

利用格子样方法对西部南亚地区季风常绿阔叶林优势种群刺栲、短刺栲、红木荷种群空间分布格局进行理论拟合和格局强度判定发现，在 3 个恢复阶段，3 种优势种都呈聚集分布，说明聚集分布是刺栲、短刺栲、红木荷 3 种优势种群在西部季风常绿阔叶林空间分布的基本分布属性。同时，利用尺度变化探索 3 种优势种空间分布格局发现，除刺栲在老龄林 10m×10m 尺度下为均匀分布外，3 个物种均为聚集分布，这进一步证实了聚集分布是 3 种优势种群在西部季风常绿阔叶林空间分布的基本分布属性。

6.4.6　择伐对思茅松天然种群空间分布格局的影响

通过对未择伐的思茅松天然林和不同择伐强度的思茅松天然林空间分布格局的比较研究发现，未择伐和中度择伐在总体上都呈随机分布，但中度择伐较未择伐思茅松种群更倾向于均匀分布。有研究表明，发育完善的顶极阶段呈现一个充分发育的顶极群落，其优势树种总体的分布格局呈随机型（侯红亚和王立海，2013）。未择伐的思茅松天然林是以思茅松为单优势树种的顶极森林群落，在本书研究中未择伐思茅松种群总体呈随机分布，这与彭少麟和王伯荪（1984）的研究结果较为一致，即衰退型年龄结构的空间分布呈随机分布。思茅松的种子较小，千粒重 16.32~21.8g（李莲芳和赵文书，1997），与云南松（千粒重 25.39g）（蔡年辉等，2012）相近，而远小于华山松（千粒重 280.025g）（王永超等，2011），其种子在群落中相对充沛，且种子具长翅，受重力作用限制较小，能较远距离传播，中度择伐后形成较大的林窗。李帅锋等（2013）对思茅松的研究表明，思茅松易在林内大的林窗更新，这使得思茅松种子在大林窗环境中可以迅速形成单一优势林分，其种子的繁殖特性是其种群偏向均匀分布的主要原因。同时，思茅松是阳性喜光树种，林木自然稀疏开始得早，且比较强烈，导致思茅松种群个体数量减少，这也是其呈随机分布的原因之一，这是种群对生境长期适应的结果，是种群存活策略和适应机制的体现（黄三祥等，2009）。中度择伐后的思茅松种群总体也呈随机分布，这是因为择伐相对皆伐、火烧等大强度干扰而言，属于中、低强度的人为干扰。研究表明，中、低强度的人为干扰的林分呈随机分布（沈林等，2013），同时，中度择伐后幼苗更新状况较好，种群总的空间分布较倾向于均匀分布。而轻度择伐思茅松种群在 16m 以下尺度上呈随机分布的主要原因可能跟谢宗强等（1999）对银杉分布格局的研究结果相似，即是环境条件相似、种子散布均匀所致，而在＞16m 尺度上呈集群分布，主要是由于轻度择伐后产生极其有限的林窗，呈集群分布可抵御外部竞争，利用有限的空间资源。

由于择伐改变了思茅松天然林的种群年龄结构，因而其种群不同发育阶段上空间分布格局有差异。未择伐过的思茅松大树在小尺度上呈聚集分布，在大尺度上属于随机分布；而幼苗在 0~20m 呈随机分布，随着尺度的增加，趋向于聚集分布；对于中树和小树，都是先在一定的尺度上呈随机分布，然后随着尺度的增加呈聚集分布。究其原因，可能是由于较小龄级的个体所需的资源较少，遇到的竞争相对较弱，因此最终表现为聚集分布。随着龄级的增大，如大树，种群个体遇到的生存压力导致种内竞争加剧，这种密度制约因素最终导致自疏效应，致使个体减少，表现为最后的随机分布（张俊艳等，2014）。轻度择伐和中度择伐后幼苗阶段在所有尺度上表现为随机分布，主要因为其自身的繁殖特性，以及生长阶段的自疏和他疏效应所致，轻度择伐后，随着龄级的增长，分布格局有随机分布向集群分布变化的趋势，主要为打开林窗后，对于竞争有限的资源，各龄级思茅松个体竞争能力的强弱不同所致；中度择伐后，大树和中树呈明显的聚集分布，且中树的聚集程度大于大树，这是由于中度择伐后打开较大林窗，光照充足，思茅松是极喜光树种，光照已不是导致其种内竞争的限制因素，故呈集群分布，这是物种的生物学特性和环境相适应的结果，反映了种群的一种适应机制。而小树相对径级大的思茅松竞争能力较弱，对于有限的光照资源，种内竞争加剧，导致其呈随机分布。

第七章 西部季风常绿阔叶林恢复生态系统土壤种子库及群落更新特征

土壤种子库是植物群落的潜在物种库，是存在于土壤上层凋落物和土壤中全部存活种子的综合，可以反映群落现在和将来特点，同时也是植物群落重要组成部分（Cox and Allen，2008）和植物群落物种多样性及其动态的重要决定因素（Du et al.，2007；Bossuyt et al.，2002）。尽管土壤种子库的物种组成和种子密度对森林更新有重要意义，但其常常受到种子生存策略［包括种子大小（Andresen and Levey，2004；Pearson et al.，2002；Bekker et al.，1998）、生活史（Holmes and Cowling，1997）、传播方式（Howe et al.，2010；Hardesty and Parker，2002；Dalling et al.，1998b）和休眠（Walck et al.，2005）等］、环境因子（Chang et al.，2001）及林分因子（Godefroid et al.，2006）的影响。由于土壤种子库在群落恢复中扮演重要角色（López-Mariño et al.，2000；Butler and Chazdon，1998），是植物更新（沈有信等，2007）和植被恢复的重要来源（Ma et al.，2010），因此土壤种子库一直是森林恢复生态学研究的热点之一（Decocq et al.，2004；Honu and Dang，2002；Butler and Chazdon，1998；Looney and Gibson，1995）。地上植被的种子雨是种子库的主要来源，地上植被与土壤种子库联系紧密，然而土壤种子库与地上植被的关系受时空变化影响较大（Egawa et al.，2009）。许多研究结论表明，演替前期的土壤种子库对地上植被的贡献要多于演替晚期（Bossuyt et al.，2002；周先叶等，2000a），而在成熟森林土壤种子库与地上植被的联系并不紧密（Chaideftou et al.，2009；Shen et al.，2007；Bossuyt et al.，2002）。

幼苗库可以反映群落优势种的更新来源（Yu et al.，2008），幼苗阶段被认为是天然更新最重要的阶段（Du et al.，2007），一旦原始林被破坏，乔木幼苗将很难定居和建立（Li and Ma，2003）。种子萌发、幼苗定居和繁殖是植物最脆弱的阶段，影响幼苗定居的因素有很多，同种幼苗的密度制约因素（李晓亮等，2009）、林下蕨类植物（George and Bazzaz，1999）及森林郁闭度（宋瑞生等，2008）可以影响幼苗密度；降水量、土壤湿度、凋落物层（黄忠良等，2001）和光照（Li et al.，2010；Nicotra et al.，1999）是影响幼苗定居的主要因素。

7.1 土壤种子库特征

土壤种子库是植物群落的潜在物种库，是存在于土壤上层凋落物和土壤中全部存活种子的总和，可以反映群落现在和将来特点，是植物群落重要组成部分（Cox and Allen，2008），也是植物群落物种多样性及其动态的重要决定因素（Du et al.，2007；Bossuyt et al.，2002）。国内外的研究表明，土壤种子库在植被恢复中扮演重要角色（Ma et al.，2010；沈有信等，2007；López-Mariño et al.，2000；Butler and Chazdon，1998），是森林恢复生态学研究的热点之一（Decocq et al.，2004；Honu and Dang，2002；Butler and Chazdon，1998；Looney and Gibson，1995）。土壤种子库在森林更新中的作用常常受到种子生存策略的影响。同时，地上植被与土壤种子库联系紧密（Egawa et al.，2009），植被恢复不同阶段地上植被对土壤种子库的贡献存在差异（周先叶等，2000a），恢复初期土壤种子库与地上植被的联系要高于恢复后期（Chaideftou et al.，2009；Shen et al.，2007），恢复过程中土壤种子库的大小、物种组成变化及与地上植被的关系成为理解植被恢复进程及其成因的重要组成部分。

随着 20 世纪人口快速增长导致资源和农业土地需求的增加（Tilman，2001），大面积原始森林被采伐和火烧（Laurance et al.，2001），或者转换成农业用地，人类活动正逐渐改变着全球的景观，土地利用方式的改变使生态环境逐渐恶化（Foley，2005）。不合理的土地利用也加剧了我国森林资源的退化（Li，2004），出现了不同程度的退化生态系统。森林地上植被的种子雨是土壤种子库的主要来源，二者关系十分紧密（Egawa et al.，2009），不同土地利用类型土壤种子库的物种组成也反映了地上植被的演替进展（李生等，2008）。人类土地利用活动促进了外来植物的入侵，其在土壤种子库所占的比例能揭示外来植物入侵对景观格局改变的影响，因而，成为入侵生态学研究的重要方向之一（唐樱殷和沈有信，2011；党伟光等，2008）。

利用不同恢复时间西部季风常绿阔叶林群落植被调查数据，结合土壤种子库数据，分析土壤种子库随植被恢复及土地利用方式的变化，探讨土壤种子库在森林恢复中的作用。土壤种子库采集在样地调查的基础上进行。在 3 种不同恢复时间（恢复 15 年、30 年、原始林）及 4 种不同利用类型（次生季风常绿阔叶林林地、针阔混交林林地、针叶林林地及茶园）群落共 21 个样地中，在样地中心及四角选取 5 个取样点，取样面积为 15cm×20cm，取土深度为 10cm（周先叶等，2000a；唐勇等，1999），分 3 层挖取土样：0~2cm 层（包括表层凋落物）、2~5cm 层、5~10cm 层。采集土样分别装入透气良好的布袋，带回温室进行萌发实验。将土样过筛去除杂物后置于直径 30cm 的花盆内，使其在温室自然萌发。连续观察，记录、辨认萌发幼苗。本研究只统计具有活力的种子，不具活力或处于休眠期的种子不在统计范围之内。对能鉴定的幼苗计数后清除；对暂时未能鉴定的幼苗进行移植，待幼苗长大后鉴定，萌发时间持续 8 个月。利用所得数据分析土壤种子库物种多样性及其与地上植被的相似性。

7.1.1　土壤种子库种子密度及物种多样性

在不同恢复时间群落中，实验中共萌发出幼苗 1667 株，分属 30 科 65 属 76 种，3 种群落类型的种子密度如表 7-1 所示。恢复 15 年群落种子密度[（361 ± 69.87）粒/m^2]显著高于恢复 30 年 [（108.33±30.01）粒/m^2] 与原始林群落 [（142.5 ± 27.5）粒/m^2]；原始林 0~2cm 层和 5~10cm 层种子密度要显著高于 2~5cm 层。

表7-1　不同恢复阶段土壤种子库种子密度（单位：粒/m^2）

Table 7-1　Seed density of soil seed bank in the different restoration stages

土层	恢复阶段		原始林
	15 年	30 年	
0~2cm 层	100.67±28.2^a	24±1.53^a	41±25^{ab}
2~5cm 层	141±20.52^a	41±4.04^a	33.5±0.5^a
5~10cm 层	119.33±45.51^a	43.33±18.55^a	68±2^b
总和	361±69.87^a	108.33±30.01^b	142.5±27.5^b

注：表中同行数据中相同字母的数据差异不显著，单因素方差分析：$P<0.05$

　　3 种群落类型中科、属、种丰富度，各层物种丰富度之间无显著差异，恢复 15 年群落中科、属与种的丰富度分别为 12.67±1.76、25.33±3.38 与 26±3.51；恢复 30 年群落科、属与种的丰富度分别为 13.67±0.33、27±2.52 与 29 ± 2；原始林群落中科、属与种的丰富度分别为 15.5±2.5、22±1 与 22±1；恢复 30 年群落 Shannon-Wiener 指数（2.87±0.04）显著高于恢复 15 年（2.15±0.5）与原始林群落（2.1±0.18），恢复 15 年、30 年与原始林群落 Pielou 指数之间无显著差异，分别为 0.66±0.07、0.85±0.02 与 0.68±0.07。

　　在不同土地利用方式实验中，共萌发出幼苗 1781 株，分属 37 科 79 属 97 种。4 种土地利用类型土壤种子库密度及物种丰富度如表 7-2 所示，其中总密度大小顺序为：针叶林林地［（248.67±116.86）粒/m^2］＞针阔混交林林地［（186±43.27）粒/m^2］＞次生季风常绿阔叶林林地［（107.33±16.48）粒/m^2］＞茶园［（51.67±10.17）粒/m^2］。针叶林林地 0~2cm 土层的土壤种子库密度要显著大于 5~10cm 的土层，其他类型各层之间土壤种子库密度无显著差异。

　　茶园中土壤种子库物种丰富度要显著低于其他 3 种类型，其他 3 种类型之间无显著差异，针阔混交林与针叶林林地 0~2cm 的土层中土壤种子库物种丰富度要显著高于 5~10cm 的土层，次生季风常绿阔叶林林地与茶园土壤种子库物种丰富度在 3 个土层之间无显著差异；针阔混交林林地的 Shannon-Wiener 指数显著高于针叶林林地和茶园；次生季风常绿阔叶林林地中 Pielou 指数要显著高于针叶林林地。

表7-2　4种土地利用类型土壤种子库种子密度与物种多样性

Table 7-2　Seed density and species richness of soil seed bank in four land use types

类型	土层	土地利用类型			
		I	II	III	IV
土壤种子库密度 /（粒/m^2）	0~2cm	24.00±1.53^a	77.67±22.59^a	164±85.65^a	20±3.51^a
	2~5cm	40.33±3.84 ^{a}	59±10.21^a	62.33±25.44^{ab}	9±1.15^a
	5~10cm	43±18.33 ^{a}	49.33±10.59^a	22.33±6.36^b	22.67±6.98^a
	合计	107.33±16.48^{ab}	186±43.27^a	248.67±116.86^a	51.67±10.17^b
物种丰富度	0~2cm	13.33±2.3^a	26±2^a	25±7^a	7.33±1.2^a
	2~5cm	16.67±1.86^a	21±2.08^{ab}	14.33±2.19^{ab}	4.67±0.67^a
	5~10cm	13±4.04^a	13.33±0.67^b	9.67±1.2^b	7.33±0.67^a
	合计	28.67±1.86^a	39.33±2.33^a	31±6^a	11.67±1.86^b
Shannon-Wiener 指数		2.85±0.05^{ac}	2.99±0.12^a	2.46±0.1^{bc}	2.06±0.18^c
Pielou 指数		0.85±0.02^a	0.81±0.02^{ab}	0.73±0.06^b	0.85±0.02^{ab}

注：I，次生季风常绿阔叶林林地；II，针阔混交林林地；III，针叶林林地；IV，茶园；同行数据（土壤种子库密度和物种丰富度分层同列数据）中相同字母的数据差异不显著（$P<0.05$）

7.1.2　土壤种子库物种组成

不同恢复时间各样地土壤种子库中萌发的主要物种和多度如表7-3所示,恢复15年群落中主要组成科为菊科（Compositae）（10种）、禾本科（Poaceae）（5种）、茜草科（Rubiaceae）（4种）；恢复30年群落中主要组成科为禾本科（11种）、菊科（9种）、茜草科（7种）；原始林群落中主要组成科为菊科（8种）、禾本科（4种）。

3种群落类型土壤种子库均出现的包疮叶为鸟类传播的种子,在受干扰后的林中为常见灌木树种,恢复15年群落中红皮水锦树比恢复30年与原始林群落要多,西南桦和岗栋常常是群落恢复中的先锋物种,这些物种容易在土壤中较长时间保持活力。

表7-3　各样地土壤种子库主要物种组成及相对多度

Table 7-3　The main species composition and abundance of soil seed bank in 8 plots

恢复阶段	样地	物种名（相对多度）
15年	1	宽叶母草 *Lindernia nummularifolia*（19.61%）、砖子苗 *Mariscus sumatrensis*（16.81%）、棕叶芦 *Thysanolaena maxima*（11.2%）、多花野牡丹 *Melastoma affine*（10.64%）、红皮水锦树 *Wendlandia tinctoria* subsp. *intermedia*（7.84%）、紫茎泽兰 *Eupatorium adenophora*（7%）、包疮叶 *Maesa indica*（3.92%）
	2	棕叶芦 *Thysanolaena maxima*（30.14%）、宽叶母草 *Lindernia nummularifolia*（18.72%）、砖子苗 *Mariscus sumatrensis*（16.44%）、紫茎泽兰 *Eupatorium adenophora*（7.76%）、野茼蒿 *Crassocephalum crepidioides*（4.11%）、白酒草 *Conyza japonica*（3.65%）、多花野牡丹 *Melastoma affine*（3.65%）、藿香蓟 *Ageratum conyzoides*（3.2%）
	3	宽叶母草 *Lindernia nummularifolia*（56.76%）、多花野牡丹 *Melastoma affine*（15.38%）、棕叶芦 *Thysanolaena maxima*（6.03%）、紫茎泽兰 *Eupatorium adenophora*（5.82%）、砖子苗 *Mariscus sumatrensis*（3.95%）、野茼蒿 *Crassocephalum crepidioides*（2.7%）、藿香蓟 *Ageratum conyzoides*（2.5%）、包疮叶 *Maesa indica*（1.25%）、红皮水锦树 *Wendlandia tinctoria* subsp. *intermedia*（1.04%）
30年	4	刚莠竹 *Microstegium ciliatum*（25.36%）、毛果珍珠茅 *Scleria levis*（10.87%）、包疮叶 *Maesa indica*（7.25%）、红皮水锦树 *Wendlandia tinctoria* subsp. *intermedia*（6.52%）、棕叶芦 *Thysanolaena maxima*（6.52%）、岗栋 *Eurya groffii*（5.8%）、紫萼蝴蝶草 *Torenia violacea*（5.07%）、淡竹叶 *Lophatherum gracile*（2.9%）、紫茎泽兰 *Eupatorium adenophora*（2.9%）
	5	棕叶芦 *Thysanolaena maxima*（16.51%）、柱穗醉鱼草 *Buddleja cylindrostachya*（10.09%）、臭灵丹 *Laggera pterodonta*（9.17%）、金毛耳草 *Hedyotis chrysotricha*（9.17%）、粗叶水锦树 *Wendlandia scabra*（7.34%）、毛果珍珠茅 *Scleria levis*（5.5%）、野茼蒿 *Crassocephalum crepidioides*（5.5%）、紫茎泽兰 *Eupatorium adenophora*（5.5%）
	6	两歧飘拂草 *Fimbristylis dichotoma*（16.67%）、包疮叶 *Maesa indica*（10.26%）、弓果黍 *Cyrtococcum patens*（10.26%）、短刺栲 *Castanopsis echidnocarpa*（7.69%）、毛果珍珠茅 *Scleria levis*（7.69%）、粗叶榕 *Ficus hirta*（5.13%）、多花野牡丹 *Melastoma affine*（5.13%）、臭灵丹 *Laggera pterodonta*（3.85%）
原始林	7	毛果珍珠茅 *Scleria levis*（31.76%）、棕叶芦 *Thysanolaena maxima*（29.41%）、多花野牡丹 *Melastoma affine*（16.47%）、头花蓼 *Polygonum capitatum*（7.06%）、红皮水锦树 *Wendlandia tinctoria* subsp. *intermedia*（2.35%）、柱穗醉鱼草 *Buddleja cylindrostachya*（1.76%）、两歧飘拂草 *Fimbristylis dichotoma*（1.18%）、心叶稷 *Panicum notatum*（1.18%）
	8	棕叶芦 *Thysanolaena maxima*（33.91%）、遍地金 *Hypericum wightianum*（19.13%）、多花野牡丹 *Melastoma affine*（10.43%）、包疮叶 *Maesa indica*（4.35%）、臭灵丹 *Laggera pterodonta*（4.35%）、柱穗醉鱼草 *Buddleja cylindrostachya*（4.35%）、短刺栲 *Castanopsis echidnocarpa*（2.61%）、毛果珍珠茅 *Scleria levis*（2.61%）

4种土地利用类型土壤种子库中萌发的主要物种多度与重要值如表7-4所示,次生季风常绿阔叶林林地土壤种子库的主要组成科为禾本科（Poaceae）（10种）、菊科

（Compositae）（9 种）、茜草科（Rubiaceae）（7 种）；针阔混交林林地的主要组成科为禾本科（15 种）、菊科（14 种）、茜草科（7 种）；针叶林林地的主要组成科为禾本科（13 种）、菊科（9 种）；茶园的主要组成科为菊科（8 种）、禾本科（5 种）。

由表 7-4 可知，包疮叶、毛果珍珠茅及野茼蒿（*Crassocephalum crepidioides*）为次生季风常绿阔叶林林地土壤种子库的主要组成物种，同时季风常绿阔叶林优势种短刺栲也仅在该类型中出现；柳叶地胆（*Sonerila epilobioides*）、岗枹及多花野牡丹是针阔混交林林地土壤种子库的主要组成物种；白花蛇舌草（*Hedyotis diffusa*）、紫茎泽兰及刚莠竹（*Microstegium ciliatum*）是针叶林林地土壤种子库的主要组成物种；野茼蒿、紫马唐（*Digitaria violascens*）及藿香蓟（*Ageratum conyzoides*）是茶园土壤种子库中的主要组成物种。

表7-4　4种土地利用类型土壤种子库主要物种组成及重要值

Table 7-4　Main species composition and abundance of soil seed bank in four land use types

物种	I		II		III		IV		生长型
	多度	重要值	多度	重要值	多度	重要值	多度	重要值	
包疮叶 *Maesa indica*	38	7.06	28	3.78	—	—	—	—	灌木
毛果珍珠茅 *Scleria levis*	30	6.40	—	—	47	4.76	7	5.12	草本
野茼蒿 *Crassocephalum crepidioides*	27	5.94	21	3.15	30	3.62	27	13.00	草本
棕叶芦 *Thysanolaena maxima*	21	5.01	11	2.26	35	3.96	—	—	草本
粗叶水锦树 *Wendlandia scabra*	12	3.61							乔木
臭灵丹 *Laggera pterodonta*	14	3.34							草本
粗叶榕 *Ficus hirta*	13	3.18							灌木
多花野牡丹 *Melastoma polyanthum*	12	3.03	33	4.23	46	4.70	2	2.07	灌木
短刺栲 *Castanopsis echidnocarpa*	12	3.03							乔木
飞机草 *Eupatorium odoratum*	11	2.87	—	—	10	2.28			草本
刚莠竹 *Microstegium ciliatum*	10	2.72	20	3.06	79	6.91	4	4.15	草本
藿香蓟 *Ageratum conyzoides*	7	2.25	—	—	—	—	18	8.66	草本
鸡嗉子榕 *Ficus semicordata*	6	2.09	12	2.35	7	2.08			乔木
金毛耳草 *Hedyotis chrysotricha*	5	1.94	—	—					草本
柳叶地胆 *Sonerila epilobioides*	—	—	61	6.74	10	2.28			草本
岗枹 *Eurya groffii*	—	—	51	5.84					乔木
柱穗醉鱼草 *Buddleja cylindrostachya*	—	—	29	3.87	14	2.55	2	3.50	灌木
白花蛇舌草 *Hedyotis diffusa*	—	—	35	3.56	172	12.60			草本
薄叶新耳草 *Neanotis hirsuta*	—	—	22	3.24					草本
紫茎泽兰 *Eupatorium adenophorum*	—	—	17	2.79	149	11.60	3	3.82	草本
心叶稷 *Panicum notatum*	—	—	15	2.62					草本
鼠麴草 *Gnaphalium affine*	—	—	6	1.81	—	—	3	2.40	草本
遍地金 *Hypericum wightianum*	—	—			12	2.42			草本
大将军 *Lobelia clavata*	—	—			15	2.08			草本
双穗雀稗 *Pasdpalum paspalodes*	—	—			15	2.08			草本
紫马唐 *Digitaria violascens*					—	—	20	9.31	草本
皱叶狗尾草 *Setaria plicata*							18	7.24	草本
白酒草 *Conyza japonica*							8	6.87	草本
宽叶母草 *Lindernia nummularifolia*							13	5.62	草本
疏穗莎草 *Cyperus distans*							11	4.98	草本
狭叶红紫珠 *Callicarpa rubella*							5	3.04	草本
圆果雀稗 *Paspalum orbiculare*							3	2.40	灌木
其他	123	44.83	102	40.92	91	33.52	11	17.83	

注：I，次生季风常绿阔叶林林地；II，针阔混交林林地；III，针叶林林地；IV，茶园

7.1.3　土壤种子库生长型比较

恢复 15 年、30 年和原始林群落土壤种子库中生长型密度及物种丰富度变化如图 7-1 所示，草本植物的密度要显著高于其他类型的生长型（$P<0.05$），分别占每个类型全部萌发幼苗的 79.39%、92.63% 和 73.31%。恢复 30 年群落中乔木的种子密度要显著高于原始林群落，而一年生草本的种子密度要显著小于恢复 15 年群落，宽叶母草（*Lindernia nummularifolia*）、野茼蒿、藿香蓟等一年生草本种源丰富，同时野茼蒿和藿香蓟的种子为风力传播，竞争力强，易在森林恢复初期存活，因而恢复 15 年群落的土壤种子库中一年生草本要显著高于恢复 30 年群落。不同生活型之间物种丰富度在 3 种类型中无显著差异。

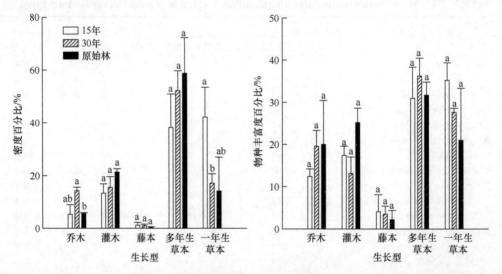

图7-1　不同恢复阶段土壤种子库萌发幼苗各生长型密度及物种丰富度百分比变化

Fig. 7-1　Changes on percentage of density and species richness of life form of seedling in soil seed bank in different restoration stages

柱状图顶部字母的不同表示存在显著性差异（$P<0.05$）

土壤种子库物种组成中不同生长型密度在 4 种土地利用类型中差异极显著（$\chi^2=280.96$，df=9，$P<0.001$），草本植物是土壤种子库的主要成分，次生季风常绿阔叶林林地、针阔混交林林地、针叶林林地与茶园草本植物分别占全部萌发幼苗的 49.8%、67.7%、87.4% 与 92.2%。由图 7-2 可见，茶园土壤种子库中草本植物的密度与物种丰富度要显著低于其他类型；针阔混交林林地中乔木的种子密度要显著高于其他类型，其物种丰富度与次生季风常绿阔叶林林地之间无显著差异，而显著高于针叶林林地和茶园；针阔混交林林地与针叶林林地灌木种子密度要显著大于其他 2 种类型；藤本植物的种子密度在 4 种类型之间无显著差异。

4 种类型土壤种子库中不同类型的草本植物密度之间差异极显著（$\chi^2=63.16$，df=9，$P<0.001$），非森林的原生物种是草本植物的主要成分。土壤种子库中外来物种组成主要以菊科植物为主，次生季风常绿阔叶林林地、针阔混交林林地、针叶林林地及茶园分

别有 4、6、4 及 3 种，入侵物种紫茎泽兰是土壤种子库中主要的外来物种。根据图 7-2 所示，针叶林林地的外来物种的密度显著高于其他 3 种类型，其中萌发紫茎泽兰幼苗多度达 149 株。

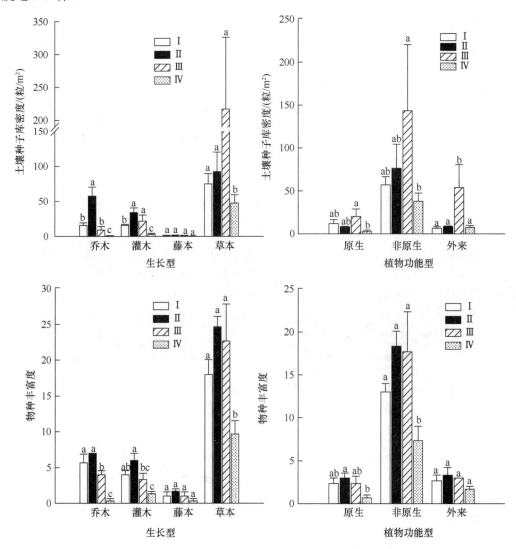

图7-2　4种土地利用类型土壤种子库生活型与功能型密度及物种丰富度

Fig. 7-2　Density and species richness of life form and trait of soil seed bank in four land-use types

Ⅰ，次生季风常绿阔叶林林地；Ⅱ，针阔混交林林地；Ⅲ，针叶林林地；Ⅳ，茶园；柱状图顶部字母的不同表示存在显著性差异（$P < 0.05$）

7.1.4　土壤种子库与地上植被的关系

土壤种子库和地上植被的关系对评估土壤种子库对植被的潜在更新能力十分重要。不同恢复时间土壤种子库与地上植被的相似性系数如图 7-3 所示，分别分析了土壤种子库与地上植被所有物种、乔木层、灌木层、草本层及藤本植物的相似性系数，以及幼苗

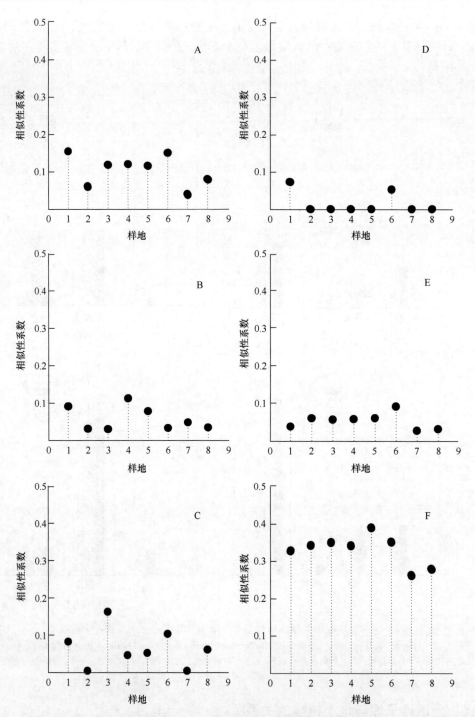

图7-3　样地中土壤种子库与地上植被（A）、乔木层（B）、灌木层（C）、藤本植物（D）、草本层（E）及幼苗库与乔木层（F）之间的相似性系数

Fig. 7-3　Similarity coefficient between soil seed bank and above-vegetation（A），soil seed bank and tree layer（B），soil seed bank and shrub layer（C），soil seed bank and lianas（D），soil seed bank and herb layer（E），seedling bank and tree layers（F）in plots

库与乔木层的相似性系数。图7-3A 显示各样地土壤种子库与地上植被的相似性系数为0.0375~0.1538，要小于幼苗库与乔木层的相似性系数（0.26~0.3883）（图7-3F），但高于土壤种子库与草本层（图7-3E）及灌木层（图7-3C，除样3外）的相似性系数（0.0244~0.087）。土壤种子库与地上植被的相似性系数之间没有显著差异（$P>0.05$），但恢复15年和30年群落土壤种子库与地上植被的相似性系数要大于原始林，显示出随着恢复的进行，相似性系数减少的趋势；恢复30年群落中幼苗库与乔木层相似性系数要显著高于原始林群落（图7-3F，$P<0.05$）。

4 种土地利用类型土壤种子库与地上植被的相似性系数大小排序为次生季风常绿阔叶林（0.175）＜针阔混交林（0.176）＜人工林（0.215），显示随着土地利用强度的加强，相似性系数呈增加趋势，更能反映地上植被的物种组成。

7.2　思茅松种实表型变异

表型多样性是遗传多样性和环境多样性的综合体现，常常表现为不同种群在其分布区适应各种环境条件下的表型变异。表型变异在适应与进化上具有重要意义，是生物多样性和生物系统学的重要研究内容（李斌等，2002）。植物种群的表型变异可以反映种群遗传变异的大小，是人工驯化和遗传育种研究的基础（曾杰等，2005）。植物种实性状主要受遗传因素的控制（李伟等，2013），在长期的生殖隔离、自然选择和人工选择（Garcia et al.，2009；孙玉玲等，2005；Wheeler and Guries，1982）等作用下，产生了丰富的变异。球果和种子是裸子植物繁殖系统的重要特征，是植物种群生殖生态学研究的一个重要方面（刘贵峰等，2012），球果和种子的表型性状不仅决定物种的扩散能力，也影响到物种的萌发和幼苗定居，进而影响到种群的分布格局。植物种实表型在不同的分布区域适应不同的环境而发生分化，种子形态学性状的地带性变化规律已成为种子地理学研究的内容之一（于顺利和方伟伟，2012）。松属是松科最大的属，广泛分布于北半球，是用材、松脂、造纸和油料的重要原料，同时也是主要的造林树种。国内外对松属植物种子园或天然种群下的球果与种子的表型多样性进行了大量研究，如高山松（*Pinus densata*）（毛建丰等，2007）、马尾松（徐进等，2004；葛颂等，1988）、华山松（*Pinus armandii*）（朱晓丹等，2006）、白皮松（*Pinus bungeana*）（李斌等，2002）、*Pinus strobes*（Beaulieu and Simon，1995）、*Pinus albicaulis*（Garcia et al.，2009）、*Pinus brutia*（Dangasuk and Panetsos，2004）、*Pinus greggii*（Donahue and Upton，1996）和 *Pinus canariensis*（Gil et al.，2002）等物种。

思茅松是以三针一束为主的松树，1 年抽梢 2 次是它区别于其他松树的重要特征，在我国集中分布在云南省西南部哀牢山西坡以西的亚热带南部，西藏自治区东南部低海拔地区也有分布。研究表明，思茅松与从印度梅加拉亚邦西北部到越南南部高地及菲律宾吕宋西北部分布的 *Pinus kesiya* 为一个种（Businský et al.，2013）。思茅松具有生长迅速、材质优良、松脂产量高等特点，是云南重要的材脂兼用树种和主要造林树种。云南省 2007 年森林资源连续清查结果显示，思茅松林分布面积为 $5.904 \times 10^5 hm^2$，占云南省林地面积的 3.71%，拥有约 6.095 17$\times 10^7 m^3$ 的蓄积量（温庆忠等，2010），在区域林业发展中占有举足轻重的地位。长期以来，遗传多样性与良种选育是思茅松研究的主要方向，遗传多样性的研究为推断思茅松的系统发育提供了依据（虞泓等，2000）；良种选育主要通过选择优树建立无性系种子园以满足造林良种需求。思茅松的遗传改良则需要对其种实表型变异作进一步研究。

近年来，思茅松人工林存在着生产力下降、病虫害频繁和林地退化等诸多生产实践问题，尤其是思茅松在云南省天然分布区域以外的其他地州引种时，未达到引种造林的预期效果，即幼林期长势较好，而进入中龄时期则高生长明显下降（傅云和，1989）。究其原因，一方面是由于各地区湿度和温度差异较大，另一方面也可能是由于缺乏优良种源选育和思茅松遗传改良工作滞后。思茅松种群在不同尺度和环境梯度下会有不同的适应性变异，种实表型适应性变异在遗传上最为稳定和容易量化，可以为其遗传改良、种质资源收集与保护等提供基础数据。对云南省思茅松表型变异的研究，目前仅限于种子园球果性状的统计描述（许玉兰等，2006），而对思茅松天然种群种实表型变异的研究尚未见报道。本书的研究以云南省 11 个县分布的思茅松天然种群为研究对象，按完全随机设计和巢式设计进行布点调查和采样，兼顾多个地理或生态因子梯度，通过球果、种鳞、种翅和种子的形态与质量性状和球果种鳞数及种子数的统计分析，揭示思茅松种实表型在种群间和种群内个体间的变异规律。

在对思茅松天然林资料搜集，以及野外调查的基础上，完成所有球果的野外采集工作。取样地点分别为云南省的景谷县（JG）、镇沅县（ZY）、景东县（JD）、普洱市（PE）、澜沧县（LC）、景洪市（JH）、勐海县（MH）、耿马县（GM）、云县（YX）、昌宁县（CN）和梁河县（LH），共 11 个天然种群，每个天然种群采集 30 个家系，共计 330 个植株，保证取样均匀性，株间距要大于 150m，即母树树高的 5 倍以上，在采种困难的地区保证株间距在 50m 以上，最大限度地降低母树间的亲缘关系（刘贵峰等，2012；辜云杰等，2009；曾杰等，2005）。然后分单株单球果脱粒净种，每单株随机测定 10 个球果，每个球果测 10 粒种子、10 个种翅和 10 个种鳞，记录每个球果种子数和种鳞数。每个采样植株定位经纬度，记录海拔数据。取样种群的地理位置、立地气候条件见表 7-5。

表7-5　思茅松11个天然种群的地理位置及气温和降水量

Table 7-5　Geographical location，air temperature，and precipitation of the sites for the 11 natural populations of *Pinus kesiya* var. *langbianensis*

种群	纬度（东经）	经度（北纬）	海拔/m	年平均气温/℃	年降水量/mm
昌宁 CN	24°23′	99°25′	1450~1500	14.9	1259.0
景洪 JH	22°26′	100°54′	1100~1200	21.8	1197.6
耿马 GM	23°26′	99°21′	1170~1400	18.8	1311.9
景东 JD	24°38′	100°57′	1245~1400	18.3	1087.0
景谷 JG	23°33′	100°30′	1100~1595	20.2	1232.6
澜沧 LC	22°13′	99°41′	1390~1470	19.0	1522.6
梁河 LH	24°38′	98°20′	990~1050	18.3	1357.1
勐海 MH	22°13′	100°17′	1100~1200	18.2	1363.7
普洱 PE	22°45′	100°47′	1300~1370	17.7	1626.5
云县 YX	24°32′	100°12′	1410~1480	19.4	904.7
镇沅 ZY	23°59′	101°5′	1140~1370	15.8	1284.8

注：气温和降水量的数据来源于《云南省地面气候资料（1951 年–1980 年）》

选择遗传相对稳定、易于获得和测定的表型性状，将表型性状分为球果形状、球果质量、种鳞形状、种翅形状、种子形状、种子质量、球果总种鳞数（SCALE）和球果总种子数（SEED）等，球果形状包括球果长（CL）、球果宽（CW）、球果长宽比（CLW），球果质量为单个球果质量（CWE）；种鳞形状包括种鳞长（SSL）、种鳞宽（SSW）、种鳞长宽比（SSLW）；种子形状包括种子长（SL）、种子宽（SW）、种子长宽比（SLW）；种翅形状包括种翅长（SWL）、种翅宽（SWW）、种翅长宽比（SWLW）；种子质量为千粒重（GW），共计 16 个种实表型性状。用游标卡尺分别测量其长、宽，测量精度为 0.01mm；球果质量用精度为 0.01g 的电子天平测定，每单株随机取 100 粒种子称其质量，换算成千粒重，重复 3 次，取平均值，千粒重用精度为 0.0001g 的电子分析天平测定。

研究所选气候因子为年平均气温、1 月平均气温、7 月平均气温、年降水量和 >5℃ 积温。气候因子从 Climate China v4.40 中提取。Climate China 是基于考虑坡度的降水-海拔回归模型（parameter-elevation regressions on independent slope model，PRISM）建立起来的气候模型，采用双向插值法和偏导海拔调整方案相结合的方法，其输出结果已经在云南省 135 个气象站点得到验证，利用取样点的经度、纬度和海拔数据就可以提取气候因子。

对球果长、球果宽、球果长宽比、球果质量、种鳞长、种鳞宽、种鳞长宽比、种翅长、种翅宽、种翅长宽比、种子长、种子宽、种子长宽比、球果总种鳞数、球果总种子数和千粒重等 16 个表型性状的数据以巢式设计模型进行方差分析（彭兴民等，2012；辜云杰等，2009；曾杰等，2005；李斌等，2002），线性模型为 $Y_{ijk} = \mu + P_i + T_{i(j)} + e_{(ij)k}$。其中，$Y_{ijk}$ 为第 i 种群第 j 个个体第 k 个观测值；μ 为总平均值；P_i 为第 i 个种群的效应值（固定）；$T_{i(j)}$ 为第 i 个种群内的第 j 个个体的效应值（随机）；$e_{(ij)k}$ 为实验误差，分析思茅松种群的表型变异特征；表型分化系数（V_{st}）是描述性状种群间平均方差占种群内合计方差的比例，表明表型变异在种群间贡献的大小。为了与基因分化系数 G_{st} 相对应，按公式 $V_{st} = \delta^2_{t/s} / (\delta^2_{t/s} + \delta^2_s)$ 计算种群间表型分化的值，并将其定义为表型分化系数，其中 $\delta^2_{t/s}$ 是种群间方差值，δ^2_s 是种群内方差值（葛颂等，1988）。采用欧式距离，并依表型数据对 11 个种群按非加权配对算术平均法（un-weighted pair-group method using arithmetic averages，UPGMA）系统进行聚类分析，种群与生态因子的关系用典范对应分析（CCA）二维排序。

分析各表型性状的平均值和标准差，计算表型性状的变异系数（CV），反映表型的变异特征，并进行表型性状间的差异性检验和 Duncan 多重比较分析。分别计算各性状间和各性状与生态因子之间的相关系数，分析性状间的相关关系和表型性状与生态因子间的相关关系。常用描述统计量和欧式距离的计算在 SPSS17.0 中完成，巢式方差分析、相关分析、差异性检验和 Duncan 多重比较分析在 SAS9.0 中完成。UPGMA 系统聚类分析采用 NTSYS PC 2.11e 分析软件（Applied Biostatistics Inc.，Setauket，USA），CCA 排序在 CANOCO for Windows 4.5 中完成。

7.2.1　种群间和种群内的表型变异特征

思茅松表型性状在种群间和种群内层次上的差异分析见表 7-6。经 F 检验，思茅松表型在种群间和种群内层次上除种鳞长宽比在种群间无显著差异外，其他球果、种鳞、种翅、种子、球果总种鳞数、球果总种子数的表型性状在种群间和种群内都存在极显著差异（$P < 0.01$）。16 个表型性状的平均值、标准差和多重比较结果见表 7-7，思茅松种实表型性状间存在着显著差异。思茅松球果最长、种子最长、种子长宽比最大、球果总种子数最少的是景谷（JG）种群，思茅松球果最宽、球果质量最大的是镇沅（ZY）种群，球果长宽比最大的是景洪（JH）种群，种鳞最长、种翅最长、种鳞最宽和千粒重最大的是普洱（PE）种群，种鳞长宽比最大的是耿马（GM）种群、景谷（JG）种群、勐海（MH）种群和普洱（PE）种群，种子最宽的是勐海（MH）种群，种翅长宽比最大的是景东（JD）种群和普洱（PE）种群，球果总种鳞数最多的是云县（YX）种群。其中，景谷与普洱种群的表型性状最为突出。

表7-6　思茅松各种群间及种群内球果、种子表型性状的方差分析结果

Table 7-6　Variance analysis of phenotypic traits in cones and seeds among and within *Pinus kesiya* var. *langbianensis* populations

表型性状	均方			F 值	
	种群间	种群内	随机误差	种群间	种群内
CL	2561.48	767.23	32.95	3.34**	23.28**
CW	828.27	109.76	6.09	7.55**	18.04**
CLW	2.33	0.29	0.02	7.92**	11.92**
CWE	3375.96	493.53	18.72	6.84**	26.37**
SSL	340.45	53.48	2.16	6.37**	24.71**
SSW	62.41	9.55	0.56	6.54**	17.16**
SSLW	0.44	0.21	0.01	2.07	19.70**
SL	6.50	1.31	0.09	4.97**	14.80**
SW	2.21	0.25	0.04	8.82**	6.95**
SLW	0.02	0.06	0.01	3.74**	7.89**
SWL	184.99	27.56	1.39	6.71**	19.87**
SWW	10.66	2.33	0.22	4.57**	10.61**
SWLW	1.55	0.51	0.03	3.01**	15.68**
SCALE	6667.30	1 076.28	152.88	6.19**	7.04**
SEED	3822.39	1 490.39	186.83	2.56**	7.98**
GW	331.62	63.37	8.54	5.23**	7.42**

注：CL，球果长；CLW，球果长宽比；CW，球果宽；CWE，球果质量；GW，千粒重；SCALE，球果总种鳞数；SEED，球果总种子数；SL，种子长；SLW，种子长宽比；SSL，种鳞长；SSLW，种鳞长宽比；SSW，种鳞宽；SW，种子宽；SWL，种翅长；SWLW，种翅长宽比；SWW，种翅宽；**，$P < 0.01$

7.2.2　思茅松种群间的表型分化

根据巢式方差分析结果，分别计算 16 个思茅松种实表型性状种群内和种群间的方差分量和各性状的表型分化系数，同时说明种群内和种群间的变异在总变异中的比例（表 7-8）。16 个表型性状在种群间和种群内的平均方差分量百分比分别为 10.438% 和 54.756%，差异相对较大。表型分化系数的变异范围为 2.403%~18.253%，种翅长的表型

表7-7　思茅松群体间、群体内球果、种子表型性状变异（平均值±标准差）

Table 7-7　Phenotypic variation of cones and seeds among and within *Pinus kesiya* var. *langbianensis* populations （mean±SD）

表型性状	地点											平均值
	CN	JH	GM	JD	JG	LC	LH	MH	PE	YX	ZY	
CL	59.36±8.48^d	63.95±8.04^{abcd}	61.26±10.02^{cd}	64.87±9.45^{abcd}	69.47±14.66^a	61.54±8.63^{cd}	59.86±10.35^d	62.32±10.96^{bcd}	66.43±9.57^{abc}	62.87±11.61^{bcd}	67.91±8.39^{ab}	63.62±10.63
CW	32.75±2.94^{de}	31.43±3.05^e	33.83±3.59^{cd}	35.61±3.95^{abc}	34.09±4.56^{cd}	32.89±3.02^{de}	34.50±4.53^{bcd}	35.25±4.56^{bc}	36.35±3.62^{ab}	33.65±5.27^{cd}	38.10±4.25^a	34.40±4.37
CLW	1.81±0.22^{bc}	2.04±0.22^a	1.81±0.24^{bc}	1.83±0.21^{bc}	2.03±0.30^a	1.87±0.17^b	1.74±0.20^c	1.77±0.21^{bc}	1.83±0.22^{bc}	1.87±0.26^b	1.79±0.21^{bc}	1.85±0.24
CWE	21.74±6.38^d	21.38±5.76^d	22.57±7.49^{cd}	27.87±8.53^b	26.84±10.09^{bc}	22.01±5.99^d	21.47±7.72^d	24.78±8.70^{bcd}	28.73±9.19^b	24.57±8.31^{bcd}	32.99±8.92^a	25.00±8.77
SSL	23.43±2.43^{cde}	23.07±1.88^{de}	24.19±3.27^{bcd}	24.89±3.04^{abcd}	26.05±5.05^{ab}	23.04±2.38^{de}	24.96±3.06^{abc}	26±2.99^{ab}	26.65±3.10^a	22.11±4.01^c	25.90±3.20^{ab}	24.57±3.53
SSW	12.39±1.09^{cd}	12.82±1.34^c	12.35±1.21^{cd}	13.25±1.32^{ab}	13.28±1.79^{ab}	12.85±1.18^{bc}	13.33±1.47^{ab}	13.45±1.36^{ab}	13.78±1.55^a	11.70±1.66^d	13.76±1.46^a	13.00±1.54
SSLW	1.90±0.17^{ab}	1.81±0.19^b	1.97±0.24^a	1.89±0.27^{ab}	1.95±0.21^a	1.80±0.16^b	1.88±0.19^{ab}	1.94±0.18^a	1.94±0.20^a	1.89±0.24^{ab}	1.89±0.21^{ab}	1.90±0.21
SL	5.58±0.45^c	5.66±0.41^{bc}	5.67±0.47^{bc}	5.68±0.45^{bc}	6.07±1.02^a	5.63±0.40^c	5.68±0.46^{bc}	5.95±0.48^{ab}	5.88±0.45^{abc}	5.28±0.51^d	5.68±0.49^{bc}	5.70±0.58
SW	3.39±0.20^c	3.48±0.23^{bc}	3.47±0.22^{bc}	3.46±0.33^c	3.44±0.37^c	3.49±0.20^{bc}	3.39±0.25^c	3.67±0.29^a	3.59±0.27^{ab}	3.20±0.25^d	3.39±0.36^c	3.45±0.29
SLW	1.65±0.12^b	1.63±0.09^b	1.64±0.11^b	1.65±0.13^b	1.76±0.20^a	1.62±0.10^b	1.68±0.12^b	1.62±0.11^b	1.64±0.12^b	1.66±0.15^b	1.68±0.16^b	1.66±0.14
SWL	13.63±1.62^{cde}	13.39±1.36^{de}	14.23±2.63^{bcd}	15.03±2.42^{ab}	15.25±3.73^{ab}	12.71±1.42^e	14.82±2.38^{abc}	15.02±2.09^{ab}	16.09±2.08^a	12.55±2.81^e	14.36±2.50^{abcd}	14.28±2.59
SWW	6.46±0.59^{de}	6.63±0.77^{bcd}	6.49±0.64^{cde}	6.76±0.76^{abcd}	6.82±0.94^{abcd}	6.60±0.62^{bcd}	6.86±0.74^{abcd}	7.00±0.68^{ab}	7.13±0.62^a	6.20±0.86^e	6.85±0.90^{abcd}	6.71±0.79
SWLW	2.12±0.27^{ab}	2.03±0.21^b	2.20±0.43^{ab}	2.25±0.40^a	2.22±0.37^{ab}	1.94±0.23^c	2.17±0.31^{ab}	2.16±0.31^{ab}	2.26±0.26^a	2.03±0.39^c	2.11±0.38^{ab}	2.14±0.34
SCALE	106.91±14.89^{bc}	95.81±13.07^d	102.24±17.74^{bcd}	100.15±17.07^{cd}	98.16±19.09^d	101.37±15.48^{bcd}	98.65±18.4^{cd}	99.67±19.51^{cd}	106.87±14.98^{bcd}	119.23±23.77^a	109.05±14.38^b	103.47±18.45
SEED	55.87±19.92^a	60.33±18.36^a	60.46±19.64^a	56.57±21.41^a	45.70±17.33^b	56.43±16.40^a	62.92±22.71^a	57.53±19.70^a	65.22±18.45^a	56.83±25.59^a	55.32±17.86^a	57.55±20.43
GW	17.08±3.34^b	17.96±3.31^{ab}	17.55±3.21^{ab}	18.90±4.16^a	18.88±5.77^{ab}	17.51±3.87^{ab}	16.94±4.27^b	19.43±5.69^{ab}	19.95±3.85^a	14.04±3.12^c	17.23±4.23^b	17.68±4.39

注：表型性状下缩写见表7-5；种群缩写见表7-6；表中字母的不同表示存在显著性差异（$P<0.05$）

分化系数最大，其次是种子宽、球果宽和球果质量，球果总种子数最小。种群间平均表型分化系数为 11.945%，说明思茅松天然种群种实表型变异在种群间的贡献占 11.945%，种群内变异是思茅松种实表型性状变异的主要变异来源，种群内的多样性程度大于种群间的多样性。

表7-8 思茅松表型性状的方差分量及种群间表型分化系数

Table 7-8 Variance component and phenotypic traits differentiation coefficient among and within *Pinus kesiya* var. *langbianensis* populations

表型性状	方差分量			方差分量百分比/%			表型分化系数/%
	种群间	种群内	随机误差	种群间	种群内	随机误差	
CL	7.476	73.428	32.951	6.566	64.493	28.941	7.028
CW	2.994	10.368	6.085	15.395	53.313	31.293	18.196
CLW	0.008	0.027	0.025	14.118	44.836	41.047	16.438
CWE	12.010	47.481	18.718	15.356	60.711	23.933	18.142
SSL	1.913	8.553	2.164	15.148	67.718	17.134	17.852
SSW	0.352	1.499	0.557	14.636	62.248	23.116	17.146
SSLW	0.002	0.034	0.011	3.311	73.203	23.486	3.424
SL	0.035	0.203	0.088	10.614	62.297	27.089	11.875
SW	0.013	0.036	0.036	15.390	42.118	42.492	18.189
SLW	0.001	0.009	0.008	6.277	50.094	43.630	6.697
SWL	1.050	4.363	1.387	15.435	64.160	20.405	18.253
SWW	0.055	0.352	0.220	8.845	56.128	35.028	9.703
SWLW	0.007	0.080	0.033	5.755	66.902	27.343	6.107
SCALE	38.289	157.019	154.441	10.947	44.895	44.158	12.293
SEED	21.925	247.145	665.110	2.347	26.456	71.197	2.403
GW	1.759	9.350	14.787	6.871	36.529	56.600	7.378
平均值	—	—	—	10.438	54.756	34.806	11.945

注：表型性状缩写见表 7-6

7.2.3 思茅松表型的形态变异特征

用变异系数表示性状值离散性特征，变异系数越大，性状值离散程度越大，表型多样性越丰富；变异系数小，说明该种群的性状变异幅度低。思茅松 11 个种群表型性状的变异系数见表 7-9，思茅松各性状平均变异系数为 16.62%，变异幅度为 8.25%~35.51%。球果形状、球果质量、种鳞形状、种子形状、种翅形状、种子千粒重、球果总种鳞数和球果总种子数等 8 个表型性状的平均变异系数有一定差异，其平均变异系数分别为：14.19%、35.10%、12.50%、8.86%、15.34%、24.83%、17.83%和 35.51%，其中球果总种子数最大，其次是球果质量，种鳞形状则最低。球果总种子数的稳定性最低，种子形状的稳定性最高。11 个种群所有性状的平均变异系数为 12.66%~19.51%，景谷的种群表型多样性比较丰富，可能是思茅松的表型多样性中心，而景洪的种群表型多样性程度最低。

表7-9 思茅松天然种群表型性状的变异系数（单位：%）

Table 7-9 Variation coefficients of phenotypic traits in *Pinus kesiya* var. *langbianensis* populations

表型性状	种群											平均值
	CN	JH	GM	JD	JG	LC	LH	MH	PE	YX	ZY	
CL	14.29	12.57	16.36	14.56	21.10	14.02	17.29	17.59	14.40	18.47	12.36	16.70
CW	8.98	9.70	10.62	11.08	13.37	9.19	13.14	12.93	9.97	15.67	11.17	12.72
CLW	12.05	10.59	13.01	11.55	14.67	8.84	11.75	11.71	12.02	14.03	11.76	13.13
CWE	29.34	26.92	33.17	30.60	37.59	27.20	35.95	35.13	31.97	33.82	27.04	35.10
SSL	10.37	8.15	13.52	12.20	19.38	10.35	12.26	11.51	11.61	18.14	12.35	14.35
SSW	8.78	10.41	9.83	9.95	13.47	9.20	11.00	10.11	11.24	14.20	10.61	11.85
SSLW	9.06	10.35	12.34	14.08	10.74	8.92	9.85	9.42	10.48	12.79	11.34	11.29
SL	8.01	7.22	8.29	7.97	16.74	7.14	8.16	8.10	7.59	9.64	8.63	9.95
SW	5.87	6.71	6.27	9.58	10.80	5.67	7.33	7.95	7.49	7.84	7.61	8.38
SLW	7.16	5.34	6.82	8.01	11.34	6.20	6.93	7.07	7.35	9.14	9.40	8.25
SWL	11.87	10.14	18.50	16.11	24.45	11.15	16.03	13.94	12.91	22.38	17.42	18.12
SWW	9.10	11.68	9.85	11.30	13.80	9.46	10.72	9.75	8.75	13.96	13.10	11.75
SWLW	12.90	10.32	19.50	18.00	16.82	11.77	14.36	14.34	11.50	19.03	17.92	16.14
SCALE	13.93	13.64	17.35	17.04	19.45	15.27	18.65	19.57	14.01	19.93	13.19	17.83
SEED	35.64	30.44	32.48	37.84	37.93	29.06	36.09	34.35	28.28	45.02	32.29	35.51
GW	19.58	18.45	18.32	21.99	30.55	22.10	25.19	29.28	20.31	22.21	24.57	24.83
平均值	13.56	12.66	15.39	15.74	19.51	12.85	15.92	15.80	13.74	18.52	15.05	16.62

注：种群缩写见表7-5；表型性状缩写见表7-6

7.2.4 思茅松表型性状间的相关性

思茅松各表型性状间的相关系数矩阵见表7-10。球果、种鳞、种子、种翅大小之间及与其他大部分表型性状之间存在显著相关。球果长和球果质量与其他表型性状均呈极显著正相关关系，球果宽与球果长宽比存在极显著负相关关系；种鳞长除与球果总种子数无显著相关关系外，与其他表型均存在极显著正相关关系；种子长与其他大小性状之间均呈极显著正相关关系，而与球果总种鳞数和球果总种子数没有显著相关关系；千粒重与其他球果、种鳞、种子、种翅大小性状之间存在极显著正相关关系。

7.2.5 思茅松表型性状与环境因子的相关性

将思茅松的 16 个种实性状与每个家系采样点的生态因子进行相关分析与检验（表7-11），比较生态因子对表型性状的综合相关性，年平均气温（2.354）＞1 月平均气温（2.326）＞5℃积温（2.193）＞7 月平均气温（1.952）＞年降水量（1.948）＞海拔（1.873）。

生态因子与各种实性状的相关性结果表明，海拔主要影响思茅松球果长宽比、种鳞长、种鳞宽、种翅长、种翅宽、球果总种鳞数和球果总种子数，随着海拔的上升，球果长宽比也随之变大，其他性状则显著变小；年平均气温对思茅松种实性状中侧重生殖适应性的表型性状影响较大，如球果长、种鳞长、种子长、种翅长、球果总种鳞数和千粒重，这些性状是反映生殖适应性的重要指标（毛建丰等，2007）；球果质量、种鳞长、

表7-10 思茅松群体16个种实表型性状间的相关分析

Table 7-10 Analysis of correlation between 16 cone and seed phenotypic traits in *Pinus kesiya* var. *langbianensis* populations

表型性状	CL	CW	CLW	CWE	SSL	SSW	SSLW	SL	SW	SLW	SWL	SWW	SWLW	SCALE	SEED	GW
CL	1.00															
CW	0.68**	1.00														
CLW	0.59**	-0.16**	1.00													
CWE	0.86**	0.89**	0.20*	1.00												
SSL	0.67**	0.67**	0.19*	0.69**	1.00											
SSW	0.53**	0.63**	0.03	0.63**	0.66**	1.00										
SSLW	0.30**	0.19**	0.21**	0.22**	0.59**	-0.22**	1.00									
SL	0.56**	0.45**	0.26**	0.49**	0.73**	0.52**	0.39**	1.00								
SW	0.39**	0.38**	0.10	0.38**	0.55**	0.53**	0.14*	0.68**	1.00							
SLW	0.32**	0.18**	0.24**	0.24**	0.39**	0.12*	0.38**	0.61**	-0.17**	1.00						
SWL	0.61**	0.59**	0.18*	0.61**	0.93**	0.58**	0.57**	0.66**	0.49**	0.33**	1.00					
SWW	0.42**	0.55**	-0.03	0.52**	0.57**	0.89**	-0.21**	0.49**	0.58**	0.02	0.55**	1.00				
SWLW	0.42**	0.30**	0.24**	0.34**	0.69**	0.05	0.84**	0.42**	0.16**	0.39**	0.79**	-0.08	1.00			
SCALE	0.43**	0.52**	0.04	0.54**	0.23**	0.08	0.22**	0.11	-0.04	0.18**	0.21**	0.03	0.23**	1.00		
SEED	0.24**	0.39**	-0.09	0.36**	0.17	0.28**	-0.10	-0.00	-0.05	0.03	0.13	0.16**	0.03	0.11**	1.00	
GW	0.48**	0.40**	0.20**	0.45**	0.62**	0.55**	0.21**	0.78**	0.78**	0.17**	0.56**	0.56**	0.25**	-0.03	-0.06	1.00

注: 表型性状缩写见表7-6; *, $P<0.05$; **, $P<0.01$

种子长、种翅长、球果总种子数与 7 月平均气温呈极显著正相关关系；1 月平均气温影响了大部分的种实表型性状，其中，球果长、种翅长、种鳞长、种子长与千粒重等与 1 月平均气温呈显著或极显著正相关关系，而球果总种子数与 1 月平均气温呈显著负相关关系；种子长、千粒重与年降水量呈显著或极显著正相关关系，球果质量、球果总种子数与年降水量呈极显著负相关关系；球果长宽、种鳞长宽、种子长宽、种翅长宽、球果总种子数和千粒重与>5℃积温呈显著或极显著正相关关系，球果总种鳞数与>5℃积温呈极显著负相关关系。

表7-11　思茅松表型性状与生态因子的相关系数

Table 7-11　Coefficient between phenotypic traits and ecological factors in *Pinus kesiya* var. *langbianensis* populations

表型性状	海拔（m）	年平均气温（℃）	7 月平均气温（℃）	1 月平均气温（℃）	年降水量（mm）	>5℃积温
CL	0.035	0.114*	0.084	0.128*	−0.072	0.111*
CW	−0.136*	0.110	0.188**	0.055	−0.132*	0.125*
CLW	0.186**	0.042	−0.082	0.117*	0.059	0.017
CWE	−0.021	0.102	0.159**	0.072	−0.203**	0.100
SSL	−0.169**	0.206**	0.198**	0.177**	0.007	0.223**
SSW	−0.188**	0.265**	0.247**	0.233**	0.066	0.267**
SSLW	−0.023	−0.017	−0.002	−0.023	−0.065	0.004
SL	0.011	0.148**	−0.002	0.200**	0.175**	0.150**
SW	−0.044	0.211**	0.018	0.278**	0.259**	0.215**
SLW	0.047	−0.018	−0.007	−0.025	−0.045	−0.017
SWL	−0.170**	0.169**	0.186**	0.131*	−0.002	0.198**
SWW	−0.143*	0.227**	0.168**	0.218**	0.099	0.227**
SWLW	−0.104	0.033	0.104	−0.010	−0.080	0.069
SCALE	0.132*	−0.169**	−0.104	−0.171**	−0.233**	−0.189**
SEED	−0.185**	−0.146**	0.162**	0.107	0.091	0.137**
GW	0.013	0.132*	0.015	0.178**	0.130*	0.144*
相关系数和	1.873	2.354	1.952	2.326	1.948	2.193

注：表型性状缩写见表 7-6；*，$P<0.05$；**，$P<0.01$

7.2.6　思茅松表型性状的聚类与排序分析

种群间的亲缘关系以欧式距离衡量，使用 UPGMA 法进行聚类，得到种群聚类图（图 7-4）。图 7-4 反映了种群间的亲疏关系，各种群间的欧式平均距离为 2.1~9.3，11 个种群可聚为 A、B 二类。A 类种群间的欧式距离以 6.9 为阈值，可以分为 3 个亚类（A1、A2、A3）。A1 为昌宁（CN）种群、耿马（GM）种群、澜沧（LC）种群、梁河（LH）种群和景洪（JH）种群，A2 为勐海（MH）种群，A3 为云县（YX）种群，其中耿马与澜沧两个种群间欧式距离为 0，表示它们之间的表型差异最小。B 类种群间的欧式距离以 4.5 为阈值，可以分为 2 个亚类（B1、B2），B1 为景东（JD）种群、普洱（PE）种群和镇沅（ZY）种群，B2 为景谷（JG）种群。

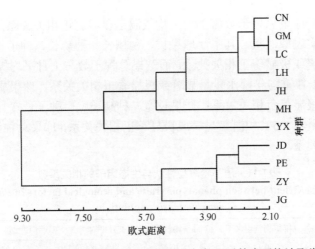

图7-4　思茅松11个天然种群表型性状的非加权配对算术平均法聚类结果

Fig. 7-4　Un-weighted pair-group method using arithmetic averages cluster based on the phenotypic traits of 11 populations in *Pinus kesiya* var. *langbianensis*

　　采用CCA排序方法研究思茅松聚类分析所划分的种下种群与生态因子的关系（图7-5），CCA前两个排序轴的特征值为0.365和0.475，贡献率分别是46.3%和32.9%，前两轴的累积贡献率为79.2%，说明排序良好。CCA排序图第1轴反映了影响思茅松种群的生态因子主要为年降水量，其次是海拔，第2轴主要的生态因子为>5℃积温，同时随着>5℃积温增加，年平均气温、1月平均气温和7月平均气温对思茅松种群的影响也逐渐增大。

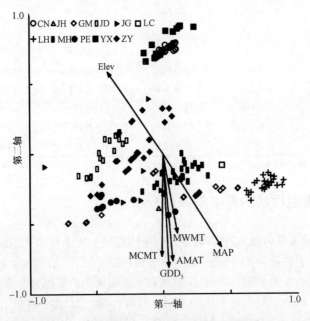

图7-5　思茅松11个种群的CCA二维排序

Fig. 7-5　Two-dimensional canonical correspondence analysis（CCA）ordination of 11 populations in *Pinus kesiya* var. *langbianensis*.

种群缩写见表7-5；箭头为生态因子；Elev，海拔；AMAT，年平均气温；MWMT,7月平均气温；MCMT，1月平均气温；MAP，年降水量；GDD$_5$>5℃积温

7.3 木本植物幼苗更新特征

木本植物幼苗更新是森林群落演替与植被生态恢复过程中非常关键的一步，被认为是天然更新最重要的阶段（Du et al.，2007），影响到植物种群的数量动态、种群分布格局及森林群落的演替过程（李小双等，2009；Aguilera and Lauenroth，1993）。幼苗的组成也可以反映群落优势种的更新来源（Yu et al.，2008），由于大多数典型的耐荫树种并不能形成一个持久种子库（Zobel et al.，2007；Bossuyt et al.，2002），因此在考虑森林植物群落通过埋藏的种子进行恢复时遇到了困难，一些树种的幼苗以幼苗库的形式长期存在于林下隐蔽的环境中，等待森林冠层林窗出现后才能获得成功更新的机会（Webb and Peart，1999）。幼苗阶段是植物生活史中对环境条件反应最敏感的时期，一旦原始林被破坏，乔木幼苗将很难定居和建立（Li and Ma，2003），幼苗成功定居并生长发育为成熟个体需要不断地与不利因素抗争（黄忠良等，2001）。影响幼苗定居的因素有很多，幼苗的负密度制约因素（Comita and Hubbell，2009；Wright，2002）、林下蕨类植物（George and Bazzaz，1999）、森林郁闭度（宋瑞生等，2008）、降水量、土壤湿度、凋落物层（黄忠良等，2001）、光照（柳新伟等，2006；Nicotra et al.，1999）、旱季的干旱胁迫（李晓亮等，2009）、种子的大小（Decocq et al.，2004）与扩散方式（Sork，1987）是影响幼苗定居的主要因素。

利用西部季风常绿阔叶林不同演替阶段群落中幼苗调查数据，分析幼苗的物种组成、密度、重要值、物种多样性、不同高度级物种丰富度和多度及其与群落植被的相似性。

7.3.1 木本植物幼苗物种组成

在 $144m^2$ 的幼苗样地中共调查到 2014 株木本植物幼苗，其中乔木幼苗 50 种 1499 株，灌木幼苗 29 种 299 株，藤本幼苗 22 种 216 株，其中乔木幼苗是木本植物幼苗的主要组成部分。季风常绿阔叶林次生演替三个阶段物种组成如表 7-12 所示。针阔混交林中乔木幼苗、灌木幼苗与藤本幼苗的重要值总和分别是 64.9、23.31 与 11.79，群落中优势种思茅松的幼苗重要值仅占 0.73；次生季风常绿阔叶林中乔木幼苗、灌木幼苗与藤本幼苗的重要值总和分别是 68.85、19.35 与 11.8；成熟季风常绿阔叶林中乔木幼苗、灌木幼苗与藤本幼苗的重要值总和分别是 57.29、13.59 与 29.12。短刺栲是三种类型中幼苗的主要组成，在成熟季风常绿阔叶林中，藤本植物独籽藤的重要值可达 9.85。

7.3.2 木本植物幼苗密度与物种丰富度

由表 7-13 可以看出，三种类型的木本植物幼苗密度排列顺序为：成熟季风常绿阔叶林＞次生季风常绿阔叶林＞针阔混交林。成熟季风常绿阔叶林中乔木幼苗密度要显著高于针阔混交林，次生季风常绿阔叶林居中；灌木幼苗在三种类型中无显著差异；成熟季风常绿阔叶林中藤本幼苗密度最高，其次为次生季风常绿阔叶林，针阔混交林最少。随着次生演替的进行，木本植物幼苗、乔木幼苗及藤本幼苗密度逐渐增加。

表7-12　次生演替各阶段木本植物幼苗的重要值级及生长型

Table 7-12　Importance value and life form of woody seedling in secondary succession

群落类型	物种名	重要值	生长型
针阔混交林	短刺栲 *Castanopsis echidnocarpa*	13.03	乔木
	尖叶野漆 *Toxicodendron succedaneum* var. *acuminatum*	8.93	乔木
	刺栲 *Castanopsis hystrix*	6.02	乔木
	密花树 *Rapanea neriifolia*	4.11	乔木
	粉背菝葜 *Smilax hypoglauca*	3.93	藤本
	云南山枇花 *Gordonia chrysandra*	3.56	乔木
	展枝斑鸠菊 *Vernonia extensa*	3.47	灌木
	红皮水锦树 *Wendlandia tinctoria*	3.29	乔木
	滇新樟 *Neocinnamomum caudatum*	2.83	乔木
	隐距越桔 *Vaccinium exaristatum*	2.83	乔木
	其他	48	
次生季风常绿阔叶林	短刺栲 *Castanopsis echidnocarpa*	22.18	乔木
	毛银柴 *Aporusa villosa*	5.30	乔木
	红皮水锦树 *Wendlandia tinctoria*	4.12	乔木
	华南石栎 *Lithocarpus fenestratus*	3.85	乔木
	粉背菝葜 *Smilax hypoglauca*	3.22	藤本
	杯状栲 *Castanopsis calathiformis*	3.01	乔木
	红花木樨榄 *Olea rosea*	2.87	灌木
	红叶木姜子 *Litsea rubescens*	2.74	乔木
	密花树 *Rapanea neriifolia*	2.66	乔木
	展枝斑鸠菊 *Vernonia extensa*	2.25	灌木
	其他	47.8	
成熟季风常绿阔叶林	短刺栲 *Castanopsis echidnocarpa*	28.91	乔木
	独籽藤 *Celastrus virens*	9.85	藤本
	红叶木姜子 *Litsea rubescens*	3.75	乔木
	筐条菝葜 *Smilax hypoglauca*	3.01	藤本
	粉背菝葜 *Smilax hypoglauca*	2.94	藤本
	杯状栲 *Castanopsis calathiformis*	2.81	乔木
	小叶干花豆 *Fordia microphylla*	2.741	藤本
	买麻藤 *Gnetum montanum*	2.41	藤本
	华南石栎 *Lithocarpus fenestratus*	2.27	乔木
	黄花胡椒 *Piper flaviflorum*	2.07	藤本
	其他	39.24	

　　木本植物幼苗、乔木幼苗与灌木幼苗物种丰富度在三种类型中无显著差异，成熟季风常绿阔叶林的藤本幼苗物种丰富度要显著大于针阔混交林。成熟季风常绿阔叶林中的木本植物幼苗 Shannon-Wiener 指数要显著小于针阔混交林与次生季风常绿阔叶林。

表7-13　次生演替中木本植物幼苗密度及物种丰富度
Table 7-13　The density and species richness of woody plant seedling in secondary succession

项目	类型	针阔混交林	次生季风常绿阔叶林	成熟季风常绿阔叶林
密度/（株/18m²）	乔木	140±9.64[b]	192±30.2[ab]	251.5±13.5[a]
	灌木	30.33±10.04[a]	27±5.77[a]	22±13[a]
	藤本	12.67±0.67[c]	21±6.81[b]	99±4[a]
	共计	183±5.69[c]	240±20.31[b]	372.5±4.5[a]
丰富度	乔木	17.67±2.6[a]	19.33±1.33[a]	13±2[a]
	灌木	8.67±0.67[a]	9.67±1.33[a]	7.5±2.5[a]
	藤本	4±1.15[b]	5±1.15[ab]	9.5±1.5[a]
	共计	30.34±1.67[a]	34±1.15[a]	30±6[a]
Shannon-Wiener 指数		2.73±0.04[a]	2.46±0.23[a]	1.83±0.24[b]
Pielou 指数		0.8±0.02[a]	0.7±0.06[a]	0.54±0.05[a]

注：表中同行数据中相同字母的数据差异不显著，单因素方差分析：$P<0.05$

7.3.3　不同高度级木本植物幼苗物种丰富度及多度

西部季风常绿阔叶林次生演替的三个阶段中不同高度级木本植物幼苗的个体多度呈减少趋势，即随着高度级的增加，个体多度迅速降低（图 7-6）。相同高度级中，Ⅰ~Ⅳ级中，成熟季风常绿阔叶林的个体多度均为最多，针阔混交林则在第Ⅵ级个体多度最多。

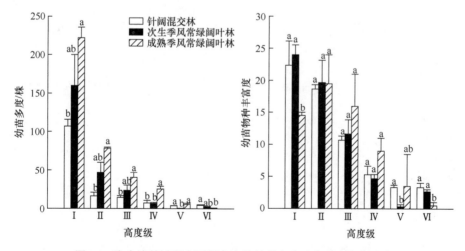

图7-6　次生演替过程中不同高度的幼苗多度及物种丰富度分布
Fig. 7-6　Woody seedling abundance and species richness distribution of different high class in secondary succession
柱状图顶部字母的不同表示存在显著性差异（$P<0.05$）

西部季风常绿阔叶林次生演替的三个阶段中不同高度级木本植物幼苗物种丰富度呈现出随高度增加逐渐减少的趋势（图 7-6）。其中成熟季风常绿阔叶林在不同高度级的物种丰富度略有不同，呈现出偏峰现象，在第Ⅱ级为最高；在第Ⅰ级，针阔混交林与次生季风常绿阔叶林木本植物幼苗丰富度要显著高于成熟季风常绿阔叶林。

7.3.4 木本植物幼苗与植被的相似性

西部季风常绿阔叶林次生演替过程木本植物幼苗物种组成与相应的植被、乔木、灌木及藤本的相似性如图7-7所示。针阔混交林与次生季风常绿阔叶林的木本植物幼苗与植被、乔木幼苗与乔木树种及灌木幼苗与灌木树种的相似性系数皆高于成熟季风常绿阔叶林，其中，乔木幼苗与群落中乔木树种的相似性为0.42~0.73；藤本幼苗与群落中的藤本植物的相似性系数差异较小，为0.53~0.55。相似性系数反映出幼苗组成与群落物种组成之间有紧密的相关性。成熟西部季风常绿阔叶林中木本植物幼苗与植被、乔木幼苗与乔木树种及灌木幼苗与灌木树种的相似性系数均低于次生演替地段。

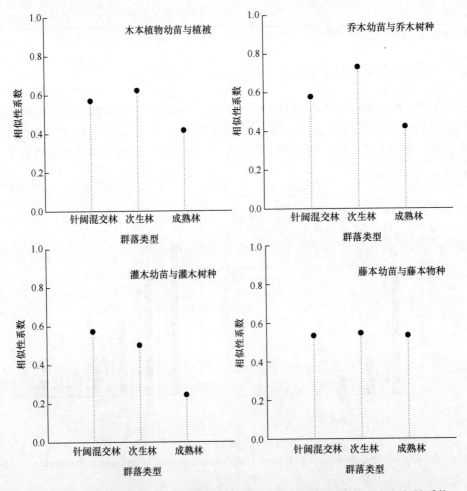

图7-7　木本植物幼苗物种组成与森林的植被、乔木、灌木及藤本之间的相似性系数

Fig. 7-7　Sørenson index for the species composition of woody plant seedling and different components of the forest（including vegetation，tree，shrub and liana）

7.3.5 幼苗密度与环境因子相关分析

由表 7-14 可见，乔木幼苗密度与坡度存在显著相关，与坡位、坡向、土壤含水量、容重、pH 及土壤有机质之间无显著相关；灌木幼苗密度与土壤 pH 存在显著正相关；藤本幼苗密度与环境因子均无显著相关。

表7-14　木本植物幼苗密度与环境因子的相关分析
Table 7-14　Correlation analysis between seedling density and environment factors

环境因子	相关性分析		
	乔木幼苗密度	灌木幼苗密度	藤本幼苗密度
坡度	−0.71*	−0.451	0.424
坡位	−0.28	−0.007	−0.168
坡向	0.011	−0.421	0.372
土壤含水量（%）	−0.553	−0.505	0.17
容重	−0.064	−0.507	−0.536
pH	0.433	0.755*	−0.41
有机质（g/kg）	0.131	0.367	0.311

*，$P<0.05$

7.4　萌生特征

作为物种维持和再生的一种机制，萌生是植物，尤其是木本被子植物中十分普遍的现象，是植物再生生态位的一部分，同时也是植物高度进化的不稳定特征之一（Bond and Midgley，2001）。萌生对于那些由干扰引起大多数地上部分损失的植物来说是非常重要的特性（Bond and Midgley，2001），是复杂种群平衡的一部分（Vesk，2006）。萌生能够降低种群周转率，减弱干扰对种群的影响，降低种群对种子更新的依赖。作为期前更新（advance regeneration）的组分（Paciorek et al.，2000）和续存生态位（persistence niche）（Bond and Midgley，2001）的占据者，萌生植株能够增加干扰条件下的物种生存概率，对于处于恶劣生境条件（Vesk and Westoby，2004）和存在种子（实生）更新困难的植被恢复具有重要的意义（Lawrence，2005a；Kammesheidt，1999，1998；Uhl，1987；Uhl et al.，1982）。萌生植株能通过其原有的强大根系，更有效地利用土壤中的养分资源，通常萌生植株比幼苗生长快，并能迅速再次占据它们自己的林隙并很快恢复有性繁殖（Vieira and Scariot，2006），因此，萌生植株具有竞争优势，对群落恢复（Miller and Kauffman，1998）、群落抗干扰能力（Bellingham and Sparrow，2000），以及群落动态维持（Bond and Midgley，2001）均具有重要功能。

尽管萌生是植被恢复的重要方式之一，但萌生的重要性还没有得到有效关注，尤其是对乔木和灌木（Wang et al.，2007）。萌生使得物种可以在大范围的几百年的干扰之后仍然维持在原处。萌生能力对物种周转率、群落结构和物种组成的变化及生物多样性维持具有重要的影响，是理解各种退化形式植被动态的关键。作为植被更新的一种模式，萌生只是在近年才被密切关注（Vesk and Westoby，2004；Bond and Midgley，2003）。大多数的萌生调查都是关于澳大利亚和南非地中海型灌木和乔木群落火灾后的更新（Vesk and Westoby，2004）。此外，日本已经开始关注常绿阔叶林优势种萌生的重要性（Miura and Yamamoto，2003），我国有关萌生的研究则较少（陈沐等，2008；朱万泽等，2007；阎恩荣等，2005）。

利用西部季风常绿阔叶林干扰（皆伐）后不同演替时间的群落（演替 15 年、30 年及原始林群落）样地调查数据，分析季风常绿阔叶林不同演替时间群落的萌生物种组成、萌生位置特征、萌生特征、大小级结构、物种多样性等内容。

根据萌生调查数据，分别统计不同演替时间群落中萌生的科属种组成情况，整理出萌生个体多度前五位的物种。根据物种萌生的位置距地面高度将物种萌生位置划分为 3 类：A，萌生位置在地表面及地下；B，萌生位置距地面高度小于等于 0.5m；C，萌生位置距地面高度大于 0.5m。分别统计不同演替时间群落中不同萌生位置的科属种组成情况。

通过整理野外调查数据，统计不同演替时间群落水平的萌生乔木、灌木及总体个体多度，并对乔木、灌木及总体萌生枝条的个体多度进行统计；根据萌生位置的不同，统计不同演替时间不同萌生位置个体多度情况，并计算不同演替时间群落中萌生乔木、灌木及总体的平均高和平均胸径。

径级结构按上限排外法共划分 5 级：Ⅰ（DBH<1cm）、Ⅱ（1cm≤DBH<5cm）、Ⅲ（5cm≤DBH<10cm）、Ⅳ（10cm≤DBH<20cm）和Ⅴ（DBH≥20cm），分别统计每个样地各径级萌生树木个体多度及物种数，计算不同径级萌生植物的物种丰富度及多度。高度级结构按上限排外法共划分 4 级：Ⅰ（H<5m）、Ⅱ（5m≤H<10m）、Ⅲ（10m≤H<20m）和Ⅳ（H≥20m）。分别统计各样地不同高度级内萌生植物个体数及物种数，计算不同高度级萌生植物的物种丰富度及个体多度。

按照科属种三个水平分别统计乔木、灌木及总体的萌生及幼苗物种数量，比较不同演替时间群落萌生及幼苗乔木、灌木及总体的科、属、物种丰富度；计算不同演替时间群落萌生及幼苗物种的 Shannon-Wiener 及 Simpson 多样性指数。

7.4.1　不同演替时间群落萌生及幼苗物种组成

萌生物种所占比例随着演替时间的延长呈减少趋势（图 7-8）。在 0.27hm² 的演替 15 年群落中，共调查到萌生物种 36 种（占总物种 43.9%），分属 21 科 29 属，其中乔木 31 种，分属 18 科 24 属，灌木 5 种，分属 3 科 5 属；演替 30 年群落中，共调查到萌生物种 24 种（占总物种 30.8%），分属 17 科 21 属，其中乔木 23 种，分属 16 科 20 属，灌木 1 种；原始林中，共调查到萌生物种 29 种（占总物种 24.6%），分属 17 科 25 属，其中乔木 23 种，分属 12 科 19 属，灌木 6 种，分属 5 科 6 属。演替 15 年群落中，萌生个体多度最大的前 5 个物种分别为华南石栎、小果栲、山鸡椒（*Litsea cubeba*）、母猪果和短刺栲，演替 30 年群落中则为短刺栲、华南石栎、刺栲、红花木犀榄和茶梨，原始林中为短刺栲、华南石栎、杯状栲、截头石栎和密花树。

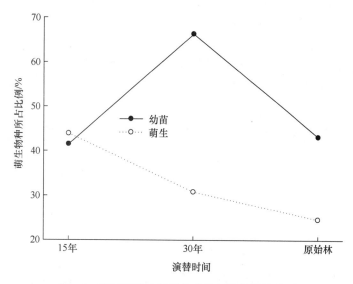

图7-8　不同演替时间群落萌生与幼苗物种数量

Fig. 7-8　Species numbers of resprouting species and seeding at different succession time communities

　　在根据萌生位置的不同进行统计时，演替15年群落中，A位置萌生物种为35种，包括21科29属，而C位置萌生物种仅有1种，B位置没有物种萌生；演替30年群落中，A位置萌生物种为16种，包括11科13属，B位置萌生物种5种，包括5科5属，而在C位置萌生物种为3种，包括1科3属；原始林群落中，A位置萌生物种为19种，包括11科17属，B位置萌生物种5种，包括2科3属，而在C位置萌生物种为5种，包括4科5属。

　　幼苗物种数量随着演替时间的延长呈增加趋势。在演替15年群落中，共调查到幼苗物种34种（占总物种41.5%），分属19科30属，其中乔木23种，分属9科19属，灌木11种，分属10科11属；演替30年群落中，共调查到幼苗物种53种（占总物种66.3%），分属26科43属，其中乔木32种，分属16科25属，灌木21种，分属10科18属；原始林中，共调查到幼苗物种51种（占总物种43.2%），分属23科40属，其中乔木30种，分属12科24属，灌木21种，分属11科16属。演替15年群落中，萌生个体多度最大的前5个物种分别为杯状栲、山鸡椒、黑面神（*Breynia fruticosa*）、猪肚木、母猪果，演替30年群落中则为短刺栲、山鸡椒、杯状栲、毛银柴、密花树，原始林中为短刺栲、杯状栲、山鸡椒、刺栲、华南石栎。

7.4.2　不同演替时间物种萌生特征

　　不同演替时间群落物种萌生特征存在一定差异（表7-15）。在群落萌生的个体多度上，随着群落演替时间的延长，萌生的群落总个体多度逐渐减少，但每一个木桩（皆伐林为伐桩，原始林为枯桩）萌生数量（乔木、灌木及合计）在三个演替阶段间无显著性差异；A位置萌生的个体多度随群落演替时间的延长而减少，而在B和C位置上，演替15年群落萌生的个体多度最低，在三个不同演替时间的群落中，A位置萌生数量高于 B 和 C 位置；三个不同演替时间群落在 A 和 B 位置时单个木桩萌枝数量上无显著性差异，而在 C 位置上，随演替时间的延长，单个木桩萌枝数量逐渐增加；原始林中灌木萌枝高度较高，但乔木及总物种在三个演替阶段间无显著性差异；乔木、灌木及总物种萌枝胸径在三个演替阶段间也无显著性差异。

表7-15　不同演替时间群落萌生特征

Table 7-15　Resprouting characteristic at different succession time communities

	指标		15 年	30 年	原始林
个体多度	群落水平 /（株/0.09hm²）	灌木	10.3±6.4ᵃ	0.3±0.3ᵇ	9.0±4.0ᵃ
		乔木	141.0±28.4ᵃ	129.7±18.9ᵃ	109.3±28.9ᵇ
		合计	151.3±30.2ᵃ	130.0±19.0ᵃ	118.3±25.1ᵇ
	萌枝数量 /（枝/株）	灌木	2.1±0.4ᵃ	1.9±0.3ᵃ	2.2±0.6ᵃ
		乔木	2.0±0.2ᵃ	1.6±0.1ᵃ	1.8±0.1ᵃ
		合计	2.0±0.4ᵃ	1.8±0.1ᵃ	1.9±0.7ᵃ
萌生位置	群落水平 /（株/0.09hm²）	A	138.0±26.5ᵃ	94.3±15.3ᵇ	91.7±23.9ᵇ
		B	12.7±7.7ᵃ	27.0±9.5ᵇ	23.3±1.8ᵇ
		C	0.7±0.7ᵃ	8.7±2.3ᵇ	3.3±0.3ᵇ
	萌枝数量 /（枝/株）	A	2.0±0.1ᵃ	1.7±0.0ᵃ	1.9±0.1ᵃ
		B	2.1±0.6ᵃ	1.7±0.2ᵃ	1.8±0.2ᵃ
		C	0.5±0.5ᵃ	1.2±0.1ᵇ	1.3±0.0ᵇ
高度/m		灌木	5.1±1.0ᵇ	0.8±0.8ᵃ	6.2±2.2ᵇ
		乔木	6.1±0.3ᵃ	5.4±0.4ᵃ	5.0±0.5ᵃ
		合计	6.1±0.3ᵃ	5.4±0.4ᵃ	5.3±0.3ᵃ
胸径/cm		灌木	1.6±0.6ᵃ	1.3±0.3ᵃ	1.0±0.4ᵃ
		乔木	4.0±0.4ᵃ	4.3±0.6ᵃ	2.7±0.6ᵃ
		合计	3.9±0.4ᵃ	4.3±0.6ᵃ	2.6±0.6ᵃ

注：同一行不同字母代表具有显著性差异（$P<0.05$）

在 7 个共有的萌生物种当中，杯状栲、短刺栲和粗壮润楠平均胸径和平均高均是在演替初期（15 年）较高，而红木荷、山鸡椒则是在原始林中较高（表 7-16）。萌生的个体多度上，短刺栲和华南石栎随演替时间的延长，萌生的个体多度逐渐增多，而红木荷、粗壮润楠萌生个体多度则随演替时间的延长而降低；所有物种萌生的个体多度均主要萌生于位置 A，位置 C 萌生数量则最少。所有物种单株的萌生数量在不同演替时间上没有显著性的差异（表 7-16）。

7.4.3　不同演替时间群落萌生物种大小结构

不同径级萌生物种的丰富度为单峰分布（图 7-9），萌生物种最多出现在 DBH 为 1~5cm，当 DBH 大于 5cm 时，随着 DBH 的增加，萌生物种数量逐渐减少。在同一径级比较中，DBH 为 1~5cm 时演替 15 年群落萌生物种显著多于原始林，而演替 30 年群落则与演替 15 年群落及原始林群落之间无显著性差异，其他径级内三个不同演替时间群落之间均无显著性差异。

表7-16　不同演替时间群落内共有萌生物种的萌生特征

Table 7-16　Resprouting characteristic of common resprouting species at different succession time communities

物种	恢复时间	平均胸径/cm	平均高/m	个体多度				萌枝数量/（枝/株）			
				A	B	C	合计	A	B	C	合计
栲状栲 Castanopsis calathiformis	15 年	6.4±2.4	7.2±1.5	7.0±5.0	0.3±0.3	0.3±0.3	7.7±4.7	1.6±0.3	0.0±0.0	0.7±0.7	1.6±0.3
	30 年	2.7±1.8	3.5±1.2	2.5±0.5	0.0±0.0	0.5±0.5	3.0±1.0	1.5±0.5	0.0±0.0	0.5±0.5	1.5±0.5
	原始林	2.2±1.6	3.8±1.0	8.0±3.5	4.0±2.3	0.7±0.3	12.7±4.3	1.4±0.2	1.0±0.6	1.0±0.6	1.4±0.2
短刺栲 Castanopsis echidnocarpa	15 年	5.8±0.2[a]	8.2±1.4	10.0±5.0	1.5±1.5	0.5±0.5	12.0±7.0	1.7±0.1	2.3±2.3	0.5±0.5	2.0±0.4
	30 年	4.6±0.6[a]	6.1±0.6	44.0±9.9	11.7±2.7	3.3±1.7	59.0±9.8	1.8±0.1	1.8±0.4	0.8±0.4	1.7±0.1
	原始林	2.0±0.5[b]	4.6±0.4	60.5±27.5	11.0±3.0	1.5±1.5	73.0±32	1.6±0.1	2.2±0.5	0.5±0.5	1.6±0.1
红木荷 Schima wallichii	15 年	3.5±0.5[a]	5.0±0.5[a]	4.5±3.5	2.0±1.0	0.0±0.0	6.5±2.5	1.5±0.5	1.0±0.0	0.0±0.0	1.4±0.4
	30 年	12.8±3.0[b]	6.9±2.0[a]	1.0±0.6	0.0±0.0	1.0±0.6	2.0±0.6	0.3±0.3	0.0±0.0	1.3±0.9	1.7±0.7
	原始林	24.8±3.8[c]	23.5±3.5[b]	0.0±0.0	0.5±0.5	0.5±0.5	1.0±0.0	0.0±0.0	0.5±0.5	0.5±0.5	1.0±0.0
华南石栎 Lithocarpus fenestratus	15 年	2.4±0.5	4.9±0.4	21.3±4.8	7.0±7.0	0.0±0.0	28.3±9.5	1.9±0.2	1.8±1.8	0.0±0.0	2.2±0.4
	30 年	3.5±0.4	4.9±0.3	22.7±4.4	6.3±5.4	0.0±0.0	29.0±9.0	1.9±0.1	1.1±0.5	0.0±0.0	1.9±0.1
	原始林	4.3±1.5	7.4±2.2	38.5±9.5	9.5±7.5	0.5±0.5	48.5±17.5	3.7±1.1	2.2±0.2	1.0±1.0	3.5±1.0
粗壮润楠 Machilus robusta	15 年	4.6±0.7	6.9±0.8	4.7±1.5	0.3±0.3	0.0±0.0	5.0±1.5	2.0±0.4	0.3±0.3	0.0±0.0	2.2±0.4
	30 年	1.9±0.4	3.4±0.7	3.0±1.0	0.0±0.0	0.5±0.5	3.5±0.5	2.0±0.0	0.0±0.0	0.5±0.5	1.8±0.3
	原始林	1.0±0.0	3.0±0.0	1.0±0.0	0.0±0.0	0.0±0.0	1.0±0.0	1.0±0.0	0.0±0.0	0.0±0.0	1.0±0.0
毛银柴 Aporusa villosa	15 年	6.1±0.5	7.7±0.2	6.5±0.5	0.5±0.5	0.0±0.0	7.0±0.0	1.6±0.4	0.5±0.5	0.0±0.0	1.6±0.4
	30 年	1.3±0.0	3.5±0.0	1.0±0.0	0.0±0.0	0.0±0.0	1.0±0.0	1.0±0.0	0.0±0.0	0.0±0.0	1.0±0.0
	原始林	0.5±0.0	2.5±0.0	1.0±0.0	0.0±0.0	0.0±0.0	1.0±0.0	1.0±0.0	0.0±0.0	0.0±0.0	1.0±0.0
山鸡椒 Litsea cubeba	15 年	3.4±0.9	5.0±0.0	1.5±0.5	0.0±0.0	1.0±0.0	1.5±0.5	1.5±0.5	0.0±0.0	0.0±0.0	1.5±0.5
	30 年	2.7±0.0	1.5±0.0	0.0±0.0	0.0±0.0	1.0±0.0	1.0±0.0	0.0±0.0	0.0±0.0	1.0±0.0	1.0±0.0
	原始林	5.9±0.0	6.5±0.0	2.0±0.0	0.0±0.0	0.0±0.0	2.0±0.0	2.0±0.0	0.0±0.0	0.0±0.0	2.0±0.0

注：同一物种内同一列不同字母代表具有显著性差异（P<0.05）；数据后无字母的表示无显著性差异

　　不同径级萌生物种的个体多度也为单峰分布（图7-9），萌生个体多度最高值出现在 DBH 为 1~5cm，当 DBH 大于 5cm 时，随着 DBH 的增加，萌生个体多度逐渐降低。在同一径级比较中，DBH＜1cm 时，原始林萌生的个体多度最高，而 DBH 为 1~10cm 时演替 15 年群落萌生个体多度最高。

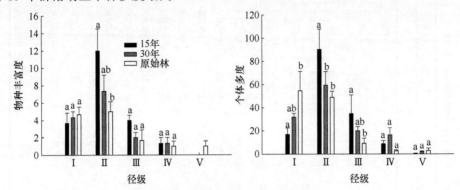

图7-9　不同径级萌生物种丰富度及多度

Fig. 7-9　Resprouting species richness and abundance in different DBH classes

相同径级中柱状图上不同字母代表具有显著性的差异（$P<0.05$）

　　不同高度级萌生的物种主要集中于低高度级内（图 7-10），随着高度级的增大，萌生的物种数量逐渐减少。在同一高度级比较中，高度级为 5~10m 时演替 15 年群落萌生物种最多，而在其他高度级内三个不同演替时间群落之间无显著性差异。

　　不同高度级萌生物种的个体多度分布与物种丰富度分布相同，个体多度主要集中于低高度级内。在同一高度级比较中，当 $H<5m$ 时，演替30年群落萌生个体最多，而在 5~10m 时则是演替15年群落萌生个体最多，其他高度级内三个不同演替时间群落之间无显著性差异。

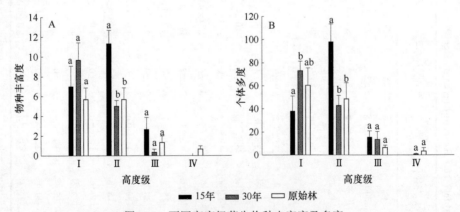

图7-10　不同高度级萌生物种丰富度及多度

Fig. 7-10　Resprouting species richness and abundance in different height classes

相同高度级中柱状图上不同字母代表具有显著性的差异（$P<0.05$）

7.4.4　不同演替时间群落萌生及幼苗物种多样性

　　萌生灌木科、属及种丰富度在演替 30 年群落中最低，而乔木及总物种科、属及种丰富度在三个不同演替时间群落之间无显著性差异，Shannon-Wiener 指数及 Simpson 指数在三个不同演替时间群落之间均无显著性差异（表 7-17）。

表7-17　不同演替时间群落萌生物种与幼苗物种多样性

Table 7-17　Species diversity at different succession time communities

分类	指标		15 年	30 年	原始林
萌生物种	科丰富度	灌木	1.3 ± 0.3^a	0.3 ± 0.3^b	2.0 ± 0.6^a
		乔木	10.3 ± 2.8^a	9.7 ± 1.3^a	6.7 ± 0.9^a
		合计	11.6 ± 2.7^a	10.0 ± 1.5^a	8.7 ± 1.3^a
	属丰富度	灌木	2.0 ± 0.6^a	0.3 ± 0.3^b	2.7 ± 0.9^a
		乔木	14.0 ± 3.0^a	12.7 ± 1.9^a	9.3 ± 0.9^a
		合计	16.0 ± 3.5^a	13.0 ± 2.0^a	12.0 ± 1.7^a
	物种丰富度	灌木	2.0 ± 0.6^a	0.3 ± 0.3^b	2.7 ± 0.9^a
		乔木	19.0 ± 4.0^a	14.7 ± 1.3^a	10.7 ± 0.9^a
		合计	21.0 ± 4.6^a	15.0 ± 1.5^a	13.3 ± 1.8^a
	Shannon-Wiener 指数		2.3 ± 0.3^a	2.3 ± 0.6^a	1.5 ± 0.2^a
	Simpson 指数		8.8 ± 3.4^a	4.7 ± 1.0^a	2.8 ± 0.4^a
幼苗	科丰富度	灌木	6.7 ± 0.3^a	8.3 ± 1.3^a	6.7 ± 1.5^a
		乔木	8.0 ± 0.0^{ab}	10.7 ± 1.5^a	7.3 ± 0.3^b
		合计	14.7 ± 0.3^a	19.0 ± 0.6^b	14.0 ± 1.2^a
	属丰富度	灌木	8.0 ± 0.0^a	10.3 ± 2.0^a	8.7 ± 2.6^a
		乔木	13.3 ± 0.3^a	15.7 ± 0.3^b	11.0 ± 0.6^c
		合计	21.3 ± 0.3^{ab}	26.0 ± 1.7^a	19.7 ± 2.0^b
	物种丰富度	灌木	8.3 ± 0.3^a	12.0 ± 2.6^a	10.3 ± 2.9^a
		乔木	16.7 ± 0.3^a	19.3 ± 0.3^b	13.0 ± 0.6^c
		合计	25.0 ± 0.6^a	31.3 ± 2.6^a	23.3 ± 3.2^a
	Shannon-Wiener 指数		1.6 ± 0.2^a	2.2 ± 0.2^a	1.8 ± 0.4^a
	Simpson 指数		2.4 ± 0.5^a	4.7 ± 1.5^a	4.1 ± 2.0^a

注：同一行不同字母代表具有显著性差异（$P<0.05$）

灌木幼苗的科、属及种丰富度在 3 个演替阶段群落之间无显著性差异，乔木幼苗的科、属及种丰富度均是在演替 30 年时最高，原始林中最大，总物种的科、属丰富度也均是演替 30 年群落最高，但 Shannon-Wiener 指数及 Simpson 指数在三个不同演替时间群落之间均无显著性差异（表 7-17）。

群落中萌生物种与幼苗物种丰富度大小关系随着演替时间而变（图 7-11），在演替 15 年群落中，科、属、种丰富度及 Shannon-Wiener 指数在萌生物种与幼苗物种之间无显著差异，但在演替 30 年及原始林群落中，幼苗科、属、种丰富度均显著高于萌生物种，说明在演替初期萌生更新与实生更新对群落恢复的作用无显著性差异，但在演替后期，实生更新对群落的恢复起更大的作用。

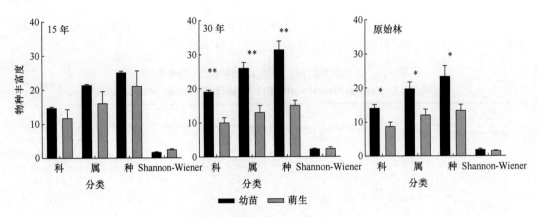

图7-11　不同演替时间群落幼苗与萌生物种丰富度比较

Fig. 7-11　Comparison of species richness between seeding and resprouting species richness at different succession time communities

*, $P<0.05$；**, $P<0.01$

7.5　小结与讨论

7.5.1　土壤种子库特征

7.5.1.1　季风常绿阔叶林不同恢复阶段群落土壤种子库

土壤种子库中共萌发幼苗1667株共76种。季风常绿阔叶林土壤种子库密度和组成物种随着恢复进程而产生较大的差异，恢复初期土壤种子库密度显然大于恢复中、后期。这是由于恢复初期大量森林外部植物的种子进入到森林中，在土壤中萌发并逐渐累积，增加了种子数量。有研究表明，森林边缘和受干扰生境的物种经常出现在森林土壤种子库中（Bossuyt et al.，2002），尤其是入侵性很强的种子（Lin and Cao，2009）和竞争性很强的物种多出现在森林恢复早期（Halpern et al.，1999），表现最明显的是土壤种子库的主要组成物种为竞争性较强的草本植物，主要体现在草本植物种子的传播方式和生存策略上。草本植物通常种子较小，小种子产量高，同时到达合适地点的概率更高，比起大种子有一个扩散优势（Pearson et al.，2002）。种子传播方式影响到植物群落的发展（Howe et al.，2010），菊科植物借助风力使种子较易扩散到不同群落类型的土壤中并累积，而禾本科植物多是杂草类植物，杂草类物种是土壤种子库的主要来源（Halpern et al.，1999），由于具有很强的竞争性，在土壤中易持久存活，此类种子在恢复的不同阶段均有出现（Marcante et al.，2009），尤其在森林恢复的初期。

随着恢复过程的持续进行，更多种类的种子通过各种传播方式在土壤中累积（Dalling et al.，1998b；Looney and Gibson，1995），因而包含更丰富的种类组成（Yu et al.，2008），这也是恢复30年群落是3种群落类型中生物多样性最高的一个原因，而土壤种子库密度与原始林群落一样显著小于恢复15年群落。在森林恢复的中、后期，季风常绿阔叶林的群落结构、内部环境与恢复初期比较有了较大的改善，外部种子已不能大量扩散至森林内部，而成功扩散到森林内部的喜光植物的种子难以在林下萌发（唐勇等，

1999），不能产生大量的种子；同时林下耐荫物种常常产生少量相对短寿命的种子，很难在种子库中累积（Pärtel and Zobel，2007）；在原始林阶段，林下土壤湿度大，一方面真菌加剧了土壤中种子的损伤（Godefroid et al.，2006），另一方面乔木层优势种如壳斗科的种子成熟在秋季，由于动物捕食和种子休眠，较少有种子持久存活于土壤种子库中，它们停留在土壤表面的凋落物中或埋在土壤中，等待来年春天或初夏萌发时机（Shen et al.，2007），这些原因导致恢复后期土壤种子库种子密度要低于恢复初期。

　　土壤种子库物种组成来源于现在和以前地上植被和附近地区的种子雨，森林恢复也影响了土壤种子库的构成（Godefroid et al.，2006）。研究表明，恢复时期的季风常绿阔叶林土壤种子库与地上植被的相似性要比原始林群落的要高，结论与黑石顶常绿阔叶林的次生演替中土壤种子库与地上植被的关系一致（周先叶等，2000a）。一般来说，受干扰的样地土壤种子库与地上植被相似性要大于未受干扰的样地（Chang et al.，2001），原始林相比较恢复时期受的干扰要小，多数竞争性较强的物种在地上植被中并未出现，而其种子在土壤种子库中占有大量比例，如棕叶芦和多花野牡丹等，同时林内环境使耐荫树种的种子很难在土壤中持续存活萌发（Bossuyt et al.，2002），因而土壤种子库与地上植被的物种组成之间存在较大差异，导致其相似性较小，显示出原始林中土壤种子库与地上植被的联系并不十分紧密。事实上，地上植被并不能真正反映出土壤种子的构成（Chaideftou et al.，2009），在本书的研究中，不同恢复时期土壤种子库与地上植被的相似性系数普遍较低，说明在季风常绿阔叶林的森林恢复中，土壤种子库对森林更新的作用有限，一些乔木树种的幼苗以幼苗库的形式长期存在于林下隐蔽的环境，等待森林冠层林窗出现后才能获得成功更新的机会（Li et al.，2010），从而促进森林的更新。季风常绿阔叶林中幼苗库与乔木层的相似性要远高于其他类型间的相似性，也从一定程度上说明幼苗库与乔木层更新的联系紧密。

7.5.1.2　不同土地利用类型土壤种子库

　　4种土地利用类型土壤种子库密度变化差异较大，受干扰的群落土壤种子库与地上植被相似性要大于未受干扰的样地（Chang et al.，2001）。针叶林林地土壤种子库密度最大，且多集中在土壤表层，这是因为针叶林是在次生季风常绿阔叶林基础上人工更新而成，由于造林时期干扰强度大，大量喜光植物在群落内定居，为土壤种子库提供了充足的种子来源；同时由于大量森林边缘和受干扰生境的物种经常能够出现在森林土壤种子库中（Bossuyt et al.，2002），在土壤中萌发并逐渐累积，尤其是入侵性很强的种子（Lin and Cao，2009），因而有大量种子扩散至针叶林中。同时，针叶林林相整齐，森林高度较低，允许更多的风力传播的种子在土壤中累积（Dalling et al.，1998a；Looney and Gibson，1995），包含更丰富的种类组成和种子密度（Yu et al.，2008）；同样的原因，针阔混交林林地土壤种子库密度、物种丰富度与针叶林林地之间无显著差异，也体现出干扰对土壤种子库密度及物种组成的影响，在西双版纳热带雨林土壤种子库研究中也表明干扰和森林片段化可以增加土壤种子库的储量（Tang et al.，2006；曹敏等，1997）。与此对应的是，在次生季风常绿阔叶林转变为茶园时，干扰强度同样大，然而茶园土壤种子库密度和物种丰富度均为最小，这主要与茶园的受干扰频度有关，普洱地区茶园的采茶活动每年要持续8个月之久，频繁的人为干扰及精细管理使茶园地表极少有其他植物。

同时，损害大量扩散到茶园的种子，使其不易在土壤中存活定居。

在普洱地区，针叶林与针阔混交林通过人工与自然 2 种恢复方式有逐步演变成次生季风常绿阔叶林的趋势，可以看作是当地森林次生演替的 3 个阶段。研究表明，3 种土地利用类型土壤种子库密度随着次生演替的进行而逐渐减少，这与西双版纳热带森林的研究相似（曹敏等，1997）。次生季风常绿阔叶林土壤种子库密度在 3 个阶段中最低，这是因为森林恢复影响到土壤种子库大小（Godefroid et al.，2006）。一方面，次生演替后期对种子的存活影响较大，因为群落的内部环境使先锋物种在森林土壤中不易存活（唐勇等，1999），次生季风常绿阔叶林相对于针叶林与针阔混交林而言，其森林郁闭度较大，可以通过减少径流、增加渗流与增加蒸腾作用的水分流失和光照数量的影响，显著改善林内土壤的温度和湿度状况（Godefroid et al.，2006），使一部分种子易于遭受真菌感染、动物捕食而产生损失，难以萌发；另一方面，次生演替不同阶段种子补给不同，本书的研究中土壤种子库与地上植被的相似性系数在次生演替的过程均较低，事实上，地上植被并不能真正反映出土壤种子的构成（Chaideftou et al.，2009），原因在于群落优势种多为中生或耐荫树种，而耐荫树种的种子很难在土壤中持续存活（Bossuyt et al.，2002），林下耐荫物种常常产生少量相对短寿命的种子（Zobel et al.，2007），这些物种的种子不易在土壤中累积，同时非森林的外部植物的种子很难扩散存活在次生季风常绿阔叶林中。

7.5.2 思茅松种实表型变异

通过对云南思茅松天然分布的 11 个种群的球果、种鳞、种翅、种子、球果总种鳞数和球果总种子数的 16 个性状的研究发现，思茅松的表型性状在种群间和种群内都存在极显著的差异，而且思茅松天然种群表型性状的变异主要来自种群内变异。表型变异分析的结论与遗传多样性分析一致，种群的表型变异来源于遗传分化和环境的异质性，其中，源于遗传物质改变的表型则具有遗传上的稳定性（陈天翌等，2013）。思茅松种群的遗传分析结果表明，其种群间的基因分化系数为 G_{st} = 0.052，即在总的遗传多样性中，只有 5%来源于种群间，而种群内的基因多样性占 95%（陈少瑜等，2002）。思茅松的繁育系统可能是思茅松种群内变异的主要来源，繁育系统尤其是交配系统和基因流是影响物种群体遗传结构的关键因素（彭兴民等，2012；Hamrick and Godt，1990；葛颂等，1988）。研究表明，典型的异花授粉植物的交配系统可以促进种群间的基因交流，增加有效种群大小，减少基因漂变对遗传结构的影响（Hamrick and Godt，1990）。思茅松为风媒异花授粉的裸子植物，具有很强的授粉能力，种子具长翅，这为思茅松远距离扩散提供了可能，可以促进基因流的流动。研究表明，针叶树花粉的迁移距离很大，外部花粉（基因）的迁入减少了种群间的差异（葛颂等，1988）。同时，由于思茅松天然种群海拔落差相对较小，分布区域较狭窄，因此种群间不存在严重阻碍基因流动的障碍，思茅松不同种群间的分化程度较低，种群间的表型变异要比种群内少。由于基因流动，整个松属植物种群间分化程度普遍较小，较低的种群间变异使得思茅松种群与云南松（*Pinus yunnanensis*）产生基因渗入成为可能，种间分化也被缩小，基因渗入包含的连锁基因的重组和选择，使得种群可以快速地移向新的适应峰值，边缘种群发生自然杂交，进而扩大边缘种群的基因库（虞泓等，2000），从而使思茅松在新的生境中适应与进化，增加其遗传多样性，给生物多样性保护提供了物质基础。

表型分化系数在某种程度上说明了思茅松对环境的适应程度，其值越大，适应的环境越广。思茅松的平均表型分化系数与松属其他物种相比相对较小，低于云南松（36%）（辜云杰等，2009）、高山松（28.77%）（毛建丰等，2007）和白皮松（22.8%）（李斌等，2002）。这与思茅松天然种群的地理和生态分布区有关，思茅松与云南松分布区重叠，思茅松及其近缘种云南松和高山松均属于裸子植物中变异水平较高的物种，由于云南省思茅松天然种群分布范围狭窄，减少了其遗传分化的概率（虞泓等，2000）。同时，思茅松天然分布的区域长期受印度洋西南暖湿气流的影响，四季暖热而干湿季分明，水热条件比云南亚热带北部地区更为优越（吴征镒等，1987）。思茅松为群落演替过程中阳性喜光的先锋树种，对水热条件利用率高，在砍伐和火烧的地段很容易更新形成高大乔木，这降低了思茅松自然选择的压力，同时，研究表明思茅松在温度和湿度偏低的区域不宜生长（傅云和，1989）。Businský 等（2013）通过对印度、越南、菲律宾思茅松的研究发现，尽管思茅松分布范围较宽，且呈间断分布，但其表型相对较为一致，也验证了本书的研究中思茅松表型分化系数相对较小的结论。Businský 等（2013）的研究还发现，思茅松球果形状在种群内变异较为明显，即从大陆分布范围的西北到东南，球果长呈增加趋势，越南种群的球果长显著大于菲律宾吕宋种群，而本书的研究中球果长的表型分化系数相对较小，原因应该是取样范围影响到了结论。

思茅松不同种群间、种群内，以及种群个体间的表型存在丰富的变异，大部分表型变异是在遗传和环境的共同作用下形成的。以等位酶标记的结果可以从遗传多样性的角度说明其表型变异特征。等位酶标记实验结果表明，思茅松种群的遗传多样性水平（多态位点百分率 $P = 93.9$，平均预期杂合度 $H_e = 0.199$）高于100多种裸子植物的平均水平（$P = 53.4$，$H_e = 0.151$）（虞泓等，2000；Hamrick and Godt，1992），思茅松较高的遗传多样性水平是其表型变异丰富的内因。

种群中表型变异集中的性状能反映种群的生长情况，利用这一点可以对不同种群进行区分（陈天翌等，2013）。种子大小作为一个重要的生态学特征影响着物种更新对策的许多方面，如种子产量、种子扩散方法和幼苗建成等。通过对思茅松16个表型性状变异系数的分析发现，种子形状表型性状的平均变异最小，这是由于种子多分布在球果的种鳞基部，每个种鳞基部有2个种子，受外界环境选择的压力最小，在遗传性状上最为稳定。球果质量、球果总种子数、球果总种鳞数和千粒重的变异幅度明显大于其他表型性状，这4个表型性状有可能主导思茅松发生表型变异的方向，球果质量和千粒重对植物的成功定居有重要的影响（Sorensen and Miles，1978），球果总种子数反映了受精成功发育成种子的胚珠数量，球果总种鳞数体现球果产生总胚珠的潜在能力，球果结种率是交配系统、传粉效率、营养状况和环境等诸多因素的综合体现（毛建丰等，2007）。思茅松的球果从开花授粉到成熟需要近 2 年时间（许玉兰等，2006），受自然环境、人为干扰，以及虫害的影响较大。球果总种子数变化主要受可孕育种鳞和胚珠的影响，胚珠只有通过授粉机制才可能发育成为成熟的种子，因而只有在春季充分授粉才能保证球果中成熟种子的数量。而丢失种子的原因，一方面可能是由于胚珠错过授粉时间仍能留在种鳞基部则不能发育为成熟种子，一方面是由于受精过程结束后雌配子体发育时间不充足和胚胎败育而形成空粒种子（Owens et al., 2008）。同时，植物林分密度的大小可以改变林内光照，从而对球果发育过程也有一定的影响（Gonçalves and Pommerening, 2012），在思茅松种实性状的测量中可以发现，成熟种子多分布在球果中层的种鳞基部，而球果顶端和基部较少有种子分布，成熟种子的数量和质量直接影响千粒重的大小。

思茅松的球果形状、球果质量、种鳞形状、种翅形状、种子形状与千粒重之间存在显著或极显著的相关关系，研究表明，更大的球果产生更大的种子，尤其是产生更大的种翅，而种子与种翅的适应意义是清楚的，即更大的种子产生更强壮的幼苗和更大的种翅拥有更强的扩散能力（Gil et al., 2002）。生态因子对思茅松的种实表型的多数性状都有显著影响。在海拔、年平均气温、7月平均气温、1月平均气温、年降水量和75℃积温6个生态因子中，年平均气温对思茅松表型性状的综合影响最大，尤其是对生殖适应性的性状影响较大，成为思茅松重要的自然选择压力。进一步细分，1月平均气温（最冷月平均气温）对思茅松的表型性状影响较大，因为该时节与思茅松的花期与果实成熟期重叠，一般花期与果实成熟期在当年的12月到来年的2月，思茅松在其雌球花花期结束后，珠鳞闭合，并不断膨大，到当年7月球果进入缓慢生长期，一直持续到次年1~2月才开始快速生长（许玉兰等，2006）。若1月平均气温高，则能加快球果与种子生长期的开始，同时增加其光合输出，提高资源利用率和促进胚珠发育（Meunier et al., 2007），因而气温与球果和种子的表型多呈显著与极显著的正相关关系。种翅大小与种子散布的距离有关，思茅松种子的有效飞散范围为30~50m，个别特殊地段可飞散到100m左右，思茅松种翅长宽与海拔之间存在极显著负相关关系，与年平均气温之间存在极显著正相关关系，这是由于低海拔的地区风速小，水热条件丰富，种翅大有助于增加种子散布范围，进而有利于维持物种生存，而在海拔1500m以上，为思茅松分布的上限，环境因子影响到种子定居和繁殖，种翅长宽比降低，表现为对环境因子的不适应性，类似的结论在西南桦中也有发现（曾杰等，2005；Gil et al., 2002）。>5℃积温是衡量植物生长发育有效热量的指标之一（Meunier et al., 2007）。思茅松球果和种子的成熟需要两年的时间，期间的累计热量状况对生长发育过程至关重要，繁殖器官（如雌球花、雄球花和球果）在发育过程中需要的热量比营养器官多，>5℃积温越大，繁殖器官发育越好，在其他树种也发现这一现象，如欧洲赤松（*Pinus sylvestris*）在>5℃积温达890℃时才有50%的种子成熟（Henttonen et al., 1986）。

种群的分布及UPGMA聚类结果表明，思茅松表型变异明显地依据地理分布而聚类。通过气候因子可以分析出云南思茅松分布的适宜地区（傅云和，1989），景谷、镇沅、景东和普洱分布区域距离较近，位于哀牢山的西侧和澜沧江的东边，水热条件也较为相似，适宜思茅松的分布，因而表型特征较为相似；其他区域除景洪的取样区域外，都分布在澜沧江边，因而利用地理区划对思茅松表型进行划分是可行的。

自20世纪50年代以来，思茅松林就是森林采伐的重要对象。近年来，思茅松幼龄人工林逐渐增加，同时桉树的大面积种植与低海拔经济作物［如小粒咖啡（*Coffea arabica*）］的推广，使得思茅松天然林面积不断减少，思茅松天然林被分割成许多相对独立的生境，呈片段化分布，形成各种大小和方向不同的选择压力，加剧了思茅松局部种群间的分化。强大的人工选择压力使思茅松优良林分逐渐减少。为了利用现有的天然林，选育优良思茅松种质资源进行思茅松的遗传改良，培育优质高效稳定的人工林，特提出如下建议：①全面评价思茅松的表型性状，如增加思茅松天然种群的取样密度和分析表型性状，选取更能代表思茅松繁育特性的表型性状；②思茅松种群内表型变异丰富，可增加种群内的样本数量，而减少种群间的采样数，更有效地进行思茅松的定向遗传改良工作（如用材、纸浆、抗病虫害及高产松脂等）；③对不同种群的思茅松种子进行育苗造林试验，结合其生态因子的适应性，选择造林效果好的区域建立母树林和高世代种子园，保存其优良种质资源；④将现代分子生物技术和传统改良技术结合起来，开展不同种群思茅松的遗传多样性研究工作。

7.5.3　木本植物幼苗更新特征

母树的存在、种子大小及扩散方式对季风常绿阔叶林次生演替中幼苗物种组成有重要影响。本书的研究显示，幼苗物种组成与母树的存在有紧密的联系，短刺栲、刺栲、杯状栲及华南石栎等物种是该地区次生演替中季风常绿阔叶林乔木层优势种（李帅锋等，2011a），成为群落中幼苗的种子来源；同时壳斗科种子性状及萌发特点决定其成为幼苗库中最常见的物种，对我国亚热带常绿阔叶林乔木层的优势树种栲树的研究也证实了这一观点（Du et al.，2007）。大而重的种子有更大的概率在森林环境中成功定居（Decocq et al.，2004），其种子寿命往往较短（Bekker et al.，1998），在土层中不易储存，因而形成幼苗库等待时机进入乔木层，如壳斗科的物种及藤本植物独籽藤等，一些根攀缘的藤本植物长期适应在林下阴凉的环境中生存（Muthuramkumar and Parthasarathy，2000），如黄花胡椒，尽管种子小，仍是成熟林中幼苗的重要组成部分。由于森林中多数乔木不能生产长寿命的种子（Bossuyt et al.，2002），但其物种的幼苗不能在成熟林郁闭的环境中存活定居，这样种子扩散方式影响着幼苗物种组成，红木荷种子有翅，依靠风力传播寻找适合更新的地点；动物也促进了木本植物幼苗种子的传播（李小双等，2009），改变了幼苗物种在次生演替中的变化。

次生演替过程幼苗物种组成的变化与物种对光的需要有紧密的联系，在恢复的初期，群落内会出现较多的需光的先锋树种（Laurance et al.，2001），思茅松作为季风常绿阔叶林次生演替初期喜光的先锋树种，成为针阔混交林乔木层的优势种，然而其幼苗在林下却较为少见，这与思茅松幼苗更新对光照的条件要求较高，而针阔混交林群落内光照强度不足有关，我国东部常绿阔叶林马尾松的更新幼苗处于光补偿点之下，难以正常生长，再加以耐荫树种抑制使其物质合成能力逐渐减弱，以致在常绿阔叶林演替的过程中消失（丁圣彦和宋永昌，1998），这也可以从一个侧面验证思茅松逐渐退出次生演替的原因。与思茅松有同样现象的还有尖叶野漆、大头茶及隐距越桔等物种，这是因为在次生演替的开始阶段需光的先锋树种和耐荫树种同时占据，一旦形成林冠闭合，先锋种的数量会急剧下降，而耐荫树种将持续定居（Breugel et al.，2007）。

幼苗密度可以反映出幼苗的存活能力，乔木幼苗及藤本幼苗随着次生演替的进行逐渐增加。一方面是由于成熟季风常绿阔叶林中乔木和藤本的种子供给量比次生演替阶段要充足和稳定，热带森林中大部分植物的种子落在母株周围（Wright，2002）；同时成熟季风常绿阔叶林中大树较多（刘万德等，2011b），尤其是优势种短刺栲与刺栲，因此其种子产量也要较小树大得多，成熟林的环境更适应种子定居与萌发，土壤湿度相对较大，也有利于提高幼苗成活率（黄忠良等，2001），季风常绿阔叶林次生演替乔木幼苗密度的变化与哀牢山湿性常绿阔叶林的变化一致（李小双等，2009）；针阔混交林种子产量较大的思茅松由于在林下不易形成幼苗定居，因此幼苗数量相对较少。另一方面则是由于成熟林中优势种多为中性或耐荫树种，耐荫树种幼苗的存活率要比先锋树种高（Deb and Sundriyal，2008），在林下易于形成幼苗库；同时针阔混交林与次生季风常绿阔叶林的土壤酸性较成熟季风常绿阔叶林要大，更适于芒萁等的生长，蕨类植物通过阻挡光照，影响到幼苗的光利用率，与幼苗争夺养分，反而不利于小种子幼苗定居（George and Bazzaz，1999），这也是造成恢复时期幼苗较少的一个原因。

幼苗的高度可以反映出幼苗的年龄变化，揭示种群在群落内定居的持续性和种群延续能力。随着高度级的变化，幼苗密度呈减少的趋势，反映出幼苗在定居成功后的死亡率较高。同样，在许多热带森林中，幼苗萌发后第一年的死亡率都较高（Deb and Sundriyal，2008）。造成幼苗死亡率高的原因有很多，负密度制约效应对森林更新的生活史的早期阶段产生重要影响（Comita and Hubbell，2009），是幼苗死亡率增加的主要因素。由于季风常绿阔叶林中壳斗科的很多种类没有休眠期，种子在掉落后不久即可萌发或等到雨季来临后才开始萌发，大量幼苗成功定居（巩合德等，2011）。季风常绿阔叶林次生演替的群落优势树种种子质量较大，通过重力传播使种子散落在母树周围，容易形成较高的幼苗密度，但是其母株及其种子、幼苗是许多宿主专一的植物病原菌和捕食者的食物来源，这些有害生物导致更多临近母株的种子和幼苗死亡（He and Duncan，2000）。真菌等微生物是造成幼苗高死亡率的主要原因（Li and Ma，2003），再加上群落中相邻物种由于种内竞争易受损害（Zhu et al.，2010；Wright，2002），这也可以解释幼苗存活的变化规律。幼苗初期更易受环境的干扰而死亡，干旱胁迫会导致一部分幼苗死亡（李晓亮等，2009），普洱地区干湿季明显，干旱会加剧动物、昆虫和病原菌等对幼苗存活所带来的影响，使一些种类幼苗的死亡率增加；幼苗初期可以在低光下存活，在幼苗向幼树转变的过程中对光的需求更高一些，因此光照条件也是幼苗死亡的原因。

7.5.4　萌生特征

森林更新是森林演替和植被生态恢复的重要生态学过程。森林更新的主要方式包括实生苗更新和萌生更新，两种更新方式在森林演替的不同时间过程中发挥着不同的作用（Calvo et al.，2002；朱教君，2002）。本书的研究结果显示，萌生物种所占比例随着演替时间的延长而逐渐降低，由演替15年群落的43.9%降低到原始林的24.6%，而幼苗物种所占比例尽管有所波动，但总体随演替时间的延长而呈增加趋势。这说明随着演替时间的延长，萌生更新与实生苗更新在森林更新过程中所发挥的作用逐渐发生变化，由萌生更新为主逐渐转变为实生苗更新为主。萌生物种所占比例随着演替时间的延长而逐渐降低这一规律与众多学者所得结论相一致。林露湘等（2002）发现，尽管西双版纳刀耕火种弃耕地在演替前期萌生植株较多，但到了演替中期，萌生对森林植被恢复的贡献开始减少。Rijks等（1998）及Kammesheidt（1999）在圭亚那和委内瑞拉的研究表明，热带地区的树木经砍伐后，第一年内会迅速产生大量的萌枝，随着时间的推移，萌枝数量逐渐减少。何永涛等（2000）通过调查也证明，这一现象同样存在于滇中地区中山湿性常绿阔叶林的萌生过程中，树木萌生的比例也随着群落演替的进程而逐渐减少。演替初期萌生物种数量及多度较大可能是多种原因共同产生的结果。首先，萌生更新在受干扰后森林植被尤其是热带及亚热带次生植被的恢复与重建中具有明显优势。与实生苗相比，萌生枝条的生长远远要快得多。尽管由于干扰导致地上大部分损失，但由于其地下拥有庞大的根系，并储存有大量的碳源和营养元素，只要其存有芽或其他分生组织，萌生枝条就能迅速生长。同时，由于萌枝占据较高的位置从而使之不易被遮光，并且庞大的根系具有一定的生理年龄，缩短了萌生林的成熟年龄，加速了干扰后植被的恢复速度。此外，萌生更新受立地条件限制较少。在自然条件下，实生更新需要种子输入、土壤条件、湿度条件等，而萌生更新则只需剩余部分存有芽或其他分生组织即可，其对立地条件没有任何要求。因此，萌生更新更容易。其次，物种萌生具有较强的不确定性。萌生与实生是植物更新的两种途径，尽管几乎所有物种都具有萌生能力（陈沐等，2007），但萌生更新主要发生于受干扰生态系统中，而在未受干扰的生态系统中，植物更新主要是通过实生苗更新（Luoga et al.，2004）实现。本书的研究中，演替初期群落萌生物种种类数量及个体多度较大主要由于皆伐干扰。皆伐导致植物地上部分全部损失，阻断了实生更新所需的种子输入，使得一些物种无法进行实生更新。而原始林在未受干扰的情况下，尽管物种具有萌生能力，但由于萌生植株竞争力弱于实生植株（萌生树种将资源分配到若干个基部的萌枝中，而实生苗则将能量全部集中用于单一枝干的高生长，导致萌生植株竞争力弱于实生植株）及种源充足，因此，植物更新以实生苗更新为主，萌生更新物种相对较少。此外，外部生存威胁及内部竞争也是导致演替初期萌生物种数量及多度较大的重要原因。受干扰后的演替初期，由于植物更新策略的转变，会迅速产生大量的萌枝，随着演替时间的推移，这些萌枝会受到病虫害、动物啃食等来自外部的生存威胁，一些萌枝会因此而死去，导致萌生的物种种类及个体多度降低。同时，由于同一残桩（或伐桩）上萌生多个萌枝，这些萌枝之间会对生长所需的水分及养分展开激烈的竞争，竞争的结果是部分萌枝死亡，仅剩余少数几枝存活，甚至全部死亡，这也导致了随着演替时间的延长萌生物种种类及数量的降低。此外，环境条件的变化也会导致萌生物种种类及数量的变化。光照是影响植物萌生能力的主要环境因子之一。许多研究表明，光照可以促进物种萌生（Kubo et al.，2005；Rydberg，2000）。随着光照的增加，植物体内可移动的碳水化合物含量升高，植物萌生能力逐渐增强。在演替初期，由于采伐清除了植物的地上部分，导致林下光照增加，促进了大量物种萌生。随着演替的进行，林下光照逐渐减弱，物种萌生能力受到一定的影响，降低了萌生物种的种类及数量，从而导致萌生物种的种类和数量随着演替的进行而逐渐降低。同时，随着演替的进行，林内光照以外的其他环境因子也在发生着变化，也会导致一些树种的萌枝不适应群落演替过程中的环境变化而不能迅速生长，最终在竞争中被淘汰。

萌枝数量的多少是物种萌生能力的重要特征之一。本书的研究中，每个伐桩（或残桩）萌生的萌枝数量在不同演替时间群落中无显著性差异，说明演替时间对群落水平上物种平均萌枝数量无显著影响。而对共有物种来说，本书的研究也没有检测出萌枝数量在不同演替时间上的差异。植物萌生枝条数量受多种因素控制，它既与植物的内在因素，如残桩的高度（陈沐等，2007）、萌生的位置（Kubo et al.，2005）、根系生物量的大小（Klimeš and Kilimešová，1999）等有关，也与外界的环境因素，如干扰强度与频率（Luoga et al.，2004)、光照(Cruz et al.，2003)、采伐时间(陈沐等，2007)等有关，是一个多因素共同导致的结果。本书的研究显示，萌枝数量可能与残桩的高度、光照、采伐时间等有关，而具体原因则有待进一步深入研究。

通常情况下，树木的萌生存在着位置效应，不同高度萌生枝条数量存在一定差异(Kauffman，1991)。本书的研究中，绝大多数萌枝产生于地表面及地下，即残桩基部的萌生能力大于中、上部的萌生能力。这与以往多数研究结果(陈沐等，2008；Kauffman，1991)相符，其原因可能是较低的萌生位置能够让萌枝充分吸收根部养分。

植物的萌生是一个极其复杂的生理生态学过程，森林萌生更新生理生态机制的研究对于次生植被的恢复、保护和管理具有重要意义(Bond and Midgley，2003；Weiher et al.，1999)。随着人口的增长和社会经济的发展，我国次生林面积越来越多，因此，萌生更新在植被恢复中的重要性与日俱增。如果能够充分认识森林的萌生特性，并对次生林进行科学管理，就能够加快植被恢复的进程(陈沐等，2007)。因此，在我国进一步加强森林生态系统萌生机制方面的研究是极为重要的。

第八章 西部季风常绿阔叶林恢复生态系统土壤理化性质及凋落物动态

森林在维护生态平衡方面起到了巨大的支柱作用，养分的循环利用是森林生态系统中各生物得以生存和发展的基础，元素的循环与平衡直接影响着生产力的高低和生态系统的稳定与持续，是生态系统的主要功能之一（田大伦等，2003；黄建辉和陈灵芝，1991；冯宗炜等，1985）。研究养分元素循环不仅能阐明生态系统物质循环机制，而且对指导生产实践，调节和改善各种限制因素，提高养分元素的循环利用速率和最大限度地提高生态系统的生产力具有重要作用。同时，研究养分元素循环对于深入理解森林生态系统的结构、功能，认识森林生态系统中群落的形成、演替，科学合理地经营森林，也具有重要意义。

森林生态系统中，乔木层是最活跃、最重要的亚系统，该系统所进行的初级生产既是能量的固定过程，也是营养元素的积累过程（张希彪和上官周平，2006），包括矿质养分元素在环境与不同结构层次植物中的交换、吸收、运输、分配、利用、归还、固定、分解等的整个循环过程（田大伦等，2003）。在时间尺度上，一般可将其划分为年循环、季节循环和日循环；在空间尺度上，通常包括地球化学循环（geochemical cycles）、生物地球化学循环（biogeochemical cycles）和生物化学循环（biochemical cycles）等 3 个层次（曹建华等，2007）。每个森林生态系统中都存在这 3 种循环，但在不同群落类型及其不同发育阶段，养分循环也不尽相同，它们之间互相影响，相互作用，共同构成整个森林生态系统的养分循环。在这些养分循环当中，森林土壤养分含量及凋落物量是其中的两个重要组成部分，因此，本章主要探讨西部季风常绿阔叶林恢复生态系统中土壤理化性质与森林凋落物动态。

8.1 土壤理化性质

植被恢复过程是土壤环境与植被相互作用协同演变的生态学过程（马帅等，2011），二者互为环境因子。在植被恢复过程中，不仅地上植物群落组成、结构及物种多样性发生变化（邵新庆等，2008；邹厚远等，1998），而且土壤养分状况（程杰和高亚军，2007；温仲明等，2005）、水分物理性质（赵勇钢等，2007；刘娜娜等，2006）和结构特征（安韶山等，2008；何玉惠等，2008；苏永中等，2002）也发生了变化，并影响植物群落的发生、发育和恢复的速度（杨小波等，2002），而且也对生态系统过程、生产力和结构等具有重要影响（Potthoff et al.，2005）。

植被恢复是生态恢复的首要内容，而土壤质量既是植被恢复的重要基础，同时也受到植被恢复的深刻影响（李裕元等，2010）。土壤物理性质不仅是土壤肥力的重要内涵和土壤质量评价的重要指标，而且还对土壤碳氮物质周转等生物学、酶学特性产生重要影响（Ladd et al.，1993）。土壤结构和养分状况是度量退化生态系统生态功能恢复与维持的关键指标之一。土壤容重能反映土壤透水性、通气性和根系伸展时的阻力状况。土壤孔隙度不仅是土壤养分、水分、空气和微生物等的传输通道、贮存库和活动空间，也是植物根系生长的场所，对土壤中水、肥、气、热和微生物活性等具有重要的调控功能。土壤自然含水量能较好地反映土壤水分和群落生境的湿润状况，直接影响凋落物与土壤表层的物质和能量交换及土壤盐基养分的淋溶程度。对不同区域大量的研究表明，植被恢复通过增加地表凋落物和地下有机物（细根及根系分泌物）输入，从而显著降低土壤容重（Cao et al.，2008；马祥华等，2005），增强团聚体稳定性（董慧霞等，2007），改善土壤持水能力和入渗性能（Li and Shao，2006；马祥华等，2005），从而改善土壤综合物理性质，并促进退化土壤理化性质的恢复。而生态环境建设的成效在很大程度上取决于生态恢复过程中土壤质量的演化，只有土壤不断形成发育、正向演替，才能使已经退化的生态系统达到生态平衡和良性循环（刘君梅等，2011）。

　　分别选择恢复 15 年、30 年、40 年和原始林的土壤作为研究对象，探索土壤理化性质随群落恢复的动态变化。在每个样地内，按照方格法，随机选取 10 个取样点取样，取样深度为 0~20cm。土样带回实验室经去除杂物、风干、研磨过筛后储存待用。另外，用土壤盒取样测定土壤水分含量，用环刀在对应的样点取样测定土壤容重、比重，计算土壤孔隙度。土壤物理指标测定采用常规方法：土壤容重、比重采用环刀法，水分含量采用土壤盒法，土壤孔隙度利用公式，土壤总孔隙度（%）=（1–容重/比重）×100%计算。土壤化学性质采用国标法测定：有机质采用重铬酸钾氧化-外加热法（GB 9834—88）测定，全氮采用 H_2SO_4-H_2O_2 消煮法（半微量凯氏法 GB 7173—87）测定，全磷用 NaOH 熔融-钼锑抗比色法（GB 9837—88）测定，全钾采用 HF 消解-火焰光度计法（GB9836—88）测定，速效 N 采用碱解扩散法，速效 P 采用 0.05mol/L HCl– 0.025mol/L H_2SO_4 浸提-钼锑抗比色法，速效 K 采用 1mol/L NH_4OAc 浸提-火焰光度计法测定，pH 利用酸度计测定，阳离子交换量采用乙酸铵交换法测定。利用 SPSS18.0 统计软件进行平均值、标准误和 ANOVA 分析；土壤理化性质间的相关性采用 Person 相关性分析，同时进行双尾显著性检验。显著性水平为 $P<0.05$。

8.1.1　土壤物理性质

　　土壤容重是土壤紧实度的指标之一，是表示土壤性质的一个重要参数，受土壤有机质含量、土壤结构的影响，并与土壤持水力和渗透率等多个土壤物理指标密切相关（史长光等，2010）。由图 8-1 中可以看出，土壤容重在不同恢复阶段中变化不大（恢复 15 年为 1.21g/cm^3，恢复 30 年为 1.29g/cm^3，恢复 40 年为 1.19g/cm^3，原始林为 1.06g/cm^3），随着恢复时间的延长呈现略有降低的趋势。

　　土壤孔隙度与土壤的氧气含量密切相关，是影响植被生长的重要土壤物理性质之一。图 8-1 中显示，随着恢复时间的延长，土壤孔隙度呈现缓慢增大的趋势。说明随着恢复时间的延长，土壤结构与通透性能获得改善，土壤的物理性能逐渐好转，但其恢复较为缓慢。

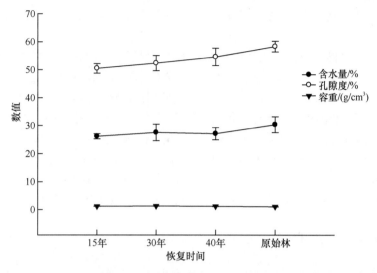

图8-1　不同恢复阶段土壤物理性质

Fig. 8-1　Physical properties of soil at different restoration stage communities

土壤水分是植物生长发育的重要因子，水分含量直接影响植被恢复效果。图 8-1 中显示，土壤水分含量在不同恢复阶段中也存在一定的变化，基本呈现出随恢复时间的延长而增大的趋势。这与随恢复时间的延长森林覆盖率增加有密切关系。

8.1.2　土壤化学性质

土壤有机质含量的多少反映了土壤肥力的高低，关系到植物生长发育的土体环境好坏。研究表明，原始林有机质含量最高，恢复 15 年样地次之，恢复 30 年和 40 年样地较低（表 8-1）。

表8-1　不同恢复阶段土壤化学性质

Table 8-1　Chemical properties of soil at different restoration stage communities

项目	15 年	30 年	40 年	原始林
有机质/%	49.80±3.92[a]	31.20±3.23[b]	30.05±3.41[b]	58.07±4.22[a]
全 N/（g/kg）	2.07±0.14[a]	1.03±0.13[b]	1.33±0.11[b]	2.53±0.20[a]
全 P/（g/kg）	0.35±0.00[a]	0.23±0.02[b]	0.30±0.03[ab]	0.47±0.03[c]
全 K/（g/kg）	5.47±0.73[a]	5.20±1.09[a]	10.09±1.01[b]	5.92±1.07[a]
水解性 N/（mg/kg）	153.83±5.10[a]	83.60±10.54[b]	92.58±8.67[b]	192.70±13.00[c]
速效 P/（mg/kg）	12.55±0.19[a]	3.01±0.32[b]	3.24±0.57[b]	6.22±0.22[c]
速效 K/（mg/kg）	107.76±15.88[a]	80.87±4.93[a]	110.16±29.04[a]	102.59±7.22[a]
pH	4.54±0.06[a]	4.82±0.08[a]	4.80±0.10[a]	4.90±0.20[a]
阳离子交换量/（mol/kg）	19.14±0.65[a]	9.12±1.17[b]	12.50±0.76[bc]	15.41±1.84[ac]

注：表中数值为平均值±标准误，不同字母表示存在显著性差异（$P < 0.05$）

全量养分中，全 N 含量表现出与有机质相同的变化规律，而全 P 含量则是恢复 30

年最低，原始林最高，恢复 15 年及 40 年样地居中。全 K 含量则是恢复 40 年样地中最高，恢复 15 年、30 年及原始林间无显著性差异（表 8-1）。

不同恢复阶段样地中，原始林中水解性 N 含量最高，其次是恢复 15 年样地中，恢复 30 年样地中最低（表 8-1）。速效 P 含量则是恢复 15 年样地中最高，原始林位居次席，恢复 30 年样地中最低（表 8-1）。速效 K 含量最高值出现在恢复 40 年样地中，最低值出现在恢复 30 年样地中，但所有恢复阶段间无显著性差异（表 8-1）。

所有恢复阶段样地中，土壤 pH 均低于 5，说明土壤偏酸性。pH 最低值（4.54）出现在恢复 15 年样地中，最高值（4.90）出现在原始林中，但所有恢复阶段间无显著性差异。

所有恢复阶段样地中，阳离子交换量由高到低依次为恢复 15 年＞原始林＞恢复 40 年＞恢复 30 年（表 8-1），说明恢复 15 年及原始林土壤保肥能力较强。

8.1.3　土壤理化性质的相关性

土壤理化性质相关性分析显示，土壤物理性质与化学性质间存在显著相关性（表 8-2）。土壤容重与土壤全 N、土壤全 P、水解性 N 具有极显著相关性，与有机质具有显著相关性。土壤孔隙度则仅与土壤 pH 具有显著相关性。土壤水分含量则与土壤全 N、水解性 N 具有显著相关性，而与土壤中阳离子交换量具有极显著相关性。

表8-2　土壤理化性质间的相关性
Table 8-2　Correlation among physicochemical properties

	全 N	全 P	全 K	有机质	水解性 N	速效 P	速效 K	pH	阳离子交换量
容重	−0.698*	−0.723**	−0.148	−0.592*	−0.711**	−0.186	−0.291	−0.287	−0.477
孔隙度	0.362	0.489	0.264	0.211	0.407	−0.195	0.227	0.605*	0.061
含水量	0.612*	0.527	0.174	0.464	0.621*	0.551	0.276	−0.316	0.738**

*代表 $P < 0.05$，**代表 $P < 0.01$

8.2　凋落物动态

森林凋落物是林木生长发育过程中的新陈代谢产物，凋落物也叫枯落物或称有机碎屑（organic detritus），前者通常用于陆地生态系统研究，而后者多用于水生生态系统研究。尽管凋落物有众多定义，但目前国内比较认同王凤友（1989）所归纳的定义：森林生态系统内，由生物组分产生的并归还到林地表面，作为分解者的物质和能量的来源，借以维持生态系统功能的所有有机物质总称。具体包括林内乔木和灌木的枯叶、枯枝、落皮和繁殖器官；野生动物的残骸及代谢产物；林下枯死的草本植物和枯死树根。按照这个概念，在森林生态系统中，人为干扰较少的枯立木和倒木及人为干扰较多的伐桩等应属于森林凋落物的范畴。然而，目前的森林凋落物研究报道通常并不包括这些成分。一般认为，森林生态系统中直径大于 2.5cm 的落枝、枯立木、倒木统称为粗死木质残体（coarse woody debris），简称 CWD（郝占庆和吕航，1989）。将直径小于 2.5cm 的落枝、落叶、落皮、繁殖器官；动物残骸及代谢产物；林下枯死的草本植物和枯死的树根归为森林凋落物。尽管如此，由于研究困难，林下枯草和枯根往往被忽略（林波等，2004）。

凋落物是分解者亚系统及其链接生产者和消费者的重要组成部分，其动态影响着植物萌发、群落结构和演替，在改善生态环境及土壤理化性状、能量流动和营养循环过程中起着重要作用。

林地凋落物层是森林地表特有的层次，是凋落物量与分解量的差值。作为森林系统的一种重要结构和功能单元，森林凋落物是物质循环和能量流动的重要环节（Dorrepaal，2007；Lindsay and French，2005；Didham，1998），具有不可替代的生态学作用。因此，森林凋落物历来是森林生态学、森林土壤学、森林水文学、生物地球化学、环境化学等学科的重要研究内容，越来越引起林学家、生态学家、微生物学家、土壤学家及森林经营工作者的重视。在林木生长发育过程中，根系从土壤中吸收各种营养元素并将它们转化成有机物积累于有机体内，同时通过组织器官的脱落、雨水淋洗和根系分泌等形式将所含的部分营养元素归还于林地，再经腐解释放后归还给土壤，这是森林生态系统养分循环的主要模式。因此，凋落物中各种养分元素的含量对土壤肥力具有重要作用（Lawrence，2005b；Lindsay and French，2005；吴承祯等，2000）。

森林生态系统中的物质循环包括两个相辅相成的过程，一是生物合成，二是生物分解，而植物凋落物的分解在后者中是最重要的，凋落物及其物质分解在物质循环中占有极其重要的地位（Prasifka et al.，2007），是森林生态系统得以维持的重要因素（Olson，1963）。凋落物是养分基本载体（Joanisse et al.，2007），在"植物-凋落物-土壤"森林生态系统的养分循环中起"纽带"作用，成为森林生态系统物质与养分循环的"仓库"。凋落物是植物和微生物所需养分的主要来源，因此，生态系统的稳定依赖于植物生长和凋落物分解之间长时期的平衡。凋落物分解是森林生态系统营养循环过程的重要环节，它联结生物有机体的合成（光合作用）和分解（有机物分解、营养元素释放），促进森林生态系统正常的物质生物循环和养分平衡。

土壤肥力是土壤物理、化学、生物等性质的综合反映，而凋落物对土壤肥力的这三个方面存在重要影响（Gerdol et al.，2007；Olson，1963）。凋落物分解是森林生态系统重要的生态过程之一，对土壤有机质的形式和养分的释放有着十分重要的意义。森林凋落物深刻影响到土壤的物理化学性质，进而影响森林的生产力和生物量（de Deyn et al.，2008；沈海龙等，1996；王凤友，1989）。土壤结构和土壤温度是土壤物理性质的两个重要方面。植物残体在微生物活动下的产物产生的有机胶体是土壤结构形成的重要物质，因此，凋落物是土壤结构改善的重要基础。土壤温度与植物生长有密切的关系，土温过高或过低都不利于土壤生物的活动和土壤中各种生化反应的进行。一定厚度的凋落物层可使土壤温度常年保持稳定，起到一定的绝热作用。凋落物减弱了林地地表及表层土壤中的光照，改变了光谱特性，降低了 PPFD（一秒内照射到 $1m^2$ 叶片的光子数）和 Pfr（光合有效辐射），缩小了日温差（潘开文等，2004）。凋落物层的存在，使到达地表的热量得以重新分配，调节了温度变幅和温差的变化（沈海龙等，1996；王凤友，1989）。土壤有机质是土壤化学性质的一个重要方面，也是衡量土壤肥力的重要指标之一。土壤有机质主要指的是土壤的腐殖质，而它的主要来源还是植物的凋落物，如木荷凋落物可增加土壤有机质（陈堆全，2001）。凋落物的质和量，加上温度、雨量等外界环境因素共同决定了相应土壤中有机质的含量。土壤酸碱度是土壤的重要特性之一。土壤微生物和高等植物对化学环境的反应相当敏感。在植被恢复过程中，改良土壤的酸碱度对植物的生长十分重要。可以选择适宜树种，通过其凋落物来影响土壤的 pH。凋落物层可吸收大部分降雨，起到稀释酸雨的功效，凋落物作为酸碱缓冲体系，以化学缓冲机制可以影响环境酸度（Li et al.，2003）。总之，凋落物可以通过提高土壤和下渗液的盐基量，提高土壤 pH，降低土壤水解性总酸度等途径来缓解土壤的酸化作用（Tao et al.，2005；陈堆全，2001）。对于森林生态系统而言，凋落物为土壤微生物提供食物。森林凋落物是土壤动物、微生物的能量和物质来源，对促进和维持整个生态系统平衡起着重要作用（李雪峰等，2005；王凤友，1989）。生活在土壤中的生物（包括土壤动物和土壤微生物）对土壤腐殖质的形成起到主导作用，而土壤生物的最终物质、能量来源是包括凋落物在内的植物残体，以及由其降解而来的土壤有机质。一般来说，随着凋落物的丰富，土壤中的生物种类和数量也会逐步丰富起来（王锐萍等，2005）。森林凋落物和土壤中的酶在森林凋落物分解过程中起着重要的作用（Zhang et al.，2006）。土壤酶加速土壤的生物化学过程，并与土壤生物一起推动着土壤的代谢过程，维持土壤肥力（Xue et al.，2005）。

　　森林凋落物在水文生态方面也具有重要作用。林木每年凋落大量的枝叶覆盖在地面，其结构疏松，具有良好的透水性和持水能力，而且能增加地表层的粗糙度，可以避免雨滴的击溅和径流的侵蚀，阻延径流流速，拦截泥沙，增加土壤水分下渗，防止土壤冲刷和加强水源涵养，在植被的水文生态效益和保土功能方面起着十分重要的作用（Chen et al.，2005；Xue et al.，2005）。

　　此外，凋落物层减少了土壤光照，减缓土壤温度变化和土壤水分的蒸发，并通过分解后释放的养分而影响土壤养分动态，改变群落生境，进而影响植物的繁殖和天然更新、演替，强烈影响种群的萌发、生长、物种的丰度、地上生物量、植物群落的构建和不同种群间对繁殖地的竞争（Tian，2005）。

　　凋落物量历来都是森林凋落物研究中的重要内容之一。森林凋落物量是指单位时间、单位面积的森林地段上所有森林凋落物的总量，一般指年凋落物量。森林凋落物量受物种遗传性、森林发育状况和气候因素的影响。气候因素如温度、降水和风等的季节变化和年际变化常常造成凋落物量的波动。森林凋落物是森林生态学、生物地球化学及森林土壤学等的研究对象之一，凋落物层的积累量与不同森林类型的生物和生态学特征有关，在一定程度上也依赖其总生物量及分解速率（Chen et al.，1997）。

　　凋落物量与不同气候因子之间的回归系数各不相同，其中与年平均温度的关系最为密切，因此，可以认为，影响森林凋落物量的主导气候因子是年平均温度。从空间上看，森林凋落物量的变化主要有纬度和海拔梯度上的变化。已有的资料证明，随海拔的增加，森林凋落物量逐渐减少（Cheng，1984）。森林凋落物量受气候因子的影响，因此当气候因子随着纬度和海拔的变化而改变时，全球森林的凋落物量也随之变化，水热条件好的低纬度地区一般均有相当高的年凋落物量。世界上各种森林类型的凋落物量在不同气候带差异较大，沿热带、亚热带、温带和寒带等气候带逐渐减少。

　　树种、森林类型不同，其凋落物组成也有不同。森林凋落物中各成分的比例顺序一般为：叶＞枝＞花果＞杂物。但也有例外，中亚热带东部常绿阔叶林则为：叶＞枝＞杂物＞花果。不同的森林类型，叶平均凋落物量占年平均凋落物总量的比例不一样。落叶阔叶林最大，为81.4%，其次是热带雨林为66.0%，针叶林最小，为58.1%。在亚热带地区，落叶占总凋落物量的50%~80%，落枝（包括落皮）占10%~30%，其他组分占10%

左右。天然林中的落枝及其他组分的比例较人工林大。随林龄的增大，落叶量所占的比例逐渐增加。但凋落物的组成主要受树种生物学特性的影响，如杉木的落叶占总凋落物量的比例比马尾松的大，但落枝比例普遍较小。

森林凋落物也受森林发育状况的影响。森林从幼龄到老龄各阶段，植株的新陈代谢和再生能力有很大差异，凋落物的数量及组成成分会发生明显的改变。一般情况下，森林的凋落物量是随林龄的增加而增加。例如，8 年生人工杉木林生态系统的凋落物平均凋落物量明显低于杉木成林的凋落物量（Ma et al.，1997；俞新妥，1992）。凋落物组成在不同林龄阶段也有所差别，在杉木幼林凋落物中叶占 60.38%，枝占 33.02%，各组分占凋落物总量比例表现为：叶＞枝＞杂物＞花果，而成林杉木凋落物各组分占凋落物总量的比例从高到低均以叶、枝、花果、杂物为序（俞新妥，1992）。

此外，森林的凋落物量也受树种组成、生长状况、人为经营措施、立地条件、树种年生长节律和环境等影响。一般来说，阔叶林、混交林、天然林要分别高于针叶林、纯林和人工林，立地好凋落物量高，凋落物组分、数量存在着月变化和季节变化。

选择西部季风常绿阔叶林受干扰（采伐）后自然恢复 30 年及 40 年群落，并以原始林群落为对照设置调查样地。样地面积为 30m×30m，每个恢复时间群落设置 3 个重复，共设置调查样地 9 块。利用网格样方法将样地分割成 36 个 5m×5m 的小样方，在小样方内对所有高度（或长度）＞1.3m 的植物进行每株调查。其中，乔木记录物种名称、高度、胸径、冠幅并进行定位，灌木记录物种名称、高度、胸径并进行定位，藤本植物则记录物种名称、胸径并定位。同时，调查过程中同时记录每个样地的郁闭度、海拔、坡度等环境因子，同时测定土壤含水量，并取一定量土壤样品，测定土壤理化性质。

分别选择上述 3 种不同恢复阶段的群落，在已调查的样地中，每个样地安置 6 个凋落物承接网，承接网面积为 1m×1m，距地面高度为 0.5m，凋落物承接网在样地内均匀分布。每个恢复阶段群落重复 3 次。共设置 54 个凋落物承接网。

凋落物承接网设置后于当月月末将承接网内所有凋落物清除，并于次月月末开始定期收集承接网内的凋落物。收集时间为每个月的 29 和 30 两日（2 月收集时间为 27 日和 28 日），共收集 12 次，即收集一年的凋落物。

凋落物收集后带回实验室，在实验室内按照叶、枝、繁殖体（种子和花）、树皮、半分解物（主要为碎叶、碎枝、木屑、昆虫粪便等）进行区分，同时对叶片进行物种鉴别，将每个组分（叶片是按照物种划分）利用废旧报纸包起，并在报纸表面标明样地号、承接网号、物种名称或组分名称、取样时间等信息。将包好的凋落物放入烘箱内，在 85℃条件下烘干至恒重，待冷却后进行称量。

将同一样地内 12 个月收集到的所有凋落物质量之和作为该样地年凋落物量（单位转化为 kg/hm²），同一群落类型 3 个重复样地的平均值作为该群落类型年平均凋落物量。同时，将凋落物按照叶片、枝、皮、繁殖体、半分解物等组分分别统计不同群落类型各组分年凋落物量。

不同恢复阶段季风常绿阔叶林凋落物动态统计过程中，按照叶片、枝、皮、繁殖体、半分解物等组分及总凋落物量按照月份进行统计每个样地凋落物量，将同一类型群落所有重复样地月凋落物量取平均值后，以时间作为横轴，月凋落物量作为纵轴，做折线图分析凋落物量随时间的动态变化规律。

根据凋落叶片物种鉴定结果，统计不同恢复阶段季风常绿阔叶林凋落叶片物种组成情况，并同时统计不同月份凋落叶片物种组成情况，分析凋落叶片物种组成随时间的动态变化。

根据凋落物中不同物种叶片凋落物量所占总叶片凋落物量的比例及本地季风常绿阔叶林物种组成及其优势情况，确定优势种（本书为短刺栲、刺栲、红木荷），统计优势种凋落物量及其随时间的动态变化。

所有数据均在 SPSS19.0 软件中进行统计分析。不同恢复阶段季风常绿阔叶林物种丰富度、个体多度、凋落物量、不同组分凋落物量之间的比较采用多重比较方法，当统计数据方差具有齐性时，选择 LSD（least significant difference）进行比较；当统计数据方差不具有齐性时，选择 Games-Howell 方法进行比较。凋落物量及优势种凋落物量随时间的动态分析采用多重比较。差异显著性水平为 $P<0.05$。

8.2.1　凋落物年凋落物量及其动态

不同恢复阶段西部季风常绿阔叶林年凋落物总量为 8133.1~8798.3kg/hm²，年凋落物总量大小关系为恢复 30 年群落<老龄林群落<恢复 40 年群落，但彼此之间没有显著性差异（表 8-3）。

表8-3　不同恢复阶段群落年凋落物量（单位：kg/hm²）

Table 8-3　Annual litter quantity in communities of different restoration time

凋落物组分	30 年	40 年	老龄林
叶片	4904.5±597.3ᵃ	5824.6±202.9ᵃ	5295.6±303.8ᵃ
枝条	1236.5±160.9ᵃ	1556.4±44.1ᵃᵇ	1859.9±250.7ᵇ
树皮	706.9±592.6ᵃ	251.0±26.3ᵃ	143.6±66.0ᵃ
繁殖体	771.6±130.6ᵃ	516.4±150.2ᵃ	559.7±224.7ᵃ
半分解物	513.4±96.6ᵃ	649.9±56.9ᵃ	684.0±75.6ᵃ
合计	8133.1±642.4ᵃ	8798.3±294.6ᵃ	8542.8±663.6ᵃ

注：表中字母的不同代表存在显著性差异（$P<0.05$）

不同凋落物组分间对凋落物总量的贡献存在显著性差异。在 3 种群落类型中，叶凋落物数量均是最高的，分别占恢复 30 年群落、40 年群落及老龄林群落的 60.3%、66.2% 及 61.9%，均超过总凋落物量的 1/2。贡献量排在第二位的是枝，分别占恢复 30 年群落、40 年群落及老龄林群落的 15.2%、17.7% 及 21.8%。可见，叶、枝总贡献量超过了凋落物总量的 3/4。在恢复 30 年的群落中，半分解物年总凋落物量仅为 513.4kg/hm²，为所有组分中最低，但在恢复 40 年及老龄林群落中，树皮年凋落物量为最低值。

西部季风常绿阔叶林不同恢复阶段群落中凋落物随时间的动态变化趋势大致相同，2 月达到高峰值，随后逐渐减少，在 9 月达到最低，随后又有所升高（图 8-2F）。恢复 30 年群落与总趋势一致，2 月达到最高值后逐渐降低。恢复 40 年群落则存在 2 个峰值，分别为 2 月和 4 月，4 月以后呈逐渐降低趋势。老龄林则存在 3 个峰值，分别为 2 月、4 月和 8 月，并且 2 月和 4 月同为最高值。

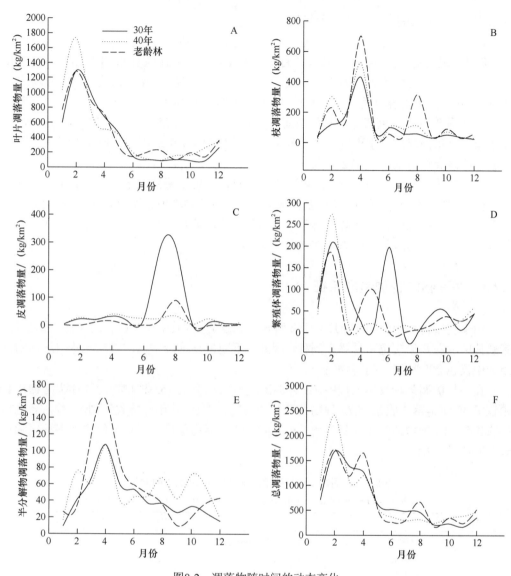

图8-2　凋落物随时间的动态变化

Fig. 8-2　Dynamic change of litter with month

8.2.2　凋落物组分动态

在凋落物不同组分中，叶凋落物量随月份的变化在不同恢复阶段群落间变化趋势一致，均为单峰曲线，2月为最高值，随后逐渐降低，11月后又有所升高（图8-2A）。在2月时，恢复40年群落叶凋落物量明显高于恢复30年及老龄林群落，而后两者间无显著性差异。其他月份，3种群落间叶凋落物量差异较小。

枝凋落物量随月份的变化与叶凋落物量不同（图8-2B）。恢复群落枝凋落物量均在4月最高，为单峰曲线，但老龄林群落则在2月、4月、8月存在明显的3个高峰值，为多峰曲线，并且在4月和8月时，其枝凋落物量明显高于恢复群落（30年和40年），其他月份, 3 种群落间枝凋落物量差异较小。

皮凋落物量随月份的变化在恢复 30 年及老龄林群落间变化趋势一致, 均为单峰曲线, 8 月为最高值 (图 8-2C), 其余各月份间变化较小。但在恢复 40 年群落中, 全年皮凋落物量随月份变化不大, 为平缓曲线。在 8 月时, 恢复 30 年群落皮凋落物量明显高于恢复 40 年及老龄林群落。其他月份, 3 种群落间皮凋落物量差异较小。

在 3 种群落中, 繁殖体随月份的变化较为剧烈 (图 8-2D)。恢复 30 年群落中, 繁殖体凋落物量高峰值分别出现在 2 月和 6 月, 而恢复 40 年群落高峰值仅出现在 2 月, 老龄林群落高峰值则出现在 2 月和 5 月。

半分解物凋落物量在恢复 30 年群落中随月份呈现单峰曲线形式, 最高值出现在 4 月 (图 8-2E)。但在恢复 40 年群落中则为多峰曲线, 高峰值分别出现在 2 月、4 月、8 月及 10 月 (图 8-2E)。在老龄林群落中, 半分解物凋落物量也呈现单峰曲线形式, 最高值出现在 4 月, 而最低值则出现在 9 月 (图 8-2E)。

8.2.3 凋落物的物种组成特征

由于在凋落物中, 仅有叶片利于物种辨识, 枝条、树皮、半分解物均无法辨识到种, 繁殖体中的花和果实也不易辨识到种, 因此, 不同恢复阶段季风常绿阔叶林凋落物物种组成中仅包含叶片这一凋落物组分。

在一年的凋落物收集过程中, 3 种群落类型共收集到 155 种物种的叶片凋落物, 其中恢复 30 年群落中收集到 79 种物种叶片凋落物, 恢复 40 年群落收集到 81 种, 老龄林则收集到 110 种物种的叶片凋落物 (表 8-4)。叶凋落物总量及其随月份的动态变化则见表 8-3 和图 8-2A。

表8-4　不同恢复阶段群落叶凋落物主要物种组成特征

Table 8-4　Species composition in communities of different restoration stages

恢复时间	物种	拉丁名
30 年	短刺栲	*Castanopsis echidnocarpa*
	思茅松	*Pinus kesiya* var. *langbianensis*
	红木荷	*Schima wallichii*
	茶梨	*Anneslea fragrans*
	刺栲	*Castanopsis hystrix*
	华南石栎	*Lithocarpus fenestratus*
	隐距越桔	*Vaccinium exaristatum*
	大果油麻藤	*Mucuna macrocarpa*
	母猪果	*Helicia nilagirica*
	粗壮润楠	*Machilus robusta*
	黄药大头茶	*Gordonia chrysandra*
	密花树	*Rapanea neriifolia*
	杯状栲	*Castanopsis calathiformis*
	蒲桃	*Syzygium jambos*
	大头茶	*Gordonia axillaris*

续表

恢复时间	物种	拉丁名
30 年	截头石栎	*Lithocarpus truncatus*
	尾叶野漆	*Toxicodendron succedaneum*
	小果栲	*Castanopsis fleuryi*
	金叶子	*Craibiodendron yunnanense*
40 年	短刺栲	*Castanopsis echidnocarpa*
	思茅松	*Pinus kesiya* var. *langbianensis*
	红木荷	*Schima wallichii*
	刺栲	*Castanopsis hystrix*
	华南石栎	*Lithocarpus fenestratus*
	茶梨	*Anneslea fragrans*
	滇南青冈	*Cyclobalanopsis austro-glauca*
	粗壮润楠	*Machilus robusta*
	密花树	*Rapanea neriifolia*
	毛叶黄杞	*Engelhardtia colebrookiana*
	截头石栎	*Lithocarpus truncatus*
	隐距越桔	*Vaccinium exaristatum*
	思茅青冈	*Cyclobalanopsis fuhsingensis*
	西南桦	*Betula alnoides*
	毛叶青枫	*Cyclobalanopsis kerrii*
	云南蒲桃	*Syzygium yunnanense*
	独子藤	*Celastrus monospermus*
	山鸡椒	*Litsea cubeba*
	红皮水锦树	*Wendlandia tinctoria*
	毛银柴	*Aporusa villosa*
老龄林	红木荷	*Schima wallichii*
	短刺栲	*Castanopsis echidnocarpa*
	杯状栲	*Castanopsis calathiformis*
	粗壮润楠	*Machilus robusta*
	买麻藤	*Gnetum montanum*
	刺栲	*Castanopsis hystrix*
	大果油麻藤	*Mucuna macrocarpa*
	截头石栎	*Lithocarpus truncatus*
	西南桦	*Betula alnoides*
	茶梨	*Anneslea fragrans*
	山鸡椒	*Litsea cubeba*
	独子藤	*Celastrus monospermus*
	华南石栎	*Lithocarpus fenestratus*
	母猪果	*Helicia nilagirica*
	桑寄生	*Taxillus sutchuenensis*
	毛叶柿	*Diospyros strigosa*
	密花树	*Rapanea neriifolia*
	山杜英	*Elaeocarpus sylvestris*
	野毛柿	*Diospyros kaki*
	滇南杜英	*Elaeocarpus austro-yunnanensis*

3 种群落凋落物物种组成随月份的动态变化见图 8-3。恢复 30 年群落中，4 月收集到的物种数量最多，8 月最低。而在恢复 40 年群落中，2 月收集到的物种数量最多，随后减少，而在 9 月再次达到峰值，随后再次降低。老龄林群落中，4 月收集到的物种数量最多，8 月存在一个小的峰值，11 月物种数量最少。

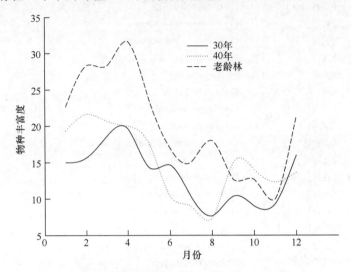

图8-3　凋落物物种组成随时间的动态变化

Fig. 8-3　Species composition change of litter with month

不同恢复阶段群落中每个月凋落物中主要物种见表 8-5。表 8-5 中列出了每个月份 3 种群落叶凋落物量最大的前 10 个物种。在恢复 30 年群落中，12 个月中均出现的物种包括短刺栲、思茅松、刺栲、红木荷等物种，并且这些物种的叶凋落物均排在前面。在恢复 40 年群落中，12 个月中均出现的物种与恢复 30 年群落大致相同，也主要是短刺栲、思茅松、刺栲、红木荷等物种。但在老龄林群落中，则没有思茅松出现，主要为壳斗科物种，如短刺栲、杯状栲、刺栲等，此外，山茶科物种红木荷也是最主要的凋落物种。

表8-5　叶凋落物不同月份主要物种组成

Table 8-5　Species composition of different month

月份	30 年	40 年	老龄林
1	短刺栲，思茅松，红木荷，茶梨，隐距越桔，黄药大头茶，尖叶野漆，刺栲，大果油麻藤，粗壮润楠	短刺栲，思茅松，红木荷，滇南青冈，云南蒲桃，刺栲，密花树，毛叶黄杞，尾叶野漆，粗壮润楠	短刺栲，红木荷，杯状栲，粗壮润楠，茶梨，买麻藤，密花豆，野毛柿，山鸡椒，刺栲
2	短刺栲，思茅松，红木荷，茶梨，刺栲，大果油麻藤，粗壮润楠，隐距越桔，大头茶，华南石栎	短刺栲，思茅松，红木荷，茶梨，粗壮润楠，华南石栎，密花树，毛叶黄杞，滇南青冈，刺栲	红木荷，短刺栲，粗壮润楠，杯状栲，大果油麻藤，买麻藤，茶梨，山鸡椒，截头石栎，刺栲
3	思茅松，短刺栲，红木荷，茶梨，刺栲，黄药大头茶，华南石栎，小果栲，粗壮润楠，母猪果	短刺栲，思茅松，红木荷，茶梨，刺栲，华南石栎，粗壮润楠，密花树，截头石栎，毛叶青枫	红木荷，短刺栲，杯状栲，粗壮润楠，买麻藤，刺栲，茶梨，独子藤，截头石栎，滇南杜英
4	短刺栲，思茅松，茶梨，刺栲，红木荷，华南石栎，大果油麻藤，杯状栲，截头石栎，母猪果	短刺栲，思茅松，红木荷，华南石栎，截头石栎，刺栲，茶梨，毛叶青冈，粗壮润楠，滇南青冈	短刺栲，红木荷，杯状栲，买麻藤，刺栲，粗壮润楠，截头石栎，华南石栎，大果油麻藤，母猪果

月份	30 年	40 年	老龄林
5	短刺栲，思茅松，刺栲，茶梨，红木荷，母猪果，密花树，金叶子，粗壮润楠，西南桦	短刺栲，思茅松，刺栲，华南石栎，茶梨，红木荷，独子藤，毛银柴，隐距越桔，粗壮润楠	短刺栲，杯状栲，红木荷，买麻藤，刺栲，华南石栎，母猪果，粗壮润楠，截头石栎，山鸡椒
6	思茅松，短刺栲，刺栲，茶梨，华南石栎，红木荷，杯状栲，隐距越桔，密花树，独子藤	短刺栲，刺栲，华南石栎，思茅松，红木荷，密花树，茶梨，隐距越桔，毛叶黄杞，粗壮润楠	红木荷，短刺栲，买麻藤，杯状栲，独子藤，刺栲，截头石栎，华南石栎，毛银柴，母猪果
7	短刺栲，思茅松，红木荷，刺栲，隐距越桔，茶梨，母猪果，尾叶漆，金叶子，尖叶野漆	短刺栲，刺栲，思茅松，红木荷，华南石栎，密花树，合果木，粗壮润楠，杯状栲，茶梨	短刺栲，杯状栲，红木荷，截头石栎，毛叶柿，买麻藤，西南桦，华南石栎，独子藤，桑寄生
8	思茅松，短刺栲，红木荷，刺栲，母猪果，茶梨，隐距越桔，尖叶野漆，金叶子，粗壮润楠	短刺栲，思茅松，刺栲，红木荷，华南石栎，密花树，合果木，杯状栲，茶梨，穿鞘菝葜	短刺栲，杯状栲，红木荷，买麻藤，毛叶柿，截头石栎，西南桦，刺栲，独子藤，华南石栎
9	短刺栲，思茅松，茶梨，刺栲，红木荷，华南石栎，云南葡萄，粗壮润楠，尖叶野漆，隐距越桔	短刺栲，思茅松，刺栲，红木荷，粗壮润楠，华南石栎，红皮水锦树，滇南青冈，红花木樨榄，毛叶黄杞	短刺栲，红木荷，杯状栲，截头石栎，买麻藤，独子藤，茶梨，华南石栎，刺栲，密花树
10	短刺栲，思茅松，茶梨，红木荷，刺栲，密花树，尖叶野漆，华南石栎，椤木石楠，粗壮润楠	短刺栲，红木荷，思茅松，滇南青冈，华南石栎，刺栲，粗壮润楠，毛叶黄杞，红皮水锦树，茶梨	短刺栲，红木荷，杯状栲，截头石栎，买麻藤，独子藤，茶梨，华南石栎，刺栲，密花树
11	短刺栲，红木荷，思茅松，茶梨，密花树，尖叶野漆，椤木石楠，刺栲，华南石栎，独子藤	西南桦，滇南青冈，红木荷，短刺栲，思茅松，铁矢米，截头石栎，红皮水锦树，华南石栎，杯状栲	红木荷，短刺栲，杯状栲，买麻藤，独子藤，茶梨，刺栲，截头石栎，伞花木姜子，桑寄生
12	短刺栲，思茅松，大叶蒲桃，越桔，红木荷，茶梨，杯状栲，大头茶，省枯油，尖叶野漆	短刺栲，思茅松，青冈，红木荷，密花树，小漆树，毛叶黄杞，华南石栎，光叶木樨榄，茶梨	红木荷，西南桦，短刺栲，杜英，买麻藤，刺栲，野毛柿，油麻藤，杯状栲，木姜子

8.2.4　优势种凋落物凋落物量及其动态

从表 8-5 中的分析可以看出，恢复群落及老龄林群落中短刺栲、刺栲及红木荷均是最主要的凋落物种，同时根据野外调查及资料查询也可得出短刺栲、刺栲和红木荷是普洱地区季风常绿阔叶林中的优势种，因此，本部分内容中优势种选择为短刺栲、刺栲和红木荷。

短刺栲、刺栲和红木荷 3 种优势种年叶片凋落物量见表 8-6。3 个优势种中，短刺栲叶片年凋落物量在所有群落中均最大，红木荷次之，刺栲最少。短刺栲在恢复 30 年群落中叶片年凋落物量达到 2644.99kg/hm^2，占所有物种叶片年凋落物量的 53.93%，而在恢复 40 年群落中，叶片年凋落物量达到 2786.11kg/hm^2，占所有物种叶片年凋落物量的 47.83%，但在老龄林中仅为 1499.58kg/hm^2，占所有物种叶片年凋落物量的 28.32%。红木荷在恢复 30 年群落中叶片年凋落物量达到 414.58kg/hm^2，占所有物种叶片年凋落物量的 8.45%，而在恢复 40 年群落中，叶片年凋落物量达到 623.91kg/hm^2，占所有物种叶片年凋落物量的 10.71%，但在老龄林中则为 1677.98kg/hm^2，占所有物种叶片年凋落物量的 31.69%。刺栲在恢复 30 年群落中叶片年凋落物量为 299.17kg/hm^2，占所有物种叶片年凋落物量的 6.1%，而在恢复 40 年群落中，叶片年凋落物量达到 438.6kg/hm^2，占所有物种叶片年凋落物量的 7.53%，但在老龄林中为 336.94kg/hm^2，占所有物种叶片年凋落物量的 6.36%。

表8-6　3种优势种年凋落物量（单位：kg/hm²）
Table 8-6　Annual litter quantity of three dominant species

恢复时间	短刺栲 Castanopsis echidnocarpa	刺栲 Castanopsis hystrix	红木荷 Schima wallichii
30 年	2644.99	299.17	414.58
40 年	2786.11	438.60	623.91
老龄林	1499.58	336.94	1677.98

　　3 种优势种展现出不同的叶凋落物量时间动态规律。对于短刺栲，恢复 30 年及 40 年群落中叶凋落物量最大值出现在 2 月，随后呈现出逐渐降低的趋势（图 8-4）；而在老龄林群落中，叶凋落物量最大值出现在 1 月，随后逐渐降低，4 月再次升高后继续逐渐降低（图 8-4）。

　　对于红木荷，恢复 30 年群落叶凋落物量最大值出现在 3 月，其他 2 种群落均出现在 2 月，随后呈现出逐渐降低的趋势（图 8-4）。在 2 月时，老龄林具有较高的叶凋落物量，而在其他月份，3 种群落间差异不显著（图 8-4）。

　　对于刺栲，恢复 30 年群落中叶凋落物量最大值出现在 4 月，随后呈现出逐渐降低的趋势（图 8-4）；而在恢复 40 年群落中，叶凋落物量具有 3 个峰值，分别出现在 3 月、5 月和 9 月；在老龄林中，其叶凋落物量随时间动态变化与恢复 30 年群落相似（图 8-4）。

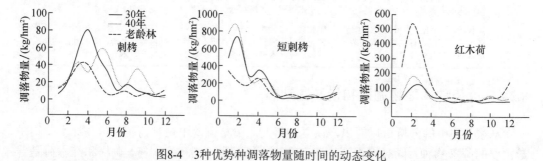

图8-4　3种优势种凋落物量随时间的动态变化
Fig. 8-4　Dynamic change of litter of three dominant species with month

8.3　小结与讨论

8.3.1　土壤理化性质

　　普洱地处云南中南部，属于南亚热带地区。20 世纪 60~70 年代，由于经济发展的需要，大量天然林被砍伐殆尽，代之为大面积的次生林，形成了一系列不同恢复阶段的季风常绿阔叶林。因此，该地区成为退化生态系统研究，特别是土壤恢复研究的理想场所。由于土壤和植被在生态恢复过程中互为因果关系，因此，对土壤的研究，一方面可以反映土壤本身的恢复状况，另一方面也能反映植被的恢复状况。

　　研究结果显示，随着恢复时间的延长，土壤物理性质逐渐趋于好转。主要体现在土壤容重的降低和孔隙度的增加。这与众多的研究结果也是相一致的（康冰等，2010；李裕元等，2010）。土壤容重是土壤紧密度的敏感性指标，与土壤孔隙度和渗透率密切相关，是表示土壤质量的重要参数。而土壤孔隙度不仅是土壤养分、水分、空气和微生物等的传输通道、贮存库和活动空间，也是植物根系生长的场所，对土壤中水、肥、气、热和微生物活性等具有重要的调控功能。土壤容重和土壤孔隙度是土壤物理性质中最重要的两个特征。土壤容重降低及孔隙度增加与植被恢复密切相关。在植被恢复初期，人为干扰所导致土壤结构恶化是土壤容重较高及孔隙度较低的主要原因。此外，该时期地上植被群落结构相对简单，生物量小，同时由于郁闭度较低，导致林内空气湿度及土壤含水量均较低，不利于凋落物的分解，这也是土壤容重较高及孔隙度较低的重要原因。随着恢复时间的延长，植被状况不断改善，群落结构日趋复杂，地上生物量及林分郁闭度逐渐增加，大量凋落物归还到土壤中，增加了土壤有机质含量，土壤团粒结构较好，同时植物根系发达，使得土壤通透性增强，容重降低，孔隙度增加。

在本书的研究中，土壤物理性质的另一个指标——土壤水分含量，也显示出随恢复时间的延长而逐渐增加的趋势。土壤水分是植物生长发育的重要因子，水分含量及其空间分布直接影响着植被恢复效果。随着植被的恢复，森林保水蓄水功能逐渐增强。一方面，林分郁闭度的增加增强了森林冠层的截流作用，使得降水不会直接落到地面产生地表径流而流失，而是经过树干缓慢到达地面，减弱了降水对土壤的冲击和水流速度，增加了土壤吸水的时间，加大了土壤吸水量。另一方面，地上植被的恢复增加了土壤孔隙度，这也在一定程度上增加了土壤蓄水空间。此外，地上植被恢复的同时，也改善了林内的温度条件，林分郁闭度的增大降低了林内温度，减弱了林内及土壤的水分蒸发，增加了土壤湿度。土壤水分含量随恢复时间的延长而增加，反过来也促进了地上植被的生长，二者相辅相成，互相促进。

研究结果也同时显示，土壤化学性质随着植被恢复也逐渐向好的方面转化。本书研究所选的 9 个土壤化学性质指标中均显示出，除恢复初期外，随恢复时间的延长，9 个土壤化学性质指标数值均逐渐增加。恢复初期数值较高可能与植被破坏时的干扰方式有关。本书研究中所选森林均是皆伐后自然恢复的季风常绿阔叶林。在皆伐过程中，人们所需要的树干被运走，而不需要的树枝及树叶留在林地，导致了林内堆积大量枝叶。在风吹日晒雨淋的作用下，这些枝叶逐渐分解，产生了大量的无机营养元素、碳及微量元素，并归还到土壤中，这必然会增加土壤肥力，提高土壤化学性质。而这些枝叶分解后产生的营养元素仅仅在恢复初期有所体现，很快便被快速生长的植被所吸收掉，土壤中营养元素含量再次降低。但随着植被的逐渐恢复，地上植被所产生的枯枝落叶逐渐增多，归还到土壤中的营养元素也开始逐渐增加，土壤化学性质得到逐渐改善。

土壤物理性质和化学性质并非独立，二者之间存在着密切的关系。土壤容重抑制土壤化学性质的改善，而孔隙度和含水量则促进土壤化学性质的改善。土壤容重较大，说明土壤物理性质较差，土壤中透水性、通气性较差，植物根系伸展时阻力大，植物生长受阻，这必然导致植物产生的枯枝落叶较少，归还到土壤中的营养元素量低；反之，土壤中透水性、通气性较好，植物生长旺盛，产生的枯枝落叶较多，归还到土壤中的营养元素量必然增高。同样，土壤孔隙度的增加改善了土壤物理性质，促进了植物生长，导致土壤化学性质的改善。而水分本身就是植物生长所必需的，同时，土壤水分含量增大还会促进植物对营养元素及一些矿物质的吸收，加快植物生长速度，植物生长加速的同时，回归到土壤中的营养元素也必然增多，土壤化学性质得到不断改善。可见，土壤物理性质得到改善的同时，也必然会改善土壤化学性质，良好的养分循环与积累必须以良好的物理性能为基础和载体，反之亦然，二者相辅相成，互相促进。

生态环境建设是我国当前生态问题中的重中之重，而生态环境建设的成效在很大程度上取决于生态恢复过程中土壤质量的演化，只有土壤不断形成发育、正向演替，才能使已经退化的生态系统达到生态平衡和良性循环。而本书的研究结果也显示出，土壤理化性质与植被密切相关，二者相互促进。因此，在今后的生态恢复过程中，恢复措施的制定需要同时考虑植被与土壤，这样才能达到生态恢复的目的，加速生态恢复进程。

8.3.2　凋落物动态

不同恢复阶段季风常绿阔叶林年凋落物总量为 8133.1~8798.3kg/hm^2，低于福建木荷马尾松林（9.209t/hm^2），高于杭州木荷常绿阔叶林（7.47t/hm^2）（俞益武和吴家森，2004）和鼎湖山马尾松木荷林（7.06t/hm^2）现存量（方运霆等，2003），比福建 20 年生木荷马尾松（鲜重 3.91t/hm^2）和木荷黄山松林（鲜重 2.67t/hm^2）（刘钦，2004）大得多。森林年凋落物量的大小与林分类型密切相关。一般来说，温带森林低于亚热带森林，低于热带林。同时，森林年凋落物量也与地理环境、气候、人为干扰等因素密切相关，是一个多因素共同作用的结果。

凋落物是森林的第一性生产力的重要组成部分，其动态变化在一定程度上反映了森林生态系统生物量的变化。本书的研究发现，3 种群落总凋落物量最大值均出现在 2 月，这与研究区域气候有关。普洱地区在每年的 11 月至次年 4 月为旱季，植物停止生长，进行新旧器官的更替，大量凋落物主要发生在这个时段。同时，由于普洱季风常绿阔叶林主要由壳斗科和山茶科物种组成，而这两个科物种落叶主要发生于 2 月（物候观测数据），从而使得该时段群落总凋落物量最大。而在 5~9 月为树木生长期，其产生的凋落物较少，进入 10 月后，树木休眠期开始，凋落物逐渐开始产生。

在不同凋落物组分中，叶片凋落物量动态变化与总凋落物量变化一致，这是由于叶片是最主要的凋落物组分，总量超过了 60%。枝凋落物量在恢复群落与老龄林群落间存在差异可能是由于老龄林中大树更多，存在部分枯死木和枯枝，在雨季风雨的作用下，使得枝凋落物量在 8 月出现了高峰值。树皮凋落物量在 8 月出现高峰值则可能与树木生物学特性及枯死木和枯枝的存在有关。繁殖体的多峰曲线则与物种开花与落果的时间有关，2 月的高峰值主要是落果，而在生长季中的高峰值主要与开花有关。半分解物凋落物量的多少则与气候、病虫害等因素有关，雨季的雨量多少、持续时间、林内昆虫数量及产生的粪便多少、落叶后产生的碎叶数量均会影响半分解物凋落物量的大小。

总之，森林凋落物数量大小及其动态变化受多种因素影响，是多因素共同作用的结果。探寻森林凋落物数量大小及其动态的影响因素，对于森林经营具有重要的科技指导作用。

第九章 西部季风常绿阔叶林恢复生态系统 C、N、P 化学计量特征

  化学元素是生物体最本质的组成成分，它能够对有机体的许多行为进行有序调控（Michaels，2003）。C、N、P 作为植物的基本化学元素，在植物生长和各种生理调节机能中发挥着重要作用（Reich et al.，2006）。C 是构成植物体内干物质的最主要元素（项文化等，2006），而 N 和 P 是各种蛋白质和遗传物质的重要组成元素。由于自然界中 N 和 P 元素供应往往受限，因此成为生态系统生产力的主要限制因素（Elser et al.，2007）。作为重要的生理指标，C∶N 和 C∶P 的值反映了植物生长速度（Ågren，2004），并与植物对 N 和 P 的利用效率有关，N∶P 则是决定群落结构和功能的关键性指标，并且可以作为对生产力起限制性作用的营养元素的指示剂（Elser et al.，2000）。因此，研究 C、N、P 在植物群落中的含量和比值十分必要。

  近年来，生态化学计量学的提出，为研究生态系统中相互作用的多种化学元素（如 C、N、P）提供了一种综合方法。生态化学计量学结合了生物学、化学和物理学等基本原理，包括了生态学和化学计量学的基本原理，考虑了热力学第一定律、生物进化的自然选择原理和分子生物学中心法则的理论，是研究生物系统能量平衡和多重化学元素（主要是 C、N、P）平衡的科学（Elser et al.，1996），也是研究植物化学元素分配的重要方法。生态化学计量通常指的是有机体的元素组成，主要强调的是活有机体的主要组成元素（特别是 C、N、P）的比值关系。生态化学计量学理论认为有机体都是由元素构成的，这些元素的比值不仅决定了有机体的关键特征，也决定了有机体对资源数量和种类的需求。因为元素是有机体的最基本组成，所以生物进化将明显影响有机体的元素比值，因此，生态化学计量学理论可以直接与生物进化相联系。此外，环境对有机体元素比值的影响很大，不同的地质、气候和生物等因素都会影响它，有机体通过消耗和释放不同于环境元素比值的元素，从而对其周围环境元素的比值产生影响。因此，环境的元素化学计量比值和有机体的化学计量比值之间就形成了复杂的反馈关系，一旦两者的化学计量比值不相匹配，就会引发有机体种群行为和进化的改变，也会影响生物的生长发育过程和形态的改变。可以认为，有机体的生态化学计量学理论连接了生物系统的不同层次（分子、细胞、有机体、种群、生态系统和全球尺度）。作为有机体主要的组成元素，C、N、P 无论是在植物个体水平，还是在生态系统水平，都是相互作用的。研究其中一个元素在生态学过程中的作用，必须同时考虑其他元素的影响。生态化学计量学为研究 C、N、P 等主要元素的生物地球化学循环和生态学过程提供了一种新思路（Güsewell，2004；Sterner and Elser，2002）。在植物的个体水平上，C、N、P 的组成及分配是相互联系、不可分割的一个整体，它们的相互作用及与外界环境的关系共同决定着植物的营养水平和生长发育过程（Güsewell，2004）。不同器官和组织之间相互作用的

结果就是分配多少 C 或 N 到特定部位，以协调整体的生长发育过程。例如，植物的光合作用与光合器官（通常是叶片）中的 N 含量密切相关，而光合器官中的氮元素又依赖于植物根系对 N 的吸收和向叶片的运输，这些过程都需要植物的光合作用提供能量。因此，植物要获得 C 首先需要投资 N 到同化器官。同样，为了获得 N，植物要投资同化的有机物到根系。在个体水平上，植物的生长速率随叶片 N 与 P 比率的降低而增加，即所谓的生长速率假说（Sterner and Elser，2002）。而在生态系统水平上，生产者、消费者、分解者及土壤等环境的 C、N、P 组成决定了生态系统的主要过程，如能量流动和物质循环（Moe et al.，2005；Aerts and Chapin Ⅲ，2000；Tilman，1982；Chapin，1980）。例如，群落冠层叶片 N 水平在一定程度上代表其光合能力和生态系统的生产力，凋落物的分解速率也与其 C 与 N 比率呈负相关关系，而土壤的 C 与 N 比率与有机质的分解、土壤呼吸等密切相关（Yuste et al.，2007；Schlesinger and Andrews，2000）。土壤及植物的 N 和 P 共同决定着生态系统的生产力（Chapin et al.，2002；Treseder and Vitousek，2001）。因此，在生态系统水平上，C、N、P 的耦合作用制约了生态系统的主要过程。生态化学计量学将生态实体的各个层次在元素水平上统一起来，使得不同尺度、不同生物群系和不同研究领域的生物学研究联系起来，研究了生态相互作用及其过程中 C、N、P 化学元素的平衡，揭示了生态系统各组分 C、N、P 比例的调控机制，认识了 C、N、P 比例在生态系统的过程和功能中的作用，阐明了生态系统 C、N、P 平衡的元素化学计量比格局，这对于揭示 C、N、P 元素相互作用与制约的变化规律，实现自然资源的可持续利用具有重要的现实意义。

目前，化学计量学在国外研究中十分活跃（Hall et al.，2006；Schade et al.，2005；McGroddy et al.，2004；Elser et al.，2000；Redfield，1958），研究重点集中在海洋生态系统，诸如海洋生物的种群动态、共生寄生关系与营养物质循环等。Redfield 于 1958 年首先对海洋浮游植物有机体的化学计量组成进行了研究，发现当养分不受限制时，浮游植物的元素比值关系为 $C:N:P=106:16:1$，即著名的 Redfield 比值（Redfield，1958）。尽管后来证明 $C:N:P$ 的值是不断变化的，但这一发现已成为海洋生态系统研究的重要定律之一（McGroddy et al.，2004；Redfield，1958）。Redfield 比值已经在诸如海洋的 N、P 循环（Field，1998；Cooper et al.，1996；Codispoti，1995）、海洋大气 CO_2 交换（Singman and Boyle，2000）及净初级生产力的营养限制等生物地球化学循环研究中起到了重要的指示和引导作用，它的出现推动了科学家在全球尺度上研究生物地球化学循环过程。随着研究领域的不断扩展，生态化学计量学不仅在海洋生态系统中得到了广泛研究（Dodds et al.，2004；Hessen et al.，2004；Sterner and Elser，2002），而且在陆地生态系统中的研究也逐渐增多。在陆地生态系统区域 $C:N:P$ 化学计量学格局及其驱动因素研究方面，Elser 等（2000）对全球陆生植物及无脊椎食草动物的研究表明，尽管陆生环境和淡水湖泊环境有着巨大的差异，但是陆生植物和无脊椎食草动物具有相近的 N 与 P 比率。Reich 和 Oleksyn（2004）对全球 1280 种陆生植物的研究发现，随着纬度的降低和年平均气温的增加，叶片的 N 和 P 含量降低，而 N:P 则升高。McGroddy 等（2004）在群落水平上，研究了全球森林生态系统的 $C:N:P$ 计量学关系，发现尽管全球植物叶片的 $C:N:P$ 存在较大变化，但在生物群区的水平上相对稳定，并且叶片凋落物的 $C:N$ 相对稳定。Han 等（2005）研究了中国 753 种陆生植物的 N 与 P 比率，发现和全球相比，中国植物的 P 含量相对较低，这可能导致了叶片 N：P 高于全球平均水平。He 等（2008，2006a）对中国草地 213 种优势植物的 C：N：P 计量学进行了研究，发现中国草地植物的 P 含量相对较低，而 N：P 高于其他地区草地生态系统，并且在草地生物群区之内，N、P 及 N：P 不随温度和降水发生明显变化。这些研究还发现，草本植物叶片的 N、P 含量通常高于木本植物（He et al.，2008；He et al.，2006a）。此外，由于生态化学计量学的基本原理之一是种内不同发育阶段之间，以及群落和生态系统不同组成物种之间对 C、N、P 等多种元素要求的差异，这种差异引起不同层次上资源"供应-需求"之间的错配（mismatch）或矛盾，从而调节生理和生态学过程（Moe et al.，2005；Andersen et al.，2004）。例如，植物和养分之间、食草动物和植物之间、食碎屑者和碎屑之间都可能发生错配现象，因此可以影响到生态学的各个过程，包括个体的生长（Andersen et al.，2004；Vrede et al.，2004；Elser et al.，1996）、种群的增长（Urabe and Sterner，1996）、元素循环和物种共存（Hessen et al.，2004）。到目前为止，有关元素错配的生态学效应研究，多集中在个体水平上的生理生态过程，但对于种群和群落学的作用研究很少（Andersen et al.，2004）。此外，在不同营养级之间对 C：N：P 化学计量学调节方面，研究主要集中到 C：N：P 如何从高 C：N 和 C：P（土壤）到低 C：N 和 C：P（植物叶片和根系）的传递过程及其机制。在 C：N：P 计量学研究中，一个重要的例子就是可以根据植物叶片的 N 与 P 比率来判断土壤养分状况。例如，Koerselman 和 Meuleman（1996）通过对欧洲湿地植物施肥作用的评估发现，当植物 N：P<14 时，表现为受 N 的限制；当 N：P>16 时，表现为受 P 的限制。内蒙古羊草草原的施肥试验表明，N：P>23 时是 P 限制，而 N：P<21 时是 N 限制（Zhang et al.，2004）。最近通过对内蒙古温带草地、青藏高原高寒草地，以及新疆山地草地 199 个取样地点 213 个物种的化学计量学分析发现，植物叶片 N 与 P 比率主要受 P 含量的影响（He et al.，2008；He et al.，2006a）。除了生物组成元素之间的计量关系，目前发现环境要素，如光照也可能影响植物的 C：N：P 计量关系。近年来的一些研究表明，"光：养分（light：nutrient）"可能存在计量关系，特别是在浮游生物中。例如，Striebel 等（2008）发现，光照可以改变浮游植物的 C：P 计量关系，随着辐射增强，藻类群落生物量和 C：P 增长加快，并且不管是贫营养还是富营养的湖泊中，水蚤生物量的增长都是中等光强时最大。Dickman 等（2008）把光与养分比率关系应用到鱼类的实验中，发现光、营养和食物链长度都能影响能量传递效率。这些研究表明，除了考虑 C：N：P 计量关系，光照等环境要素也是一个重要因素。

相对于国际上活跃的生态化学计量学研究，国内的相关研究尚未受到广泛关注（Zhang et al.，2003）。曾德慧和陈广生（2005）于 2005 年首次在国内系统地介绍了生态化学计量学的理论和发展，随后，高三平等（2007）和阎恩荣等（2008）探索了天童山演替系列群落的 N、P 生态化学计量学，韩文轩等（2009）对北京周边植物叶片的 C、N、P 化学计量特征进行了测定。此外，在区域 C：N：P 化学计量学格局及其驱动因素（He et al.，2008；任书杰等，2007；He et al.，2006a；Han et al.，2005）、施肥对群落 N 与 P 比率的影响（Zhang et al.，2004）等方面也进行了相关研究，然而，这些研究仅仅代表着我国生态化学计量学研究工作的开始，所涉及的生态系统仅有草原（He et al.，2008；He et al.，2006a；Han et al.，2005）、南亚热带常绿阔叶林（刘兴诏等，2010；吴统贵等，2010a；阎恩荣等，2008；Gao et al.，2007）、温带落叶阔叶林（韩文轩等，2009）及湿地（吴统贵等，2010b）等生态系统，并且每种生态系统的研究也刚刚起步，还有大量相关方面的研究亟待开展。因此，迅速开展陆地生态系统 C、N、P 化学计量特征研究是我国当前生态化学计量学研究的迫切需要。

尽管生态化学计量学研究的领域众多，如营养动态（Sterner and Hessen 1994）、微生物营养（Chrzanowski et al. 1997）、寄主-病原关系（Smith 1993a）、共生（Smith 1993b）、比较生态系统分析（Jaenike and Markow 2003）、消费者驱动的养分循环（Elser and Urabe 1999）、生物的养分限制（Tessier and Raynal 2003）、碳循环（Hessen et al. 2004）、种群动态（Andersen et al. 2004）、森林演替与衰退（Wardle et al. 2004）和生态系统养分供应与需求的平衡（Schade et al. 2005）等，同时也提出了诸如植物 N∶P 的营养限制理论（Güsewell 2004；Koerselman and Meuleman 1996）、植物叶 N∶P 地理分布模式的物种组成假说（Wright et al. 2001）、土壤母质年龄假说、气候假说（Reich and Oleksyn 2004b；Vitousek and Farrington 1997）、叶属性经济谱理论（leafeconomicsspectrum）（Wright et al. 2004）等假说，但我国关于生态化学计量学的研究则刚刚起步，大量有关元素化学计量方面的规律，特别是在西部季风常绿阔叶林中的规律有待挖掘。

通过对西部季风常绿阔叶林不同演替时间（演替 15 年、30 年和原始林）群落调查，以及树木叶片和土壤 C、N、P 的测定，分析不同演替阶段群落水平及共有物种 C、N、P 化学计量比特征，探讨群落水平 C、N、P 化学计量比特征与群落物种丰富度及个体多度和土壤 C、N、P 的相关性，从而揭示物种丰富度及个体多度和土壤 C、N、P 对植物群落 C、N、P 化学计量比特征的影响，并通过共有物种 C、N、P 化学计量比特征随演替时间的变化揭示演替时间的影响，同时对 N、P 养分限制作用进行判断，并分析主要优势种不同生长阶段 C、N、P 含量及其化学计量比的变化，探讨物种与生长阶段对 C、N、P 含量及其化学计量比的影响，从而为该区植被恢复策略的制定提供科学依据。

9.1 不同演替阶段植物与土壤 C、N、P 含量及化学计量比

选择西部季风常绿阔叶林受干扰（皆伐）后不同演替阶段的群落（演替 15 年、30 年及原始林群落）进行样地调查。在样地调查过程中，对样地出现的物种进行叶片采集，原则上是每个物种采集 10 株，每株采集成熟阳生叶片 2 片（由于所采叶片为阳生叶，采样部位一般选择树木的中、上部，利用高枝剪取枝条后选择完整、成熟叶片），对于样地中个体少于 10 株的物种则根据物种的个体多度进行分配每株的叶片采集数量，总数保证 20 片。同时，按照梅花形在样地四角及中心取土壤样品，土层厚度为 0~20cm，样品量约为 1kg。土壤样品采集后，剔除石粒和树根等杂物后风干，用玛瑙研磨仪研磨后过筛，装瓶待用。叶片则放入信封自然风干后磨碎，过筛后装瓶待用。植物和土壤中全氮采用 H_2SO_4-H_2O_2 消煮法（半微量凯氏法 GB 7173—87）测定，全磷用 NaOH 熔融-钼锑抗比色法（GB 9837—88）测定，有机质采用重铬酸钾氧化-外加热法（GB 9834—88）测定。不同演替阶段群落水平的植物叶片 C、N、P 含量采用加权平均值来表示。不同演替阶段群落植物与土壤 C、N、P、C∶N、N∶P 及 C∶P，共有物种的 C、N、P、

C∶N、N∶P、C∶P，以及不同 N∶P 植物种类及个体数量采用 SPSS17.0 统计软件进行 ANOVA 分析。不同演替阶段群落物种丰富度及个体多度与群落 C、N、P 化学计量比、植物与土壤 C、N、P 之间的关系采用 SPSS17.0 统计软件进行相关性分析。显著性水平为 *P*＜0.05。

9.1.1　土壤 C、N、P 含量及化学计量比

不同演替阶段群落土壤 C 含量之间存在显著性差异（图 9-1A）。演替 15 年及原始林群落中较高，而演替 30 年群落较低。

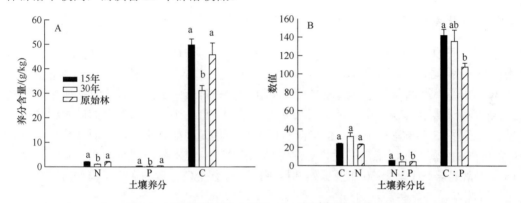

图9-1　不同演替阶段土壤C、N、P含量及化学计量比

Fig. 9-1　C，N and P concentrations and stoichiometry of soil at different succession stages communities

柱状图顶部字母的不同表示存在显著性差异（*P*＜0.05）

不同演替阶段群落土壤 N、P 含量变化趋势与 C 含量相同，均是演替 15 年群落显著高于演替 30 年群落，而与原始林无显著性差异（图 9-1A）。

土壤 C∶N 随演替的发展呈现"圆柱体"分布模式，但在 3 个演替阶段之间无显著性的差异（图 9-1B）；N∶P 及 C∶P 则呈现出"倒金字塔"分布模式，N∶P 在演替 15 年群落中显著高于演替 30 年及原始林群落，而 C∶P 则是演替 15 年群落显著高于原始林群落，而与演替 30 年群落无显著性差异（图 9-1B）。

9.1.2　植物叶片 C、N、P 含量及化学计量比

9.1.2.1　群落水平上的 C、N、P 含量及化学计量比

不同演替阶段群落植物叶片 C 含量平均值为 469.3~486.3g/kg，彼此之间无显著性差异，而 N 和 P 含量则是演替 15 年及原始林群落显著高于演替 30 年群落，前两者之间无显著性差异（表 9-1）。

演替 30 年群落 C∶N 显著高于演替 15 年及原始林群落，而后两者之间无显著性差异；N∶P 则在原始林群落最高；而 C∶P 由高到低依次为演替 30 年群落＞原始林＞演替 15 年群落（表 9-1）。

表9-1 不同演替时间群落C、N、P含量及化学计量比

Table 9-1 C，N and P concentrations and stoichiometry of plant at different succession stages communities

指标	15 年	30 年	原始林
N/（g/kg）	20.9±1.4[a]	14.4±0.5[b]	23.3±1.3[a]
P/（g/kg）	1.4±0.1[a]	0.9±0.1[b]	1.3±0.1[a]
C/（g/kg）	475.1±6.1[a]	486.3±6.2[a]	469.3±6.2[a]
C∶N	24.6±1.8[a]	35.2±0.6[b]	24.0±1.3[a]
N∶P	15.2±0.6[a]	15.8±0.9[ab]	17.8±0.5[b]
C∶P	358.7±11.8[a]	553.2±43.7[b]	419.1±12.0[c]

注：字母的不同表示存在显著性差异（$P<0.05$）

9.1.2.2 共有物种的叶片 C、N、P 含量及化学计量比

通过对数据的整理，统计出 3 个演替阶段群落中共有的、个体多度前 10 位的乔木物种列于表 9-2。杯状栲和华南石栎 N 含量在恢复 15 年及原始林群落中均显著高于恢复 30 年群落，红木荷与粗壮润楠 N 含量则在原始林群落中最高，而其他物种 N 含量在 3 个演替阶段群落中无显著性差异（表 9-2）。茶梨、红木荷、毛银柴及腺叶木樨榄 P 含量均是演替 15 年群落中最高，但华南石栎 P 含量则是原始林中最高，而其他 5 个物种 P 含量在 3 个演替阶段群落中无显著性差异（表 9-2）。红木荷及密花树 C 含量均是演替 15 年群落显著高于演替 30 年及原始林群落，其他物种 C 含量则在 3 个演替阶段群落中无显著性差异（表 9-2）。

表9-2 不同演替阶段群落中共有物种叶片C、N、P含量及化学计量比

Table 9-2 C，N and P concentrations and stoichiometry of common species at different succession stages

物种	恢复时间	N/（g/kg）	P/（g/kg）	C/（g/kg）	C∶N	N∶P	C∶P
杯状栲 *Castanopsis calathiformis*	15 年	21.3±1.0[a]	01.4±0.1[a]	485.1±6.8[a]	22.9±0.8[a]	15.0±0.7[a]	344.4±29.2[a]
	30 年	16.1±0.9[b]	1.3±0.1[a]	478.8±2.7[a]	29.9±1.8[b]	12.8±0.2[b]	380.9±19.8[a]
	原始林	20.1±0.4[a]	1.4±0.1[a]	472.3±1.2[a]	23.5±0.5[a]	14.9±0.7[a]	350.1±15.0[a]
茶梨 *Anneslea fragrans*	15 年	11.6±1.2[a]	1.0±0.1[a]	524.5±13.2[a]	45.6±5.9[a]	12.0±1.2[a]	539.9±14.9[a]
	30 年	11.9±1.1[a]	0.7±0.0[b]	506.3±7.0[a]	43.2±3.7[a]	18.1±2.0[a]	767.7±18.1[b]
	原始林	13.3±0.5[a]	0.7±0.1[b]	521.3±8.6[a]	39.3±1.3[a]	19.3±3.4[a]	753.7±118.6[ab]
粗壮润楠 *Machilus robusta*	15 年	13.2±0.5[a]	1.0±0.1[a]	501.3±6.3[a]	37.9±1.35[a]	12.9±0.44[a]	491.0±29.76[ab]
	30 年	13.5±1.1[a]	0.9±0.1[a]	509.2±5.4[a]	38.34±3.22[a]	15.48±0.32[ab]	591.59±38.30[a]
	原始林	18.1±1.7[b]	1.1±0.1[a]	461.8±17.8[a]	26.17±3.22[b]	16.87±1.32[b]	437.36±50.27[b]
短刺栲 *Castanopsis echidnocarpa*	15 年	13.9±0.6[a]	1.1±0.1[a]	485.9±5.7[a]	34.96±1.13[ab]	12.36±0.94[a]	431.78±32.79[a]
	30 年	13.0±0.9[a]	0.8±0.1[a]	488.8±8.1[a]	37.83±2.5[a]	16.79±2.3[a]	631.21±75.8[a]
	原始林	15.8±0.7[a]	0.9±0.1[a]	465.5±11.2[a]	29.4±0.6[b]	17.4±1.3[a]	512.8±49.6[a]
华南石栎 *Lithocarpus fenestratus*	15 年	17.7±0.8[a]	1.2±0.0[ab]	515.0±9.1[a]	29.3±1.6[ab]	14.5±0.9[a]	422.4±7.0[a]
	30 年	1.45±0.1[b]	0.10±0.0[a]	51.4±0.6[b]	35.8±3.2[a]	15.0±2.5[a]	525.5±63.6[a]
	原始林	18.5±0.3[a]	1.3±0.0[b]	498.4±6.3[a]	26.9±0.7[b]	14.5±0.4[a]	389.1±4.9[b]
山鸡椒 *Litsea cubeba*	15 年	22.9±1.7[a]	1.4±0.2[a]	497.8±12.5[a]	22.0±1.8[a]	16.4±1.0[a]	363.9±47.9[a]
	30 年	19.2±2.0[a]	1.1±0.1[a]	508.3±19.5[a]	26.8±1.9[a]	17.1±1.7[ab]	455.8±52.9[a]
	原始林	24.8±1.1[a]	1.1±0.1[a]	503.7±0.2[a]	20.4±0.9[a]	22.2±0.1[b]	451.7±21.7[a]

物种	恢复时间	N/(g/kg)	P/(g/kg)	C/(g/kg)	C∶N	N∶P	C∶P
红木荷 *Schima* *wallichii*	15 年	14.9±1.4[ab]	1.4±0.4[a]	481.0±3.0[a]	32.6±3.2[ab]	11.4±2.1[a]	377.7±106.3[a]
	30 年	12.0±0.1[a]	0.7±0.0[b]	437.7±5.0[b]	36.5±1.2[a]	18.2±0.2[a]	662.7±12.3[b]
	原始林	15.5±0.2[b]	0.9±0.1[b]	458.0±24.5[b]	29.6±1.0[b]	18.2±0.8[a]	537.8±45.2[ab]
毛银柴 *Aporusa* *villosa*	15 年	17.7±0.1[a]	1.7±0.1[a]	382.3±0.1[a]	21.6±0.0[a]	10.1±0.0[a]	219.1±15.4[a]
	30 年	17.6±1.1[a]	1.2±0.1[b]	384.8±4.1[a]	22.0±1.6[a]	15.1±0.2[b]	333.4±27.8[a]
	原始林	20.6±1.9[a]	1.3±0.3[ab]	384.3±14.4[a]	18.7±1.0[a]	17.0±2.1[b]	319.6±57.1[a]
密花树 *Rapanea* *neriifolia*	15 年	11.8±0.1[a]	0.9±0.1[a]	540.0±12.5[a]	45.5±1.0[a]	12.7±0.4[a]	578.8±12.3[a]
	30 年	12.7±0.8[a]	0.9±0.1[a]	493.5±1.4[b]	39.2±2.6[ab]	14.9±1.0[a]	579.9±37.7[a]
	原始林	14.0±0.9[a]	0.9±0.2[a]	476.7±21.8[b]	34.1±0.6[b]	17.1±5.0[a]	579.5±161.7[a]
腺叶木樨榄 *Olea* *glandulifera*	15 年	14.9±0.8[a]	1.1±0.3[a]	494.3±8.4[a]	33.4±2.3[a]	13.7±0.5[a]	454.0±14.5[a]
	30 年	12.2±0.4[a]	0.9±0.1[b]	469.0±51.2[a]	38.4±2.1[a]	13.4±1.2[a]	515.4±52.1[a]
	原始林	15.1±1.8[a]	0.9±0.2[ab]	481.5±3.7[a]	32.3±4.1[a]	17.5±2.3[a]	573.6±147.0[a]

注：表中字母的不同表示存在显著性差异（$P<0.05$）

在 3 个演替阶段群落共有物种 C∶N 中，杯状栲和华南石栎演替 30 年群落中最高，而粗壮润楠、短刺栲、红木荷及密花树则是原始林中最低，其他物种如茶梨、山鸡椒、毛银柴和腺叶木樨榄在 3 个演替阶段中则无显著性差异（表 9-2）。C∶P 中，茶梨和红木荷在演替 15 年的群落中最低，而粗壮润楠和华南石栎则在原始林中最低，其他物种则无显著性差异（表 9-2）。在 3 个演替阶段群落共有物种 N∶P 中，杯状栲在演替 30 年群落中最低，仅为 12.8，而粗壮润楠和山鸡椒则在原始林中最高，均大于 16，毛银柴则是恢复 15 年群落中最低为 10.1，其他物种在 3 个演替阶段中则无显著性差异（表 9-2）。此外，在所列的 10 个共有物种中，演替 15 年群落中 7 个物种 N∶P 小于 14，1 个物种大于 16，2 个物种为 14~16；演替 30 年群落中，N∶P 小于 14 的物种仅有 2 个，而大于 16 的物种有 4 个，4 个物种为 14~16；而在原始林群落中，N∶P 大于 16 的物种有 8 个，2 个物种为 14~16。

9.1.3　物种丰富度及个体多度与群落水平 C、N、P 化学计量比的关系

9.1.3.1　物种丰富度及个体多度与植物中 C、N、P 化学计量比的相关性

乔木、灌木、藤本及总物种丰富度均与 C∶N、N∶P、C∶P 无显著的相关性，乔木、灌木、藤本及总物种个体多度也均与 C∶N、N∶P、C∶P 无显著的相关性（表 9-3）。

表9-3　物种丰富度及个体多度与C、N、P化学计量比的相关性
Table 9-3　Correlation between species richness，abundance and C，N and P stoichiometry

指标	生长型	C∶N	N∶P	C∶P
物种丰富度	乔木	−0.163 ns	0.276 ns	−0.055 ns
	灌木	−0.158 ns	0.066 ns	−0.201 ns
	藤本	−0.485 ns	0.013 ns	−0.499 ns
	合计	−0.277 ns	0.246 ns	−0.202 ns

续表

指标	生长型	C∶N	N∶P	C∶P
多度	乔木	−0.117 ns	−0.095 ns	−0.195 ns
	灌木	−0.625 ns	0.150 ns	−0.572 ns
	藤本	−0.375 ns	−0.253 ns	−0.520 ns
	合计	−0.465 ns	−0.114 ns	−0.571 ns

注：ns 表示没有显著相关性

9.1.3.2　不同 N∶P 植物的物种丰富度及个体多度

植物叶片中 N∶P 值不同表明物种受不同养分元素限制。当植被的 N∶P 小于 14 时，表明植物生长较大程度受到 N 素的限制作用，而大于 16 时，则反映植被生产力受 P 素的限制更为强烈，介于两者中间表明受到 N、P 元素的共同限制作用（Drenovsky and Richards，2004）。N∶P 小于 14 和介于 14~16 的物种丰富度和多度在 3 个演替阶段中均无显著性差异，但 N∶P 大于 16 的物种丰富度和多度在原始林中均显著高于演替 15 年和 30 年的群落，说明原始林中物种较恢复群落中更受 P 元素限制（表 9-4）。

表9-4　三个演替阶段群落中不同N∶P植物的物种丰富度与多度

Table 9-4　Species richness and abundance of different N∶P at three succession stages communities

指标	N∶P	15 年	30 年	原始林
物种丰富度	<14	12.3±3.7[a]	7.3±1.9[a]	4.7±1.5[a]
	14~16	5.7±1.3[a]	7.7±2.2[a]	8.3±3.3[a]
	>16	8.7±1.2[a]	10.3±1.7[a]	20.3±3.8[b]
多度	<14	332.7±143.3[a]	148.0±40.1[a]	57.7±18.0[a]
	14~16	178.3±53.0[a]	303.7±106.6[a]	181.3±6.2[a]
	>16	269.3±78.7[a]	184.0±66.1[a]	598.3±77.4[b]

注：表中字母的不同表示存在显著性差异（$P < 0.05$）

9.1.4　植物与土壤 C、N、P 间的关系

植物叶片 N、P、C∶N 与土壤的 N、P、C∶N 分别具有显著的线性正相关（图 9-2），而植物中的 C、N∶P、C∶P 则与土壤中的 C、N∶P、C∶P 无显著的相关性，说明土壤中 N、P 供应量影响植物体中的 N、P 含量，是限制植物生长的主要营养元素。

9.2　不同生长阶段植物 C、N、P 含量及化学计量比

季风常绿阔叶林是我国最复杂、生产力最高、生物多样性最丰富的地带性植被类型之一，对保护环境和维持全球碳平衡等都具有极重要的作用，尤其是在我国亚热带地区的生态环境建设，乃至全国的可持续发展中占据举足轻重的地位。通过对云南普洱季风常绿阔叶林中 6 种主要优势种不同生长阶段 C、N、P 的测定，分析不同生长阶段物种 C、N、P 化学计量比特征，探讨物种与生长阶段对 C、N、P 含量及其化学计量比的影响，从而为森林经营管理提供科学依据。

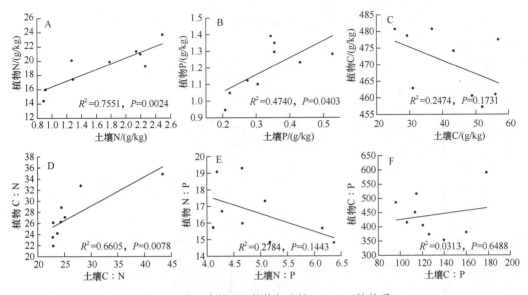

图9-2　不同演替阶段植物与土壤C、N、P的关系

Fig. 9-2　Relationships of C，N and P concentrations between plant and soil

在对季风常绿阔叶林原始林样地调查的基础上，通过整理数据，选取 6 种主要优势种（表 9-5）进行取样和测定。

表9-5　所选物种信息

Table 9-5　The information of species used in experiments

物种	科	属
刺栲 Castanopsis hystrix	壳斗科 Fagaceae	锥属 Castanopsis
短刺栲 Castanopsis echidnocarpa	壳斗科 Fagaceae	锥属 Castanopsis
华南石栎 Lithocarpus fenestratus	壳斗科 Fagaceae	柯属 Lithocarpus
截头石栎 Lithocarpus truncatus	壳斗科 Fagaceae	柯属 Lithocarpus
红木荷 Schima wallichii	山茶科 Theaceae	木荷属 Schima
茶梨 Anneslea fragrans	山茶科 Theaceae	茶梨属 Anneslea

根据物种胸径（DBH）与树龄的正相关关系，按照树木 DBH 大小将 6 种优势种划分为 4 个生长阶段：幼苗幼树（DBH<2.5cm），小树（2.5cm≤DBH<7.5cm），中树（7.5cm≤DBH<22.5cm），大树（DBH≥22.5cm）。在每个生长阶段分别选取 5 株个体，每株树木采集 20 片叶片，放入信封内带回实验室测定 N、P、C 含量。测定方法见 9.1 节。所有数据均采用 SPSS19.0 统计软件进行处理与分析，显著度水平设为 0.05。不同物种和生长阶段对植物叶片 N、P、C 含量及其化学计量特征的影响结果采用 Repeated-Measure ANOVA 分析。

9.2.1　不同生长阶段植物叶片 N、P、C 含量及化学计量比

6 种植物不同生长阶段 N 含量变化范围为 7.90~17.72mg/g，平均值为（13.24±3.21）mg/g。6 种物种不同生长阶段 N 含量变化趋势各异（图 9-3A），茶梨与刺栲变化趋势相同，均

为先降后升，短刺栲、红木荷及华南石栎则是先升后降，而截头石栎叶片 N 含量则随植物生长而逐渐升高。

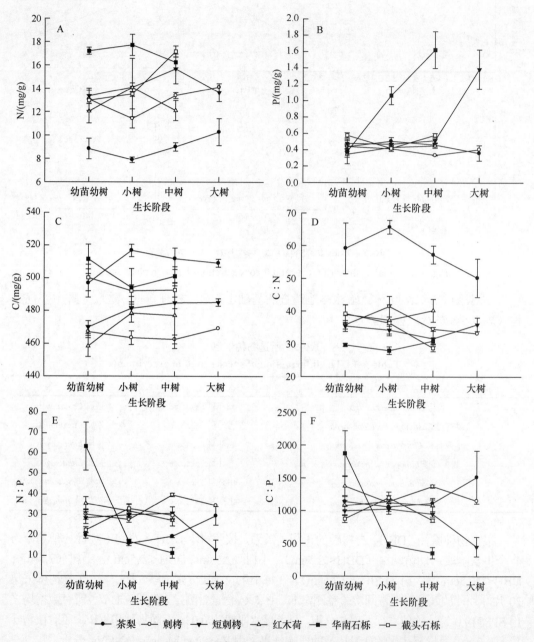

图9-3　不同生长阶段6种植物叶片N、P、C含量及化学计量比

Fig. 9-3　Leaf N，P and C contents and C：N，N：P and C：P mass ratios at different growth stages of six plants

　　6 种植物不同生长阶段 P 含量变化范围为 0.34~1.39mg/g，平均值为（0.59±0.24）mg/g。在 P 含量中，华南石栎变化最显著，随树木生长显著升高，而短刺栲仅在大树阶段突然升高，其余物种则无明显变化（图 9-3B）。

　　6 种植物不同生长阶段 C 含量变化范围为 458.48~516.87mg/g，平均值为（486.88±22.53）mg/g。C 含量中，有一半的物种（刺栲、华南石栎、截头石栎）C 含量随树木生长呈现先降后升的趋势，另有 2 种物种（茶梨及红木荷）呈现先升后降的趋势，而短刺栲 C 含量则随树木生长而逐渐升高（图 9-3C）。

　　6 种植物不同生长阶段 C：N 变化范围为 28.04~65.70，平均值为 39.30±11.69。C：N 中，茶梨与刺栲呈现先升后降，而红木荷、短刺栲与华南石栎则相反为先降后升，截头石栎则是逐渐降低（图 9-3D）。

　　6 种植物不同生长阶段 N：P 变化范围为 11.41~63.50，平均值为 27.98±13.31。N：P 中，茶梨为先降后升，刺栲为中树阶段最高，小树阶段最低，短刺栲在大树阶段最低，其他生长阶段相对平缓，红木荷和华南石栎则呈现逐渐降低的趋势，截头石栎为先升后降的趋势（图 9-3E）。

　　6 种植物不同生长阶段 C：P 变化范围为 355.23~1878.17，平均值为 1046.62±412.27。C：P 中，茶梨在大树阶段较高，其他生长阶段相对平缓，刺栲及截头石栎为先升后降，短刺栲在大树阶段最低，其他生长阶段相对平缓，红木荷在各生长阶段变化不明显，华南石栎则随树木生长而逐渐降低（图 9-3F）。

　　综合 6 种植物分析，不同生长阶段植物叶片 N、P、C 含量及其化学计量比变化趋势不同（图 9-4）。植物叶片 N 含量在中树阶段突然升高，而在其他三个生长阶段变化不显著。植物叶片 P 及 C 含量则随树木的生长而不断增加。C：N 则在中树阶段最低，小树阶段最高。N：P 及 C：P 则随树木的生长不断降低。

9.2.2　植物叶片 N、P、C 含量及化学计量比变异特征

　　6 种植物叶片 N、P、C 含量及化学计量比变异特征不同（表 9-6）。植物叶片 N 含量中，仅华南石栎变异系数(7.49%)小于10%，其余5种物种均高于10%，红木荷高达27.64%。而在 P 含量中，整体变异较大，茶梨、刺栲、红木荷及截头石栎变异系数为 17%~20%，而短刺栲和华南石栎分别高达到65.97%和63.63%。植物叶片 C 含量总体变异较小，仅红木荷（5.89%）超过 5%，其余 5 个物种均低于 5%。植物叶片 C：N 中，仅华南石栎变异系数（6.82%）低于 10%，其余均为 12%~21%。而植物叶片 N：P 中，所有物种变异系数均较高，华南石栎高达 91.65%，最低的刺栲也高达 19.19%。同样，所有物种的 C：P 变异系数也均较高，最高的为华南石栎（91.60%），最低为刺栲（15.99%）。

　　综合 6 种植物来看，除植物叶片 C 含量变异系数仅为 3.12%外，其余所有元素含量及化学计量比变异系数均较高，变化范围为 14.65%~36.46%，其中 N：P 变异系数最高为 36.46%，C：N 变异系数为 14.65%。

9.2.3　植物叶片 N、P、C 含量及化学计量比变异分解

　　物种、生长阶段及其交互作用对叶片 N、P、C 含量及化学计量比影响程度不同（表 9-7）。植物叶片 N 含量主要受生长阶段影响，其离差平方和达到 2147.38，但物种、物种与生长阶段的交互作用对植物叶片 N 含量影响也达到显著性水平。植物叶片 P 含量主要受物种与生长阶段的交互作用影响，其次为物种，但生长阶段对叶片 P

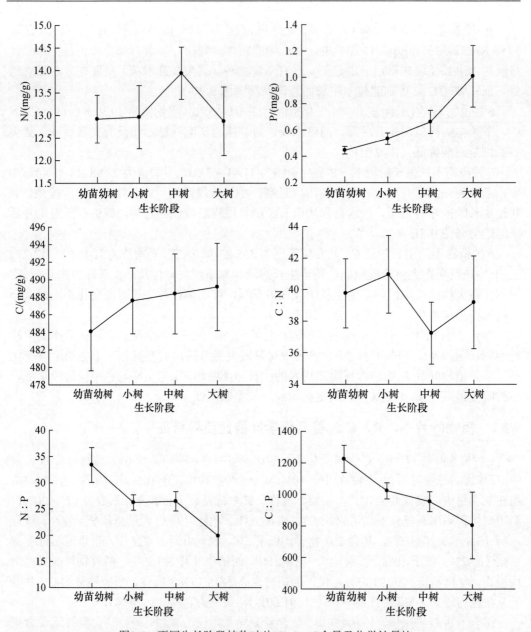

图9-4 不同生长阶段植物叶片N、P、C含量及化学计量比

Fig. 9-4 Leaf N，P and C contents and C∶N，N∶P and C∶P mass ratios at different growth stages of plants

含量的影响也达到显著性水平。与植物叶片 N 含量相似，植物叶片 C 含量主要受生长阶段影响，其离差平方和达到 2 773 966.81，其次为物种与生长阶段的交互作用，但物种对其影响也达到了显著性水平。植物叶片 C∶N 则主要受生长阶段影响，其次为物种，最后为物种与生长阶段的交互作用。植物叶片 N∶P 则主要受生长阶段影响，其次为物种与生长阶段的交互作用，但物种对其影响不显著。植物叶片 C∶P 则主要受生长阶段影响，其次为物种与生长阶段的交互作用，但物种对其影响也达到了显著性水平。

表9-6 6种植物叶片N、P、C含量及化学计量比的变化

Table 9-6 Variation of leaf N，P and C contents and C∶N，N∶P，C∶P mass ratios for six trees

参数	物种	均值 / (g/kg)	标准差 / (g/kg)	变异系数/%	极小值 / (g/kg)	极大值 / (g/kg)	极差
N	茶梨 Anneslea fragrans	8.78	1.38	15.73	6.03	11.43	5.40
	刺栲 Castanopsis hystrix	12.73	1.43	11.22	9.68	14.22	4.54
	短刺栲 Castanopsis echidnocarpa	14.20	1.94	13.63	11.68	20.33	8.65
	红木荷 Schima wallichii	12.75	3.52	27.64	9.71	23.88	14.17
	华南石栎 Lithocarpus fenestratus	17.01	1.27	7.49	14.48	20.20	5.72
	截头石栎 Lithocarpus truncatus	14.55	2.27	15.62	11.01	18.20	7.19
	合计	13.24	3.21	24.23	6.03	23.88	17.85
P	茶梨 Anneslea fragrans	0.46	0.08	18.28	0.27	0.62	0.35
	刺栲 Castanopsis hystrix	0.40	0.07	17.13	0.32	0.54	0.22
	短刺栲 Castanopsis echidnocarpa	0.71	0.47	65.97	0.39	1.80	1.41
	红木荷 Schima wallichii	0.41	0.08	19.42	0.25	0.53	0.28
	华南石栎 Lithocarpus fenestratus	1.02	0.65	63.63	0.22	1.93	1.71
	截头石栎 Lithocarpus truncatus	0.53	0.10	19.00	0.34	0.67	0.33
	合计	0.59	0.24	33.90	0.22	1.93	1.71
C	茶梨 Anneslea fragrans	508.62	15.24	3.00	474.58	527.92	53.34
	刺栲 Castanopsis hystrix	464.75	7.49	1.61	452.94	473.67	20.73
	短刺栲 Castanopsis echidnocarpa	480.35	9.47	1.97	455.16	496.52	41.36
	红木荷 Schima wallichii	471.38	27.75	5.89	431.60	538.97	107.37
	华南石栎 Lithocarpus fenestratus	502.91	18.84	3.75	466.19	523.92	57.73
	截头石栎 Lithocarpus truncatus	495.10	12.35	2.49	476.66	524.61	47.95
	合计	487.18	15.19	3.12	431.60	538.97	107.37
C∶N	茶梨 Anneslea fragrans	59.49	10.91	18.35	43.24	86.57	43.33
	刺栲 Castanopsis hystrix	37.05	5.10	13.77	32.40	48.61	16.21
	短刺栲 Castanopsis echidnocarpa	34.36	4.18	12.17	23.62	41.32	17.70
	红木荷 Schima wallichii	38.84	7.88	20.30	19.76	51.86	32.10
	华南石栎 Lithocarpus fenestratus	29.68	2.03	6.82	24.67	33.66	8.99
	截头石栎 Lithocarpus truncatus	34.83	5.74	16.49	26.95	46.22	19.27
	合计	39.30	5.97	14.65	19.76	86.57	66.81
N∶P	茶梨 Anneslea fragrans	19.80	4.91	24.78	13.19	34.15	20.96
	刺栲 Castanopsis hystrix	32.71	6.28	19.19	23.28	42.51	19.23
	短刺栲 Castanopsis echidnocarpa	25.56	9.95	38.94	7.80	40.89	33.09
	红木荷 Schima wallichii	31.58	7.33	23.23	20.11	44.68	24.57
	华南石栎 Lithocarpus fenestratus	31.60	28.96	91.65	8.51	79.57	71.06
	截头石栎 Lithocarpus truncatus	28.46	5.97	20.96	17.23	38.68	21.45
	合计	28.28	10.57	36.46	7.80	79.57	71.77
C∶P	茶梨 Anneslea fragrans	1153.75	256.46	22.23	814.57	1915.41	1100.84
	刺栲 Castanopsis hystrix	1195.89	191.21	15.99	845.32	1468.05	622.73
	短刺栲 Castanopsis echidnocarpa	855.62	300.02	35.06	267.72	1209.89	942.17
	红木荷 Schima wallichii	1195.06	268.74	22.49	847.23	1759.08	911.85
	华南石栎 Lithocarpus fenestratus	934.20	855.71	91.60	258.49	2333.95	2075.46
	截头石栎 Lithocarpus truncatus	977.11	209.56	21.45	711.65	1440.74	729.09
	合计	1051.94	346.95	34.80	258.49	2333.95	2075.46

表9-7　6种植物叶片N、P、C含量及化学计量比的变异来源分析

Table 9-7　Summary about the effect of variation from plant species, growth phases and both interactions on leaf N, P and C contents and C∶N, N∶P and C∶P mass ratios

参数	变异来源	离差平方和	df	均方	F	P
N（mg/g）	物种（S）	515.68	5	103.14	11.38	0.00
	物种间误差（S-error）	217.49	24	9.06		
	生长阶段（GP）	2 147.38	3	715.79	84.31	0.00
	物种×生长阶段（S×GP）	757.75	15	50.52	5.95	0.00
	生长阶段间误差（GP-error）	611.32	72	8.49		
P（mg/g）	物种（S）	3.60	5	0.72	21.32	0.00
	物种间误差（S-error）	0.81	24	0.03		
	生长阶段（GP）	2.40	3	0.80	16.89	0.00
	物种×生长阶段（S×GP）	10.57	15	0.71	14.90	0.00
	生长阶段间误差（GP-error）	3.41	72	0.05		
C（mg/g）	物种（S）	266 602.48	5	53 320.50	7.13	0.00
	物种间误差（S-error）	179 485.43	24	7 478.56		
	生长阶段（GP）	2 773 966.81	3	924 655.60	127.31	0.00
	物种×生长阶段（S×GP）	712 916.28	15	47 527.75	6.54	0.00
	生长阶段间误差（GP-error）	522 960.01	72	7 263.33		
C∶N	物种（S）	10 483.35	5	2 096.67	32.81	0.00
	物种间误差（S-error）	1 533.77	24	63.91		
	生长阶段（GP）	18 289.86	3	6 096.62	72.08	0.00
	物种×生长阶段（S×GP）	5 421.81	15	361.45	4.27	0.00
	生长阶段间误差（GP-error）	6 089.92	72	84.58		
N∶P	物种（S）	1 155.88	5	231.18	2.24	0.08
	物种间误差（S-error）	2 472.71	24	103.03		
	生长阶段（GP）	13 145.00	3	4 381.67	68.61	0.00
	物种×生长阶段（S×GP）	10 189.61	15	679.31	10.64	0.00
	生长阶段间误差（GP-error）	4 598.38	72	63.87		
C∶P	物种（S）	1 654 291.72	5	330 858.35	2.87	0.04
	物种间误差（S-error）	2 766 919.49	24	115 288.31		
	生长阶段（GP）	17 259 909.97	3	5 753 303.30	64.52	0.00
	物种×生长阶段（S×GP）	8 581 371.25	15	572 091.42	6.42	0.00
	生长阶段间误差（GP-error）	6 420 001.91	72	89 166.69		

9.3　小结与讨论

9.3.1　植物群落中叶片 N、P 含量及植物群落对 N、P 养分适应特征

N、P 等营养元素含量的高低影响植物的生长与群落动态。本书的研究中，不同演替阶段群落中植物叶片 N 和 P 含量平均值分别为 19.2g/kg 和 1.2g/kg，均在中国东部南

北样带叶片 N 和 P 含量范围内（N，2.2~52.6g/kg；P，0.1~10.3g/kg）（任书杰等，2007），略低于全球植物叶片 N（20.6g/kg）与 P（2.0g/kg）平均含量（Elser et al.，2000）及我国植物叶片 N（20.2 g/kg）（Han et al.，2005）与 P（1.5g/kg）（吴统贵等，2010a）平均含量，但却高于珠江三角洲典型植被叶片 N（11.4g/kg）和 P（1.0g/kg）含量（吴统贵等，2010a）。植物叶片中 N 和 P 含量随群落的演替均呈现先减后增趋势。

植物体中化学元素主要来源于土壤，其含量的高低与土壤中含量密切相关。本书的研究中，植物叶片及土壤 N 和 P 含量均随群落的演替呈现先减后增趋势（图 9-1A 和表 9-1），表现出完全的一致性，同时，植物与土壤 N 和 P 之间也存在显著正相关关系（图 9-2A，图 9-2B），这表明二者之间存在密切的关系。土壤 N 含量主要来源于凋落物归还、大气 N 沉降及一些固氮植物（刘兴诏等，2010），而云南普洱地区，凋落物归还是土壤 N 含量的主要来源。在演替初期，由于采伐产生了大量的枝、叶等采伐残余物及采伐引起的幼苗、幼树的损伤或死亡，短时间内迅速增加了采伐迹地的凋落物数量。与此同时，森林采伐后，林内环境发生改变，林分郁闭度降低，光照增加，温度上升，这增加了林下及土壤中微生物的活性，使得凋落物分解速率加快，凋落物 N 向土壤归还加速，导致土壤 N 含量增高。随着演替的进行，由于植物生长需要的养分不断增加，而本身产生的凋落物量在演替初期较少，导致土壤 N 含量降低。而在原始林中，由于大量较大植物个体的存在，凋落物产量明显高于演替中期，由此产生的归还于土壤的 N 也高于演替中期，土壤 N 含量再次升高。土壤 P 含量则主要来源于岩石的风化及凋落物归还。凋落物归还 P 过程类似于 N 归还过程，而岩石的风化则是一个漫长的过程，相对较稳定。正是由于土壤中 N 和 P 含量随群落演替过程的这种变化规律，加之植物与土壤 N 和 P 的显著正相关关系，导致了植物 N 和 P 含量随群落演替呈现初期高—中期低—后期高这种变化规律。

N 和 P 是植物的基本营养元素，对生物的生长、发育，以及行为都起着重要的作用，它们的循环限制着生态系统中的大多数过程（Aerts and Chapin III，2000）。由于自然界中 N 和 P 元素供应往往受限，成为生态系统生产力的主要限制因素（Elser et al.，2007），因此，植物叶片的 N 与 P 临界比值可以作为判断环境对植物生长的养分供应状况的指标（Güsewell，2004）。本书的研究中，植物叶片 N：P 随群落演替逐渐增加，共有种中 N：P 大于 16 的物种数也显示出随演替的进行而逐渐增多的趋势。研究显示，当植物 N：P<14 时，植物生长表现为受 N 的限制；当 N：P>16 时，表现为受 P 的限制，14<N：P<16 时则同时受 N、P 限制（Tessier and Raynal，2003）。根据上述判断限制性因子的 N：P 阈值，演替 30 年及原始林群落中 N：P 均大于 16，说明这两个演替阶段群落中植物生长主要受 P 限制。随着演替的进行，恢复 15 年、30 年及原始林群落共有种 N：P<14 的物种数量比为 7：1：0，N：P>16 的物种数量比为 1：4：8，说明在演替初期，植物生长主要受 N 限制，而在演替后期主要受 P 限制。将群落水平及物种水平 N：P 结合起来分析，不难看出，在演替初期群落中植物生长受 N、P 共同限制（群落水平 N：P 为 15，而多数共有物种受 N 限制，说明演替初期群落中植物生长受 N、P 共同限制），而随着演替的进行，植物生长转向 P 限制。这与大多数学者的研究结果是相一致的（银晓瑞等，2010；He et al.，2008；Wardle et al.，2004）。森林生态系统原生演替或次生演替的后期阶段，常常伴随着生产力的下降及腐殖质和新鲜凋落物中 N：P 的增加，表明随着时间推移森林生态系统越来越受到 P 的限制（Wardle et al.，2004）。

N：P 在决定群落结构和功能上是个关键性的指标，对植物来说，高的生长速率不仅对应高的 N：C 和 P：C，而且对应低的 N：P（Elser et al.，2003），植物的 N 和 P 共同决定着生态系统的生产力（Treseder and Vitousek，2001）。由于 N、P 元素在陆地生态系统中有着紧密的交互作用（Chapin et al.，2002），群体水平的 N、P 含量，分布特征及其比值可能对了解整个生态系统对 N、P 的需求非常重要。因此，应用 N：P 化学计量学的原理和方法，探索不同演替阶段群落及物种水平 N：P 的变化，掌握不同演替阶段限制植物生长的主要因素，对于目标物种的存在和生长，以及制定相应的群落恢复策略以加速群落的演替进程，并提高生态系统生产力具有重要意义。

9.3.2 植物群落中叶片 C 含量及 C：N 与 C：P

C 作为大气和温室气体的主要组成元素，特别是由于森林具有 C 的"源"与"汇"双重功能而备受关注（Svensson et al.，2008）。本书的研究中，不同演替阶段群落中植物叶片 C 含量平均值为 470.3g/kg，略高于全球植物叶片 C 平均含量（464g/kg）（Elser et al.，2000）及我国黄土高原植被叶片 C 含量（438g/kg）（郑淑霞和上官周平，2006），但却低于珠江三角洲典型植被叶片 C 含量（502.3g/kg）（吴统贵等，2010a）。不同演替阶段植物群落 C：N 为 23.9~31.6，高于全球平均水平（22.5）（Elser et al.，2000）及我国草原区植物叶片的平均水平（17.9）（He et al.，2008）和黄土高原的植物叶片平均水平（21.2）（郑淑霞和上官周平，2006），但却低于浙江天童山常绿阔叶林（39.9）和常绿针叶林（48.1）（Yan et al.，2010）。不同演替阶段植物群落 C：P 为 370.0~508.7，高于全球平均水平（232）（Elser et al.，2000）及我国浙江天童山落叶阔叶林（337.9）（Yan et al.，2010）和黄土高原的植物叶片平均水平（312）（郑淑霞和上官周平，2006），而低于浙江天童山的常绿阔叶林（758）和常绿针叶林（677.9）。在不同演替阶段群落之间比较上，C：N 和 C：P 均为演替 30 年群落中最高，这与各演替阶段群落中 C、N、P 含量是相一致的。在 3 个演替阶段的群落中，N 和 P 含量均是演替 30 年群落中最低，而 C 含量演替 30 年群落与演替 15 年群落及原始林无差异（表 9-1），从而导致了 C：N 和 C：P 在演替 30 年群落中最高。C：N 和 C：P 的大小除与群落水平上植物体中养分含量高低有关，也可能与植物的生长速度改变有关。一般来说，较低的 C：P 反映了分配到 rRNA 中 P 的增加，用以满足核糖体快速合成蛋白质以支持植物快速生长的需要（Ågren，2004）。

植物群落中叶片 C：N 和 C：P 代表着植物吸收营养元素时所能同化 C 的能力，反映了植物营养元素的利用效率，同时也代表着不同群落或植物固 C 效率的高低，即 C 积累速率和存储能力是与限制植物生长的 N 和 P 供应相联系的（Herbert et al.，2003）。本书的研究中，演替 30 年群落中叶片 C：N 和 C：P 均为最高，表明演替 30 年群落中吸收相同数量营养元素时固定的 C 量最高。C 与 N、P 化学计量比的研究表明，生态系统中 C 储存在一定程度上是由关键养分 N、P 的可获得量控制的，N、P 稀缺意味着 C 的相对过量（C：N 和 C：P 上升），反之，N、P 充裕意味着 C 的相对不足（C：N 和 C：P 下降）（Güsewell，2004）。因此，生态系统在养分库增加、C：养分（N、P）增加或者养分从低 C：养分组分到高 C：养分组的再分配过程中 C 储存量会有所增加（Rastetter and Shaver，1992）。本书的研究则显示，演替 30 年群落中 C 固定效率要高于演替初期及演替末期。生物体中 C 与关键养分元素（N、P）化学计量比值的差异能够调控和影响生态系统中 C 的消耗或固定（C 循环）过程（曾德慧和陈广生，2005），即通过对 C、N、P 化学计量比的研究可以很好地了解生态系统的 C 循环。利用 C∶N∶P 这样易获取的生态参数预测生态系统 C、N、P 的平衡趋势，有助于估算生态系统碳汇潜力。尽管 C 循环是生态学领域的一个热点问题，然而全球 C "失汇" 及全球 C 循环的稳定性如何维持仍然困扰着生态学家，而通过 C、N、P 化学计量比的分析，探讨生态系统元素平衡的 C∶N∶P 临界值，预测养分循环速率，并着重从生态化学计量学的理论认识植物-凋落物-土壤相互作用的养分调控因素，进而掌握 C 循环调控机制，对于揭示 C、N、P 元素之间的交互作用及平衡制约关系，促进生态化学计量学理论的发展，减缓温室效应提供了新思路和理论依据（曾德慧和陈广生，2005）。因此，利用生态化学计量学方法研究全球 C 循环可能将是今后的热点。

9.3.3　群落物种丰富度、个体多度与 C、N、P 化学计量比的关系

物种丰富度和个体多度是群落的两个基本特征，前者反映了群落多样性的大小，后者则反映了群落的密度特征。不同演替阶段群落的物种丰富度及个体多度存在一定的变化规律（Cutler et al.，2008），而群落水平的 C、N、P 化学计量比是群落中所有物种及它们个体多度的加权平均结果，这必然与群落中的物种及多度存在密切关系。但本书研究中，物种丰富度、个体多度与 C∶N、N∶P、C∶P 的相关性分析并未检测出具有显著的相关性，表明在研究中物种丰富度及个体多度对群落水平的 C、N、P 化学计量比没有影响。这一结果是否适用所有的同类及其他类型森林还有待进一步验证。然而，群落水平的 C、N、P 化学计量比的计算过程显示，C∶N、N∶P、C∶P 与每个物种的 C∶N、N∶P、C∶P 大小和物种个体多度存在密切关系，那么，群落水平的 C、N、P 化学计量比是否受群落的物种组成及不同物种的个体多度影响有待进一步研究。

第十章　西部季风常绿阔叶林恢复生态系统叶片功能性状

群落组配过程是当前生物多样性维持机制中深入研究的一个重点内容（Chave，2004），而当前这方面最有影响的两个理论就是中性理论和生态位理论。中性理论认为所有物种的个体在生态学上是对等的（Bell，2001；Hubbell，2001）。在一个中性群落中，所有个体都具有相同的出生率、死亡率和和迁移率，一个个体死亡立即被另一个本种或其他物种个体所代替，但群落的大小保持不变。物种形成和消失之间的平衡维持了群落物种多样性相对的稳定。中性理论在物种丰富的热带雨林中得到了很好的验证（Hubbell，2006；Volkov et al.，2003），但与此同时，中性理论也遭到了众多生态学家的质疑（Nee，2005；McGill，2003）。中性理论的质疑者主要质疑中性理论模型的基本假定，认为物种之间存在着明显的差异，并且这些差异影响群落的动态和功能（Tilman，2004）。部分中性理论验证的失败（Harpole and Tilman，2006）进一步支持了质疑者。相对于中性理论的物种多样性维持主要来源于具有相同生态策略的物种空间随机扩散过程，生态位理论则认为物种生态策略的差异导致物种多样性维持的不同（Kraft et al.2008）。生态位理论假设物种性状代表着物种对物理和生物环境的进化适应（Chase，2005），物种之间不可避免地要进行相互作用，这样的作用是一种基本的机制，它允许相互作用的物种共存并决定着相对物种多度（Reich et al.，2003a；Tilman，1982）。生态位理论很好地解释了一些群落中的物种多度格局。Mason 等（2008a）认为生态位分离对于群落中物种共存及物种多度格局极为重要，Loreau（2000）认为在群落内资源的可获得性在均匀的情况下，物种间竞争就会引起具有高生态位重叠物种的多度降低，由于物种间的适应性并不相同，能够较好适应环境的物种其个体多度相对较高（Mason et al.，2008b）。

生态位理论和中性理论在假设上分别走向两个极端，为了调和两个理论的矛盾，一方面将生态位理论和中性理论的合理成分整合起来，建立包含随机过程和物种分化的近中性模型（McGill et al.，2007）；另一方面则采用新的方法，利用"植物功能性状（functional trait）"重建群落生态学，验证上述两种物种共存理论。后者已成为近年来研究物种多样性维持机制的主流（McGill et al.，2006）。

植物功能性状是指影响物种存活、生长、繁殖速率和最终适合度的生物特征（Ackerly，2003），如生长型、最大高度、生物量、叶片比叶面积（SLA）、光合能力、固氮能力、叶片氮磷含量、果实类型、种子大小和散布方式等植物形态、生理特征（Cornelissen et al.，2003）。漫长的进化历史过程中，植物常以某些策略或性状适应周围环境，而其中某些性状常常能在一定程度上反映生态系统水平上的功能特征，因而这些植物功能性状对研究功能多样性与生态系统功能的关系具有重要作用（Lavorel and

Garnier，2002）。由于植物的这些性状能够与个体扩散、生长、养分循环、能量利用、生态对策等方面相联系，因此当前的生态学研究特别强调研究性状权衡和综合性、功能性状与生态系统功能的相关性等（Poorter et al.，2008）。某些功能性状对生态系统过程和功能具有重要作用，这些功能性状的丢失或恢复将会从根本上改变群落的更新机制及其生态系统功能的发挥（Suding et al.，2008）。许多研究表明，生物多样性对生态系统功能的影响主要归于每个物种功能性状（数值和范围），以及物种的相互作用（如直接或间接的竞争，改变生物和非生物环境），而不是物种丰富度本身（Díaz et al.，2007；Quétier et al.，2007）。当前许多研究已经运用大量功能性状数据库来研究环境梯度上植物生态策略变化，以及小尺度上的物种共存机制（Westoby and Wright，2006）。同时，理论研究也意识到，植物功能性状不仅受自身基因型的控制，同时生存环境也能够对植物功能性状产生影响。另外，目前基于植物功能性状的功能多样性分析方法不断增多并得以完善，如 Petchey 和 Gaston（2007）的分支树（dendrograms）方法、Ackerly 和 Cornwell（2007）的功能性状分解方法、Cornwell 等（2006）的凸包量（convex hull volume）方法，以及 Villéger 等（2008）多维功能多样性指数。植物功能性状法与群落生态学经典方法明显不同。前者把群落看成是某个性状的柱状图或频数分布图，即利用功能性状来量化表达物种之间的相互关系（如竞争、捕食）和群落动态及其与非生物环境之间的关系，不再局限于少数物种之间的相互关系。植物功能性状法使得群落生态学研究从定性描述及复杂模型向定量和简约转化（McGill et al.，2006）。此外，功能生态学的进展也使科学家能够更准确地鉴别与资源获取、森林更新、环境耐受性和生活史策略有关的功能性状轴，把功能多样性与生态策略、群落集合联系起来，为经典群落生态学无法开展的研究找到了一条新途径（McGill et al.，2006）。越来越多的生态学家相信，基于植物功能性状研究陆地植物生态系统，特别要重视那些能够直接与生态系统功能相关的功能性状，这也是理解群落水平上格局和过程的关键（Green et al.，2008）。

尽管对群落水平植物功能性状已有一些积累（Cornwell and Ackerly，2009），但对群落内和群落间性状的分布和变异仍知之甚少，如何利用植物功能性状验证物种多样性维持机制的经验还非常匮乏（Cornwell and Ackerly，2009；Legendre et al.，2009）。在一个森林群落内，环境筛能够引起共存物种在生态策略上的趋同，但物种也必须通过生态位的分化来实现共存（Cornwell and Ackerly，2009）。由于植物功能性状能够反映植物的生态学策略，因而基于植物功能性状的分析方法能够很好地揭示森林树木多样性维持机制。例如，Engelbrechtet 等（2007）和 Kursar 等（2009）发现巴拿马热带雨林植物的分布与它们对干旱的敏感性有关；Kraft 等（2008）利用植物功能性状数据成功区分了厄瓜多尔热带林大样地中中性理论和生态位理论的多样性维持机制。由于他们的研究仅代表一个地区的情况，所选择的性状也比较少，因此研究结论是否具有普遍意义仍需更多证据。

10.1　与生长型相关的叶性状格局

叶片是植物固碳的主要部位（Zhu et al.，2011），调节着所有陆地生态系统资源和能量流，是生物最基础的能量单元（Blonder et al.，2011），也是生态系统中初级生产者的能量转换器（Zhang and Luo，2004）。由于叶片性状特征与植物生长、繁殖、生态系统功能等许多重要方面具有密切联系，并能够作为植物如何利用养分和水分的指示者，因此成为当前植物生态学中最受偏爱的内容（Blonder et al.，2011；Liu et al.，2009）。叶性状反映了进化和群落组配过程对生物和非生物环境限制反应的结果，决定了初级生产者是如何响应环境因子、影响其他营养水平及生态系统过程和服务（Pélabon et al.，2011）。因此，对叶性状的关注为定量分析和预测生态学和全球变化科学奠定了基础（Kattge et al.，2011）。

在叶性状的研究过程中，比叶面积（SLA）是最常用的叶性状之一（Freschet et al.，2011；Kraft et al.，2008；Hoffmann et al.，2005；Wright et al.，2004）。SLA 与生长速率和资源利用具有较强的关系（Vendramini et al.，2002），是植物资源捕捉、利用、获得的主要贡献者（Grime et al.，1997）。一般来说，慢生及耐荫性物种具有较低的 SLA，而速生、阳性物种则具有较高的 SLA（Poorter，2009）。对于同一树种而言，植株冠层上部 SLA 通常低于下部（Ellsworth and Reich，1993）。叶片氮（N）含量是另一常用的叶性状。氮是植物生长的主要限制因子之一，单位质量的叶氮含量直接决定着叶片光合能力的高低（Blonder et al.，2011；Lebrija-Trejos et al.，2010；Waite and Sack，2010），在光饱和的情况下，植物叶片最大光合速率与植物叶氮含量存在线性关系（Zhang and Luo，2004）。叶片构建成本也是重要叶性状之一。所谓叶片构建成本就是构建新叶所消耗的植物体已有的光合产物。叶片构建成本直接影响叶片寿命，二者存在正相关关系（Cordell et al.，2001）。此外，其他一些叶性状如叶寿命、叶片光合速率、叶片周转率等也经常用于叶性状研究中（Santiago and Wright，2007；Wright et al.，2004）。近年来，叶性状的研究主要集中于"叶经济谱"，即叶性状之间的关系上（Bakker et al.，2011；Blonder et al.，2011；Falster et al.，2011；Proctor，2010；Ordoñez et al.，2009；He et al.，2006b；Wright et al.，2005），而关于叶性状格局的研究相对较少（Campanella and Bertiller，2009；Sekhwela and Yates，2007；Broadhead et al.，2003），与生长型相关的叶性状格局研究更少（Santiago and Wright，2007）。因此，本部分的研究主要关注叶性状在不同生长型（乔木、灌木、藤本）上的分布格局，探讨以下三点：①相同叶性状在乔木、灌木和藤本三种生长型之间是否存在差异？如果有，是如何变化的。②叶性状与生长型之间关系如何。③叶性状间的关系在不同生长型之间是否有变化。

选择西部季风常绿阔叶林老龄林群落设置 5 个面积为 30m×30m 的调查样地。对样地内出现的物种进行叶片采集，原则上是每个物种采集 10 株、每株采集成熟阳生叶片 2 片，对于样地中个体少于 10 株的物种则根据物种的个体多度进行分配每株的叶片采集数量，总数保证不低于 20 片。试验设计为采集所有物种，但由于调查时间的问题，有些物种正处于落叶或新叶刚长出阶段，以及某些物种个体数量较少，采集不到完整叶片，或者树木过高无法采集到叶片等，本次共采集到物种 91 种，占样地总物种数的 48.4%，样地中所有个体多度大于 10 的物种均已采集到叶片。叶片采集过程中同时记录物种的高度（或长度）。采集后的叶片带回室内用于测定叶片性状指标。本次共选择叶片面积（LA）、比叶面积（SLA）、比叶重（LMA）、单位叶片质量氮含量（N_{mass}）、单位叶片质量磷含量（P_{mass}）、叶片构建成本（LD）等 6 个指标。叶片采集后在室内利用便携式叶面积仪 AM-300 测定叶片面积，然后放入烘箱内烘干至恒重后测定叶片干重。测定干重后的叶片按物种进行粉碎研磨，过筛后用于测定叶片中 N、P 含量。植物中全氮采用 H_2SO_4-H_2O_2 消煮法（半微量凯氏法 GB7173—87）测定，全磷用 NaOH 熔融-钼锑抗比色法（GB9837—88）测定。

叶片比叶面积（SLA）=叶面积/干重，比叶重（LMA）=叶干重/叶面积，叶片构建成本（LD）=（5.39C–1191）/1000，其中 C 指测定的碳含量。根据野外调查数据，按照植物的生长型将所调查植物划分为乔木、灌木及藤本三种生长型。不同生长型 6 种叶片性状数量大小采用算术平均值（$\bar{X}$）来表示。在物种及生长型水平上叶片性状差异利用变异系数来表示：变异系数（CV）=$\sigma/\bar{X}$，其中 σ 为叶片某一性状标准差，$\bar{X}$ 为叶片某一性状平均值。物种及生长型水平上叶片性状垂直分布梯度通过两种方法进行计算：首先，利用每一个叶片性状的变异系数与物种高度进行相关性分析，若具有显著相关性则进行回归分析；其次，将 6 种叶片性状利用主成分分析（principal component analysis，PCA）简化成单一轴，利用每一个叶性状在 PCA 分析中第一轴（PC1）上的得分与物种高度进行相关性分析，若具有显著相关性则进行回归分析。分析过程中，首先对叶片 6 种性状及 PC1 得分数值进行 $\log_{10}$ 转化。为探索叶片性状之间关系是否随生长型而变化，本书采用回归方程法分析了 6 种叶片性状在不同生长型之间的关系。文中数据在 SPSS17.0 中进行统计分析。不同生长型叶片性状加权平均值采用 χ^2 检验。不同生长型叶片性状之间的关系采用 II 型回归分析（model type II regression），斜率通过标准主轴（standardized major axis，SMA）分析计算，回归方程参数通过（S）MATR Version2.0 来计算。PCA 分析则在 PC-ORD5.0 中进行。

10.1.1　叶性状数量大小

不同生长型叶性状数量变化较大，LA 变化达 851.2 倍，其中乔木变化最大，藤本最小；SLA 变化 4.9 倍，乔木和藤本变化较大，灌木变化最小；LMA 变化 5 倍，灌木变化最大；N_{mass} 变化达 4.2 倍；P_{mass} 的变化达 16.2 倍，其中乔木变化最大；LD 变化 2.3 倍，藤本变化最小（表 10-1）。不同生长型叶性状平均值上，LA 及 P_{mass} 在乔木、灌木、藤本三种生长型之间无显著差异（$P>0.05$），而 SLA 和 N_{mass} 乔木最低，LMA 和 LD 则是乔木最高。

表10-1　不同生长型叶性状数量
Table 10-1　Numbers of leaf traits at different growth forms

生长型		LA/cm^2	SLA/（m^2/kg）	LMA/（kg/m^2）	N_{mass}/（g/kg）	P_{mass}/（g/kg）	LD/（g/kg）
乔木	$\bar{X}$	55.71[a]	19.12[a]	0.06[a]	20.30[a]	1.36[a]	1.27[a]
	max	204.29	36.13	0.10	36.87	5.51	1.57
	min	0.24	11.05	0.03	11.91	0.34	0.84
灌木	$\bar{X}$	61.68[a]	26.90[b]	0.04[b]	28.27[b]	1.52[a]	1.09[b]
	max	167.00	46.86	0.08	50.56	2.61	1.30
	min	2.46	17.18	0.02	14.84	0.95	0.69
藤本	$\bar{X}$	38.09[a]	29.83[b]	0.04[b]	29.19[b]	1.80[a]	1.22[ab]
	max	93.35	53.68	0.06	46.46	3.51	1.47
	min	2.67	16.16	0.02	17.15	0.71	1.06
合计	$\bar{X}$	54.56	21.32	0.05	22.33	1.43	1.24
	max	204.29	53.68	0.10	50.56	5.51	1.57
	min	0.24	11.05	0.02	11.91	0.34	0.69

注：表中不同字母代表存在显著差异（$P<0.05$）

在物种水平上，叶片 LMA 变异系数最高，SLA 变异系数最低，LA 的变异系数居中（表 10-2）。而在生长型水平上，LA、LMA 及 N_{mass} 变异系数由大到小依次为灌木＞藤本＞乔木，SLA 变异系数则是藤本最高，而 P_{mass} 则是乔木最高，LD 则是藤本变异系数最小（表 10-2）。

表10-2　物种及生长型水平上叶性状变异系数

Table 10-2　The coefficient of variation（CV）of leaf traits at species scale and growth forms scale

叶性状	物种水平	生长型水平			
		乔木	灌木	藤本	合计
LA	0.70	0.65	0.74	0.69	0.67
SLA	0.40	0.29	0.28	0.40	0.36
LMA	1.12	0.26	0.35	0.33	0.31
N_{mass}	—	0.29	0.35	0.34	0.35
P_{mass}	—	0.54	0.32	0.48	0.51
LD	—	0.13	0.14	0.12	0.14

注：—表示没有数值

10.1.2　叶性状的垂直梯度

在物种水平上，6 种叶性状变异系数与物种高度均不相关（表 10-3）。PCA 分析的第一轴（PC1）解释了叶片性状变化的 50.92%（特征根=3.055），并且与 LA（$R=0.2753$）、LMA（$R=0.8943$）及 LD（$R=0.3968$）正相关，与 SLA（$R=-0.9411$）、N_{mass}（$R=-0.8700$）及 P_{mass}（$R=-0.6159$）负相关。PC1 与物种高度也不相关（表 10-3，图 10-1）。

表10-3　叶性状与植物高度的相关性

Table 10-3　Correlation among leaf traits，height，and diameter of breast height of plants

不同范围	LA	SLA	LMA	N_{mass}	P_{mass}	LD	PC1
物种水平	0.041	−0.077	−0.085	−0.137	0.072	−0.047	0.106
生长型水平	0.404	−0.946**	−0.707	−0.609	0.928*	0.837	0.964

*，$P<0.05$；**，$P<0.01$

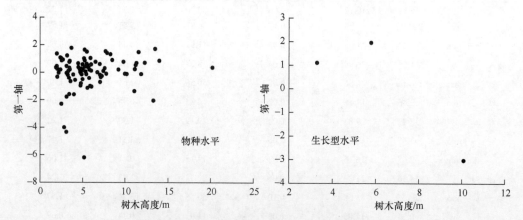

图10-1　物种及生长型水平上叶性状垂直梯度格局

Fig. 10-1　Vertical patterns in leaf traits at species scale and growth forms scale

在生长型水平上，SLA 与物种高度极显著负相关（回归方程：SLA=45.29–2.82H，$R^2 = 0.9998$，$P = 0.0100$），P_{mass} 则与物种高度显著正相关（回归方程：$P_{mass} = 5.87 + 2.15H$，$R^2 = 0.9994$，$P = 0.0156$），其余 4 种叶片性状变异系数与物种高度均不相关（表 10-3）。PCA 分析的第一轴（PC1）解释了叶片性状变化的 67.91%（特征根=4.075），并且与 LA（$R= -0.9906$）、SLA（$R= -0.9988$）及 N_{mass}（$R= -0.6192$）负相关，与 LMA（$R=0.8579$）、P_{mass}（$R= 0.9597$）及 LD（$R=0.2358$）正相关。PC1 与物种高度也不相关（表 10-3，图 10-1）。

10.1.3　与高度相关的叶性状之间的关系

乔木和藤本 SLA 与 LA 之间无显著的相关性（$P=0.129$ 和 $P=0.197$），但灌木 SLA 与 LA 之间具有显著的负相关（$P=0.042$），三种生长型 SLA 与 LA 之间关系的斜率（slope）是异质的（表 10-4），灌木的斜率最高。三种生长型 SLA 与 LMA 均具有显著的负相关（$P<0.001$），并且三种生长型 SLA 与 LMA 之间关系的斜率也是异质的（表 10-4），灌木的斜率最高。三种生长型 SLA 与 N_{mass} 均具有显著的相关性（$P<0.05$），但三种生长型 SLA 与 N_{mass} 之间关系的斜率无显著的差异。三种生长型 SLA 与 P_{mass} 之间具有显著的相关性（$P<0.05$），但三种生长型 SLA 与 P_{mass} 之间关系的斜率无显著的差异（表 10-4）。灌木 SLA 与 LD 之间具有显著的正相关（$P=0.046$），但乔木和藤本 SLA 与 LD 之间无显著的相关性（$P=0.708$ 和 $P=0.956$），并且三种生长型 SLA 与 LD 之间关系的斜率也无显著的差异（表 10-4）。乔木、灌木和藤本三种生长型 LA 与 LMA、LA 与 LD 均无显著相关性（$P>0.05$），三种生长型 LA 与 LMA、LA 与 LD 之间关系的斜率是异质的（表 10-4）。乔木和藤本 LMA 与 LD 之间无显著的相关性（$P=0.645$ 和 $P=0.976$），但灌木 LMA 与 LD 之间具有显著的负相关（$P=0.010$），三种生长型 LMA 与 LD 之间关系的斜率是异质的（表 10-4）。

表10-4　不同生长型叶性状之间的关系
Table 10-4　Relationship among leaf traits of different growth forms

y	x	斜率			斜率异质性
		乔木	灌木	藤本	
lg（SLA）	lg（LA）	−0.784[a]	−0.220[b]	−0.363[ab]	0.003
lg（SLA）	lg（LMA）	−1.023[a]	−0.915[b]	−1.038[a]	0.020
lg（SLA）	lg（N_{mass}）	1.017	0.743	1.054	0.403
lg（SLA）	lg（P_{mass}）	0.686	0.831	0.725	0.734
lg（SLA）	lg（LD）	3.941[a]	1.547[b]	−2.475[c]	0.001
lg（LA）	lg（LMA）	1.305[a]	3.496[b]	2.781[ab]	0.015
lg（LA）	lg（LD）	5.026[a]	−7.022[a]	−4.522[b]	0.001
lg（LMA）	lg（LD）	−3.852[a]	−2.008[b]	2.456[c]	0.001

注：表中不同字母代表具有显著性差异（$P<0.05$）

10.2　不同恢复阶段叶性状格局

　　植物分类在理解植物生态与进化方面非常重要（Campetella et al.，2011）。然而，这些信息在理解植物成熟与死亡过程、与环境相互作用及与土地利用间的关系过程中经常是不适用的。相反，利用植物性状代替物种信息或许能够帮助我们识别森林演替的一般过程（Kahmen and Poschlod，2004）。

　　植物性状是植物物种对生态系统主要过程做出响应的生物学特征（Lavorel et al.，1997）。植物性状被定义为与植物物种建立、生长、资源分配格局相关的生物学特征（McGill et al.，2006），包括植物适应非生物环境及与其他物种间的相互作用的生物进化（Clark et al.，2012；Reich et al.，2003b）。因此，植物性状强烈影响植物适应行为（McGill et al.，2006）。在景观（Castro et al.，2010；Dahlgren et al.，2006；Garnier et al.，2004）和全球（Wright et al.，2004）范围上，叶片形态、生理性状与环境条件具有显著的协变性。因此，带有重要信息的植物性状能够帮助我们更好地理解生态过程（Castro et al.，2010；Kahmen and Poschlod，2008；Garnier et al.，2004）。

　　利用植物性状能够直接对不同植被或类型进行特定过程的比较，发现更为一般的趋势（Díaz and Cabido，2001），因此，利用植物性状反应预测植被动态具有了可行性（Díaz and Cabido，2001）。此外，植物性状反应也能够帮助我们深刻理解演替过程机制及提供周密实验研究基础。以性状为基础的研究已经成功评价了草原（Mládek et al.，2010；Kahmen and Poschlod，2008）和森林（Aubin et al.，2007；Verheyen et al.，2003）生态系统对人类干扰的反应。

　　在西部季风常绿阔叶林演替 15 年、30 年、40 年及老龄林群落分别建立调查样地（每个演替阶段设置 3 块样地，样地面积为 30m×30m），在植被调查的基础上，对每个群落个体多度前 20 的物种进行叶片采集，每个物种采集 10 株，每株采集 2 片叶片。同时，在每个样地采集 5 个土壤样品，测定其理化性质，并记录样地的海拔、坡度等信息（表10-5）。

表10-5　不同演替阶段西部季风常绿阔叶林环境因子
Table 10-5　Environmental factors of the four different successional stages

环境因子	演替阶段			
	15 年	30 年	40 年	老龄林
海拔/m	1612 ± 2^a	1369 ± 5^b	1349 ± 5^b	1383 ± 123^{ab}
坡度/（°）	20.0 ± 1.2^a	19.7 ± 3.9^a	18.3 ± 4.4^a	18.3 ± 6.0^a
N/（g/kg）	2.07 ± 0.14^a	1.03 ± 0.13^b	1.33 ± 0.11^{bc}	1.99 ± 0.37^{ac}
P/（g/kg）	0.35 ± 0.00^{ab}	0.23 ± 0.02^a	0.30 ± 0.03^a	0.42 ± 0.06^b
C/（g/kg）	49.8 ± 3.9^a	31.2 ± 3.2^b	30.1 ± 3.4^b	45.8 ± 8.3^{ab}
pH	4.54 ± 0.06^a	4.82 ± 0.08^a	4.80 ± 0.10^a	5.09 ± 0.25^a
水分含量/%	24.4 ± 4.18^a	27.6 ± 2.94^a	27.2 ± 2.18^a	32.2 ± 0.89^b

　　注：表中不同字母代表具有显著性差异（$P<0.05=$

　　本书的研究选择叶面积（LA），比叶面积（SLA），以质量为基础的叶氮（N_{mass}），叶磷（P_{mass}）、N_{mass}：P_{mass}、叶碳（LCC），以面积为基础的叶氮（N_{area}，$N_{area} = N_{mass}/SLA$）（Wright et al.，2004）、叶磷（P_{area}，$P_{area} = P_{mass}/SLA$）（Wright et al.，2004），以质量为基础的最大光合效率[A_{mass}，nmol/(g·s)]及以面积为基础的最大光合效率[A_{area}，μmol/(m·s)]等 10 个指标，其中，以质量和面积为基础的最大光合效率利用 Wright 等（2004）的计算公式进行计算。文中数据利用单因素方差、PCA、标准主轴等方法进行分析。

10.2.1　叶性状随演替阶段的变化

不同演替阶段中，除 LA 和 LCC 外，其余 8 个叶性状均存在显著性差异。随着植被的演替，SLA 逐渐降低（表 10-6）。相反，N_{mass}：P_{mass} 与森林演替存在显著性正相关（表 10-6）。演替 15 年的群落有着最高的 N_{mass}、最大的 A_{mass} 和 P_{mass}。演替 40 年的群落有着最低的 N_{mass} 和 P_{mass}。老龄林群落中 N_{area}、P_{area} 和 A_{area} 最高，但在演替 30 年及 40 年群落中 N_{area}、P_{area} 和 A_{area} 分别存在最低值（表 10-6）。

表10-6　不同演替阶段叶性状
Table 10-6　Leaf traits at different successional stages

叶性状	演替阶段			
	15 年	30 年	40 年	老龄林
LA/cm^2	40.6±5.2^a	48.6±6.3^a	41.5±4.8^a	44.8±4.9^a
SLA/(m^2/kg)	21.5±2.0^a	17.6±0.9^{ab}	15.7±0.6^{ab}	15.1±0.7^b
N_{mass}/(g/kg)	20.5±1.5^a	14.8±0.6^b	14.3±0.6^b	19.2±1.1^a
P_{mass}/(g/kg)	1.64±0.22^a	1.04±0.08^{ab}	0.85±0.04^b	1.10±0.04^a
N_{mass}：P_{mass}	14.1±0.8^a	15.1±0.4^a	17.6±0.6^b	17.8±0.8^b
LCC/(g/kg)	465.1±28.2^a	472.7±37.6^a	465.8±37.2^a	468.9±34.3^a
N_{area}/(g/m^2)	1.02±0.29^{ac}	0.79±0.23^b	0.93±0.17^{ab}	1.41±0.67^c
P_{area}/(g/m^2)	0.07±0.02^{ac}	0.06±0.02^{ab}	0.05±0.01^b	0.08±0.03^c
A_{mass}/[nmol/(g·s)]	4.70±0.04^a	4.55±0.02^{bc}	4.49±0.02^b	4.61±0.11^{ac}
A_{area}/[μmol/(m^2·s)]	1.77±0.02^a	1.68±0.01^b	1.71±0.01^b	1.81±0.02^a

注：表中不同字母代表具有显著性差异（$P < 0.05$）

10.2.2　叶性状与演替阶段的相关性

在两个主轴上，10 个性状解释了总变化的 90.6%，其中第一轴解释了 56.1%（特征根=2.929）（图 10-2）。第一轴主要反映的是资源利用，并与 LA（$R = 0.2332$）、SLA（$R = 0.4770$）和 LCC（$R = 0.9697$）正相关，而与 N_{area}（$R = -0.9785$）、N_{mass}（$R = -0.6568$）、P_{area}（$R = -0.7932$）、A_{mass}（$R = -0.9912$）和 A_{area}（$R = -0.9262$）负相关。PC1 与演替阶段无显著的相关性（表 10-7）。

半数叶性状与演替阶段存在显著的相关性。SLA、P_{mass} 和 A_{mass} 与演替阶段负相关，N_{mass}：P_{mass} 和 N_{area} 与演替阶段正相关，N_{mass}、P_{area}、A_{area}、LA 和 LCC 与演替阶段无显

著的相关性（表 10-7，图 10-3）。

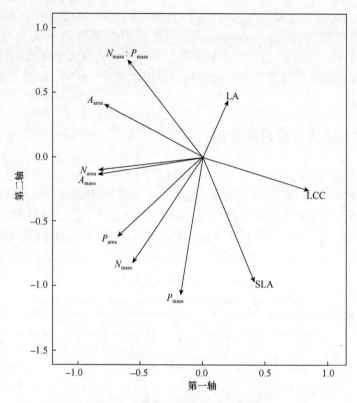

图10-2　10个叶性状的主成分分析

Fig. 10-2　Principal Components Analysis（PCA）of the ten leaf traits

表10-7　叶性状与演替阶段的相关性

Table 10-7　Correlations between leaf traits and successional stages

叶性状	Pearson 相关系数
LA/cm^2	0.063
SLA/(m^2/kg)	-0.373^{**}
N_{mass}/(g/kg)	-0.099
P_{mass}/(g/kg)	-0.338^{**}
$N_{mass} : P_{mass}$	0.460^{**}
LCC/(g/kg)	0.015
N_{area}/(g/m^2)	0.325^{**}
P_{area}/(g/m^2)	0.086
A_{mass}/[nmol/(g $\cdot$ s)]	-0.244^{**}
A_{area}/[μmol/(m^2 $\cdot$ s)]	0.202
PC1	-0.673

$**$，$P < 0.01$

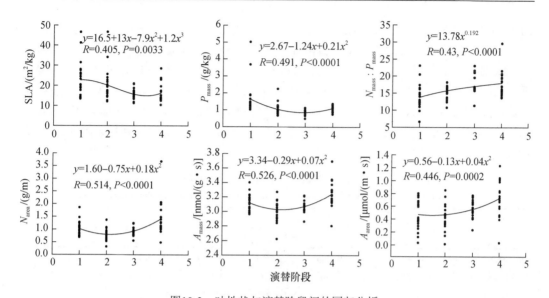

图10-3 叶性状与演替阶段间的回归分析

Fig. 10-3 Regression analysis between successional stage and leaf traits

横轴中：1, 15 年；2, 30 年；3, 40 年；4, 老龄林

10.2.3 叶性状与演替阶段的关系

SLA 和 LA 的相关性在所有演替阶段中均不显著（15 年，$P = 0.107$；30 年，$P = 0.522$；40 年，$P = 0.621$；老龄林，$P = 0.053$）。SLA-LA 的标准主轴分析（SMA）斜率在所有演替阶段间也无显著性差异（表 10-8）。SLA 和 $N_{mass}：P_{mass}$ 在演替 15 年（$P=0.390$）、40 年（$P=0.232$）和老龄林（$P=0.194$）中也无显著性相关，但在演替 30 年群落（$P=0.000$）中为显著性负相关。SLA-$N_{mass}：P_{mass}$ 的 SMA 斜率在所有演替阶段间也无显著性差异（表 10-8）。SLA 与 N_{mass} 在除演替 30 年群落（$P=0.100$）外所有其他群落内均为正相关，SLA 与 P_{mass} 在所有群落内均为正相关（$P<0.05$），但 SLA-N_{mass} 和 SLA-P_{mass} 的 SMA 斜率在所有群落内均无显著性差异。SLA 和 LCC 在演替 30 年（$P=0.254$）、40 年（$P=0.067$）和老龄林（$P=0.917$）群落中无显著相关性，但在演替 15 年群落中显著负相关（$P=0.012$）。SLA-LCC 的 SMA 斜率在所有群落内均无显著性差异（表 10-8）。SLA 与 N_{area}、A_{mass} 和 A_{area} 在所有群落中均为显著负相关（$P<0.05$），SLA-N_{area}、SLA-A_{mass} 和 SLA-A_{area} 的 SMA 斜率在所有群落内均无显著性差异，但演替 15 年群落中显示出较高的 SLA-N_{area} 和 SLA-A_{mass} SMA 斜率，而在演替 40 年群落中则 SLA-A_{area} 的 SMA 斜率较高（表 10-8）。SLA-P_{area} 的 SMA 斜率在所有群落内均无显著性差异（表 10-8）。

LA-$N_{mass}：P_{mass}$、LA-N_{mass}、LA-P_{mass}、LA-LCC、LA-N_{area}、LA-P_{area} 和 LA-A_{mass} 的 SMA 斜率在所有群落内均无显著性差异（$P>0.05$），但 LA-A_{area} 的 SMA 斜率在演替 40 年群落中最高。

$N_{mass}：P_{mass}$-N_{mass} 和 $N_{mass}：P_{mass}$-P_{mass} 的 SMA 斜率在所有群落内均无显著性差异（$P>0.05$），但 $N_{mass}：P_{mass}$-LCC、$N_{mass}：P_{mass}$-N_{area}、$N_{mass}：P_{mass}$-P_{area}、$N_{mass}：P_{mass}$-A_{mass} 和 $N_{mass}：P_{mass}$-A_{area} 的 SMA 斜率在所有群落内均具有显著性差异。演替 15 年群落具有最高

的 SLA-N_{area} SMA 斜率。在 N_{mass}：P_{mass}-LCC、N_{mass}：P_{mass}-N_{area}、N_{mass}：P_{mass}-P_{area} 和 N_{mass}：P_{mass}-A_{mass} 关系上，演替 40 年群落拥有最高的 N_{mass}：P_{mass}-A_{area} SMA 斜率（表 10-8）。

LCC-P_{mass}、LCC-N_{area}、LCC-P_{area}、LCC-A_{mass}、N_{area}-P_{area}、P_{area}-A_{mass} 和 P_{area}-A_{area} SMA 斜率在所有群落内均无显著性差异（$P > 0.05$），然而，N_{mass}-P_{mass}、N_{mass}-LCC、N_{mass}-N_{area}、N_{mass}-P_{area}、N_{mass}-A_{mass}、N_{mass}-A_{area}、LCC-A_{area}、P_{mass}-N_{area}、P_{mass}-P_{area}、P_{mass}-A_{mass}、P_{mass}-A_{area}、N_{area}-A_{mass}、N_{area}-A_{area} 和 A_{mass}-A_{area} SMA 斜率在所有不同演替阶段中均具有显著性差异（表 10-8）。

表10-8　叶性状与演替阶段间的关系

Table 10-8　Relationships among leaf traits in different successional stages

y	x	斜率				斜率的异质性
		15 年	30 年	40 年	老龄林	
lg（SLA）	lg（LA）	−0.4319	−0.4768	−0.3329	−0.3822	0.706
lg（SLA）	lg（N_{mass}：P_{mass}）	−1.230	−1.889	−1.054	2.214	0.056
lg（SLA）	lg（N_{mass}）	1.1495	1.8128	0.9695	1.1087	0.075
lg（SLA）	lg（P_{mass}）	0.9107	1.0684	0.8004	1.3468	0.122
lg（SLA）	lg（LCC）	−5.393[a]	−3.838[ab]	−2.149[b]	3.473[ab]	0.024
lg（SLA）	lg（N_{area}）	−1.3863[a]	1.0371[a]	−0.8826[ab]	−0.6338[b]	0.028
lg（SLA）	lg（P_{area}）	−1.2505	−0.8726	−0.9070	−0.6906	0.197
lg（SLA）	lg（A_{mass}）	−10.060[a]	−7.025[a]	−6.222[ab]	−4.728[b]	0.05
lg（SLA）	lg（A_{area}）	−0.4503[ab]	−0.3287[a]	−0.5989[b]	−0.3275[a]	0.04
lg（LA）	lg（N_{mass}：P_{mass}）	−2.849	−3.962	3.165	−5.794	0.092
lg（LA）	lg（N_{mass}）	−2.662	3.802	2.912	−2.901	0.714
lg（LA）	lg（P_{mass}）	−2.109	2.241	2.404	−3.524	0.405
lg（LA）	lg（LCC）	12.488	−10.042	6.454	7.284	0.184
lg（LA）	lg（N_{area}）	3.210	2.714	2.651	1.329	0.062
lg（LA）	lg（P_{area}）	2.895	2.283	2.724	−1.449	0.180
lg（LA）	lg（A_{mass}）	23.293	18.382	18.689	9.916	0.082
lg（LA）	lg（A_{area}）	1.0426[ab]	−0.8603[a]	1.7989[b]	−0.6868[a]	0.038
lg（N_{mass}：P_{mass}）	lg（N_{mass}）	0.9344	−0.9597	0.9200	0.5007	0.095
lg（N_{mass}：P_{mass}）	lg（P_{mass}）	−0.7402	−0.5656	−0.7595	0.6082	0.509
lg（N_{mass}：P_{mass}）	lg（LCC）	4.384[a]	1.635[b]	2.039[b]	−1.949[b]	0.011
lg（N_{mass}：P_{mass}）	lg（N_{area}）	1.1268[a]	−0.4419[bc]	0.8376[ac]	0.3556[b]	0.002
lg（N_{mass}：P_{mass}）	lg（P_{area}）	−1.0165[a]	−0.3718[b]	−0.8607[a]	0.3875[b]	0.001
lg（N_{mass}：P_{mass}）	lg（A_{mass}）	8.177[a]	−2.993[b]	5.904[a]	2.653[b]	0.002
lg（N_{mass}：P_{mass}）	lg（A_{area}）	0.3660[a]	−0.1401[b]	0.5683[a]	−0.1838[b]	0.003
lg（N_{mass}）	lg（P_{mass}）	0.7922[a]	0.5894[a]	0.8256[a]	1.2147[b]	0.002
lg（N_{mass}）	lg（LCC）	−4.692[a]	−1.704[b]	2.216[bc]	−3.892[ac]	0.003
lg（N_{mass}）	lg（N_{area}）	1.2059[a]	0.4605[b]	0.9104[a]	0.7103[ab]	0.028
lg（N_{mass}）	lg（P_{area}）	1.0878[a]	0.3874[b]	0.9356[a]	0.7740[a]	0.014
lg（N_{mass}）	lg（A_{mass}）	8.751[a]	3.119[b]	6.418[a]	5.298[ab]	0.022

续表

y	x	斜率				斜率的异质性
		15 年	30 年	40 年	老龄林	
lg（N_{mass}）	lg（A_{area}）	-0.3917^a	-0.1460^b	0.6177^a	0.3670^a	0.001
lg（LCC）	lg（P_{mass}）	-0.1689	-0.3459	-0.3725	-0.3121	0.067
lg（LCC）	lg（N_{area}）	0.2570	0.2702	0.4108	-0.1825	0.069
lg（LCC）	lg（P_{area}）	0.2319	-0.2274	0.4221	-0.1989	0.101
lg（LCC）	lg（A_{mass}）	1.865	1.830	2.896	-1.361	0.084
lg（LCC）	lg（A_{area}）	0.0835^a	0.0857^a	0.2787^b	-0.0943^a	0.001
lg（P_{mass}）	lg（N_{area}）	-1.5223^a	0.7813^{bc}	1.1028^{ab}	0.5847^c	0.016
lg（P_{mass}）	lg（P_{area}）	1.3732^a	0.6573^{bc}	1.1332^{ab}	0.6372^c	0.015
lg（P_{mass}）	lg（A_{mass}）	-11.047^a	5.292^b	7.774^{ab}	4.362^b	0.017
lg（P_{mass}）	lg（A_{area}）	-0.4945^{ac}	-0.2476^b	-0.7482^a	0.3021^{bc}	0.019
lg（N_{area}）	lg（P_{area}）	0.9021	0.8413	1.0276	1.0897	0.190
lg（N_{area}）	lg（A_{mass}）	7.257^a	6.773^b	7.049^c	7.459^a	0.001
lg（N_{area}）	lg（A_{area}）	0.3248^a	0.3170^{ac}	0.6785^b	0.5167^{bc}	0.007
lg（P_{area}）	lg（A_{mass}）	8.045	8.051	6.860	6.845	0.532
lg（P_{area}）	lg（A_{area}）	0.3601	0.3768	0.6603	0.4741	0.161
lg（A_{mass}）	lg（A_{area}）	0.0448^a	0.0468^a	0.0963^b	0.0693^{ab}	0.005

注：表中不同字母代表具有显著性差异（$P<0.05$）

10.3　小结与讨论

10.3.1　与生长型相关的叶性状格局

叶性状与植物高度无显著相关性，即叶性状垂直梯度格局并不明显。4 种叶性状（LA、LMA、N_{mass} 和 LD）在物种及生长型两个水平内均与高度无显著相关性，SLA 和 P_{mass} 在生长型水平上与高度具有显著的相关性，SLA 随高度的增加而降低，P_{mass} 随高度的增加而增加，但 SLA 和 P_{mass} 在物种水平上与高度无显著的相关性，说明 SLA 和 P_{mass} 的这种垂直格局明显存在较强的范围限制。

物种水平上叶性状垂直梯度的缺失表明，相邻的叶片之间性状差异与林冠内垂直位置无关。在相对较小的空间内，环境条件如光照、温度和湿度相对均质（Beaumont and Burns，2009）。因此，如果叶性状大小随着环境异质性而增加，叶性状大小随高度变化的一致性改变或许就不存在于这个范围。与冠层高度相比，叶性状与光获得更为密切相关（Sack et al.，2006）。

尽管 6 种叶性状在物种水平上与高度无显著的相关性，但叶性状平均值却存在垂直变化。SLA 的平均值中乔木显著低于灌木。这种格局与以往的所有性状适应意义研究结论相一致（Burns and Beaumont，2009）。高 SLA 叶片比低 SLA 叶片能够更有效地吸收低水平的散射光。这也是生长在低光环境的植物（如林下灌木）长期适应的结果。此外，叶片 N_{mass} 的平均值中乔木也显著低于灌木，这主要源于多数乔木物种生长在林冠层或接近林冠层，即生长于森林的上层，光照对于这些物种来说并不是限制因子，它们可以通过最大化它们的光合能力而产生较厚的叶片来降低叶片 N 含量，导致其较低的 N_{mass}（Rozendaal et al.，2006）。叶片构建成本（LD）则是乔木显著高于灌木，这与乔木叶片在形成过程中投入大量光合产物于叶片防御结构有关（Cordell et al.，2001）。

植物高度对于大多数植物来说是重要的竞争能力决定因子（Schamp et al.，2008）。植物高度的大小直接影响物种获得外界资源的数量，如光照。植物高度在获得光照中发挥着基本的作用（Poorter et al.，2005；Westoby，1998）。光照是单向性的资源，是植物生长和存活的重要限制性资源，也是一个异质性极高的资源，树木对光照的竞争是高度不对称的。较高物种拦截更多的光照，因而其潜在的生长速率更快（Poorter et al.，2008）。而群落中不同高度物种及个体的多少也反映了群落整体的竞争能力和潜在生长速率。由于较高植物的遮挡，光照水平在大多数森林环境下是垂直变化的，在这个光梯度下，叶片随高度的增加而变小、变厚和变密，导致 SLA 降低。而较高的物种由于较厚的叶片提高了叶片 P 含量，导致 P_{mass} 随物种高度的增加而增加。然而，就像许多生态关系因范围的不同而发生改变一样（Burns and Beaumont，2009），SLA 和 P_{mass} 的这种垂直格局也受范围限制。不同生长型或许并没有占据叶性状经济谱的全部范围，而是在经济谱的某一端。或者说，每一个生长型由于性状分布增加了资源时空的分割，从而导致占据在特定地点的性状关系范围扩大（Santiago and Wright，2007）。植物性状垂直格局也依靠范围（Beaumont and Burns，2009；Burns and Beaumont，2009；Santiago and Wright，2007），换句话说，他们在物种和生长型水平之间的关系是不同的，这也标志着物种水平和生长型之间存在不同的生态过程。

此外，本研究也发现，叶性状之间的关系受生长型影响。尽管 lg（SLA）在三种生长型中均与 lg（LA）负相关，但 lg（SLA）随 lg（LA）增加而减小的速率并不相同，乔木的减小速率最快，而灌木的减小速率最慢。lg（SLA）与 lg（LMA）在三种生长型中同样存在这样的规律（藤本最快，灌木最慢），而 lg（SLA）与 lg（LD）在三种生长型之间存在相反的相关性（乔木及灌木正相关，藤本负相关）。这说明，生长型影响叶性状间的关系。与植物高度相关的微生境变化是不同生长型间叶性状关系变化的主要原因（Santiago and Wright，2007）。不同高度的植物由于接收光照强度及外界损伤的概率不同，必然导致叶片面积大小、形状及叶片内部不同组织相对数量的变化，这些变化改变了相应的叶性状数量，影响了叶性状之间的关系。

尽管本研究仅发现 2 个叶性状（P_{mass} 与 SLA）存在垂直梯度格局，但其他 4 个叶性状（LA、LMA、N_{mass} 和 LD）中有 3 个叶性状（LMA、N_{mass} 和 LD）平均值在不同生长型间存在差异，同时叶性状间的关系也受生长型的影响，这说明生长型影响叶性状格局及叶性状间的关系，同时也支持了"植物生长型对于简化植物功能多样性成为间断的、易于管理的群组是一种方便的途径"这一论断。然而，作者也发现，在生长型内部也存在大量的叶性状数值变化，表明对生长型内部叶性状连续变化的理解能够潜在地改善模型预测效果（Santiago and Wright，2007）。生长型内部叶性状值的变化与最近的模拟效果相一致说明，不同的性状组合能够产生替代的功能设计方案，在相对单一的生境下提高物种多样性。因此，通过鉴别与整株植物功能和适应性相联系的植物策略变化的主轴能够提高对共存物种间叶功能策略的理解。

10.3.2　不同恢复阶段叶性状格局

西部季风常绿阔叶林 4 个演替序列的分析表明，具有相对高光合速率及与速生相关叶性状的物种逐渐被具有低 SLA 的物种所代替，这种格局是与沿着叶经济谱物种替换相一致的，并在原生（Caccianiga et al., 2006）或次生（Navas et al., 2009；Louault et al., 2005；Garnier et al., 2004；Bazzaz, 1996；Reich, 1995）演替中被证实。SLA 是广泛被接受的关键叶性状之一（Freschet et al., 2011；Kraft et al., 2008；Hoffmann et al., 2005），并被证明与相对生长速率和植物资源利用相关（Louault et al., 2005；Vendramini et al., 2002）。成熟树木被采伐后，具有高 SLA 的物种个体数量迅速增加（Kahmen and Poschlod, 2004）。然而，随着植被的演替，光获得成为限制性资源，一些速生、需光物种逐渐被一些慢生、耐荫物种所代替，而多数慢生、耐荫物种均具有较低的 SLA（Funk and McDaniel, 2010；Poorter, 2009；Lusk and Warton, 2007），因此，SLA 随着群落演替逐渐降低。

氮和磷是重要的营养元素，在植物生长、发育和行为中具有重要作用。氮和磷循环限制了大多数陆地生态系统过程（Aerts and Chapin Ⅲ, 2000）。由于氮和磷在土壤中经常是缺乏的，因此，它们成为最主要的限制性因子（Elser et al., 2007）。本研究中，演替初期和后期群落叶氮和叶磷含量（质量和面积为基础）高于演替中期群落。树木采伐之后，枝和叶通常留在采伐迹地。在演替开始阶段，采伐迹地凋落物的分解导致了土壤养分和微生物的迅速增加（Douma et al., 2012）。在老龄林中，由于森林自身引起的凋落物分解也增加了土壤养分。

然而，N_{mass}：P_{mass} 随着演替而增加。N 与 P 比率是驱动植物群落结构与功能的最关键性指标，与生长速率负相关（Elser et al., 2003）。基于叶 N 与 P 比率临界值的多数研究发现，N 与 P 比率小于 14 和大于 16，氮和磷分别为限制因子（Güsewell and Gessner, 2009；Matzek and Vitousek, 2009；Tessier and Raynal, 2003）。本研究中，在 40 年及老龄林群落中，N_{mass}：P_{mass} 大于 16，说明磷是限制因子。N_{mass}：P_{mass} 随着演替而增加则说明，随着演替的进行，磷是最重要的限制因子，这也与以往的研究结果相一致（He et al., 2008；Wardle et al., 2004）。在森林演替的晚期，生产力降低，而在腐殖质和新鲜凋落物中 N 与 P 比率增加表明磷是限制性因子（Wardle et al., 2004）。

研究并没有发现叶面积和叶碳含量的显著性差异，但最大光合速率在 4 个演替阶段中不同。这可能是多因子综合作用的结果，如光照、养分、物候特征等。光照和养分是影响光合作用的两个最重要的因子（Hakes and Cronin, 2011；Ordoñez et al., 2009）。光照和养分的改变能够改变光合速率。此外，在演替初期，由于新叶具有高的光合能力，叶面积的持续增加使得碳获得逐渐增加（Navas et al., 2009）。相反，在演替晚期，通过长寿命叶片的更新而进行碳吸收（Navas et al., 2009）。

不同演替阶段叶性状之间关系的研究结果表明，叶性状之间的相关性受演替阶段影响。对于 SMA，1/2 以上叶性状的斜率随着森林演替而表现出显著的不同。尽管某些性状对在 4 个演替阶段中均表现出正或负相关关系，但 SMA 斜率表现出较大的不同，最大的斜率出现在老龄林或 15 年群落中。此外，有 11 个叶性状对间 SMA 斜率没有显著性的差异。例如，SLA 在演替 15 年、30 年和 40 年群落中与 $N_{mass}:P_{mass}$ 负相关，但在老龄林中无显著相关性；LA 在演替 15 年、30 年和 40 年群落中与 P_{area} 正相关，但在老龄林中无显著相关性。因此，叶性状间的关系随森林演替而改变。其原因可能与光照和养分获得的改变有关（Douma et al.，2012；Funk and McDaniel，2010）。不同的演替阶段有不同的光环境和养分供给，这引起了叶片结构、形状、数量及叶片内养分含量的变化。

总之，尽管没有发现所有叶性状随演替的一致性变化，但 8 个叶性状的平均值在 4 个不同演替阶段存在显著性差异。此外，叶性状间的相关性受演替影响，这暗示森林演替影响叶性状及其相互关系。

主要参考文献

安韶山, 张扬, 郑粉莉. 2008. 黄土丘陵区土壤团聚体分形特征及其对植被恢复的响应. 中国水土保持科学, 6 (2): 66-70.

包维楷, 刘照光, 刘朝禄, 等. 2000. 中亚热带原生和次生湿性常绿阔叶林种子植物区系多样性. 云南植物研究, 22 (4): 408-418.

蔡年辉, 许玉兰, 张瑞丽, 等. 2012. 云南松种子萌发及芽苗生长对干旱胁迫的响应. 种子, 31 (7): 44-46.

蔡永立, 宋永昌. 2000a. 藤本植物生活型系统的修订及中国亚热带东部藤本植物的生活型分析. 生态学报, 20 (5): 808-814.

蔡永立, 宋永昌. 2000b. 中国亚热带东部藤本植物的多样性. 武汉植物学研究, 18 (5): 390-396.

蔡永立, 宋永昌. 2001. 浙江天童常绿阔叶林藤本植物的适应生态学 I.叶片解剖特征的比较. 植物生态学报, 25 (1): 90-98.

蔡永立, 宋永昌. 2005. 浙江天童常绿阔叶林藤本植物的适应生态学 II.攀缘能力和单株攀缘效率. 植物生态学报, 29 (3): 386-393.

曹建华, 李小波, 赵春梅, 等. 2007. 森林生态系统养分循环研究进展. 热带农业科学, 27 (6): 68-79.

曹敏, 唐勇, 张建侯, 等. 1997. 西双版纳热带森林的土壤种子库储量及优势成分. 云南植物研究, 19 (2): 177-183.

柴勇, 李玉媛, 方波, 等. 2004. 菜阳河自然保护区天然植被物种多样性研究. 福建林学院学报, 24 (1): 75-79.

陈堆全. 2001. 木荷凋落物分解及对土壤作用规律的研究. 福建林业科技, 28 (2): 35-38.

陈辉荣, 周新年, 蔡瑞添, 等. 2012. 天然林不同强度择伐后林分空间结构变化动态. 植物科学学报, (3): 230-237.

陈进. 2011. 广州帽峰山季风常绿阔叶林小气候特征研究. 中国林业科学研究院学位论文.

陈隽, 景跃波. 2008. 糯扎渡自然保护区季风常绿阔叶林生态系统服务功能价值评估. 广东林业科技, (3): 38-41.

陈沐, 曹敏, 林露湘. 2007. 木本植物萌生更新研究进展. 生态学杂志, 26 (7): 1114-1118.

陈沐, 房辉, 曹敏. 2008. 云南哀牢山中山湿性常绿阔叶林树种萌生特征研究. 广西植物, 28 (5): 627-632.

陈秋波. 2001. 桉树人工林生物多样性研究进展. 热带作物学报, (4): 82-90.

陈少瑜, 赵文书, 王炯. 2002. 思茅松天然种群及其种子园的遗传多样性. 福建林业科技, 29 (3): 1-5.

陈天翌, 刘增辉, 娄安如. 2013. 刺萼龙葵种群在中国不同分布地区的表型变异. 植物生态学报, 37 (4): 344-353.

陈卫娟, 王希华, 闫恩荣, 等. 2006. 浙江天童及周边地区常绿阔叶林退化群落的植物区系分析. 华东师范大学学报 (自然科学版), 6: 98-109.

陈小勇, 宋永昌. 2004. 受损生态系统类型及影响其退化的关键因素. 长江流域资源与环境, 13 (1): 78-83.

陈亚军, 文斌. 2008. 滇南勐宋热带山地雨林木质藤本多样性研究. 广西植物, 28 (1): 67-72.

陈章和, 王伯荪, 张宏达. 1996. 南亚热带常绿阔叶林的生产力. 广州: 广东高等教育出版社.

程杰, 高亚军. 2007. 云雾山封育草地土壤养分变化特征. 草地学报, 15 (3): 273-277.

党承林, 吴兆录. 1992. 季风常绿阔叶林短刺栲群落的生物量研究. 云南大学学报 (自然科学版), 14 (2): 95-107.

党伟光, 高贤明, 王瑾芳, 等. 2008. 紫茎泽兰入侵地区土壤种子库特征. 生物多样性, 16 (2): 126-132.

邓福英, 臧润国. 2007. 海南岛热带山地雨林天然次生林的功能群划分. 生态学报, 27 (8): 3241-3250.

邓守彦, 刘万德, 郭忠玲, 等. 2009. 不同恢复时期红松阔叶林群落结构与多样性特征. 林业科学研究, 22 (4): 493-499.

邓贤兰, 刘玉成, 吴杨. 2003. 井冈山自然保护区栲属群落优势种群的种间联结关系研究. 植物生态学报, 27 (4): 531-536.

丁圣彦, 宋永昌. 1998. 常绿阔叶林演替过程中马尾松消退的原因. 植物学报, 40 (8): 755-760.

丁圣彦, 宋永昌. 2004. 常绿阔叶植被动态研究进展. 生态学报, 24 (8): 1765-1766.

丁圣彦. 2001. 浙江天童常绿阔叶林演替系列栲树和木荷成为优势种的原因. 河南大学学报 (自然科学版), 31 (1): 79-83.

丁易, 臧润国. 2008. 海南岛热带低地雨林刀耕火种弃耕地恢复过程中落叶树种的变化. 生物多样性, (2): 103-109.

丁易, 臧润国. 2011. 海南岛霸王岭热带低地雨林植被恢复动态. 植物生态学报, 35 (5): 577-586.

董慧霞, 李贤伟, 张健, 等. 2007. 退耕地三倍体毛白杨林地细根生物量及其与土壤水稳性团聚体的关系. 林业科学, 43 (5): 24-29.

董希斌. 2002. 森林择伐对林分的影响. 东北林业大学学报, 30 (5): 15-18.

范繁荣, 潘标志, 马祥庆, 等. 2008. 白桂木的种群结构和空间分布格局研究. 林业科学研究, 21 (2): 176-181.

方炜, 彭少麟. 1995. 鼎湖山马尾松群落演替过程物种变化之研究. 热带亚热带植物学报, 3 (4): 30-37.

方运霆, 莫江明, 黄忠良, 等. 2003. 鼎湖山马尾松, 荷木混交林生态系统碳素积累和分配特征. 热带亚热带植物学报, 11 (1): 47-52.

冯宗炜, 陈楚莹, 王开平, 等. 1985. 亚热带杉木纯林生态系统中营养元素的积累, 分配和循环的研究. 植物生态学与地植物学丛刊, 9 (4): 245-256.

傅云和. 1989. 用误差综合比区划思茅松气候区. 云南林业调查规划, 3: 30-33.

葛颂, 王明麻, 陈岳武. 1988. 用同工酶研究马尾松的遗传结构. 林业科学, 24 (4): 399-410.

巩合德, 杨国平, 鲁志云, 等. 2011. 哀牢山常绿阔叶林乔木树种的幼苗组成及时空分布特征. 生物多样性, 19 (2): 151-157.

辜云杰, 罗建勋, 吴远伟, 等. 2009. 川西云杉天然种群表型多样性. 植物生态学报, 33 (2): 291-301.

官丽莉, 周国逸, 张德强, 等. 2004. 鼎湖山南亚热带常绿阔叶林凋落物量 20 年动态研究. 植物生态学报, 28 (4): 449-456.

郭晋平, 张芸香. 2002. 森林景观恢复过程中景观要素空间分布格局及其动态研究. 生态学报, 22 (12): 2021-2029.

韩文轩, 吴漪, 汤璐瑛, 等. 2009. 北京及周边地区植物叶的碳氮磷元素计量特征. 北京大学学报, 45 (5): 855-860.

郝朝运, 张小平, 李文良, 等. 2008. 不同类型群落中濒危植物永瓣藤 (*Monimopetalum chinense*) 种群的空间分布格局. 生态学报, 28 (6): 2900-2908.

郝占庆, 吕航. 1989. 木质物残体在森林生态系统中的功能评述. 生态学进展, 6 (3): 179-183.

何海, 乔永康, 刘庆, 等. 2004. 亚高山针叶林人工恢复过程中生物量和材积动态研究. 应用生态学报, 15 (5): 748-752.

何永涛, 曹敏, 唐勇, 等. 2000. 云南省哀牢山中山湿性常绿阔叶林萌生现象的初步研究. 武汉植物学研究, 18 (6): 523-527.

何玉惠, 赵哈林, 刘新平, 等. 2008. 封育对沙质草甸土壤理化性状的影响. 水土保持学报, 22 (2): 159-161, 181.

侯红亚, 王立海. 2013. 小兴安岭阔叶红松林物种组成及主要种群的空间分布格局. 应用生态学报, 24 (011): 3043-3049.

胡楠, 范玉龙, 丁圣彦, 等. 2008. 陆地生态系统植物功能群研究进展. 生态学报, 28 (7): 3302-3311.

胡云云, 闵志强, 高延, 等. 2011. 择伐对天然云冷杉林林分生长和结构的影响. 林业科学, 47 (2): 15-24.

胡正华, 钱海源, 于明坚. 2009. 古田山国家级自然保护区甜槠林优势种群生态位. 生态学报, 29 (7): 3670-3677.

黄建辉, 陈灵芝. 1991. 北京百花山附近杂灌丛的化学元素含量特征. 植物生态学与地植物学学报, 15 (3): 224-233.

黄三祥, 张赟, 赵秀海. 2009. 山西太岳山油松种群的空间分布格局. 福建林学院学报, (3): 269-273.

黄世能, 李意德, 骆士寿, 等. 2000. 海南岛尖峰岭次生热带山地雨林树种间的联结动态. 植物生态学报, 24 (5): 569-574.

黄云鹏. 2008. 武夷山米槠林主要树种种间关联性. 山地学报, 26 (6): 692-698.

黄忠良, 丁明懋. 1994. 鼎湖山季风常绿阔叶林的水文学过程及其氮素动态. 植物生态学报, 18 (2): 194-199.

黄忠良, 孔国辉, 魏平, 等. 1996. 南亚热带森林不同演替阶段土壤种子库的初步研究. 热带亚热带植物学报, 4 (4): 42-49.

黄忠良, 彭少麟, 易俗. 2001. 影响季风常绿阔叶林幼苗定居的主要因素. 热带亚热带植物学报, 9 (2): 123-128.

黄忠良, 张志红. 2000. 南亚热带季风常绿阔叶林水文功能及其养分动态的研究. 植物生态学报, 24 (2): 157-161.

简敏菲, 刘琪璟, 朱笃, 等. 2009. 九连山常绿阔叶林乔木优势种群的种间关联性分析. 植物生态学报, 33 (4): 672-680.

姜汉侨. 1980. 云南植被分布的特点及其地带规律性. 云南植物研究, 2 (1): 22-32.

姜金波, 姚国清, 胡万良. 1995. 森林采伐对森林生态因子的影响. 辽宁林业科技, 3: 21-30.

康冰, 刘世荣, 蔡道雄, 等. 2010. 南亚热带不同植被恢复模式下土壤理化性质. 应用生态学报, 21 (10): 2479-2486.

康冰, 刘世荣, 温远光, 等. 2006. 广西大青山南亚热带次生林演替过程的种群动态. 植物生态学报, 30 (6): 931-940.

雷泞菲, 苏智先, 宋会兴, 等. 2002. 缙云山常绿阔叶林不同演替阶段植物生活型谱比较研究. 应用生态学报, 13 (3): 267-270.

李斌, 顾万春, 卢宝明. 2002. 白皮松天然群体种实性状表型多样性研究. 生物多样性, 10 (2): 181-188.

李冬, 唐建维, 罗成坤, 等. 2006. 西双版纳季风常绿阔叶林的群落学特征. 山地学报, 24 (3): 257-267.

李冬. 2006. 西双版纳季风常绿阔叶林的碳贮量及其分配特征研究. 中国科学院研究生院 (西双版纳热带植物园) 硕士学位论文.

李刚, 朱志红, 王孝安, 等. 2008. 子午岭乔木种群演替过程种间联结性分析. 东北林业大学学报, 36 (11): 931-940.

李立, 陈建华, 任海保, 等. 2010. 古田山常绿阔叶林优势树种甜槠和木荷的空间格局分析. 植物生态学报, 34 (3): 241-252.

李莲芳, 赵文书. 1997. 思茅松苗木培育研究. 云南林业科技, (4): 7-12.

李明辉, 彭少麟, 申卫军, 等. 2003. 景观生态学与退化生态系统恢复. 生态学报, 23 (8): 1622-1628.

李铭红, 于明坚. 1996. 青冈常绿阔叶林的碳素动态. 生态学报, 16 (6): 645-651.

李庆辉, 朱华. 2007. 西双版纳季风常绿阔叶林植物区系初步分析. 广西植物, 27 (5): 741-747.

李日红. 2001. 鼎湖山季风常绿阔叶林的基本结构和特征. 中山大学学报论丛, 21 (3): 31-35.

李生, 姚小华, 任华东, 等. 2008. 黔中石漠化地区不同土地利用类型土壤种子库特征. 生态学报, 28 (9): 4602-4608.

李帅锋, 刘万德, 苏建荣, 等. 2011a. 季风常绿阔叶林不同恢复阶段生态位与种间联结. 生态学杂志, 30 (3): 508-515.

李帅锋, 刘万德, 苏建荣, 等. 2012a. 普洱季风常绿阔叶林次生演替中木本植物幼苗更新特征. 生态学报, 32 (18): 5653-5662.

李帅锋, 刘万德, 苏建荣, 等. 2012b. 普洱市周边地区 4 种土地利用类型土壤种子库特征. 生态学杂志, 31 (3): 569-576.

李帅锋, 苏建荣, 刘万德, 等. 2011b. 季风常绿阔叶林不同恢复阶段藤本植物的物种多样性比较. 生态学报, 31 (1): 10-20.

李帅锋, 苏建荣, 刘万德, 等. 2013. 思茅松天然群体种实表型变异. 植物生态学报, 37 (11): 998-1009.

李伟, 林富荣, 郑勇奇. 2013. 皂荚南方天然群体种实表型多样性. 植物生态学报, 37 (1): 61-69.

李小双, 刘文耀, 陈军文, 等. 2009. 哀牢山湿性常绿阔叶林及不同类型次生植被的幼台更新特征. 生态学杂志, 28 (10): 1921-1927.

李晓亮, 王洪, 郑征, 等. 2009. 西双版纳热带森林树种幼苗的组成、空间分布和旱季存活. 植物生态学报, 33 (4): 658-671.

李雪峰, 韩士杰, 李玉文, 等. 2005. 东北地区主要森林生态系统凋落物量的比较. 应用生态学报, 16 (5): 783-788.

李意德, 吴仲民, 曾庆波, 等. 1998. 尖峰岭热带山地雨林生态系统碳平衡的初步研究. 生态学报, 18 (4): 371-378.

李裕元, 邵明安, 陈洪松, 等. 2010. 水蚀风蚀交错带植被恢复对土壤物理性质的影响. 生态学报, 30 (16): 4306-4316.

李志安, 王伯荪, 孔国辉, 等. 1999. 鼎湖山季风常绿阔叶林黄果厚壳桂群落植物元素含量特征. 植物生态学报, 23 (5): 411-417.

李志安, 翁轰. 1998. 鼎湖山南亚热带季风常绿阔叶林凋落物的养分动态. 热带亚热带植物学报, 6 (3): 209-215.

林波, 刘庆, 吴彦, 等. 2004. 森林凋落物研究进展. 生态学杂志, 23 (1): 60-64.

林露湘，曹敏，唐勇，等.2002. 西双版纳刀耕火种弃耕地树种多样性比较研究. 植物生态学报，26（2）：216-222.

林媚媚.2009. 南靖和溪南亚热带季风常绿阔叶林的斑块镶嵌体动态. 厦门大学学士学位论文.

刘广福，丁易，臧润国，等.2010a. 海南岛热带天然针叶林附生维管植物多样性和分布. 植物生态学报，34（11）：1283-1293.

刘广福，臧润国，丁易，等.2010b. 海南霸王岭不同森林类型附生兰科植物的多样性和分布. 植物生态学报，34（4）：396-408.

刘贵峰，臧润国，刘华，等.2012. 天山云杉种子形态性状的地理变异. 应用生态学报，23（6）：1455-1461.

刘国华，傅伯杰，陈利顶，等.2000. 中国生态退化的主要类型、特征及分布. 生态学报，20（1）：13-19.

刘菊秀，周国逸，褚国伟，等.2003. 鼎湖山季风常绿阔叶林土壤酸度对土壤养分的影响. 土壤学报，40（5）：763-767.

刘君梅，王学全，刘丽颖，等.2011. 高寒沙区植被恢复过程中表层土壤因子的变化规律. 东北林业大学学报，39（8）：47-49，60.

刘娜娜，赵世伟，杨永，等.2006. 云雾山封育草原对表土持水性的影响. 草地学报，14（4）：338-342.

刘平，秦晶，刘建昌，等.2011. 桉树人工林物种多样性变化特征. 生态学报，31（8）：2227-2235.

刘钦.2004. 木荷人工混交林涵养水源的功能. 福建农林大学学报（自然科学版），33（4）：481-484.

刘庆，吴彦，何海，等.2004. 川西亚高山人工针叶林生态恢复过程的种群结构. 山地学报，22（5）：591-597.

刘万德，苏建荣，李帅锋，等.2010. 云南普洱季风常绿阔叶林演替系列植物和土壤 C、N、P 化学计量特征. 生态学报，30（23）：6581-6590.

刘万德，苏建荣，李帅锋，等.2011a. 南亚热带季风常绿阔叶林不同演替阶段物种-面积关系. 应用生态学报，22（2）：317-322.

刘万德，苏建荣，张志钧，等.2011b. 恢复方式及时间对季风常绿阔叶林群落特征的影响. 林业科学研究，24（1）：1-7.

刘文平，曹洪麟，刘卫，等.2011. 鼎湖山季风常绿阔叶林不同生境物种多样性研究. 安徽农业科学，39（26）：16159-16163.

刘文耀，马文章，杨礼攀.2006. 林冠附生植物生态学研究进展. 植物生态学报，30（3）：522-533.

刘兴诏，周国逸，张德强，等.2010. 南亚热带森林不同演替阶段植物与土壤中 N、P 的化学计量学. 植物生态学报，34（1）：64-71.

柳新伟，申卫军，张桂莲，等.2006. 南亚热带森林演替植物幼苗生态适应度模拟. 北京林业大学学报，28（1）：1-6.

马帅，赵世伟，李婷，等.2011. 子午岭林区不同植被恢复阶段土壤有机碳变化研究. 水土保持通报，31（3）：94-99.

马祥华，焦菊英，温仲明，等.2005. 黄土丘陵沟壑区退耕地植被恢复中土壤物理特性变化研究. 水土保持研究，12（1）：17-21.

满秀玲，屈宜春，蔡体久，等.1998. 森林采伐与造林对土壤化学性质的影响. 东北林业大学学报，26（4）：14-16.

满秀玲，于凤华，戴伟光，等.1997. 森林采伐与造林对土壤水分物理性质的影响. 东北林业大学学报，25（5）：58-60.

毛建丰，李悦，刘玉军，等.2007. 高山松种实性状与生殖适应性. 植物生态学报，31（2）：291-299.

莫江明.2005. 鼎湖山退化马尾松林，混交林和季风常绿阔叶林土壤全磷和有效磷的比较. 广西植物，25（2）：186-192.

莫江明，方运霆，彭少麟.2003. 鼎湖山南亚热带常绿阔叶林碳素积累和分配特征. 生态学报，23（10）：1970-1976.

牛克昌，刘怿宁，沈泽昊，等.2009. 群落构建的中性理论和生态位理论. 生物多样性，17（6）：579-593.

欧阳学军，黄忠良，周国逸，等.2003. 鼎湖山南亚热带森林群落演替对土壤化学性质影响的累计效应研究. 水土保持学报，17（4）：51-54.

潘开文，何静，吴宁.2004. 森林凋落物对林地微生境的影响. 应用生态学报，15（1）：153-158.

彭李菁.2006. 鼎湖山气候顶级群落种间联结变化. 生态学报，26（11）：3732-3739.

彭少麟.2003. 热带亚热带恢复生态学研究与实践. 北京：科学出版社.

彭少麟，方炜.1994. 鼎湖山植被演替过程优势种群动态研究Ⅲ. 黄果厚壳桂和厚壳桂种群. 热带亚热带植物学报，2（4）：79-87.

彭少麟，方炜.1995. 鼎湖山植被演替过程中锥栗和荷木种群的动态. 植物生态学报，19（4）：311-318.

彭少麟，李跃林，余华，等.2002. 鼎湖山森林群落不同演替阶段优势种叶生态解剖特征研究. 热带亚热带植物学报，10（1）：1-8.

彭少麟，陆宏芳.2003. 恢复生态学焦点问题. 生态学报，23（7）：1249-1257.

彭少麟，王伯荪.1984. 鼎湖山森林群落分析Ⅲ 种群分布格局. 热带亚热带森林生态系统研究，2（1）：24-37.

彭兴民，吴疆翀，郑益兴，等.2012. 云南引种印楝实生种群的表型变异. 植物生态学报，36（6）：560-571.

平亮，谢宗强.2009. 引种桉树对本地生物多样性的影响. 应用生态学报，20（7）：1765-1774.

任海，彭少麟.1999. 鼎湖山森林生态系统演替过程中的能量生态特征. 生态学报，19（6）：817-823.

任书杰，于贵瑞，陶波，等.2007. 中国东部南北样带 654 种植物叶片氮和磷的化学计量学特征研究. 环境科学，28（12）：1-9.

任学敏，杨改河，王得祥，等.2012. 环境因子对巴山冷杉-糙皮桦混交林物种分布及多样性的影响. 生态学报，32（3）：605-613.

邵新庆，王堃，王赟文，等.2008. 典型草原自然恢复演替过程中植物群落动态变化. 生态学报，28（2）：855-861.

沈海龙，丁宝永，沈国舫，等.1996. 樟子松人工林下针阔叶凋落物分解动态. 林业科学，32（5）：393-402.

沈林，杨华，亢新刚，等.2013. 择伐强度对天然云冷杉林空间分布格局的影响. 中南林业科技大学学报，（1）：68-74.

沈有信，刘文耀，崔建武.2007. 滇中喀斯特森林土壤种子库的种-面积关系. 植物生态学报，31（1）：50-55.

施济普，朱华.2003. 西双版纳热带山地季风常绿阔叶林的群落生态学研究. 云南植物研究，25（5）：513-520.

史长光，泽柏，杨满业，等.2010. 川西北沙化草地植被恢复后土壤理化性质的变化. 草业与畜牧，（4）：1-5.

史作民, 程瑞梅, 刘世荣. 1999. 宝天曼落叶阔叶林种群生态位特征. 应用生态学报, 10 (3): 265-269.

史作民, 刘世荣, 程瑞梅, 等. 2001. 宝天曼落叶阔叶林种间联结性研究. 林业科学, 37 (2): 29-35.

宋娟, 李荣华, 朱师丹, 等. 2013. 鼎湖山季风常绿阔叶林不同生境蕨类植物的叶片功能性状研究. 热带亚热带植物学报, 21 (6): 489-495.

宋亮, 刘文耀, 马文章, 等. 2011. 云南哀牢山西麓季风常绿阔叶林及思茅松林的群落学特征. 山地学报, 29 (2): 164-172.

宋瑞瑞, 于明坚, 李铭红, 等. 2008. 片段化常绿阔叶林的土壤种子库及天然更新. 生态学报, 28 (6): 2554-2562.

宋永昌. 2001. 植被生态学. 上海: 华东师范大学出版社.

宋永昌. 2004. 中国常绿阔叶林分类试行方案. 植物生态学报, 28 (4): 435~448.

宋永昌, 陈小勇, 王希华. 2005. 中国常绿阔叶林研究的回顾与展望. 华东师范大学学报 (自然科学版), 1: 1-8.

宋永昌, 陈小勇. 2007. 中国东部常绿阔叶林生态系统退化机制和生态恢复. 北京: 科学出版社.

苏建荣, 刘万德, 张志钧, 等. 2012. 云南中南部季风常绿阔叶林恢复生态系统萌生特征. 生态学报, 32 (3): 805-814.

苏永中, 赵哈林, 文海燕. 2002. 退化沙质草地开垦和封育对土壤理化性状的影响. 水土保持学报, 16 (4): 5-8.

苏志尧, 吴大荣, 陈北光. 2003. 粤北天然林优势种群生态位研究. 应用生态学报, 24 (1): 25-29.

孙谷畴, 林植芳. 1992. 亚热带季风常绿阔叶林树木年轮的 $^{13}C/^{12}C$ 和空气 CO_2 浓度变化. 应用生态学报, 3 (4): 291-295.

孙玉玲, 李庆梅, 谢宗强. 2005. 濒危植物秦岭冷杉结实特性的研究. 植物生态学报, 29 (2): 251-257.

唐旭利, 周国逸, 温达志, 等. 2003. 鼎湖山南亚热带季风常绿阔叶林 C 储量分布. 生态学报, 23 (1): 90-97.

唐旭利, 周国逸. 2005. 南亚热带典型森林演替类型粗死木质残体贮量及其对碳循环的潜在影响. 植物生态学报, 29 (4): 559-568.

唐樱殷, 沈有信. 2011. 云南南部和中部地区公路旁紫茎泽兰土壤种子库分布格局. 生态学报, 31 (12): 3368-3375.

唐勇, 曹敏, 张建侯, 等. 1999. 西双版纳热带森林土壤种子库与地上植被的关系. 应用生态学报, 10 (3): 279-282.

田大伦, 项文化, 康文星. 2003. 马尾松人工林微量元素生物循环的研究. 林业科学, 39 (4): 1-8.

王凤友. 1989. 森林凋落物研究综述. 生态学进展, 6 (2): 82-89.

王乃江, 张文辉, 陆元昌. 2010. 陕西子午岭森林植物群落种间联结性. 生态学报, 30 (14): 67-78.

王锐萍, 刘强, 文艳, 等. 2005. 鼎湖山和尖峰岭土壤及凋落物中微生物数量季节动态. 土壤通报, 36 (6): 933-937.

王文进, 张明, 刘福德. 2007. 海南岛吊罗山热带山地雨林两个演替阶段的种间联结性. 生物多样性, 15 (3): 257-263.

王希华, 闫恩荣, 严晓, 等. 2005. 中国东部常绿阔叶林退化群落分析及恢复重建研究的一些问题. 生态学报, 25 (7): 1796-1803.

王祥福, 郭泉水, 巴哈尔古丽, 等. 2008. 崖柏群落优势乔木种群生态位. 林业科学, 44 (4): 6-13.

王永超, 郭素娟, 王文舒. 2011. 引发处理对华山松种子萌发及生理的影响. 东北林业大学学报, 39 (002): 21-23.

王峥峰, 王伯荪, 李鸣光, 等. 2001. 锥栗种群在鼎湖山三个群落中的遗传分化研究. 生态学报, 21 (8): 1308-1313.

王峥峰, 王伯荪, 张军丽, 等. 2004. 广东鼎湖山 3 个树种在不同群落演替过程中的遗传多样性. 林业科学, 40 (2): 32-37.

王志高, 叶万辉, 曹洪麟, 等. 2008. 鼎湖山季风常绿阔叶林物种多样性指数空间分布特征. 生物多样性, 16 (5): 454-461.

温庆忠, 赵元藩, 陈晓鸣, 等. 2010. 中国思茅松生态服务功能价值动态研究. 林业科学研究, 23 (5): 671-677.

温远光, 元昌安, 李信贤, 等. 1998. 大明山中山植被恢复过程植物物种多样性的变化. 植物生态学报, 22 (1): 33-40.

温仲明, 焦峰, 刘宝元, 等. 2005. 黄土高原森林草原区退耕地植被自然恢复与土壤养分变化. 应用生态学报, 16 (11): 2025-2029.

吴承祯, 洪伟, 姜志林, 等. 2000. 我国森林凋落物研究进展. 江西农业大学学报, 22 (3): 405-410.

吴统贵, 陈步峰, 肖以华, 等. 2010a. 珠江三角洲 3 种典型森林类型乔木叶片生态化学计量学. 植物生态学报, 34 (1): 58-63.

吴统贵, 吴明, 刘丽, 等. 2010b. 杭州湾滨海湿地 3 种草本植物叶片 N、P 化学计量学的季节变化. 植物生态学报, 34 (1): 23-28.

吴兆录. 1994. 思茅松研究现状的探讨. 林业科学, 30 (2): 151-157.

吴征镒, 朱彦丞, 姜汉桥. 1987. 云南植被. 北京: 科学出版社.

吴征镒. 1980. 中国植被. 北京: 科学出版社.

吴征镒. 1991. 中国种子植物属的分布区类型. 云南植物研究, 增刊 (Ⅳ): 1-139.

吴征镒. 1993. 中国植物属的分布区类型的增刊和勘误. 云南植物研究, 增刊 (Ⅳ): 141-179.

项文化, 黄志宏, 闫文德, 等. 2006. 森林生态系统碳氮循环功能耦合研究综述. 生态学报, 26 (7): 2365-2372.

谢宗强, 陈伟烈, 刘正宇, 等. 1999. 银杉种群的空间分布格局. 植物学报, 41 (1): 95-101.

熊燕, 刘强, 陈欢, 等. 2005. 鼎湖山季风常绿阔叶林凋落叶分解与土壤动物群落动态和多样性. 生态学杂志, 24 (10): 1120-1126.

徐海清, 刘文耀. 2005. 云南哀牢山山地湿性常绿阔叶林附生植物的多样性和分布. 生物多样性, 13 (2): 137-147.

徐进, 王章荣, 陈亚斌, 等. 2004. 马尾松种子园无性系实量、种实性状及遗传参数的分析. 林业科学, 40 (4): 201-205.

徐远杰, 陈亚宁, 李卫红, 等. 2010. 伊犁河谷山地植物群落物种多样性分布格局及环境解释. 植物生态学报, 34 (10): 1142-1154.

许玉兰, 段安安, 唐社云, 等. 2006. 思茅松无性系种子园结实习性研究. 西部林业科学, 35 (9): 39-42.

闫俊华, 周国逸, 黄忠良. 2001. 鼎湖山亚热带季风常绿阔叶林蒸散研究. 林业科学, 37 (1): 37-45.

闫俊华, 周国逸, 韦琴. 2000. 鼎湖山季风常绿阔叶林小气候特征分析. 武汉植物学研究, 18 (5): 397-404.

阎恩荣, 王希华, 施家月, 等. 2005. 木本植物萌枝生态学研究进展. 应用生态学报, 16 (12): 2459-2464.

阎恩荣, 王希华, 周武. 2008. 天童常绿阔叶林演替系列植物群落的 N:P 化学计量特征. 植物生态学报, 32 (1): 13-22.

颜立红, 祁承经, 刘小雄, 等. 2007. 湖南藤本植物胸径与其支持木胸径的相关性. 生态学报, 27 (10): 4317-4324.

杨小波, 张桃林, 吴庆书. 2002. 海南琼北地区不同植被类型物种多样性与土壤肥力的关系. 生态学报, 22 (2): 190-196.

杨宇明, 王娟, 王建皓, 等. 2008. 云南生物多样性及其保护研究. 北京: 科学出版社.

叶万辉, 曹洪麟, 黄忠良, 等. 2008. 鼎湖山南亚热带常绿阔叶林 20 公顷样地群落特征研究. 植物生态学报, 32 (2): 274-286.

银晓瑞, 梁存柱, 王立新, 等. 2010. 内蒙古典型草原不同恢复演替阶段植物养分化学计量学. 植物生态学报, 34 (1): 39-47.

尹光彩, 周国逸, 唐旭利, 等. 2003. 鼎湖山不同演替阶段的森林土壤水分动态. 吉首大学学报 (自然科学版), 24 (3): 62-68.

于顺利, 方伟伟. 2012. 种子地理学研究的新进展. 植物生态学报, 36 (8): 918-922.

俞新妥. 1992. 杉木人工林地力和养分循环研究进展. 福建林学院学报, 12 (3): 264~275.

俞益武, 吴家森. 2004. 木荷林凋落物的归还动态及其分解特性. 水土保持学报, 18 (2): 63-65.

虞泓, 葛颂, 黄瑞复, 等. 2000. 云南松及其近缘种的遗传变异与亲缘关系. 植物学报, 42 (1): 107-110.

袁春明, 刘文耀, 李小双, 等. 2010a. 哀牢山西坡季风常绿阔叶林和湿性常绿阔叶林木质藤本植物的多样性与分布. 山地学报, 28 (6): 687-694.

袁春明, 刘文耀, 杨国平, 等. 2010b. 哀牢山湿性常绿阔叶林木质藤本植物的物种多样性及其与支持木的关系. 林业科学, 46 (1): 15-22.

袁春明, 刘文耀, 杨国平. 2008. 哀牢山湿性常绿阔叶林木质藤本植物的物种组成与多样性. 山地学报, 26 (1): 29-35.

臧润国, 丁易, 张志东, 等. 2010. 海南岛热带天然林主要功能群保护与恢复的生态学基础. 北京: 科学出版社.

曾德慧, 陈广生. 2005. 生态化学计量学: 复杂生命系统奥秘的探索. 植物生态学报, 29 (6): 1007-1019.

曾杰, 郑海水, 甘四明, 等. 2005. 广西西南桦天然居群的表型变异. 林业科学, 41 (2): 59-55.

张德强, 叶万辉, 余清发, 等. 2000. 鼎湖山演替系列中代表性森林凋落物研究. 生态学报, 20 (6): 938-944.

张德强, 余清发, 孔国辉, 等. 1998. 鼎湖山季风常绿阔叶林凋落物层化学性质的研究. 生态学报, 18 (1) 96-100.

张金屯. 2004. 数量生态学. 北京: 科学出版社.

张俊艳, 成克武, 臧润国. 2014. 海南岛热带天然针叶林主要树种的空间格局及其关联性. 生物多样性, 22 (2): 129-140.

张娜, 乔玉娜, 刘兴诏, 等. 2010. 鼎湖山季风常绿阔叶林大气降雨, 穿透雨和树干流的养分特征. 热带亚热带植物学报, 18 (5): 502-510.

张文辉, 王延平, 康永祥, 等. 2005. 太白山太白红杉种群空间分布格局研究. 应用生态学报, 16 (2): 207-212.

张希彪, 上官周平. 2006. 黄土丘陵区油松人工林与天然林养分分布和生物循环比较. 生态学报, 26 (2): 373-382.

张亚茹. 2014. 鼎湖山季风常绿阔叶林土壤有机碳和全氮的空间分布. 应用生态学报, 25 (1): 19-23.

张玉武. 2000. 贵州梵净山自然区藤本植物攀缘方式及类型的研究. 广西植物, 20 (4): 301-312.

张志勇, 陶德定, 李德珠. 2000. 五针白皮松在群落演替过程中的种间联结性分析. 生物多样性, 11 (2): 125-131.

赵勇钢, 赵世伟, 曹丽花, 等. 2007. 典型草原区退耕及封育草地土壤水分物理性质研究. 水土保持通报, 27 (6): 41-44, 115.

郑景明, 桑卫国, 马克平. 2004. 种子的长距离风传播模型研究进展. 植物生态学报, 28 (3): 414-425.

郑淑霞, 上官周平. 2006. 黄土高原地区植物叶片养分组成的空间分布格局. 自然科学进展, 16 (8): 965-973.

周传艳, 周国逸, 闫俊华, 等. 2005. 鼎湖山地带性植被及其不同演替阶段水文学过程长期对比研究. 植物生态学报, 29 (2): 208-217.

周建云, 李荣, 张文辉, 等. 2012. 不同间伐强度下辽东栎种群结构特征与空间分布格局. 林业科学, 48 (4): 149-155.

周淑荣, 张大勇. 2006. 群落生态学的中性理论. 植物生态学报, 30 (5): 868-877.

周蔚, 杨华, 亢新刚, 等. 2012. 择伐强度对长白山区天然云冷杉针阔混交林空间结构的影响. 西北林学院学报, 27 (4): 7-12.

周先叶, 李鸣光, 王伯荪, 等. 2000a. 广东黑石顶自然保护区森林次生演替不同阶段土壤种子库的研究. 植物生态学报, 24 (2): 222-230.

周先叶, 王伯荪, 李鸣光, 等. 2000b. 广东黑石顶自然保护区森林次生演替过程中群落的种间联结性分析. 植物生态学报, 24 (3): 332-339.

周小勇, 黄忠良, 欧阳学军, 等. 2005. 鼎湖山季风常绿阔叶林锥栗-厚壳桂-荷木群落演替. 生态学报, 25 (1): 37-44.

周小勇, 黄忠良, 史军辉, 等. 2004. 鼎湖山针阔混交林演替过程群落组成和结构短期动态研究. 热带亚热带植物学报, 12 (4): 323-330.

周玉荣, 于振良, 赵士洞. 2000. 我国主要森林生态系统碳贮量和碳平衡. 植物生态学报, 24 (5): 518-522.

朱华, 李保贵, 邓少春, 等. 2000. 思茅菜阳河自然保护区热带季节雨林及其生物地理意义. 东北林业大学学报, 28 (5): 87-93.

朱华, 赵崇奖, 王洪, 等. 2006. 思茅菜阳河自然保护区植物区系研究兼论热带亚洲区系向东亚植物区系的过渡. 植物研究,

26（1）：38-52.

朱华. 2007. 论滇南西双版纳的森林植被分类. 云南植物研究, 29（4）：377-378.

朱教君, 刘世荣. 2007. 次生林概念与生态干扰度. 生态学杂志, 26（7）：1085-1093.

朱教君. 2002. 次生林经营基础研究进展. 应用生态学报, 13（12）：1689-1694.

朱文涛, 于静洁, 王平, 等. 2011. 额济纳荒漠绿洲植物群落的数量分类及其地下水环境的关系分析. 植物生态学报, 35（5）：480-489.

朱万泽, 王金锡, 罗成荣, 等. 2007. 森林萌生更新研究进展. 林业科学, 43（9）：74-82.

朱晓丹, 李桐森, 刘小珍, 等. 2006. 华山松无性系种子园结实量于种实性状的关系. 西南林学院学报, 26（2）：48-51.

祝燕, 米湘成, 马克平. 2009. 植物群落物种共存机制：负密度制约假说. 生物多样性, 17（6）：594-604.

邹碧, 王刚, 杨富权, 等. 2010. 华南热带区不同恢复阶段人工林土壤持水能力研究. 热带亚热带植物学报, 18（4）：343-349.

邹厚远, 程积民, 周麟. 1998. 黄土高原草原植被的自然恢复演替及调节. 水土保持研究, 5（1）：126-138.

Ackerly D D. 2003. Community assembly, niche conservation, and adaptive evolution in changing environments. International Journal of Plant Science, 164(s3): 165-185.

Ackerly D D, Cornwell W K. 2007. A trait-based approach to community assembly: Partitioning of species trait values into within- and among-community components. Ecology Letters, 10(2): 135-145.

Addo-Fordiour P, Anning A K, Larbi J A, et al. 2009. Liana species richness, abundance and relationship with trees in the Bobiri forest reserve, Ghana: Impact of management systems. Forest Ecology and Management, 257(8): 1822-1828.

Adler P B. 2004. Neutral models fail to reproduce observed species-area and species-time relationships in Kansas grasslands. Ecology, 85(5): 1265-1272.

Adler P B, HilleRisLambers J, Levine J M. 2007. A niche for neutrality. Ecology Letters, 10(2): 95-104.

Adler P B, Lauenroth W K. 2003. The power of time: spatiotemporal scaling of species diversity. Ecology Letters, 6(8): 749-756.

Adler P B, White E P, Lauenroth W K, et al. 2005. Evidence for a general species-time-area relationship. Ecology, 86(8): 2032-2039.

Aerts R, Chapin III F S. 2000. The mineral nutrition of wild plants revisited: A re-evaluation of processes and patterns. Advances in Ecological Research, 30(2): 1-68.

Ågren G I. 2004. The C：N：P stoichiometry of autotrophs-theory and observations. Ecology Letters, 7(3): 185-191.

Aguilera M O, Lauenroth W K. 1993. Seedling establishment in adult neighbourhoods—intraspecific constraints in the regeneration of the bunchgrass *Bouteloua gracilis*. Journal of Ecology, 81(2): 253-261.

Aiba S I, Kitayama K. 1999. Structure, composition and species diversity in an altitude-substrate matrix of rain forest tree communities on Mount Kinabalu, Borneo. Plant Ecology, 140(2): 139-157.

Aide T M, Zimmerman J K, Pascarella J B, et al. 2000. Forest regeneration in a chronosequence of tropical abandoned pastures: Implications for restoration ecology. Restoration Ecology, 8(4): 328-338.

Andersen T, Elser J J, Hessen D O. 2004. Stoichiometry and population dynamics. Ecology Letters, 7(9): 884-900.

Andresen E, Levey D J. 2004. Effects of dung and seed size on secondary dispersal, seed predation, and seedling establishment of rain forest trees. Oecologia, 139(1): 45-54.

Annaselvam J, Parthasarathy N. 2001. Diversity and distribution of herbaceous vascular epiphytes in a tropical evergreen forest at Varagalaiar, Western Ghats, India. Biodiversity and Conservation, 10(3): 317-329.

Appanah S, Gentry A H, Frankie L J V. 1992. Liana diversity and species richness of Malaysian rain forests. Journal of tropical forest science, 6(2): 116-123.

Armas C, Pugnaire F I. 2005. Plant interactions govern population on dynamics in semi-arid plant community. Journal of Ecology, 93(5): 978-989.

Arroyo M T K, Cavieres L A, Carmen C, et al. 1999. Persistent soil seed bank and standing vegetation at a high alpine site in the central Chilean Andes. Oecologia, 119(1): 126-132.

Aubin I, Gachet S, Messier C, et al. 2007. How resilient are northern hardwood forests to human disturbance? An evaluation using a plant functional group approach. Ecoscience, 14(2): 259-271.

Bachman S, Baker W J, Brummitt N, et al. 2004. Elevational gradients, area and tropical island diversity: an example from the palms of New Guinea. Ecography, 27(3): 299-310.

Baer S G, Blair J M, Collins S L, et al. 2004. Plant community responses to resource availability and heterogeneity during restoration. Oecologia, 139(4): 617-629.

Bakker M A, Carreño-Rocabado G, Poorter L. 2011. Leaf economics traits predict litter decomposition of tropical plants and differ among land use types. Functional Ecology, 25(3): 473-483.

Ballard T M. 2000. Impacts of forest management on northern forest soils. Forest Ecology and Management, 133: 37-42.

Balvanera P, Pfisterer A B, Buchmann N, et al. 2006. Quantifying the evidence for biodiversity effects on ecosystem functioning and services. Ecology Letters, 9(10): 1146-1156.

Barthlott W, Schmit-Neuerburg V, Nieder J, et al. 2001. Diversity and abundance of vascular epiphytes: a comparison of secondary vegetation and primary montane rain forest in the Venezuelan Andes. Plant Ecology, 152(2): 145-156.

Bassett I E, Simcock R C, Mitchell N D. 2005. Consequences of soil compaction for seedling establishment: Implications for natural regeneration and restoration. Austral Ecology, 30(8): 827-833.

Bazzaz F A. 1996. Plant in Changing Environments: Linking Physiological, Population, and Community Ecology. Cambridge: Cambridge University Press.

Beaulieu J, Simon J P. 1995. Variation in cone morphology and seed characters in Pinus strobus in Quebec. Canadian Journal of Botany, 73: 262-271.

Beaumont S, Burns K C. 2009. Vertical gradients in leaf trait diversity in a New Zealand forest. Trees, 23(2): 339-346.

Bekker R M, Bakker J P, Grandin U, et al. 1998. Seed size, shape and vertical distribution in the soil: Indicators of seed longevity. Functional ecology, 12(5): 834-842.

Bell G. 2000. The distribution of abundance in neutral communities. The American Naturalist, 155(5): 606-617.

Bell G. 2001. Neutral macroecology. Science, 293(5539): 2413-2418.

Bellingham P J, Sparrow A D. 2000. Resprouting as a life history strategy in woody plant communities. Oikos, 89(2): 409-416.

Benavides A M, Duque A J, Duivenvoorden J F, et al. 2005. A first quantitative census of vascular epiphytes in rain forests of Colombian Amazonia. Biodiversity and Conservation, 14(3): 739-758.

Benzing D H. 1990. Vascular Epiphytes: General Biology and Related Biota. Cambridge UK: Cambridge University Press.

Bhattarai K R, Vetaas O R. 2003. Variation in plant species richness of different life forms along a subtropical elevation gradient in the Himalayas, east Nepal. Global Ecology and Biogeography, 12(4): 327-340.

Blanc L, Maury-Lechon G, Pascal J P. 2000. Structure, floristic composition and natural regeneration in the forests of Cat Tien National Park, Vietnam: An analysis of the successional trends. Journal of Biogeography, 27(1): 141-157.

Blonder B, Violle C, Bentley L P, et al. 2011. Venation networks and the origin of the leaf economics spectrum. Ecology Letters, 14(2): 91-100.

Bond W J, Midgley J J. 2001. Ecology of sprouting in woody plants: The persistence niche. Trends in Ecology and Evolution, 16(1): 45-51.

Bond W J, Midgley J J. 2003. The evolutionary ecology of sprouting. International Journal of Plant Science, 164(s): 103-114.

Borders B D, Pushnik J C, Wood D M. 2006. Comparison of leaf litter decomposition rates in restored and mature riparian forests on the Sacramento River, California. Restoration Ecology, 14(2): 308-315.

Bossuyt B, Heyn M, Hermy M. 2002. Seed bank and vegetation composition of forest stands of varying age in central Belgium: Consequences for regeneration of ancient forest vegetation. Plant Ecology, 162(1): 33-48.

Brehm G, Colwell R K, Kluge J. 2007. The role of environment and mid-domain effect on moth species richness along a tropical elevational gradient. Global Ecology and Biogeography, 16(2): 205-219.

Breugel M V, Bongers F, Martínez-Ramos M. 2007. Species dynamics during early secondary forest succession: Recruitment, mortality and species turnover. Biotropica, 35(5): 610-619.

Broadhead J S, Ong C K, Black C R. 2003. Tree phenology and water availability in semi-arid agroforesty systems. Forest Ecology and Management, 180(1): 61-73.

Brooker R W, Maestre F T, Callaway R M. 2008. Facilitation in plant communities: The past, the present, and the future. Journal of Ecology, 96(1): 18-34.

Brown K A, Gurevitch J. 2004. Long-term impacts of logging on forest diversity in Madagascar. Proceedings of the National Academy of Sciences, USA, 101(16): 6045-6049.

Brown S, Lugo A E. 1990. Tropical secondary forests. Journal of Tropical Ecology, 6(1): 1-32.

Brudvig L A, Asbjornsen H. 2009. The removal of woody encroachment restores biophysical gradients in mididwestern oak savannas. Journal of Applied Ecology, 46(1): 231-240.

Bruelheide H, Böhnke M, Both S, et al. 2011. Community assembly during secondary forest succession in a Chinese subtropical forest. Ecological Monographs, 81(1): 25-41.

Burke A. 2001. Classification and ordination of plant communities of the Naukluft Mountains, Namibia. Journal of Vegetation Science, 12(1): 53-60.

Burns K C, Beaumont S A M. 2009. Scale-dependent trait correlations in a temperate tree community. Austral Ecology, 34(6): 670-677.

Businský R, Frantík T, Vít P. 2013. Morphological evaluation of the Pinus kesiya complex(Pinaceae). Plant Systematics and Evolution, DOI 10.1007/s00606-013-0880-0.

Butler B J, Chazdon R L. 1998. Species richness, spatial variation, and abundance of the soil seed bank of a secondary tropical rain forest. Biotropica, 32: 214-222.

Caccianiga M, Luzzaro A, Pierce S, et al. 2006. The functional basis of a primary succession resolved by CSR classification. Oikos, 112(1): 10-20.

Callaway J C, Sullvan G, Zedler J B. 2003. Species-rich plantings increase biomass and nitrogen accumulation in a wetland restoration experiment. Ecological Applications, 13(6): 1626-1639.

Callaway R M, Reinhart K O, Moore G W, et al. 2002. Epiphyte host preferences and host traits: mechanisms for species-specific interactions. Oecologia, 132(2): 221-230.

Callaway R M, Walker L. 1997. Competition and facilitation: A synthetic approach to interaction in plant communities. Ecology, 78(7): 1958-1965.

Calvo L, Tárrega R, de Luis E. 2002. Secondary succession after perturbations in a shrubland community. Acta Oecologica, 23(6): 393-404.

Campanella M V, Bertiller M B. 2009. Leafing patterns and leaf traits of four evergreen shrubs in the Patagonian Monte, Argentina. Acta Oecologica, 35(6): 831-837.

Campetella G, Botta-Dukát Z, Wellstein C, et al. 2011. Patterns of plant trait-environment relationships along a forest succession chronosequence. Agriculture, Ecosystems & Environment, 145(1): 38-48.

Cao C Y, Jiang D M, Teng X H, et al. 2008. Soil chemical and microbiological properties along a chronosequence of *Caragana microphylla* Lam. plantations in the Horqin sandy land of Northeast China. Applied Soil Ecology, 40(1): 78-85.

Carey S, Harte J, del Moral R. 2006. Effect of community assembly and primary succession on the species-area relationship in disturbed ecosystems. Ecography, 29(6): 866-872.

Castro H, Lehsten V, Lavorel S, et al. 2010. Functional response traits in relation to land use change in the Montado. Agriculture, Ecosystems & Environment, 137(1-2): 183-191.

Chaideftou E, Thanos C A, Bergmeier E, et al. 2009. Seed bank composition and above-ground vegetation in response to grazing in sub-Mediterranean oak forests(NW Greece). Plant ecology, 201(1): 255-265.

Chang E R, Jefferies R L, Carleton T J. 2001. Relationship between vegetation and soil seed banks in an arctic coastal marsh. Journal of Ecology, 89(3): 367-384.

Chapin III F S. 1980. The mineral nutrition of wild plants. Annual Review of Ecology and Systematics, 11: 233-260.

Chapin III F S, Mstson P A, Mooney H A. 2002. Principles of Terrestrial Ecosystem Ecology. New York: Springer.

Chase J M. 2005. Towards a really unified theory for metacommunities. Functional Ecology, 19(1): 182-186.

Chave J. 2004. Neutral theory and community ecology. Ecology Letters, 7(3): 241-253.

Chazdon R L. 2003. Tropical forest recovery: Legacies of hunman impact and natural disturbances. Perspectives in Plant Ecology, Evolution and Systematics, 6(1/2): 51-57.

Chazdon R L. 2008. Beyond deforestation: restoring forests and ecosystem services on degraded lands. Science, 320(5882): 1458-1460.

Chen L Z, Huang J J, Yan C R. 1997. Nutrient Cycle in Forest Ecosystem in China. Beijing: China Meteorological Press.

Chen Y S, Zhang Z W, Han L, et al. 2005. Studies on the characteristics of water absorption for litter form on different type forest ground surface at lianxiahe watershed. Journal of Huazhong Agricultural, 24(2): 207-212.

Cheng B R. 1984. The litter and its nutrients of the main forest ecosystem in changbai mountain. Forest ecosystem，(4): 19~22.

Clark D B, Clark D A, Read J M. 1998. Edaphic variation and the mesoscale distribution of tree species in a neotropical rain forest. Journal of Ecology, 86(1): 101-112.

Clark D B, Clark D A. 1990. Distribution and effects on tree growth of lianas and woody hemiepiphytes in a Casta Rican tropical wet forest. Journal of Tropical Ecology, 6: 321-331.

Clark D L, Wilson M, Roberts R, et al. 2012. Plant traits-a tool for restoration? Applied Vegetation Science, 15(4): 449-458.

Coblentz D D, Riitters K H. 2004. Topographic controls on the regional-scale biodiversity of the south-western USA. Journal of Biogeography, 31(7): 1125-1138.

Codispoti L A. 1995. Is the ocean losing nitrate. Nature, 376: 724.

Comita L S, Hubbell S P. 2009. Local neighborhood and species' shade tolerance influence survival in a diverse seedling bank. Ecology, 90(2): 328-334.

Condit R, Ashton P S, Baker P, et al. 2000a. Spatial patterns in the distribution of tropical tree species. Science, 288(5470): 1414-1418.

Condit R, Hubbell S P, Foster R B. 1992. Recruitment near conspecific adults and the maintenance of tree and shrub diversity in a neotropical forest. The American Naturalist, 140(2): 261-268.

Condit R, Watts K, Bohlman S A, et al. 2000b. Quantifying the deciduousness of tropical forest canopies under varying climates. Journal of Vegetation Science, 11(5): 649-658.

Connell J H. 1978. Diversity in tropical rain forest and coral reefs. Science, 199(4335): 1302-1310.

Cooper D J, Watson A J, Nightingale P D. 1996. Large decrease in ocean surface CO_2 fugacity in response to in situiron fertilization. Nature, 383: 511-513.

Cordell S, Goldstein G, Meinzer F C, et al. 2001. Regulation of leaf life-span and nutrient-use efficiency of *Metrosidero polymorpha* trees at two extremes of a long chronosequence in Havaii. Oecologia, 127: 198-206.

Cornelissen J H C, Cerabolini B, Castro-Díez P, et al. 2003. Functional traits of woody plants: correspondence of species rankings between field adults and laboratory-grown seedlings? Journal of Vegetation Science, 14: 311-322.

Cornwell W K, Ackerly D D. 2009. Community assembly and shifts in plant trait distributions across an environmental gradient in coastal California. Ecological Monographs, 79(1): 109-126.

Cornwell W K, Schiwilk D W, Ackerly D D. 2006. A trait-based test for habitat filtering: Convex hull volume. Ecology, 87(6): 1466-1471.

Covington W W, Fule P Z, Moore M M, et al. 1997. Restoring ecosystem health in ponderosa pine forests of the southwest. Journal of Forestry, 95(4): 23-29.

Cox R D, Allen E B. 2008. Composition of soil seed banks in southern California coastal sage scrub and adjacent exotic grassland. Plant Ecology, 198(1): 37-46.

Crain C M, Albertson L K, Bertness M D. 2008. Secondary succession dynamics in estuarine marshes across landscape-scale salinity gradients. Ecology, 89(10): 2889-2899.

Cruz A, Pérez B, Moreno J M. 2003. Resprouting of the Mediterranean-type shrub *Erica australis* with modified lignotuber carbohydrate content. Journal of Ecology, 91(3): 348-356.

Currie D J, Mittelbach G G, Cornell H W, et al. 2004. Predictions and tests of climate-based hypotheses of broad-scale variation in taxonomic richness. Ecology Letters, 7(12): 1121-1134.

Cutler N A, Belyea L R, Dugmore A J. 2008. The spatiotemporal dynamics of a primary succession. Journal of Ecology, 96(2): 231-246.

Dahlgren J P, Eriksson O, Bolmgren K, et al. 2006. Specific leaf area as a superior predictor of changes in field layer abundance during forest succession. Journal of Vegetation Science, 17(5): 577-582.

Dalling J W, Hubbell S P, Silvera K. 1998a. Seed dispersal, seedling establishment and gap partitioning among tropical pioneer trees. Journal of Ecology, 86(4): 674-689.

Dalling J W, Swaine M D, Garwood N C. 1998b. Dispersal patterns and seed bank dynamics of pioneer trees in moist tropical forest. Ecology, 79(2): 564-578.

Dangasuk O G, Panetsos K P. 2004. Altitudinal and longitudinal variations in Pinus brutia(Ten.)of Ctete Island, Greece: Some needle, cone and seed traits under natural habitats. New Forest, 27: 269-284.

De Deyn G B, Cornelissen J H C, Bardgett R D. 2008. Plant functional traits and soil carbon sequestration in contrasting biomes. Ecology Letters, 11(5): 516-531.

de Mazancourt C, Johnson E, Barraclough T G. 2008. Biodiversity inhibits species' evolutionary responses to changing environments. Ecology Letters, 11(4): 380-388.

Deb P, Sundriyal R C. 2008. Tree regeneration and seedling survival patterns in old-growth lowland tropical rainforest in Namdapha National Park, north-east India. Forest Ecology and Management, 225(12): 3995-4006.

Decocq G, Valentin B, Toussaint B, et al. 2004. Soil seed bank composition and diversity in a managed temperate deciduous forest. Biodeversity and conservation, 13(13): 2845-2509.

Dengler J. 2009. Which function describes the species-area relationship best? A review and empirical evaluation. Journal of Biogeography, 36(4): 728-744.

Denslow T C. 1996. Functional Groups Diversity and Recovery from Disturbance. Berlin: Springer-Verlag.

DeWalt S J, Schnitzer S A, Denslow J S. 2000. Density and diversity of lianas along a chronosequence in a central Panamanian lowland forest. Journal of Tropical Ecology, 16(1): 1-19.

Díaz S, Cabido M. 2001. Vive la différence: Plant functional diversity matters to ecosystem processes. Trends in Ecology and Evolution, 16(11): 646-655.

Díaz S, Lavorel S, McIntyre S U E, et al. 2007. Plant trait responses to grazing: A global synthesis. Global Change Biology, 13(2): 313-341.

Dickman E M, Newell J M, González M J, et al. 2008. Light, nutrients, and food-chain length constrain planktonic energy transfer efficiency across multiple trophic levels. Proceedings of the National Academy of Sciences of the United States of America, 105(47): 18408-18412.

Didham R K. 1998. Altered leaf-litter decomposition rates in tropical forest fragments. Oecologia, 116(3): 397-406.

Ding Y, Zang R G. 2009. Effects of logging on the diversity of lianas in a lowland tropical rain forest in Hainan island, South China. Biotropica, 41(5): 618-624.

Dixon R K, Solomon A, Brown S, et al. 1994. Carbon pools and flux of global forest ecosystems. Science, 263(5144): 185-190.

Dodds W K, Marti E, Tank J L, et al. 2004. Carbon and nitrogen stoichiometry and nitrogen cycling rates in streams. Oecologia, 140(3): 458-467.

Donahue J K, Upton J L. 1996. Geographic variation in leaf, cone and seed morphology of Pinus greggii in native forests. Forest Ecology and Management, 82: 145-157.

Dorrepaal E. 2007. Are plant growth-form-based classifications useful in predicting northern ecosystem carbon cycling feedbacks to climate change? Journal of Ecology, 95(6): 1167-1180.

Douma J C, de Haan M W A, Aerts R, et al. 2012. Succession-induced trait shifts across a wide range of NW European ecosystems are driven by light and modulated by initial abiotic conditions. Journal of Ecology, 100(2): 366-380.

Drakare S, Lennon J J, Hillebrand H. 2006. The imprint of the geographical, evolutionary and ecological context on species-area relationships. Ecology Letters, 9(2): 215-227.

Drenovsky R E, Richards J H. 2004. Critical N : P values: Predicting nutrient deficiencies in desert shrublands. Plant and Soil, 259(1-2): 59-69.

Druckenbrod D L, Shugart H H, Davies I. 2005. Spatial pattern and process in forest stands within the Virginia piedmont. Journal of Vegetation Science, 16: 37-48.

Du X J, Guo Q F, Gao X M, et al. 2007. Seed rain, soil seed bank, seed loss and regeneration of Castanopsis fargesii(Fagaceae)in a subtropical evergreen broad-leaved forest. Forest Ecology and Management, 238(1/3): 212-219.

Egawa C, Koyama A, Tsuyuzaki S. 2009. Relationships between the developments of seedbank, standing vegetation and litter in a post-mined peatland. Plant Ecology, 203(2): 217-288.

Ellsworth D S, Reich P B. 1993. Canopy structure and vertical patterns of photosynthesis and related leaf traits in a deciduous forest. Oecologia, 96(2): 169-178.

Elser J J, Acharya K, Kyle M, et al. 2003. Growth rate-stoichiometry couplings in diverse biota. Ecology Letters, 6(10): 936-943.

Elser J J, Bracken M E S, Cleland E E, et al. 2007. Global analysis of nitrogen and phosphorus limitation of primary producers in freshwater, marine and terrestrial ecosystems. Ecology Letters, 10(12): 1135-1142.

Elser J J, Dobberfuhl D R, MacKay N A, et al. 1996. Organism size, life history, and N : Pstoichiometry: Towards a unified view of cellular and ecosystem processes. BioScience, 46(9): 674-684.

Elser J J, Fagan W F, Denno R F, et al. 2000. Nutritional constraints in terrestrial and freshwater food webs. Nature, 408(6812): 578-580.

Engelbrecht B M J, Comita L S, Condit R, et al. 2007. Drought sensitivity shapes species distribution patterns in tropical forests. Nature, 447(7140): 80-82.

Ewel J J, Mazzarino M J, Berish C W. 1991. Tropical soil fertility changes under monocultures and successional communities of different structure. Ecological Applications, 1(3): 289-302.

Fahey T J, Woodbury P B, Battles J J, et al. 2010. Forest carbon storage: Ecology, management, and policy. Frontiers in Ecology and the Environment, 8(5): 245-252.

Falster D S, Brännström Å, Dieckmann U, et al. 2011. Influence of four major plant traits on average height, leaf-area cover, net primary productivity, and biomass density in single-species forests: A theoretical investigation. Journal of Ecology, 99(1): 148-164.

Fargione J E, Tilman D. 2005. Diversity decreases invasion via both sampling and complementarity effects. Ecology Letters, 8: 604-611.

Fattorini S. 2006. Detecting biodiversity hotspots by species-area relationships: A case study of Mediterranean beetles. Conservation Biology, 20(4): 1169-1180.

Fattorini S. 2007. To fit or not to fit? A poorly fitting procedure produces inconsistent results when the species-area relationship is used to locate hotspots. Biodiversity and Conservation, 16(9): 2531-2538.

Feinsinger P, Spears E E. 1981. A simple measure of niche breadth. Ecology, 62(1): 27-32.

Field C B. 1998. Primary production of the biosphere: Integrating terrestrial and oceanic components. Science, 281(5374): 237-240.

Finegan B, Delgado D. 2000. Structural and floristic heterogeneity in a 30-year-old Costa Rican rain forest restored on pasture through natural secondary succession. Restoration Ecology, 8(4): 380-393.

Finegan B. 1996. Pattern and process in neotropical secondary rain forests: The first 100 years of succession. Trends in Ecology and Evolution, 11(3): 119-124.

Foley J A. 2005. Global consequences of land use. Science, 309(5734): 570-574.

Foley J A, DeFries R, Asner G P, et al. 2005. Global consequences of land use. Science, 309(5734): 570-574.

Freschet G T, Dias A T C, Ackerly D D, et al. 2011. Global to community scale differences in the prevalence of convergent over divergent leaf trait distributions in plant assemblages. Global Ecology and Biogeography, 20(5): 755-765.

Fridley J D. 2002. Resource availability dominates and alters the relationship between species diversity and ecosystem productivity in experimental plant communities. Oecologia, 132(2): 271-277.

Fridley J D, Peet R K, van der Maarel E, et al. 2006. Integration of local and regional species-area relationships from space-time species accumulation. The American Naturalist, 168(2): 133-143.

Fridley J D, Peet R K, Wentworth T R, et al. 2005. Connecting fine- and broad-scale species-area relationships of southeastern U.S. flora. Ecology, 86(5): 1172-1177.

Funk J L, McDaniel S. 2010. Altering light availability to restore invaded forest: The predictive role of plant traits. Restoration Ecology, 18(6): 865-872.

Gamboa A M, Hidalgo C, de Leon F, et al. 2008. Nutrient addition differentially affects soil carbon sequestration in secondary tropical dry forests: Early-versus late-succession stages. Restoration Ecology, 18(2): 252-260.

Gao S P, Li J X, XU M C, et al. 2007. Leaf N and P stoichiometry of common species in successional stages of the evergreen broad-leaved forest in Tiantong National Forest Park, Zhejiang Province, China. Acta Ecologica Sinica, 27(3): 947-952.

Garcia R, Siepielski A M, Benkman C W. 2009. Cone and seed trait variation in whitebark pine(Pinus albicaulis; Pinaceae)and the potential for phenotypic selection. American Journal of Botany, 96(5): 1050-1054.

Garnier E, Cortez J, Billès G, et al. 2004. Plant functional markers capture ecosystem properties during secondary succession. Ecology, 85(9): 2630-2637.

George L O, Bazzaz F A. 1999. The fern understory as an ecological filter: Emergence and establishment of canopy tree seedlings. Ecology, 80(3): 833-845.

Gerdol R, Petraglia A, Bragazza L, et al. 2007. Nitrogen deposition interacts with climate in affecting production and decomposition rates in Sphagnum mosses. Global Change Biology, 13(8): 1810-1821.

Gerwing J J. 2004. Life history diversity among six species of canopy lianas in an old-growth forest of the eastern Brazilian Amazon. Forest Ecology and Management, 190: 57-72.

Gil L, Climent J, Nanos N, et al. 2002. Cone morphology variation in Pinus canariensis Sm. Plant Systematics and Evolution, 235: 35-51.

Godefroid S, Phartyal S S, Koedam N. 2006. Depth distribution and composition of seed banks under different tree layers in a managed temperate forest ecosystem. Acta Oecologica, 29(3): 283-292.

Golicher D J, Cayuela L, Alkemade J R M, et al. 2008. Applying climatically associated species pools to the modelling of compositional change in tropical montane forests. Global Ecology and Biogeography, 17(2): 262-273.

Gonçalves A C, Pommerening A. 2012. Spatial dynamics of cone production in Mediterranean climates: A case study of Pinus pinea L.in Potugal. Forest Ecology and Management, 266: 83-93.

Gotmark F, von Proschwitz T, Franc N. 2008. Are small sedentary species affected by habitat fragmentation? Local vs. landscape factors predicting species richness and composition of land molluscs in Swedish conservation forests. Journal of Biogeography, 35(6): 1062-1076.

Graff P, Aguiar M F, Chaneton E J. 2007. Shifts in positive and negative plant interactions along a grazing intensity gradient. Ecology, 88(1): 188-199.

Gravel D, Canham C D, Beaudet M, et al. 2006. Reconciling niche and neutrality: The continuum hypothesis. Ecology Letters, 9(4): 399-409.

Green J L, Bohannan B J M, Whitaker R J. 2008. Microbial biogeography: From taxonomy to traits. Science, 320(5879):

1039-1043.

Greig-Smith P. 1983. Quantitative Plant Ecology. Oakland: University of California Press.

Grime J P. 1997. Biodiversity and ecosystem function: The debate deepens. Science, 277(5330): 1260-1261.

Grime J P, Thompson K, Hunt R, et al. 1997. Integrated screening validates primary axes of specialisation in plants. Oikos, 79(2): 259-281.

Guariguata M R, Ostertag R. 2001. Neotropical secondary forest succession: Changes in structural and functional characteristics. Forest Ecology and Management, 148(1): 185-206.

Güsewell S, Gessner M O. 2009. N∶P ratios influence litter decomposition and colonization by fungi and bacteria in microcosms. Functional Ecology, 23(1): 211-219.

Güsewell S. 2004. N∶P ratios in terrestrial plants: Variation and functional significance. New Phytologist, 164(2): 243-266.

Hakes A S, Cronin J T. 2011. Environmental heterogeneity and spatiotemporal variability in plant defense traits. Oikos, 120(3): 452-462.

Hall S R, Leibold M A, Lytle D A, et al. 2006. Inedible producers in food webs: Controls on stoichiometric food quality and composition of grazers. American Naturalist, 167(5): 628-637.

Halpern C B, Evans S A, Nielson S. 1999. Soil seed banks in young, closed-canopy forests of the Olympic Peninsula, Washington: Potential contributions to understory reinitiation. Canadian Journal of Botany, 77(7): 922-935.

Hamrick J L, Godt M J W. 1992. Factors influencing levels of genetic diversity in woody plant species. New Forest, 6: 95-124.

Hamrick J L, Godt N J W. 1990. Allozyme Diversity in Plant Species. Massachusetts: Sinauer Association Inc.

Han W X, Fang J Y, Guo D L, et al. 2005. Leaf nitrogen and phosphorus stoichiometry across 753 terrestrial plant species in China. New Phytologist, 168(2): 377-385.

Hardesty B D, Parker V T. 2002. Community seed rain patterns and a comparison to adult community structure in a west african tropical forest. Plant Ecology, 164(1): 49-64.

Harpole W S, Tilman D. 2006. Non-neutral patterns of species abundance in grassland communities. Ecology Letters, 9(1): 15-23.

Harris J A, Hobbs R J, Higgs E, et al. 2006. Ecological restoration and global climate change. Restoration Ecology, 14(2): 170-176.

Harte J, Smith A B, Storch D. 2009. Biodiversity scales from plots to biomes with a universal species-area curve. Ecology Letters, 12(8): 789-797.

Hawkins B A, Field R, Cornell H V, et al. 2003. Energy, water, and broad-scale geographic patterns of species richness. Ecology, 84(12): 3105-3117.

He F L, Duncan R P. 2000. Density-dependent effects on tree survival in an old-growth Douglas fir forest. Journal of Ecology, 88(4): 676-688.

He F, Legendre P, LaFrankie J V. 1997. Distribution patterns of tree species in a Malaysian tropical rain forest. Journal of Vegetation Science, 8: 105-114.

He J S, Fang J Y, Wang Z H, et al. 2006a. Stoichiometry and large-scale patterns of leaf carbon and nitrogen in the grassland biomes of China. Oecologia, 149(1): 115-122.

He J S, Wang L, Flynn D F B, et al. 2008. Leaf nitrogen: phosphorus stoichiometry across Chinese grassland biomes. Oecologia, 155(2): 301-310.

He J S, Wang Z, Wang X, et al. 2006b. A test of the generality of leaf trait relationships on the Tibetan Plateau. New Phytologist, 170(4): 835-848.

Henttonen H, Kanninen M, Nygren M, et al. 1986. The maturation of *Pinus sylvestris* in relation to temperature climate in northern Finland. Scandinavian Journal of Forest Research, 1: 243-249.

Herbert D A, Williams M, Rastetter E B. 2003. A model analysis of N and P limitation on carbon accumulation in Amazonian secondary forest after alternate land-use abandonment. Biogeochemistry, 65(1): 121-150.

Hessen D O, Ågren G I, Anderson T R, et al. 2004. Carbon sequestration in ecosystems: The role of stoichiometry. Ecology, 85(5): 1179-1192.

Hill J G, Summerville K S, Brown R L. 2008. Habitat associations of ant species(Hymenoptera: Formicidae)in a heterogeneous Mississippi landscape. Environmental Entomology, 37(2): 453-463.

Hirata A, Kamijo T, Saito S. 2009. Host trait preferences and distribution of vascular epiphytes in a warm-temperate forest. Plant Ecology, 201(1): 247-254.

Hofer G, Wagner H H, Herzog F, et al. 2008. Effects of topographic variability on the scaling of plant species richness in gradient dominated landscapes. Ecography, 31(1): 131-139.

Hoffmann W A, Franco A C, Moreira M Z, et al. 2005. Specific leaf area explains differences in leaf traits between congeneric savanna and forest trees. Functional Ecology, 19(6): 932-940.

Holl K D. 1999. Factors limiting tropical rain forest regeneration in abandoned pasture: Seed rain, seed germinaiton, microclimate, and soil. Biotropica, 31(2): 229-242.

Holmes P M, Cowling R M. 1997. Diversity, composition and guild structure relationships between soil-stored seed banks and mature vegetation in alien plant-invaded South African fynbos shrublands. Plant ecology, 133(1): 107-122.

Honu Y A K, Dang Q L. 2002. Spatial distribution and species composition of tree seeds and seedlings under the canopy of the shrub, Chromolaena odorata Linn., in Ghana. Forest Ecology and Management, 164(1): 185-196.

Hooper E R, Legendre P, Condit R. 2004. Factors affecting community composition of forest regeneration in deforested, abandoned land in Panma. Ecology, 85(12): 3313-3326.

Howe H F, Urincho-Pantaleon Y, Peña-Domene M d l, et al. 2010. Early seed fall and seedling emergence: Precursors to tropical restoration. Oecologia, 164(3): 731-740.

Howlett B E, Davidson D W. 2003. Effects of seed availability, site conditions, and herbivory on pioneer recruitment after logging in Sabah, Malaysia. Forest Ecology and Management, 184(1/3): 369-383.

Hoylet M. 2004. Causes of the species-area relationship by trophic level in a field-based microecosystem. Proceedings: Biological Sciences, 271(1544): 1159-1164.

Hsu R, Wolf H D. 2009. Diversity and phytogeography of vascular epiphytes in a tropical-subtropical transition island, Taiwan. Flora, 204(8): 612-627.

Hubbell S P. 2001. The Unified Neutral Theory of Biodiversity and Biogeography. Princeton, NJ: Princeton University Press.

Hubbell S P. 2006. Netural theory and the evolution of ecological equivalence. Ecology, 87(6): 1387-1398.

Huston M, Smith T. 1987. Plant succession: life history and competition. The American Naturalist, 130(2): 168-198.

Jackson S T, Hobbs R J. 2009. Ecological restoration in the light of ecological history. Science, 325(5940): 567-568.

Jacquemyn H, Buraye J, Hermy M. 2001. Forest plant species richness in small, fragmented mixed deciduous forest patches: The role of area, time and dispersal limitation. Journal of Biogeography, 28(6): 801-812.

Jernvall J, Fortelius M. 2004. Maintenance of trophic structure in fossil mammal communities: Site occupancy and taxon resilience. The American Naturalist, 164(5): 614-623.

Joanisse G D, Bradley R L, Preston C M, et al. 2007. Soil enzyme inhibition by condensed litter tannins may drive ecosystem structure and processes: The case of Kalmia angustifolia. New Phytologist, 175(3): 535-546.

John R, Dalling J W, Harms K E, et al. 2007. Soil nutrients influence spatial distributions of tropical tree species. Proceedings of the National Academy of Sciences, 104(3): 864-869.

Kahmen S, Poschlod P. 2004. Plant functional trait responses to grassland succession over 25 years. Journal of Vegetation Science, 15(1): 21-32.

Kahmen S, Poschlod P. 2008. Does germination success differ with respect to seed mass and germination season? Experimental testing of plant functional trait responses to grassland management. Annals of Botany, 101(4): 541-548.

Kammesheidt L. 1998. The role of tree sprouts in the restoration of stand structure and species diversity in tropical moist forest after slash-and-burn agriculture in Eastern Paraguay. Plant Ecology, 139(2): 155-165

Kammesheidt L. 1999. Forest recovery by root suckers and above-ground sprouts after slash-and-burn agriculture, fire and logging in Paraguay and Venezuela. Journal of Tropical Ecology, 15: 143-157.

Kattge J, Díaz S, Lavorel S, et al. 2011. TRY-a global database of plant traits. Global Change Biology, 17(9): 2905-2935.

Kauffman J B. 1991. Survival by sprouting following fire in tropical forest of the eastern Amazon. Biotropica, 23(3): 219-224.

Keeley J E. 2003. Relating species abundance distributions to species-area curves in two Mediterranean-type shrublands. Diversity & Distributions, 9(4): 253-259.

Keer G H, Zedler J B. 2002. Salt marsh canopy architecture differs with the number and composition of species. Ecological Applications, 12: 456-473.

Kennedy T A, Naeem S, Howe K M, et al. 2002. Biodiversity as a barrier to ecological invasion. Nature, 417(6889): 636-638.

Kerr J T, Packer L. 1997. Habitat heterogeneity as a determinant of mammal species richness in high-energy regions. Nature, 385: 252-254.

Kier G, Mutke J, Dinerstein E, et al. 2005. Global patterns of plant diversity and floristic knowledge. Journal of Biogeography, 32(7): 1107-1116.

Klimeš L, Kilimešová J. 1999. Root sprouting in Rumex acetosella under different nutrient levels. Plant Ecology, 141(1): 33-39.

Koerselman W, Meuleman A F M. 1996. The vegetation N : P ratio: A new tool to detect the nature of nutrient limitation. Journal of Applied Ecology, 33(6): 1441-1450.

Kouamé F N, Bongers F, Poorter L, et al. 2004. Climbers and logging in the Forêt Classée du Haut-Sassandra, Côte-d'Ivoire. Forest Ecology and Management, 194: 259-268.

Kraft N J B, Valencia R, Ackerly D D. 2008. Functional traits and niche-based tree community assembly in an amazonian forest. Science, 322(5901): 580-582.

Kreft H, Köster N, Küper W, et al. 2004. Diversity and biogeography of vascular epiphytes in Western Amazonia, Yasuní, Ecuador. Journal of Biogeography, 31(9): 1463-1476.

Kubo M, Sakio H, Shimano K, et al. 2005. Age structure and dynamics of Cercidiphyllum japonicum sprouts based on growth ring analysis. Forest Ecology and Management, 213(1-3): 253-260.

Kursar T A, Engelbrecht B M, Burke A, et al. 2009. Tolerance to low leaf water status of tropical tree seedlings is related to drought performance and distribution. Functional Ecology, 23(1): 93-102.

Ladd J N, Foster R C, Skjemstad J O. 1993. Soil structure: Carbon and nitrogen metabolism. Geoderma, 56(1-4): 401-434.

Lamb D, Erskine P D, Parrotta J A. 2005. Restoration of degraded tropical forest landscapes. Science, 310(5754): 1628-1632.

Lambers J H R, Clark J S, Beckage B. 2002. Density-dependent mortality and the latitudinal gradient in species diversity. Nature, 417(6890): 732-735.

Laube S, Zotz G. 2006. Long-term changes of the vascular epiphyte assemblage on the palm Socratea exorrhiza in a lowland forest in Panama. Journal of Vegetation Science, 17(3): 307-314.

Laughlin D C, Bakker J D, Daniels M L, et al. 2008. Restoring plant species diversity and community composition in a ponderosa pine-bunchgrass ecosystem. Plant Ecology, 197(1): 139-151.

Laurance W F, Albernaz A K M, Fearnside P M, et al. 2004. Deforestation in Amazonia. Science, 304(5674): 1109.

Laurance W F, Pérez-Salicrup D, Delamônica P, et al. 2001. Rain forest fragmentation and the structure of Amazonian liana communities. Ecology, 82(1): 105-116.

Lavorel S, Chesson P. 1995. How species with different regeneration niches coexist in patchy habitats with local disturbances. Oikos, 74(1): 103-114.

Lavorel S, Garnier E. 2002. Predicting changes in community composition and ecosystem functioning from plant traits: Revisiting the Holy Grail. Functional Ecology, 16(5): 545-556.

Lavorel S, Mclntyre S, Landsberg J, et al. 1997. Plant functional classifications: From general groups to specific groups based on response to disturbance. Trends in Ecology & Evolution, 12(12): 474-478.

Lawrence D. 2005a. Biomass accumulation after 10-200 years of shifting cultivation in Bornean rain forest. Ecology, 86(1): 26-33.

Lawrence D. 2005b. Regional-scale variation in litter production and seasonality in tropical dry forests of southern Mexico. Biotropica, 37(4): 561-570.

Lebrija-Trejos E, Perez-Garcia E A, Meave J A, et al. 2010. Functional traits and environmental filtering drive community assembly in a species-rich tropical system. Ecology, 91(2): 386-398.

Legendre P, Mi X C, Ren H B, et al. 2009. Partitioning beta diversity in a subtropical broad-leaved forest of China. Ecology, 90(3): 663-674.

Leibold M A, McPeek M A. 2006. Coexistence of the niche and neutral perspectives in community ecology. Ecology, 87(6): 1399-1410.

Leps J, Stursa J. 1989. Species-area curve, life-history strategies, and succession: A field test of relationships. Vegetatio, 83(1/2): 249-257.

Letcher S G, Chazdon R L. 2009. Lianas and self-supporting plants during tropical forest succession. Forest Ecology and Management, 257(10): 2150-2156.

Levine J M, Hillepislambers J. 2009. The importance of niches for the maintenance of species diversity. Nature, 461(10): 254-258.

Li Q K, Ma K P. 2003. Factors affecting establishment of *Quercus liaotungensis* Koidz. under mature mixed oak forest overstory and in shrubland. Forest Ecology and Management, 176(1/3): 133-146.

Li W H. 2004. Degradation and restoration of forest ecosystems in China. Forest Ecology and Management, 201(1): 33-41.

Li X S, Liu W Y, Tang C Q. 2010. The role of the soil seed and seedling bank in the regeneration of diverse plant communities in the subtropical Ailao mountains, southwest China. Ecological Research, 25(6): 1171-1182.

Li Y Y, Shao M A. 2006. Change of soil physical properties under long-term natural vegetation restoration in the Loess Plateau of China. Journal of Arid Environments, 64(1): 77-96.

Li Z A, Cao Y S, Zou B, et al. 2003. Acid Buffering Capacity of Forest Litter from Some Important Plantation and Natural Forests in South China. Acta Botanica Sinica, 45(12): 1398-1407.

Lin L X, Cao M. 2009. Edge effects on soil seed banks and understory vegetation in subtropical and tropical forests in Yunnan, SW China. Forest Ecology and Management, 257(4): 1344-1352.

Lindsay E A, French K. 2005. Litterfall and nitrogen cycling following invasion by *Chrysanthemoides monilifera* ssp. rotundata in coastal Australia. Journal of Applied Ecology, 42(3): 556-566.

Liu J G, Diamond J. 2005. China's environment in a globalizing world. Nature, 435(7046): 1179-1186.

Liu J H, Zeng D H, Fan Z P, et al. 2009. Leaf traits indicate survival strategies among 42 dominant plant species in a dry, sandy habitat, China. Frontiers of Biology in China, 4(4): 477-485.

Lomolino M V, Weiser M D. 2001. Towards a more general species-area relationship: Diversity on all islands, great and small. Journal of Biogeography, 28(4): 431-445.

Londoño-Cruz E, Tokeshi M. 2007. Testing scale variance in species-area and abundance-area relationships in a local assemblage: An example from a subtropical boulder shore. Population Ecology, 49(3): 275-285.

Looney P B, Gibson D J. 1995. The relationship between the soil seed bank and above-ground vegetation of a coastal barrier island. Journal of Vegetation Science, 6(6): 825-836.

López-Mariño A, Luis-Calabuig E, Fillat F, et al. 2000. Floristic composition of established vegetation and the soil seed bank inpasture communities under different traditional management regimes. Agriculture, ecosystems and environment, 78(3): 273-282.

Loreau M, Naeem S, Inchausti P, et al. 2001. Biodiversity and ecosystem functioning: Current knowledge and future challenges. Science, 294(5543): 804-808.

Loreau M. 2000. Biodiversity and ecosystem functioning: Recent theoretical advances. Oikos, 91(1): 3-17.

Louault F, Pillar V D, Aufrère J, et al. 2005. Plant traits and functional types in response to reduced disturbance in a semi-natural grassland. Journal of Vegetation Science, 16(2): 151-160.

Luoga E J, Witkowski E T F, Balkwill K. 2004. Regeneration by coppicing (resprouting) of mimbo (African savanna) trees in relation to land use. Forest Ecology and Management, 189(1-3): 23-35.

Lusk C H, Warton D I. 2007. Global meta-analysis shows that relationships of leaf mass per area with species shade tolerance depend on leaf habit and ontogeny. New Phytologist, 176(4): 764-774.

Ma M J, Zhou X H, Du G Z. 2010. Role of soil seed bank along disturbance gradient in an alpine meadow on the Tibet plateau. Flora, 205(2): 128-134.

Ma X Q, Liu A Q, He Z Y. 1997. The litter and its decomposition in young chinese fir plantation ecosystem. Acta Phytoecologica Sinica, 21(6): 564~570.

MacArthur R H, Wilson E O. 1967. The Theory of Island Biogeography. Princeton: Princeton University Press.

Madeira B G, Espírito-Santo M M, Neto S D Â, et al. 2009. Changes in tree and liana communities along a successional gradient in a tropical dry forest in south-eastern Brazil. Plant Ecology, 201(1): 291-304.

Mäkinen H, Isomäki A. 2004. Thinning intensity and long-term changes in increment and stem form of Scots pine trees. Forest ecology and management, 203(1): 21-34.

Manne L L, Williams P H, Midgley G F, et al. 2007. Spatial and temporal variation in species-area relationships in the Fynbos biological hotspot. Ecography, 30(6): 852-861.

Marcante S, Schwienbacher E, Erschbamer B. 2009. Genesis of a soil seed bank on a primary succession in the Central Alps(Ötztal, Austria). Flora, 204(6): 434-444.

Marin A C, Wolf J H D, Oostermeijer J G B, et al. 2008. Establishment of epiphytic bromeliads in successional tropical premontane forests in Costa Rica. Biotropica, 40(4): 441-448.

Marshall A R, Jørgensbye H I O, Rovero F, et al. 2010. The species-area relationship and confounding variables in a threatened monkey community. American Journal of Primatology, 72(4): 325-336.

Martin H G, Goldenfeld N. 2006. On the origin and robustness of power-law species-area relationships in ecology. Proceedings of the National Academy of Sciences of the United States of America, 103(27): 10310-10315.

Mason N W H, Irz P, Lanoiselée C, et al. 2008a. Evidence that niche specialization explains species-energy relationships in lake fish communities. Journal of Animal Ecology, 77(2): 285-296.

Mason N W H, Lanoiselée C, Mouillot D, et al. 2008b. Does niche overlap control relative abundance in French lacustrine fish communities? A new method incorporating functional traits. Journal of Animal Ecology, 77(4): 661-669.

Matthews J W, Peralta A L, Flanagan D N, et al. 2009. Relative influence of landscape vs. local factors on plant community assembly in restored wetlands. Ecological Applications, 19(8): 2108-2123.

Matzek V, Vitousek P M. 2009. N∶P stoichiometry and protein: RNA ratios in vascular plants: An evaluation of the growth-rate hypothesis. Ecology Letters, 12(8): 765-771.

McGill B J, Enquist B J, Weiher E, et al. 2006. Rebuilding community ecology from functional traits. Trends in Ecology and Evolution, 21(4): 178-185.

McGill B J, Etienne R S, Gray J S, et al. 2007. Species abundance distributions: Moving beyond single prediction theories to integration within an ecological framework. Ecology Letters, 10(10): 995-1015.

McGill B J. 2003. A test of the unified neutral theory of biodiversity. Nature, 422(24): 881-885.

McGlone M S. 1996. When history matters: Scale, time, climate and tree diversity. Global Ecology and Biogeography Letters, 5: 309-314.

McGroddy M E, Daufresne T, Hedin L O. 2004. Scaling of C∶N∶P stoichiometry in forests worldwide: Implications of terrestrial Redfield-type ratios. Ecology, 85(9): 2390-2401.

Mckane R B, Johnson L C, Shaver G R, et al. 2002. Resource-based niches provide a basis for plant species diversity and dominance in arctic tundra. Nature, 415(6867): 68-72.

Meunier C, Sirois L, Bégin Y. 2007. Climate and picea mariana seed maturation relationships: A multi-scale perspective. Ecological Monographs, 77(3): 361-376.

Michaels A F. 2003. The ratios of life. Science, 300(5621): 906-907.

Miller P M, Kauffman J B. 1998. Seedling and sprout response to slash-and-burn agriculture in tropical deciduous forest. Biotropica, 30: 538-546.

Mitchell C E, Tilman D, Groth J V. 2002. Effects of grassland plant species diversity, abundance, and composition on foliar fungal disease. Ecology, 83(6): 1713-1726.

Miura M, Yamamoto S-I. 2003. Structure and dynamics of a *Castanopsis cuspidate* var. *sieboldii* population in an old-growth, evergreen broadleaved forest: The importance of sprout regeneration. Ecological Research, 18(2): 115-129.

Mládek J, Hejcman M, Hejduk S, et al. 2010. Community seasonal development enables late defoliation without loss of forage quality in low productive semi-natural grasslands. Folia Geobotanica, 46(1): 17-34.

Moe S J, Stelzer R S, Forman M R, et al. 2005. Recent advances in ecological stoichiometry: Insights for population and community ecology. Oikos, 109(1): 29-39.

Mucina L. 1997. Classification of vegetation: Past, present and future. Journal of Vegetation Science, 8: 751-760.

Muthuramkumar S, Parthasarathy N. 2000. Alpha diversity of lianas in a tropical evergreen forest in the Anamalais, Western Ghats, India. Diversity and Distributions, 6(1): 1-14.

Myster R W, Pickett S T A. 1992. Dynamics of associations between plants in ten old fields during 31 years of succession. Journal of Ecology, 80(2): 291-302.

Nabe-Nielsen J, Hall P. 2002. Environmentally induced clonal reproduction and life history traits of the liana *Machaerium cuspidatum* in an Amazonian rain forest, Ecuador. Plant Ecology, 162: 215-226.

Nabe-Nielsen J, Kollmann J, Pena-Claros M. 2009. Effects of liana load, tree diameter and distances between conspecifics on seed production in tropical timber trees. Forest Ecology and Management, 257(3): 987-993.

Nabe-Nielsen J. 2001. Diversity and distribution of lianas in a neotropical rain forest, Yasuní National Park, Ecuador. Journal of Tropical Ecology, 17(1): 1-19.

Nadkarni N M, Matelson T J. 1992. Biomass and nutrient dynamics of epiphytic litterfall in a neotropical montane forest, Costa Rica. Biotropica, 24(1): 24-30.

Nadkarni N M, Solano R. 2002. Potential effects of climate change on canopy communities in a tropical cloud forest: An experimental approach. Oecologia, 131(4): 580-586.

Nadkarni N M. 1994. Diversity of species and interactions in the upper tree canopy of forest ecosystems. American Zoologist, 34(1):

70-78.

Naeem S, Knops J M H, Tilman D, et al. 2000. Plant diversity increases resistance to invasion in the absence of covarying extrinsic factors. Oikos, 91(1): 97-108.

Naeem S. 2002. Ecosystem consequences of biodiversity loss: The evolution of a paradigm. Ecology, 83(6): 1537-1552.

Nakashizuka T. 2001. Species coexistence in temperate, mixed deciduous forests. Trends in Ecology and Evolution, 16(4): 205-210.

Nathan R. 2006. Long-distance dispersal of plants. Science, 313: 786-788.

Navas M L, Roumet C, Bellmann A, et al. 2009. Suites of plant traits in species from different stages of a Mediterranean secondary succession. Plant Biology, 12(1): 183-196.

Nee S. 2005. The neutral theory of biodiversity: Do the numbers add up? Functional Ecology, 19(1): 173-176.

Nepstad D C, Veríssimo A, Alencar A, et al. 1999. Large-scale impoverishment of Amazonian forests by logging and fire. Nature, 398(6727): 505-508.

Nicotra A B, Chazdon R L, Iriarte S V B. 1999. Spatial heterogeneity of light and woody seedling regeneration in tropical wet forests. Ecology, 80: 1908-1926.

Nieder J, Prosperí J, Michaloud G. 2001. Epiphytes and their contribution to canopy diversity. Plant Ecology, 153(1/2): 51-63.

Nygaard B, Ejrnaes R. 2009. The impact of hydrology and nutrients on species composition and richness: Evidence from a microcosm experiment. Wetlands, 29(1): 187-195.

O'Brian E M. 2006. Biological relativity to water-energy dynamics. Journal of Biogeography, 33(11): 1868-1888.

O'Brian E M, Field R, Whittaker R J. 2000. Climatic gradients in woody plant (tree and shrub) diversity: Water-energy dynamics, residual variation, and topography. Oikos, 89(3): 588-600.

O'Brian E M. 1998. Water-energy dynamics, climate, and prediction of woody plant species richness: An interim general model. Journal of Biogeography, 25(2): 379-398.

Olson J S. 1963. Energy storage and the balance of producers and decomposition in ecological systems. Ecology, 44: 322-333.

Ordoñez J C, van Bodegom P M, Witte J-P M, et al. 2009. A global study of relationships between leaf traits, climate and soil measures of nutrient fertility. Global Ecology and Biogeography, 18(2): 137-149.

Ovaskainen O, Hanski I. 2003. The species-area relationship derived from species-specific incidence functions. Ecology Letters, 6(10): 903-909.

Owens J N, Kittirat T, Mahalovich M F. 2008. Whitebark pine (*Pinus albicaulis* Engelm.) seed production in natural stands. Forest Ecology and Management, 255: 803-809.

Ozanne C M P, Anhuf D, Boulter S L, et al. 2003. Biodiversity meets the atmosphere: A global view of forest canopies. Science, 301(5630): 183-186.

Paciorek C J, Condit R, Hubbell S P, et al. 2000. The demographics of resprouting in tree and shrub species of a moist tropical forest. Journal of Ecology, 88: 765-777.

Palmer M A, Filoso S. 2009. Restoration of ecosystem services for environmental markets. Science, 5940(325): 575-576.

Parrish J A D, Bazzaz F A. 1982. Competitive interactions in plant communities of different successional ages. Ecology, 63(2): 314-320.

Parrotta J A, Knowles O H. 1999. Restoration of tropical moist forests on bauxite-mined lands in the Brazilian amazon. Restoration Ecology, 7(2): 103-116.

Pärtel M, Zobel M. 2007. Dispersal limitation may result in the unimodal productivity-diversity relationship: A new explanation for a general pattern. Journal of Ecology, 95(1): 90-94.

Pearson R G, Dawson T P. 2003. Predicting the impacts of climate change on the distribution of species: Are bioclimate envelope models useful? Global Ecology and Biogeography, 12: 361-371.

Pearson T R H, Burslem D F R P, Mullins C E, et al. 2002. Germination ecology of neotropical pioneers: Interacting effects of environmental conditions and seed size. Ecology, 83(10): 2798-2807.

Pélabon C, Armbruster W S, Hansen T F. 2011. Experimental evidence for the Berg hypothesis: Vegetative traits are more sensitive than pollination traits to environmental variation. Functional Ecology, 25(1): 247-257.

Peña-Claros M. 2003. Changes in forest structure and species composition during secondary forest succession in the Bolivian Amazon. Biotropica, 35(4): 450-461.

Peres C A, Jos B, Laurance W F. 2006. Detecting anthropogenic disturbance in tropical forests. Trends in Ecology and Evolution, 21(5): 227-229.

Pérez-Salicrup D R, de Meijere W. 2005. Number of lianas per tree and number of trees climbed by lianas at Los Tuxtlas, Mexico. Biotropica, 37(1): 153-156.

Petchey O L, Gaston K J. 2007. Dendrograms and measuring functional diversity. Oikos, 116(8): 1422-1426.

Phillips O L, Martínez R V, Arroyo L, et al. 2002. Increasing dominance of large lianas in Amazonian forests. Nature, 418(6899): 770-774.

Phillips O L, Martínez R V, Mendoza A M, et al. 2005. Large lianas as hyperdynamic elements of the tropical forest canopy. Ecology, 86(5): 1250-1258.

Pimm S L, Brown J H. 2004. Domains of diversity. Science, 304(5672): 831-833.

Plotkin J B, Muller-Landau H. 2002. Sampling the species composition of a landscape. Ecology, 83(12): 3344-3356.

Poorter L. 2009. Leaf traits show different relationships with shade tolerance in moist versus dry tropical forests. New Phytologist, 181(4): 890-900.

Poorter L, Bongers F, Sterck F J, et al. 2005. Beyond the regeneration phase: Differentiation of height-light trajectories among tropical tree species. Journal of Ecology, 93(2): 256-267.

Poorter L, Wright S J, Paz H, et al. 2008. Are functional traits good predictors of demographic rates? Evidence from five neotropical forests. Ecology, 89(7): 1908-1920.

Potthoff M, Jackson L E, Steenwerth K L, et al. 2005. Soil biological and chemical properties in restored perennial grassland in California. Restoration Ecology, 13(1): 61-73.

Potvin C, Gotelli N J. 2008. Biodiversity enhances individual performance but does not affect survivorship in tropical trees. Ecology Letters, 11(3): 380-388.

Powers J S, Becknell J M, Irving J, et al. 2009. Diversity and structure of regenerating tropical dry forests in Costa Rica: Geographic patterns and environmental drivers. Forest Ecology and Management, 258(6): 959-970.

Prasifka J R, Lopez M D, Hellmich R L, et al. 2007. Comparison of pitfall traps and litter bags for sampling ground-dwelling arthropods. Journal of Applied Entomology, 131(2): 115-120.

Proctor M C F. 2010. Trait correlations in bryophytes: Exploring an alternative world. New Phytologist, 185(1): 1-3.

Putz F E. 1983. Liana biomass and leaf area of a 'Tierra Firme' forest in the Rio Negro Basin, Venezuela. Biotropica, 3: 185-189.

Putz F E. 1984. The natural history of lianas on Barro Colorado Island Panama. Ecology, 65(6): 1713-1724.

Putz F E. 1990. Liana stem diameter growth and mortality rates on Barro Colorado Island, Panama. Biotropica, 22: 103-105.

Pywell R F, Bullock J M, Roy D B, et al. 2003. Plant traits as predictors of perormance in ecological restoration. Journal of Applied Ecology, 40(1): 65-77.

Quétier F, Thébault A, Lavorel S. 2007. Plant traits in a state and transition frameword as markers of ecosystem response to land-use change. Ecological Monographs, 77: 33-52.

Rastetter E B, Shaver G R. 1992. A model of multiple-element limitation for acclimating vegetation. Ecology, 73(4): 1157-1174.

Redfield A C. 1958. The biological control of chemical factors in the environment. American Scientist, 46(1): 205-221.

Reich P B. 1995. Phenology of tropical forests: Patterns, causes, and consequences. Canadian Journal of Botany, 73(2): 164-174.

Reich P B, Buschena C, Tjoelker M G, et al. 2003a. Variation in growth rate and ecophysiology among 34 grassland and savanna species under contrasting N supply: A test of functional group differences. New Phytologist, 157(3): 617-631.

Reich P B, Oleksyn J. 2004. Global patterns of plant leaf N and P in relation to temperature and latitude. PNAS, 101(30): 11001-11006.

Reich P B, Tjoelker M G, Machado J-L, et al. 2006. Universal scaling of respiratory metabolism, size and nitrogen in plants. Nature, 439(7095): 457-461.

Reich P B, Wright I J, Cavender-Bares J, et al. 2003b. The evolution of plant functional variation: Traits, spectra, and strategies. International Journal of Plant Science, 164(3 Suppl.): 143-164.

Rennolls K, Laumonier Y. 2000. Species diversity structure analysis at two sites in the tropical forest of Sumatora. Journal of Tropical Ecology, 16: 253-270.

Rijks M H, Malta E-J, Zagt R J. 1998. Regeneration through sprout formation in *Chlorocardium rodiei*(Lauraceae)in Guyana. Journal of Tropical Ecology, 14(4): 463-475.

Rosindell J, Cornell S J. 2007. Species-area relationships from a spatially explicit neutral model in an infinite landscape. Ecology Letters, 10(7): 586-595.

Rousset O, Lepart J. 2000. Positive and negative interactions at different life stages of a colonizing species(Quercus humilis). Ecology, 88(3): 401-1005.

Roxburgh S H, Chesson P. 1998. A new method for detecting species associations with spatially autocorrelated data. Ecology, 79(6): 2180-2192.

Rozendaal D M A, Hurtado V H, Poorter L. 2006. Plasticity in leaf traits of 38 tropical tree species in response to light; relationships with light demand and adult stature. Functional Ecology, 20(2): 207-216.

Ruiz-Jaen M C, Aide T M. 2005. Restoration success: How is it being measured? Restoration Ecology, 13(3): 569-577.

Rydberg D. 2000. Initial sprouting, growth and mortality of European aspen and birch after selective coppicing in central Sweden. Forest Ecology and Management, 130(1/2/3): 27-35.

Sack L, Melcher P J, liu W H, et al. 2006. How strong is intra-canopy leaf deciduous tree? American Journal of Botany, 93: 829-839.

Sanchez-Azofeifa G A, Kalacska M, Espirito-Santo M M d, et al. 2009. Tropical dry forest succession and the contribution of lianas to wood area index(WAI). Forest Ecology and Management, 258(6): 941-948.

Sánchez-González A, López-Mata L. 2005. Plant species richness and diversity along an altitudinal gradient in the Sierra Nevada, Mexico. Diversity and Distributions, 11(6): 567-575.

Sansevero J B B, Prieto P V, Moraes L F D d, et al. 2011. Natural regeneration in plantations of native trees in lowland Brazilian atlantic forest: Community structure, diversity, and dispersal syndromes. Restoration Ecology, 19(3): 379-389.

Santiago L S, Wright S J. 2007. Leaf functional traits of tropical forest plants in relation to growth form. Functional Ecology, 21(1): 19-27.

Sayer J, Chokkalingam U, Poulsen J. 2004. The restoration of forest biodiversity and ecological values. Forest Ecology and Management, 201: 3-11.

Schade J D, Espeleta J F, Klausmeier C A, et al. 2005. A conceptual framework for ecosystem stoichiometry: Balancing resource supply and demand. Oikos, 109(1): 40-51.

Schamp B S, Chau J, Aarssen L W. 2008. Dispersion of traits related to competitive ability in an old-field plant community. Journal of Ecology, 96(1): 204-212.

Schlesinger W H, Andrews J A. 2000. Soil respiration and the global carbon cycle. Biogeochemistry, 48(1): 7-20.

Schluter D. 1984. A variance test for detecting species associations, with some example applications. Ecology, 65(3): 998-1005.

Schmidt G, Zotz G. 2002. Inherently slow growth in two Caribbean epiphytic species: A demographic approach. Journal of Vegetation Science, 13(4): 527-534.

Schnitzer S A, Dalling J W, Carson W P. 2000. The impact of lianas on tree regeneration in tropical forest canopy gaps: Evidence for an alternative pathway of gap-phase regeneration. Journal of Ecology, 88(4): 655-666.

Schnitzer S A, Kuzee M E, Bongers F. 2005. Disentangling above- and below-ground competition between lianas and trees in a tropical forest. Journal of Ecology, 93(6): 1115-1125.

Schoener T W, Spiller D A. 2006. Nonsynchronous recovery of community characteristics in island spiders after a catastrophic hurricane. Proceedings of the National Academy of Sciences of the United States of America, 103(7): 2220-2225.

Seabloom E W, Dobson A P, Stoms D M. 2002. Extinction rates under nonrandom patterns of habitat loss. Proceedings of the National Academy of Sciences of the United States of America, 99(17): 11229-11234.

Sekhwela M B M, Yates D J. 2007. A phenological study of dominant acacia tree species in areas with different rainfall regimes in the Kalahari of Botswana. Journal of Arid Environments, 70(1): 1-17.

Senbeta F, Schmitt C, Denich M, et al. 2005. The diversity and distribution of lianas in the Afromontane rain forests of Ethiopia. Diversity and Distributions, 11(5): 443-452.

Sheil D, Burslem D F R P. 2003. Disturbing hypotheses in tropical forests. Trends in Ecology and Evolution, 18(1): 18-26.

Shen Y X, Liu W Y, Cao M, et al. 2007. Seasonal variation in density and species richness of soil seed-banks in karst forests and degraded vegetation in central Yunnan, SW China. Seed Science Research, 17(2): 99-107.

Silvertown J. 2004. Plant coexistence and the niche. Trends in Ecology and Evolution, 19(11): 605-611.

Singman D M, Boyle E A. 2000. Glacial/interglacial variations in atmospheric carbon dioxide. Nature, 407(6806): 859-869.

Skarpe C. 1996. Plant functional types and climate in a southern African savanna. Journal of Vegetation Science, 7(3): 397-404.

Sletvold N, Rydgren K. 2007. Population dynamics in Digitalis purpurea: The interaction of disturbance and seed bank dynamics. Journal of Ecology, 95(6): 1346-1359.

Sorensen F C, Miles R S. 1978. Cone and seed weight relationships in douglas-fir from western and central Oregon. Ecology, 59(4): 641-644.

Sork V L. 1987. Effects of predation and light on seedling establishment in Gustavia Superba. Ecology, 68(5): 1341-1350.

Sterner R W, Elser J J. 2002. Ecological Stoichiometry: The Biology of Elements from Molecules to The Piosphere. Princeton: Princeton University Press.

Stiles A, Scheiner S M. 2007. Evaluation of species-area functions using Sonoran Desert plant data: Not all species-area curves are power functions. Oikos, 116(11): 1930-1940.

Striebel M, Spörl G, Stibor H. 2008. Light-induced changes of plankton growth and stoichiometry: Experiments with natural phytoplankton communities. Limnology and Oceanography, 53(2): 513-522.

Suding K N, Lavorel S, Chapin F S, et al. 2008. Scaling environmental change through the community-level: A trait-based response-and-effect framework for plants. Global Change Biology, 14(5): 1125-1140.

Sullivan G, Callaway J C, Zedler J B. 2007. Plant assemblage composition explains and predicts how biodiversity affects salt marsh functioning. Ecological Monographs, 77(4): 569-590.

Summerville K S. 2008. Species diversity and persistence in restored and remnant tallgrass prairies of North America: A function of species'life history, habitat type, or sampling bias? Journal of Animal Ecology, 77(3): 487-494.

Svensson M, Jansson P E, Gustafsson D, et al. 2008. Bayesian calibration of a model describing carbon, water and heat fluxes for a Swedish boreal forest stand. Ecological Modelling, 213(3/4): 331-344.

Takyu M, Aiba S-I, Kitayama K. 2002. Effects of topography on tropical lower montane forests under different geological conditions on Mount Kinabalu, Borneo. Plant Ecology, 159(1): 35.

Tang Y, Cao M, Fu X. 2006. Soil seedbank in a Dipterocarp rain forest in Xishuangbanna, Southwest China. Biotropica, 38(3): 328-333.

Tao Y P, Wu N, Luo P, et al. 2005. Review on the function of forest filter in buffering SO_4^{2-} contamination. Resources and Environment in the Yangtze Basin, 14(5): 628-632.

Tessier J T, Raynal D J. 2003. Use of nitrogen to phosphorus ratios in plant tissue as an indicator of nutrient limitation and nitrogen saturation. Journal of Applied Ecology, 40(3): 523-534.

Thomas C D, Cameron A, Green R E, et al. 2004. Extinction risk from climate change. Nature, 427(6970): 145-148.

Thompson K, Band S R, Hodgson J G. 1993. Seed size and shape predict persistence in soil. Functional Ecology, 7(2): 236-241.

Tian M J. 2005. Decomposition and nutrient release of pure Cupressus forest litter in Sichuan Basin. Chinese Journal of Ecology, 24(10): 1147-1150.

Tikkanen O P, Punttila P, Heikkilä R. 2009. Species-area relationships of red-listed species on old boreal forests: A large-scale data analysis. Diversity and Distributions, 15(5): 852-862.

Tilman D. 1982. Resource competition and community structure. Princeton University Press: Princeton.

Tilman D. 2001. Forecasting agriculturally driven global environmental change. Science, 292(5515): 281-284.

Tilman D. 2004. Niche tradeoffs, neutrality, and community structure: A stochastic theory of resource competition, invasion, and community assembly. Proceedings of the National Academy of Sciences, USA, 101(30): 10854-10861.

Tilman D, Cassman K G, Matson P A, et al. 2002. Agricultural sustainability and intensive production practices. Nature, 418(6898):

671-677.

Tilman D, Downing J A. 1994. Biodiversity and stability in grasslands. Nature, 367: 363-365.

Tilman D, Fargione J, Wolff B, et al. 2001. Forecasting agriculturally driven global environmental change. Science, 292: 281-284.

Tilman D, Reich P B, Knops J M H. 2006. Biodiversity and ecosystem stability in a decade-long grassland experiment. Nature, 441(7093): 629-632.

Tittensor D P, Micheli F, Nyström M, et al. 2007. Human impacts on the species-area relationship in reef fish assemblages. Ecology Letters, 10(9): 760-772.

Trac C J, Harrell S, Hinckley T M, et al. 2007. Reforestation programs in southwest China: Reported success, observed failure, and the reasons why. Journal of Mountain Science, 4(4): 275-292.

Treseder K K, Vitousek P M. 2001. Effects of soil nutrient availability on investment in acquisition of N and P in Hawaiian rain forests. Ecology, 82(4): 946-954.

Uhl C. 1987. Factors controlling succession following slash-and-burn agriculture in Amazonia. Journal of Ecology, 75: 377-407.

Uhl C, Clark H, Clark K, et al. 1982. Successional patterns associated with slash-and-burn agriculture in the Upper Río Negro region of the Amazon Basin. Biotropica, 14(4): 249-254.

Ulrich W. 2005. Predicting species numbers using species-area and endemic-area relations. Biodiversity and Conservation, 14(14): 3351-3362.

Urabe J, Sterner R W. 1996. Regulation of herbivore growth by the balance of light and nutrients. Proceedings of the National Academy of Sciences of the United States of America, 93(16): 8465-8469.

Vandermeer J H. 1972. Niche theory. Annual Review of Ecology and Systematics, 3: 107-132.

Vendramini F, Díaz S, Gurvich D E, et al. 2002. Leaf traits as indicators of resource-use strategy in floras with succulent species. New Phytologist, 154(1): 147-157.

Verheyen K, Honnay O, Motzkin G, et al. 2003. Response of forest plant species to land-use change: A life-history trait-based approach. Journal of Ecology, 91: 563-577.

Vesk P A. 2006. Plant size and resprouting ability- trading tolerance and avoidance of damage. Journal of Ecology, 94(5): 1027-1034.

Vesk P A, Westoby M. 2004. Sprouting ability across diverse disturbances and vegetation types worldwide. Journal of Ecology, 92(2): 310-320.

Vieira D L M, Scariot A. 2006. Principles of natural regeneration of tropical dry forests for restoration. Restoration Ecology, 14(1): 11-20.

Villéger S, Mason N W H, Mouillot D. 2008. New multidimensional functional diversity indices for a multifaceted framework in functional ecology. Ecology, 89(8): 2290-2301.

Volkov I, Banavar J R, He F, et al. 2005. Density dependence explains tree species abundance and diversity in tropical forests. Nature, 438(7068): 658-661.

Volkov I, Banavar J R, Hubbell S P, et al. 2003. Neutral theory and relative species abundance in ecology. Nature, 424(6952): 1035-1037.

Vrede T, Dobberfuhl D R, Kooijman S A L M, et al. 2004. Fundamental connections among organism C ∶ N ∶ P stoichiometry, macromolecular composition, and growth. Ecology, 85(5): 1217-1229.

Waite M, Sack L. 2010. How does moss photosynthesis relate to leaf and canopy structure? Trait relationships for 10 Hawaiian species of contrasting light habitats. New Phytologist, 185(1): 156-172.

Walck J L, Baskin J M, Baskin C C, et al. 2005. Defining transient and persistent seed banks in species with pronounced seasonal dormancy and germination patterns. Seed Science Research, 15(3): 189-196.

Walters M B, Reich P B. 2000. Seed size, nitrogen supply, and growth rate affect tree seedling survival in deep shade. Ecology, 81(7): 1887-1901.

Wang G, Zhou G, Yang L, et al. 2003. Distribution, species diversity and life-form spectra of plant communities along an altitudinal gradient in the northern slopes of Qilianshan Mountains, Gansu, China. Plant Ecology, 165(2): 169-181.

Wang X H, Kent M, Fang X F. 2007. Evergreen broad-leaved forest in Eastern China: Its ecology and conservation and the importance of resprouting in forest restoration. Forest Ecology and Management, 245(1/2/3): 76-87.

Ward D, Blaustein L. 1994. The overriding influence of flash floods on species-area curves in ephemeral Negev Desert pools: A consideration of the value of island biogeography theory. Journal of Biogeography, 21(6): 595-603.

Wardle D A, Walker L R, Bardgett R D. 2004. Ecosystem properties and forest decline in contrasting long-term chronosequences. Science, 305(5683): 509-513.

Wardle D A, Zackrisson O. 2005. Effects of species and functional group loss on island ecosystem properties. Nature, 435: 806-810.

Webb C O, Peart D R. 1999. Seedling density dependence promotes coexistence of Bornean rain forest trees. Ecology, 80: 2006-2017.

Weiher E, van der Werf A, Thompson K, et al. 1999. Challenging theophrastus: A common core list of plant traits for functional ecology. Journal of Vegetation Science, 10(5): 609-620.

Werner F A, Gradstein S R. 2008. Seedling establishment of vascular epiphytes on isolated and enclosed forest in an Andean landscape, Ecuador. Biodiversity and Conservation, 17(13): 3195-3207.

Westoby M, Falster D S, Moles A T, et al. 2002. Plant ecological strategies: Some leading dimensions of variation between species. Annual Review of Ecology and Systematics, 33: 125-159.

Westoby M, Wright I J. 2006. Land-plant ecology on the basis of functional traits. Trends in Ecology and Evolution, 21(5): 261-268.

Westoby M. 1998. A leaf-height-seed (LHS) plant ecology strategy scheme. Plant and Soil, 199(2): 213-227.

Wheeler N C, Guries R P. 1982. Population structure, genic diversity, and morphological variation in Pinus contorta Dougl. Canadian Journal of Forest Research, 12: 595-606.

White E P, Adler P B, Lauenroth W K, et al. 2006. A comparison of the species-time relationship across ecosystems and taxonomic groups. Oikos, 112(1): 185-195.

White E P. 2004. Two-phase species-time relationships in North American land birds. Ecology Letters, 7(4): 329-336.

Whittaker R J, Fernández-Palacios J M. 2007. Island Biogeography: Ecology, Evolution, and Conservation. Oxford: Oxford University Press.

Whittaker R J, Willis K J, Field R. 2001. Scale and species richness: Towards a general, hierarchical theory of species diversity. Journal of Biogeography, 28(4): 453-470.

William M R, Lamont B B, Henstridge J D. 2009. Species-area functions revisited. Journal of Biogeography, 36(10): 1994-2004.

Wilson P J, Thompson K. 1999. Specific leaf area and leaf dry matter content as alternative predictors of plant strategies. New Phytologist, 143(1): 155-162.

Wolf J H D, Gradstein S R, Nadkarni N M. 2009. A protocol for sampling vascular epiphyte richness and abundance. Journal of Tropical Ecology, 25(2): 107-121.

Wolf J H D. 2005. The response of epiphytes to anthropogenic disturbance of pine-oak forests in the highlands of Chiapas, Mexico. Forest Ecology and Management, 212(1-3): 376-393.

Woodward F I, Lomas M R, Kelly C K. 2004. Global climate and the distribution of plant biomes. Philosophical Transactions of the Royal Society, 359: 1465-1476.

Woodward F I, Mckee I F. 1991. Vegetation and climate. Environment International, 17(6): 535-546.

Wright I J, Reich P B, Cornelissen J H C, et al. 2005. Assessing the generality of global leaf trait relationships. New Phytologist, 166(2): 485-496.

Wright I J, Reich P B, Westoby M, et al. 2004. The worldwide leaf economics spectrum. Nature, 428(6985): 821-827.

Wright S J. 2002. Plant diversity in tropical forests: A review of mechanisms of species coexistence. Oecologia, 130: 1-14.

Wright S J. 2005. Tropical forests in a changing environment. Trends in Ecology and Evolution, 20(10): 553-560.

Xue L, He Y J, Qu M, et al. 2005. Water holding characteristics of litter in plantations in south china. Acta Phytoecologica Sinica, 29(3): 415~421.

Yan E R, Wang X H, Guo M, et al. 2010. C∶N∶P stoichiometry across evergreen broad-leaved forests, evergreen coniferous forests and deciduous broad-leaved forests in the Tiantong region, Zhejiang Province, eastern China. Chinese Journal of Plant Ecology, 34(1): 48-57.

Yu S, Bell D, Sternberg M, et al. 2008. The effect of microhabitats on vegetation and its relationships with seedlings and soil seed bank in a Mediterranean coastal sand dune community. Journal of Arid Environments, 72(11): 2040-2053.

Yuste J C, Baldocchi D D, Gershenson A, et al. 2007. Microbial soil respiration and its dependency on carbon inputs, soil temperature and moisture. Global Change Biology, 13(9): 1-8.

Zahawi R A, Augspurger C K. 1999. Early plant succession in abandoned pastures in Ecuador. Biotropica, 31(4): 540-552.

Zahawi R A, Augspurger C K. 2006. Tropical forest restoration: Tree islands as recruitment foci in degraded lands of Honduras. Ecological Applications, 16(2): 464-478.

Zerbe S, Kreyer D. 2006. Introduction to special section on 'ecosystem restoration and biodiversity: How to assess and measure biological diversity?'. Restoration Ecology, 14(1): 103-104.

Zhang D L, Mao Z J, Zhang L, et al. 2006. Advances of enzyme activities in the process of litter decomposition. Scientia Silvae Sinicae, 42(1): 105-109.

Zhang L X, Bai Y F, Han X G. 2003. Application of N∶P stoichiometry to ecology studies. Acta Botanica Sinica, 45(9): 1009-1019.

Zhang L X, Bai Y F, Han X G. 2004. Differential responses of N∶P stoichiometry of Leymus chinensis and carex korshinskyi to N additions in a steppe ecosystem in NeiMongol. Acta Botanica Sinica, 46(3): 259-270.

Zhang L, Luo T X. 2004. Advances in ecological studies on leaf lifespan and associated leaf traits. Acta Phytoecologica Sinica, 28(6): 844-852.

Zhang Y X, Song C H. 2006. Impacts of afforestation, deforestation, and reforestation on forest cover in China from 1949 to 2003. Journal of Forestry, 104(7): 383-387.

Zhao C M, Chen W L, Tian Z Q, et al. 2005. Altitudinal pattern of plant species diversity in Shennongjia Mountains, Central China. Journal of Integrative Plant Biology, 47(12): 1431-1449.

Zhou G Y, Guan L L, Wei X H, et al. 2007. Litterfall production along successional and altitudinal gradients of subtropical monsoon evergreen broadleaved forests in Guangdong, China. Plant Ecology, 188(1): 77-89.

Zhu H, Shi J, Zhao C. 2005. Species composition, physiognomy and plant diversity of the tropical montane evergreen broad-leaved forest in southern Yunnan. Biodiversity and Conservation, 14(12): 2855-2870.

Zhu H. 2005. Reclassification of monsoon tropical forests in southern Yunnan, SW China. Acta Phytoecologica Sinica, 29(1): 170-174.

Zhu J D, Meng T T, Ni J, et al. 2011. Within-leaf allometric relationships of mature forests in different bioclimatic zones vary with plant functional types. Chinese Journal of Plant Ecology, 35(7): 687-698.

Zhu Y, Mi X C, Ren H B, et al. 2010. Density dependence is prevalent in a heterogenous subtropical forest. Oikos, 119(1): 109-119.

Zobel M, Kalamees R, Püssa K, et al. 2007. Soil seed bank and vegetation in mixed coniferous forest stands with different disturbance regimes. Forest Ecology and Management, 250(1/2): 71-76.

Zotz G, Schultz S. 2008. The vascular epiphytes of a lowland forest in Panama species composition and spatial structure. Plant Ecology, 195(1): 131-141.

Zotz G. 1998. Demography of the epiphyte orchid, *Dimerandra emarginata*. Journal of Tropical Ecology, 14(6): 725-741.

西部季风常绿阔叶林常见维管束植物名录

【本名录以《云南植物志》相关卷册分类系统和名称为依据，蕨类植物按秦仁昌（1978）系统、裸子植物按郑万钧系统（1978）、被子植物按哈钦松（J. Hutchinson）（1934）系统顺序排列，在科号后加有 a、b、c... 等字样的科号为《云南植物志》按哈钦松系统新立的科号】

蕨 类 植 物

3 石松科 **Lycopodiaceae**
　　垂穗石松 *Palhinhaea cernua*（L.）Vasc. f. *cernua*

4 卷柏科 **Selaginellaceae**
　　翠云草 *Selaginella uncinata*（Desv.）Spring

15 里白科 **Gleicheniaceae**
　　铁芒萁 *Dicranopteris linearis*（Burm.）Underw.
　　芒萁 *Dicranopteris pedata*（Houtt.）Nakaike

17 海金沙科 **Lygodiaceae**
　　海南海金沙 *Lygodium conforme* C. Chr.
　　曲轴海金沙 *Lygodium flexuosum*（L.）Sw.
　　云南海金沙 *Lygodium yunnanense* Ching

19 蚌壳蕨科 **Dicksoniaceae**
　　金毛狗 *Cibotium barometz*（L.）J. Sm.

23 鳞始蕨科 **Lindsaeaceae**
　　乌蕨 *Sphenomeris chinensis*（L.）Maxon

26 蕨科 **Pteridiaceae**
　　密毛蕨 *Pteridium revolutum*（Bl.）Nakai

27 凤尾蕨科 **Ptefidaceae**
　　凤尾蕨 *Pteris cretica* L. var. *nervosa*（Thunb.）Ching et S. H.
　　溪边凤尾蕨 *Pteris excelsa* Gaud.
　　单叶凤尾蕨 *Pteris subsimplex* Ching ex Ching et S. H. Wu

38 金星蕨科 **Thelypteridaceae**
　　干旱毛蕨 *Cyclosorus aridus*（D. Don）Tagawa

39 铁角蕨科 **Aspleniaceae**
　　变异铁角蕨 *Asplenium varians* Wall. ex Hook. et Grev

43 乌毛蕨科 **Blechnaceae**
　　乌毛蕨 *Blechnum orientale* L.
　　苏铁蕨 *Brainea insignis*（Hook.）J. Sm.
　　狗脊蕨 *Woodwardia japonica*（L. f.）Sm.

45 鳞毛蕨科 **Dryopteridaceae**
　　云南复叶耳蕨 *Arachniodes henryi*（Christ）Ching

大羽鳞毛蕨 *Dryopteris wallichiana*（Spreng.）Hylander

46　叉蕨科 Aspidiaceae

轴脉蕨 *Ctenitopsis sagenioides*（Mett.）Ching

沙皮蕨 *Hemigramma decurrens*（Hook.）Cop.

52　骨碎补科 Davalliaceae

云南骨碎补 *Davallia cylindrica* Ching

55　水龙骨科 Polypodiaceae

波状尖嘴蕨 *Belvisia henryi*（Hieron ex C. Chr.）Tagawa

瓦韦 *Lepisorus thunbergianus*（Kaulf.）Ching

羽裂星蕨 *Microsorium dilatatum*（Wall. ex Bedd.）Sledge

膜叶星蕨 *Microsorium membranaceum*（D. Don）Ching var. *membranaceum*

石韦 *Pyrrosia lingua*（Thunb.）Farwell

56　槲蕨科 Drynariaceae

崖姜蕨 *Aglaomorpha coronans*（Wall. ex Mett.）Copel.

槲蕨 *Drynaria fortunei*（Kunze ex Mett.）J. Sm.

裸 子 植 物

4　松科 Pinaceae

思茅松 *Pinus kesiya* Royle ex Gord. var. *langbianensis*（A. Chev.）Gaussen

11　买麻藤科 Gnetaceae

买麻藤 *Gnetum montanum* Markgr

被 子 植 物

1　木兰科 Magnoliaceae

长叶木兰 *Magnolia paenetalauma* Dandy

大叶木兰 *Magnolia rostrata* W. W. Smith

滇桂木莲 *Manglietia forrestii* W. W. Smith ex Dandy

红花木莲 *Manglietia insignis*（Wall.）Bl.

多花含笑 *Michelia floribunda* Finet et Gagnep.

合果木 *Paramichelia baillonii*（Pierre）Hu

3　五味子科 Schisandraceae

翼梗五味子 *Schisandra henryi* Clarke

复瓣黄龙藤 *Schisandra plena* A. C. Smith

8　番荔枝科 Annonaceae

尖叶瓜馥木 *Fissistigma acuminatissimum* Merr.

排骨灵 *Fissistigma bracteolatum* Chatterjee

瓜馥木 *Fissistigma oldhamii*（Hemsl.）Merr.

小萼瓜馥木 *Fissistigma polyanthoides*（A. DC.）Merr.

凹叶瓜馥木 *Fissistigma retusum*（Lévl.）Rehd.

光叶瓜馥木 *Fissistigma wallichii*（Hook. f. et Thoms.）Merr.

长叶番荔枝 *Goniothalamus gardneri* Hook. f. & Thoms.

金钩花 *Pseuduvaria indochinensis* Merr.

11　樟科 Lauraceae

思茅黄肉楠 *Actinodaphne henryi* Gamble

粗壮琼楠 *Beilschmiedia robusta* Allen

无根藤 *Cassytha filiformis* L.

钝叶桂 *Cinnamomum bejolghota*（Buch.-Ham.）Sweet

香桂 *Cinnamomum subavenium* Miq.

香叶树 *Lindera communis* Hemsl.

山鸡椒 *Litsea cubeba*（Lour.）Pers

潺槁木姜子 *Litsea glutinosa*（Lour.）C. B. Rob

假柿木姜子 *Litsea monopetala*（Roxb.）Pers.

香花木姜子 *Litsea panamonja*（Nees）Hook. f.

红叶木姜子 *Litsea rubescens* Lec.

伞花木姜子 *Litsea umbellata*（Lour.）Merr.

粗壮润楠 *Machilus robusta* W. W. Sm.

红梗润楠 *Machilus rufipes* H. W. Li

柳叶润楠 *Machilus salicina* Hance

滇新樟 *Neocinnamomum caudatum*（Nees）Merr.

披针叶楠 *Phoebe lanceolata*（Wall. ex Nees）Nees

普文楠 *Phoebe puwenensis* Cheng

13 莲叶桐科 Hernandiaceae

青藤 *Illigera grandiflora* W. W. Smith. et J. F. Jeffr.

21 木通科 Lardizabalaceae

猫儿屎 *Decaisnea fargesii* Franch.

23 防己科 Menispermaceae

西南轮环藤 *Cyclea wattii* Diels

细圆藤 *Pericampylus glaucus*（Lam.）Merr.

28 胡椒科 Piperaceae

石蝉草 *Peperomia dindygulensis* Miq.

黄花胡椒 *Piper flaviflorum* C. DC.

柄果胡椒 *Piper mischocarpum* Y. C. Tseng

毛叶胡椒 *Piper puberulilimbum* C. DC.

石楠藤 *Piper puberulum*（Benth.）Maxim.

30 金粟兰科 Chloranthaceae

金粟兰 *Chloranthus spicatus*（Thunb.）Makino

海南草珊瑚 *Sarcandra hainanensis*（P'ei）Swamy et Bailey

36 山柑科 Capparaceae

小绿刺 *Capparis urophylla* F. Chun

40 堇菜科 Violaceae

紫花地丁 *Viola philippica* Cav.

57 蓼科 Polygonaceae

头花蓼 *Polygonum capitatum* Buch.-Ham. ex D. Don

硬毛火炭母 *Polygonum chinense* L. var. *hispidum* Hook. f.

63 苋科 Amaranthaceae

牛膝 *Achyranthes bidentata* Blume

81 瑞香科 Thymelaeaceae

毛管花 *Eriosolena composita*（L. f.）van Tiegh

84　山龙眼科　Proteaceae

羊仔屎　*Helicia cochinchinensis* Lour.

母猪果　*Helicia nilagirica* Bedd.

林地山龙眼　*Helicia silvicola* W.W.Smith

假山龙眼　*Heliopsis terminalis*（Kurz）Sleum.

88　海桐科　Pittosporaceae

杨翠木　*Pittosporum kerrii* Craib

93　大风子科　Flacourtiaceae

柞木　*Xylosma congestum*（Lour.）Merr.

长叶柞木　*Xylosma longifolium* Clos

103　葫芦科　Cucurbitaceae

茅瓜　*Solena amplexicaulis*（Lam.）Gandhi

红花栝楼　*Trichosanthes rubriflos* Thorel ex Cayla.

108　山茶科　Theaceae

粗毛杨桐　*Adinandra hirta* Gagnep

网脉杨桐　*Adinandra incornuta*（Y. C. Wu）Ming

全缘叶杨桐　*Adinandra integerrima* T. Anders. ex Dyer

茶梨　*Anneslea fragrans* Wall.

岗柃　*Eurya groffii* Merr.

景东柃　*Eurya jingtungensis* Hu et L. K. Ling

云南山枇花　*Gordonia chrysandra* Cowan

红木荷　*Schima wallichii*（DC.）Korthals

厚皮香　*Ternstroemia gymnanthera*（Wight et Arn.）Beddome

思茅厚皮香　*Ternstroemia simaoensis* L. K. Ling

112　猕猴桃科　Actinidiaceae

山羊桃　*Actinidia callosa* Lindl.

113　水冬哥科　Saurauiaceae

尼泊尔水东哥　*Saurauia napaulensis* DC.

118　桃金娘科　Myrtaceae

五瓣子楝树　*Decaspermum parviflorum*（Lam.）A. J. Scott

直杆蓝桉　*Eucalyptus maideni* F. V. Muell.

乌墨　*Syzygium cumini*（L.）Skeels

阔叶蒲桃　*Syzygium latilimbum*（Merr.）Merr. et Perry

思茅蒲桃　*Syzygium szemaoense* Merr. et Perry

云南蒲桃　*Syzygium yunnanense* Merr. et Perry

120　野牡丹科　Melastomataceae

酸脚杆　*Medinilla radiciflora* C. Y. Wu

多花野牡丹　*Melastoma polyanthum* Blume

假朝天罐　*Osbeckia crinita* Benth. ex Wall.

楮头红　*Sarcopyramis nepalensis* Wall.

海棠叶地胆　*Sonerila nlaghiocardia* Diels

121　使君子科　Combretaceae

云南风车子　*Combretum yunnanense* Exell

122　红树科　Rhizophoraceae

锯叶竹节树　*Carallia lanceaefolia* Roxb.

123　金丝桃科　Hypericaceae

红芽木　*Cratoxylum formosum*（Jack）Dyer subsp. *pruniflorum*（Kurz）Gogelein

126　藤黄科　Guttiferae

云南横经席　*Calophyllum polyanthum* Wall. ex Choisy

云树　*Garcinia cowa* Roxb.

128　椴树科　Tiliaceae

朴叶扁担杆　*Grewia celtidifolia* Juss.

刺蒴麻　*Triumfetta rhomboidea* Jacq.

128a　杜英科　Elaeocarpaceae

滇南杜英　*Elaeocarpus austro-yunnanensis* Hu

大叶杜英　*Elaeocarpus balansae* A. DC

滇藏杜英　*Elaeocarpus braceanus* Watt. ex C. B. Clarke

毛果杜英　*Elaeocarpus rugosus* Roxb.

山杜英　*Elaeocarpus sylvestris*（Lour.）Poir.

滇印杜英　*Elaeocarpus varunua* Buch.-Ham.

猴欢喜　*Sloanea sinensis*（Hance）Hemsl.

绒毛猴欢喜　*Sloanea tomentosa*（Benth.）Rehd. et Wils.

130　梧桐科　Sterculiaceae

火绳树　*Eeiolaena spectsbilis*（DC.）Planchon ex Mast

山芝麻　*Helicteres angustifolia* L.

132　锦葵科　Malvaceae

赛葵　*Malvastrum coromandelianum*（L.）Garcke

地桃花　*Urena lobata* L.

136　大戟科　Euphorbiaceae

山麻杆　*Alchornea davidii* Franch.

五月茶　*Antidesma bunius*（L.）Spreng.

毛银柴　*Aporusa villosa*（Lindl.）Baill.

云南银柴　*Aporusa yunnanensis*（Pax et Hoffm.）Metc.

秋枫　*Bischofia javanica* Bl.

黑面神　*Breynia fruticosa*（L.）Hook. f.

土密树　*Bridelia monoica*（Lour.）Merr.

棒柄花　*Cleidion brevipetiolatum* Pax et Hoffm.

毛果算盘子　*Glochidion eriocarpum* Champ. ex Benth.

艾胶算盘子　*Glochidion lanceolarium*（Roxb.）Voigt

圆果算盘子　*Glochidion sphaerogynum*（Muell.-Arg.）Kurz

白毛算盘子　*Glochidion zeylanicum*（Gaertn.）A. Juss.

中平树　*Macaranga denticulata*（Bl.）Muell. Arg.

尾叶血桐　*Macaranga kurzii*（Kuntze）Pax et Hoffm.

白背叶　*Mallotus apelta*（Lour.）Muell. Arg.

毛桐　*Mallotus barbatus*（Wall.）Muell.-Arg.

白楸　*Mallotus paniculatus*（Lam.）Muell.-Arg.

粗糠柴　*Mallotus philippensis*（Lam.）Muell. Arg.

四果野桐　*Mallotus tetracoccus*（Roxb.）Kurz

余甘子　*Phyllanthus emblica* L.

叶下珠　*Phyllanthus urinaria* L.

山乌桕 *Sapium discolor*（Champ. ex Benth.）Muell. Arg.

长梗守宫木 *Sauropus macranthus* Hassk.

136a 虎皮楠科 Daphniphyllaceae

大叶虎皮楠 *Daphniphyllum majus* Mull.-Arg.

虎皮楠 *Daphniphyllum oldhami*（Hemsl.）Rosenth.

139a 鼠刺科 Iteaceae

鼠刺 *Itea chinensis* Hook. et Arn.

大叶鼠刺 *Itea macrophylla* Wall.

142 绣球花科 Hydrangeaceae

厚叶溲疏 *Deutzia crassifolia* Rehd.

143 蔷薇科 Rosaceae

牛筋条 *Dichotomanthes tristaniaecarpa* Kurz

齿叶枇杷 *Eriobotrya serrata* Vidal

稠李 *Padus racemosa*（Lam.）Gilib.

椤木石楠 *Photinia davidsoniae* Rehd. & Wils

光叶石楠 *Photinia glabra*（Thunb.）Maxim.

云南臀果木 *Pygeum henryi* Dunn

川梨 *Pyrus pashia* Buch.-Ham. ex D. Don var. *pashia*

大乌泡 *Rubus multibracteatus* Levl. var. *multibracteatus*

圆锥悬钩子 *Rubus paniculatus* Smith var. *paniculatus*

红毛悬钩子 *Rubus pinfaensis* Levl. et Vant.

146 苏木科 Caesalpiniaceae

白花羊蹄甲 *Bauhinia variegata* L.

147 含羞草科 Mimosaceae

围涎树 *Abarema clypearia*（Jack）Kosterm.

藤金合欢 *Acacia concinna*（Willd.）DC.

楹树 *Albizia chinensis*（Osb.）Merr.

山合欢 *Albizia kalkora*（Roxb.）Prain

148 蝶形花科 Papilionaceae

相思子 *Abrus precatorius* L.

云南红豆树 *Acacia Yannanensis* Franch.

绒毛杭子梢 *Campylotropis pinetorum*（Kurz.）Schindl. subsp. *velutina*（Dunn）Ohashi

黑黄檀 *Dalbergia fusca* Pierre

藤黄檀 *Dalbergia hancei* Benth.

钝叶黄檀 *Dalbergia obtusifolia*（Baker）Prain

多体蕊黄檀 *Dalbergia polyadelpha* Prain

托叶黄檀 *Dalbergia stipulacea* Roxb.

高原黄檀 *Dalbergia yunnanensis* Franch. var. *collettii*（Prain）Thoth.

假木豆 *Dendrolobium triangulare*（Retz.）Schindl.

饿蚂蝗 *Desmodium multiflorum* DC.

长圆叶山蚂蝗 *Desmodium oblongum* Wall. ex Benth.

肾叶山蚂蝗 *Desmodium renifolium*（L.）Schindl

大叶千斤拔 *Flemingia macrophylla*（Willd.）Prain

小叶干花豆 *Fordia microphylla* Dunn ex Z. Wei

思茅木蓝 *Indigofera simaoensis* Y. Y. Fang et C. Z. Zheng

　　厚果鸡血藤 *Millettia pachycarpa* Benth.

　　大果油麻藤 *Mucuna macrocarpa* Wall.

　　苦葛 *Pueraria omeiensis* Wang et Tang

　　宿苞豆 *Shuteria involucrata*（Wall.）Wight et Arn.

　　密花豆 *Spatholobus suberectus* Dunn

150 旌节花科 Stachyuraceae

　　西域旌节花 *Stachyurus himalaicus* Hook. f. & Thomson

159 杨梅科 Myricaceae

　　毛杨梅 *Myrica esculenta* Buch.-Ham. ex D. Don

161 桦木科 Betulaceae

　　旱冬瓜 *Alnus nepalensis* D. Don

　　西南桦 *Betula alnoides* Buch.-Ham. ex D. Don

162 榛科 Corylaceae

　　短尾鹅耳枥 *Carpinus londonniana* H. Winkl.

163 壳斗科 Fagaceae

　　杯状栲 *Castanopsis calathiformis*（Skan）Rehd. et Wils.

　　瓦山栲 *Castanopsis ceratacantha* Rehd. et Wils

　　短刺栲 *Castanopsis echidnocarpa* A. DC.

　　罗浮栲 *Castanopsis fabri* Hance

　　思茅栲 *Castanopsis ferox*（Roxb.）Spach

　　小果栲 *Castanopsis fleuryi* Hick. et A. Camus

　　刺栲 *Castanopsis hystrix* A. DC

　　疏齿栲 *Castanopsis remotidenticulata* Hu

　　腾冲栲 *Castanopsis wattii*（King）A. Canus

　　滇南青冈 *Cyclobalanopsis austro-glauca* Y. T. Chang

　　毛叶青冈 *Cyclobalanopsis kerrii*（Craib）Hu

　　厚缘青冈 *Cyclobalanpsis thorelii*（Hick. et A. Camus）Hu

　　越南青冈 *Cyclobalauopsis austro-cochinchinensis*（Hick. et A. Camus）Hjelmq.

　　越南石栎 *Lithocarpus annamensis* Hiek. et A. Camus

　　华南石栎 *Lithocarpus fenestratus*（Roxb.）Rehd.

　　粗穗石栎 *Lithocarpus grandifolius*（D. Don）S. N. Biswas

　　截头石栎 *Lithocarpus truncatus* Rehd. et Wils.

　　麻栎 *Quercus acutissima* Carr.

　大叶栎 *Quercus griffithii* Hook. f. et Thoms.

165 榆科 Ulmaceae

　　异色山黄麻 *Trema orientalis*（L.）Bl.

167 桑科 Moraceae

　　构棘 *Cudrania cochinchinensis*（Lour.）Nakai

　　柘藤 *Cudrania fruticosa* Wightex Kurz

　　高山榕 *Ficus altissima* Bl.

　　大果榕 *Ficus auriculata* Lour.

　　歪叶榕 *Ficus cyrtophylla* Wall. ex Miq.

　　尖尾榕 *Ficus harmandii* Gaganep

　　粗叶榕 *Ficus hirta* Vahl

　　大果粗毛榕 *Ficus hirta* Vahl var. *roxburghii*（Miq.）King

疣枝榕　*Ficus maclellandi* King
森林榕　*Ficus neriifolia* Smith var. *neriifolia*
苹果榕　*Ficus oligodon* Miq
爬藤榕　*Ficus sarmentosa* Buch.-Ham. ex J. E. Sm. var. *impressa*（Champ.）Corner
鸡嗉子榕　*Ficus semicordata* Buch.-Ham. ex J. E. Sm.
竹叶榕　*Ficus stenophylla* Hemsl.

171　冬青科　Aquifoliaceae

大叶冬青　*Ilex latifolia* Thunb.
多脉冬青　*Ilex polyneura*（Hand.-Mazz.）S. Y. Hu
冬青　*Ilex purpurea* Hassk. var. *purpurea*

173　卫矛科　Celastraceae

独子藤　*Celastrus monospermus* Roxb.

179　茶茱萸科　Icacinaceae

柴龙树　*Apodytes dimidiata* E. Meyer ex Drege
粗丝木　*Gomphandra tetrandra*（Wall. in Roxb.）Sleum.

182　铁青树科　Olacaceae

铁青树　*Olax wightiana* Wall. ex Wight et Arn.
香芙木　*Schoepfia fragrans* Wall

185　桑寄生科　Loranthaceae

双花鞘花　*Macrosolen bibracteolatus*（Hance）Danser
亮叶寄生　*Taxillus limprichtii*（Grüning）H. S. Kiu
柄果槲寄生　*Viscum multinerve* Hayata

186　檀香科　Santalaceae

寄生藤　*Dendrotrophe frutescens*（Benth.）Dans.
油葫芦　*Pyrularia edulis*（Wall.）A. DC.
檀梨　*Pyrularia edulis*（Wall.）A. DC.
湄公硬核　*Scleropyrum wallichianum*（W. et A.）Arn. var. *mekongense*（Gagnep.）Lecte

193　葡萄科　Vitaceae

青紫葛　*Cissus javana* DC.
红枝崖爬藤　*Tetrastigma erubescens* Planch. var. *erubescens*
三叶崖爬藤　*Tetrastigma hemsleyanum* Diels et Gilg
崖爬藤　*Tetrastigma obtectum*（Wall.）Planch. var. *obtectum*
扁担藤　*Tetrastigma planicaule*（Hook.）Gagnep.

194　芸香科　Rutaceae

小黄皮　*Clausena emarginata* Huang
华南吴萸　*Euodia austrosinensis* Hand.-Mazz.
三桠苦　*Euodia lepta*（Spreng.）Merr.
吴茱萸　*Euodia rutaecarpa*（Juss.）Benth.
单叶吴萸　*Euodia simplicifolia* Ridl
毛牛斜树　*Euodia trichotoma*（Lour.）Pierre var. *pubescens* Huang
飞龙掌血　*Toddalia asiatica*（L.）Lam.
蚬壳花椒　*Zanthoxylum dissitum* Hemsl.

197　楝科　Meliaceae

大叶山楝　*Aphanamixis grandifolia* Bl.
红果葱臭木　*Dysoxylum binectariferum*（Roxb.）Hook. f. ex Bedd.

川楝 *Melia toosendan* Sieb. et Zucc.

红椿 *Toona ciliata* Roem. var. *ciliata*

老虎楝 *Trichilia connaroides*（Wight et Arn.）Bentv.

198 无患子科 Sapindaceae

皮哨子 *Sapindus delavayi*（Franch.）Radlk.

200 槭树科 Aceraceae

青榨槭 *Acer davidii* Franch.

飞蛾槭 *Acer oblongum* Wall. ex DC.

201 清风藤科 Sabiaceae

泡花树 *Meliosma cuneifolia* Franch.

单叶泡花树 *Meliosma simplicifolia* Walp.

清风藤 *Sabia japonica* Maxim.

204 省沽油科 Staphyleaceae

瘿椒树 *Tapiscia sinensis* Oliv.

越南山香圆 *Turpinia cochinchinensis*（Lour.）Merr.

大果山香圆 *Turpinia pomifera*（Roxb.）DC.

205 漆树科 Anacardiaceae

南酸枣 *Choerospondias axillaris*（Roxb.）Burtt et Hill

林生芒果 *Mangifera sylvatica* Roxb.

盐肤木 *Rhus chinensis* Mill.

野漆 *Toxicodendron succedaneum*（L.）O. Kuntze

尖叶野漆 *Toxicodendron succedaneum*（L.）O. Kuntze var. *acuminatum*（Hook. f.）C. Y. Wu et T. L. Ming

206 牛栓藤科 Connaraceae

牛栓藤 *Connarus paniculatus* Roxb.

红叶藤 *Rourea minor*（Gaerth.）Leenh.

207 胡桃科 Juglandaceae

越南山核桃 *Carya tonkinensis* Lecomt.

齿叶黄杞 *Engelhardtia serrata* Bl.

云南黄杞 *Engelhardtia spicata* Lesch. ex Bl.

210 八角枫科 Alangiaceae

八角枫 *Alangium chinense*（Lour.）Harms

毛八角枫 *Alangium kurzii* Craib var. *kurzii*

212 五加科 Araliaceae

吴茱萸五加 *Acanthopanax evodiaefolius* Franch.

广东楤木 *Aralia armata*（Wall.）Seem.

柏那参 *Brassaiopsis glomerulata*（Bl.）Regel var. *glomerulata*

绞股蓝 *Gynostemma pentaphyllum*（Thunb.）Makino var. *pentaphyllum*

幌伞枫 *Heteropanax fragrans*（Roxb.）Seem.

波缘大参 *Macropanax undulatus*（Wall.）Seem.

中华鹅掌柴 *Schefflera chinensis*（Dunn）H. L. Li

穗序鹅掌柴 *Schefflera delavayi*（Franch.）Harms ex Diels.

刺通草 *Trevesia Palmata*（Roxb.）Vis.

215 杜鹃花科 Ericaceae

假木荷 *Craibiodendron stellatum*（Pierre）W. W. Smith

金叶子 *Craibiodendron yunnanense* W. W. Smith

圆叶米饭花　*Lyonia doyonensis* Hand.-Mazz.

米饭花　*Lyonia ovalifolia*（Wall.）Drude

丝线吊芙蓉　*Rhododendron moulmainense* Hook. f.

216　越桔科　Vacciniaceae

南烛（乌饭树）　*Vaccinium bracteatum* Thunb.

隐距越桔　*Vaccinium exaristatum* Kurz

218　水晶兰科　Monotropaceae

球果假水晶兰　*Cheilotheca humilis*（D. Don）H. Keng

221　柿树科　Ebenaceae

野柿　*Diospyros kaki* Thunb. var. *sylvestris* Makino

222　山榄科　Sapotaceae

肉实树　*Sarcosperma arboreum* Hook. f.

223　紫金牛科　Myrsinaceae

朱砂根　*Ardisia crenata* Sims

紫金牛　*Ardisia japonica*（Thunb）Blume

珍珠伞　*Ardisia maculosa* Mez

梯脉紫金牛　*Ardisia scalarinervis* Walker

扭子果　*Ardisia virens* Kurz

小花酸藤子　*Embelia parviflora* Wall.

白花酸藤子　*Embelia ribes* Burm. f.

网脉酸藤子　*Embelia rudis* Hand.-Mazz.

包疮叶　*Maesa indica*（Roxb.）A. DC.

杜茎山　*Maesa japonica*（Thunb.）Moritzi ex Zoll.

鲫鱼胆　*Maesa Perlarius*（Lour.）Merr.

秤秆树　*Maesa ramentacea*（Roxb.）A. DC

密花树　*Rapanea neriifolia*（Sieb. et Zucc.）Mez

224　野茉莉科　Styracaceae

赤杨叶　*Alniphyllum fortunei*（Hemsl.）Perkin

白花树　*Styrax tonkinensis*（Pierre）Craib ex Hartwichk

225　山矾科　Symplocaceae

越南山矾　*Symplocos cochinchinensis*（Lour.）S. Moore

白檀　*Symplocos paniculata*（Thunb.）Miq.

珠仔树　*Symplocos racemosa* Roxb.

山矾　*Symplocos sumuntia* Buch.-Ham. ex D. Don

滇灰木　*Symplocos yunnanensis* Brand

229　木樨科　Oleaceae

多花白蜡树　*Fraxinus floribunda* Wall.

素馨　*Jasminum grandiflorum* L.

北清香藤　*Jasminum lanceolarium* Roxb.

青藤仔　*Jasminum nervosum* Lour.

腺叶木樨榄　*Olea glandulifera* Wall

红花木樨榄　*Olea rosea* Craib

牛矢果　*Osmanthus matsumuranus* Hayata

230　夹竹桃科　Apocynaceae

云南狗牙花　*Ervatamia yunnanensis* Tsiang

思茅山橙 *Melodinus henryi* Craib

云南萝芙木 *Rauvolfia yunnanensis* Tsiang

盆架树 *Winchia calophylla* A. DC

231 萝藦科 Asclepiadaceae

乳突果 *Adelostemma gracillimum*（Wall. ex Wight）Hook. f.

银背藤 *Argyreia obtusifolia* Lour.

古钩藤 *Cryptolepis buchananii* Roem. et Schult.

金瓜核 *Dischidia esquirolii*（Lévl.）Tsiang

思茅藤 *Epigynum auritum*（Schneid.）Tsiang et P. T. Li

心叶醉魂藤 *Heterostemma siamicum* Craib

球花牛奶菜 *Marsdenia globifera* Tsiang

蓝叶藤 *Marsdenia tinctoria* R. Br.

马莲鞍 *Streptocaulon griffithii* Hook. f.

锈毛弓果藤 *Toxocarpus fuscus* Tsiang

232 茜草科 Rubiaceae

滇茜树 *Aidia yunnanensis*（Hutch.）Yamazaki

猪肚木 *Canthium horridum* B1.

云南狗骨柴 *Diplospora mollissima* Hutch.

耳草 *Hedyotis auricularia* L.

白花蛇舌草 *Hedyotis diffusa* Willd

牛白藤 *Hedyotis hedyotidea*（DC.）Merr.

白花龙船花 *Ixora henryi* Levl.

粗叶木 *Lasianthus chinensis* Benth.

西南粗叶木 *Lasianthus henryi* Hutch

小叶粗叶木 *Lasianthus microphyllus* Elmer

黄毛粗叶木 *Lasianthus rhinocerotis* Bl. subsp. *Pedunculatus*（Pitard）H. Zhu

野丁香 *Leptodermis potanini* Batalin

玉叶金花 *Mussaenda pubescens* Ait. f.

无柄玉叶金花 *Mussaenda sessilifolia* Hutch

纤梗腺萼木 *Mycetia graeilis* Craib

毛腺萼木 *Mycetia hirta* Hutch.

滇南九节木 *Psychotria henryi* Levl.

岭罗麦 *Tarennoidea wallichii*（Hook. f.）Tirveng. et C. Sastre

钩藤 *Uncaria rhynchophylla*（Miq.）Miq. ex Havil.

白钩藤 *Uncaria sessilifructus* Roxb.

粗叶水锦树 *Wendlandia scabra* Kurz

红皮水锦树 *Wendlandia tinctoria*（Roxb.）DC. subsp. *Intermedia*（How）W. C. Chen

233 忍冬科 Caprifoliaceae

锈毛忍冬 *Lonicera ferruginea* Rehd.

接骨木 *Sambucus williamsii* Hance

水红木 *Viburnum cylindricum* Buch.-Ham. ex D. Don

珍珠荚蒾 *Viburnum foetidum* Wall var. *ceanothoides*（C. H. Wright）Hand.-Mazz.

238 菊科 Asteraceae

下田菊 *Adenostemma lavenia*（L.）O. Kuntze

紫茎泽兰 *Ageratina adenophora*（Spreng.）R. M. King et H. Robinson

藿香蓟　*Ageratum conyzoides* L.

鬼针草　*Bidens pilosa* L.

飞机草　*Chromolaena odorata*（L.）R. M. King et H. Robinson

小白酒草　*Conyza canadensis*（L.）Cronq.

野茼蒿　*Crassocephalum crepidioides*（Benth.）S. Moore

小鱼眼菊　*Dichrocephala benthamii* C. B. Clarke

辣子草　*Galinsoga parviflora* Cav.

羊耳菊　*Inula cappa*（Buch.-Ham. ex D. Don）DC.

大丁草　*Leibnitzia anandria*（L.）Turcz.

千里光　*Senecio scandens* Buch.-Ham. ex DC.

羽芒菊　*Tridax procumbens* L.

展枝斑鸠菊　*Vernonia extensa* DC.

林生斑鸠菊　*Vernonia sylvatica* Dunn

大叶斑鸠菊　*Vernonia volkameriifolia*（Wall.）DC.

243　桔梗科　Campanulaceae

铜锤玉带草　*Pratia nummularia*（Lam.）A. Br. et Aschers.

244　半边莲科　Lobeliaceae

大将军　*Lobelia clavata* E. Wimm.

252　玄参科　Scrophulariaceae

来江藤　*Brandisia hancei* Hook. f.

紫萼蝴蝶草　*Torenia violacea*（Azaola ex Blanco）Pennell

256　苦苣苔科　Gesneriaceae

芒毛苣苔　*Aeschynanthus acuminatus* Wall.

线柱苣苔　*Rhynchotechum obovatum*（Griff.）B. L. Burtt

257　紫葳科　Bignoniaceae

小萼菜豆树　*Radermachera microcalyx* C. Y. Wu et W. C. Yin

263　马鞭草科　Verbenaceae

木紫珠　*Callicarpa arborea* Roxb.

狭叶红紫珠　*Callicarpa rubella* Lindl. f. *angustata* P'ei

264　唇形科　Labiatae

角花　*Ceratanthus calcaratus*（Hemsl.）G. Taylor

细花火把花　*Colquhounia elegans* Wall. var. *tenuiflora*（Hook. f.）Prain

小齿锥花　*Gomphostemma microdon* Dunn

母草　*Lindernia crustacea*（L.）F. Muell

半枝莲　*Scutellaria barbata* D. Don

280　鸭跖草科　Commelinaceae

穿鞘花　*Amischotolype hispida*（Less. et A. Rich.）Hong

290　姜科　Zingiberaceae

云南草蔻　*Alpinia blepharocalyx* Schum.

山姜　*Alpinia japonica*（Thunb.）Miq.

姜花　*Hedychium coronarium* J. Koenig

阳荷　*Zingiber striolatum* Dielsin Engl.

292　竹芋科　Marantaceae

柊叶　*Phrynium capitatum* Willd.

293　百合科　Liliaceae

山菅兰　*Dianella ensifolia*（Lam.）DC.

竹根七　*Disporopsis fuscopicta* Hance

万寿竹　*Disporum cantoniense*（Lour.）Merr.

沿阶草　*Ophiopogon bodinieri* Lévl.

间型沿阶草　*Ophiopogon intermedius* D. Don

滇黄精　*Polygonatum kingianum* Coll. et Hemsl.

开口箭　*Tupistra chinensis* Baker

294　假叶树科　Ruscaceae

天门冬　*Asparagus cochinchinensis*（Lour.）Merr.

滇南天门冬　*Asparagus subscandens* Wang et S. C. Chen

297　菝葜科　Smilacaceae

圆锥菝葜　*Smilax bracteata* C. Presl.

粉背菝葜　*Smilax hypoglauca* Benth

筐条菝葜　*Smilax hypoglauca* Benth

穿鞘菝葜　*Smilax perfoliata* Lour.

302　天南星科　Araceae

螳螂跌打　*Pothos scandens* L.

爬树龙　*Rhaphidophora decursiva*（Roxb.）Schott

311　薯蓣科　Dioscoreaceae

薯莨　*Dioscorea cirrhosa* Lour.

叉蕊薯蓣　*Dioscorea collettii* Hook. f.

光叶薯芋　*Dioscorea glabra* Roxb.

粘山药　*Dioscorea hemsleyi* Prain et Burkill

314　棕榈科　Palmae

滇南省藤　*Calamus henryanus* Becc.

鱼尾葵　*Caryota ochlandra* Hance

瓦理棕　*Wallichia chinensis* Burret

315　露兜树科　Pandanus

山菠萝　*Pandanus odoratissimus* L.

318　仙茅科　HypoXidaceae

大叶仙茅　*Curculigo capitulata*（Lour.）O. Ktze.

326　兰科　Orchidaceae

小白及　*Bletilla formosana*（Hayata）Schltr.

白芨　*Bletilla striata*（Thunb.）Reichb. f.

莲花卷瓣兰　*Bulbophyllum hirundinis*（Gagnep.）Seidenf.

麦穗石豆兰　*Bulbophyllum orientale* Seidenf.

长柄贝母兰　*Coelogyne longipes* Lindl.

春兰　*Cymbidium goeringii*（Rchb. f.）Rchb. f.

墨兰　*Cymbidium sinense*（Jackson ex Andr.）Willd.

鼓槌石斛　*Dendrobium chrysotoxum* Lindl.

流苏石斛　*Dendrobium fimbriatum* Hook.

钝叶毛兰　*Eria acervata* Lindl.

丛生羊耳蒜　*Liparis cespitosa*（Thou.）Lindl.

白点兰　*Thrixspermum centipeda* Lour.

白花线柱兰　*Zeuxine parviflora*（Ridl.）Seidenf.

331 莎草科 Cyperaceae

浆果薹草 *Carex baceans* Nees

砖子苗 *Mariscus sumatrensis*（Retz.）J. Raynal

毛果珍珠茅 *Scleria levis* Retz.

332 禾本科 Poaceae

荩草 *Arthraxon hispidus*（Thunb.）Makino

茅叶荩草 *Arthraxon prionodes*（Steud.）Dandy

弓果黍 *Cyrtococcum patens*（L.）A. Camus

金茅 *Eulalia speciosa*（Debeaux）Kuntze

长节耳草 *Hedyotis uncinella* Hook. et Arn.

白茅 *Imperata cylindrica*（L.）Beauv.

江华大节竹 *Indosasa spongiosa* C. S. Chao et B. M. Yang

淡竹叶 *Lophatherum gracile* Brongn.

类芦 *Neyraudia reynaudiana*（Kunth）Keng ex Hitchc.

竹叶草 *Oplismenus compositus*（L.）Beauv.

双穗雀稗 *Pasdpalum paspalodes*（Michx.）Scribner

圆果雀稗 *Paspalum orbiculare* Forst. f.

金丝草 *Pogonatherum crinitum*（Thunb.）Kunth

金发草 *Pogonatherum paniceum*（Lam.）Hack.

钩毛草 *Pseudechinolaena polystachya*（H. B. K.）Stapf

囊颖草 *Sacciolepis indica*（L.）A. Chase

棕叶狗尾草 *Setaria palmifolia*（Koen.）Stapf

皱叶狗尾草 *Setaria plicata*（Lam.）T. Cooke

金色狗尾草 *Setaria pumila*（Poir.）Roem. et Schult.

棕叶芦 *Thysanolaena maxima*（Roxb.）O. Ktze.

季风常绿阔叶林群落
及主要植物图版

季风常绿阔叶林外貌

季风常绿阔叶林花期

季风常绿阔叶林群落内部

图版 II

板根

国家 I 级保护植物篦齿苏铁 *Cycas pectinata*

国家 II 级保护植物合果木 *Paramichelia baillonii*　　国家 II 级保护植物千果榄仁 *Terminalia myriocarpa*

国家Ⅱ级保护植物红椿 *Toona ciliata*

国家Ⅱ级保护植物苏铁蕨 *Brainea insignis*

国家Ⅱ级保护植物金毛狗 *Cibotium barometz*

红花栝楼 *Trichosanthes rubriflos*

刺栲 *Castanopsis hystrix*

短刺栲 *Castanopsis echidnocarpa*

红木荷 *Schima wallichii*

茶梨 *Anneslea fragrans*

川梨 *Pyrus pashia*

大果山香圆 *Turpinia pomifera*

杯状栲 *Castanopsis calathiformis*

齿叶黄杞 *Engelhardtia serrata*

思茅松 *Pinus kesiya var. langbianensis*

假山龙眼 *Heliciopsis henryi*

粉背菝葜 *Smilax hypoglauca*

大果油麻藤 *Mucuna macrocarpa*

春兰 *Cymbidium goeringii*

鼓锤石斛 *Dendrobium chrysotoxum*

图版 VI

大果榕 *Ficus auriculata*

光叶石楠 *Photinia glabra*

红花木犀榄 *Olea rosea*

红枝崖爬藤 *Tetrastigma erubescens*

余甘子 *Phyllanthus emblica*

越南山矾 *Symplocos cochinchinensis*